Dr. Harry Erhardt & Christina Krimke

Steinkorallen
Niedere Tiere

Indopazifischer Korallenriffe

lehmanns media

Impressum

Bibliografische Information der Deutschen Nationalbibliothek
Die Deutsche Nationalbibliothek verzeichnet diese Publikation in der Deutschen Nationalbibliografie; detaillierte bibliografische Angaben sind im Internet unter http://www.dnb.de abrufbar.

Helmholtzstr. 2–9 • 10587 Berlin
E-Mail: verlag@lehmanns.de
Umschlag: Jasmin Plawicki
Bildnachweis: Unterwasserbildarchiv Erhardt/Krimke
Design De Lange D-34560 Fritzlar
Druck und Bindung: Mazowieckie Centrum Poligrafii • Marki • Polen
ISBN 978-3-96543-561-2 www.lehmanns.de

Danksagung

Es hat viele Jahrzehnte gedauert, bis wir unser Bildmaterial in Tausenden von Tauchgängen gesammelt, bestimmt und beschrieben haben. Nur auf uns alleine gestellt, wäre die Bestimmung der vielen Arten nicht zu bewältigen gewesen, sodass wir die Hilfe vieler Kollegen, die an den unterschiedlichen Tiergruppen an Universitäten und in den Museen arbeiten, in Anspruch nehmen mussten. Ihnen sind wir zu besonderem Dank verpflichtet:

Dr. P. Alderslade (Cnidaria); Dr. C. Bryce (Mollusca); Dr. St. Cairns (Cnidaria); Dr. K.-J. Götting (Mollusca); Dr. M. Grashoff (Cnidaria); Dr. J.C. Hartog (Cnidaria); Dr. C. Hartmann-Schröder (Polychaeta); Dr. B.W. Hoeksema (Cnidaria); Dr. N. A.Hooper (Porifera); Dr. D.E. Keith (Cnidaria); R. Kuiter (Pisces); Dr. F. Lorenz (Mollusca); Dr.L. Marsh (Echinodermata); Dr. D. Meyer (Echinodermata); Dr. C. Monniot (Tunicata); Dr. L. Newman (Plathelminthes); Dr. L. Van Ofwegen (Cnidaria); Dr. J. F. Randall (Pisces); Dr. F.W.E. Rowe (Echinodermata); Dr. S. Schoppe (Echinodermata); Dr. H. Schuhmacher (Cnidaria); Dr. R. Van Soest (Porifera); Dr. L. Vale (Echinodermata); Dr. W. Vervoort (Cnidaria); Dr. J. Watson (Cnidaria); Dr. N. Yonow (Mollusca).

Dr. Harry Erhardt & Christina Krimke

STEINKORALLEN

INDOPAZIFISCHER KORALLENRIFFE

INHALT

Steinkorallen sind Meerestiere, die zum großen Stamm der Nesseltiere (Cnidaria) und zur Klasse der Blumentiere (Anthozoa) gehören, in der sie die sechsstrahligen Korallen (Hexacorallia) repräsentieren. Charakteristisch für sie ist, dass sie die Fähigkeit besitzen, Kalkskelette aufzubauen, die letztlich Riffe und Riffstrukturen bilden. Daher sind sie aus geologischer Sicht von außerordentlicher Bedeutung, denn sie haben im Verlaufe unserer Erdgeschichte mächtige Berge entstehen lassen und so manchen Gebirgszug geformt. Fast alle Erdölvorkommen auf unserer Erde resultieren aus den organischen Resten ihrer Polypen, und da, wo Korallen auch heute noch ihre Riffstrukturen bauen, entstanden Inseln und Inselketten und damit Lebensräume für viele Pflanzen, Tiere und für uns Menschen. Außerdem sind sie den Küsten vieler Inseln und Kontinenten vorgelagert und schützen diese vor den angreifenden Brandungswellen des Meeres. Hinzu kommt, dass sie zu den wohl schönsten und artenreichsten Lebensräumen der Ozeane zählen, so dass Menschen sie schon mit der Vielgestaltigkeit, Artenvielfalt und Farbigkeit tropischer Regenwälder verglichen haben.

Betrachtet man eine Weltkarte, in der alle Korallenvorkommen auf dieser Erde eingetragen sind, dann stellt man fest, dass sie zwischen dem 30. Breitengrad nördlicher und dem 30. Breitengrad südlicher Breite vorkommen, die Wassertemperaturen hier im Jahresmittel 23 °C betragen und damit gute Voraussetzungen für das Gedeihen dieser Tiere und Tiergemeinschaften bilden.

Korallen benötigen, um optimal wachsen zu können, Wassertemperaturen, die 20°C im Jahresmittel nicht unterschreiten sowie ausreichend Sonnenlicht und sauerstoffreiches Wasser. Am üppigsten gedeihen Korallen bei Temperaturen zwischen 25°C und 28°C. Höhere Temperaturen führen zu einem Stillstand des Wachstums oder sogar zum Absterben der Korallenpolypen. Damit wird die Temperatur zu einem limitierenden Faktor für die vertikale Verbreitung der Korallen in tropischen und subtropischen Meeren. 60m Wassertiefe kann generell als vertikales Verbreitungsmaximum angenommen werden, wobei einzugestehen ist, dass einige Korallenarten, die keine riffbildenden Korallen sind, auch noch in größerer Tiefe leben können.

In den letzten Jahren hat ein französisches Team, das aus Wissenschaftlern und Forschungstauchern zusammengesetzt war, in einer zwölfmonatigen Studie die Korallenvorkommen der Gesellschaftsinseln in Französisch Polynesien in unterschiedlichen Wassertiefen untersucht, um herauszufinden, welche und wie viele Korallenarten für die Bedeckung des Meeresbodens verantwortlich sind und das in Abhängigkeit von Wassertiefe und Lichteinstrahlung. Festgestellt und dokumentiert wurde, dass noch in der Dämmerlichtzone in einer Wassertiefe von 90m bestimmte Korallenarten in der Lage sind, bei nur 4% des einfallenden Sonnenlichtes Riffstrukturen auszubilden, indem sie schindelförmig wachsen und dabei ihre gesamte Oberfläche als Lichtfalle einsetzen. Nur so können sie den Riffboden flächendeckend besiedeln. Die wohl größte Überraschung war die, dass das Tauchteam im Archipel Gambier

noch in 171m Wassertiefe Korallenbewuchs feststellen konnte, ein neuer Weltrekord, der bis dahin bei 160m lag. Die wohl wichtigste Erkenntnis dieser Langzeituntersuchung ist die Annahme der Wissenschaftler, dass eine neue Korallenbesiedlung der zerstörten Riffbereiche in der lichtdurchfluteten Flachwasserzone, von Korallen aus der Dämmerlichtzone erfolgen könnte, obwohl die Beweise dafür noch nicht erbracht sind.
Ein weiterer, begrenzender Faktor für die Verbreitung der Korallen in der Tiefe des Meeres ist das Licht. Da riffbildende Korallen in einer engen Gemeinschaft mit einzelligen Algen, den Zooxanthellen, leben und diese für die Aufrechterhaltung ihrer Fotosynthese Sonnenlicht benötigen, können Korallen nur bis in Tiefen siedeln, wo noch ausreichend Sonnenlicht die symbiotischen Algen trifft. Untersuchungen haben gezeigt, dass die größte Tiefe, in der zooxanthellenbesetzte Korallen vorkommen können dort liegt, wo noch 1% des einfallenden Oberflächenlichtes vorhanden ist. Damit geraten sowohl die Korallen als auch die einzelligen Algen in eine Situation, in der mit fortschreitender Tiefe die Fotosyntheseleistung nachlässt und die Korallen ihr Wachstum drastisch reduzieren oder sogar einstellen müssen.

Ein weiterer Faktor, der für die Verbreitung der Korallen ausschlaggebend ist, ist der gelöste Sauerstoff im Meereswasser. Dieser ist nur dort in ausreichender Menge vorhanden, wo Wellen sich brechen und eine gute Durchmischung des Wassers gewährleistet ist. Diese findet ausschließlich in den oberen Wasserschichten der Meere statt.

Auch die Ernährung der Korallenpolypen kann zu einem begrenzenden Faktor für die Verbreitung so mancher Korallenart werden. Als festsitzende Tiere sind Korallen an bestimmte Standorte gebunden, wo sie mit dem auskommen müssen, was das Wasser ihnen an Nahrung zuträgt. Da das Angebot oft nicht zum Überleben ausreichend ist, haben Korallen verschiedene Ernährungsstrategien entwickelt, die es ihnen ermöglichen, an ihrem Standort ein geregeltes Auskommen zu haben. Zum einen ist es der Fang von kleinen Planktonorganismen mit Hilfe ihrer zahlreichen Fangarme und unterstützt von den sich darin befindlichen Nesselzellen. Zum anderen sind es gelöste organische Stoffe, die die Korallenpolypen über ihre gesamte Körperoberfläche aufnehmen, wobei die einzelligen Algen eine zentrale Rolle spielen. Auf der Basis dieser Partnerschaft beruht letztlich die biologische Produktion von Korallenriffen. Zum einen nutzen die winzig kleinen Algen die Energie des Sonnenlichtes, um aus Kohlendioxyd und Wasser mit Hilfe der Fotosynthese Kohlehydrate, Aminosäuren und Sauerstoff zu produzieren, die die Korallenpolypen für ihren eigenen Stoffwechsel nutzen und über die gesamte Körperoberfläche absorbieren. Zum anderen verarbeiten die Algen die Stoffwechselendprodukte der Korallenpolypen, wobei es sich um Nitrate, Sulfate und Ammoniak handelt. Bis heute ist nicht bekannt, wie diese Wechselwirkung reguliert wird. Sicher ist jedoch, dass die einzelligen Algen ihren Wirt mit organischen Verbindungen versorgen, die auch das eigene Wachstum begünstigen. Damit ist die Partnerschaft zwischen Tier und Pflanze eine echte Symbiose, da beide Vorteile aus dieser engen Bindung ziehen. Schließlich stammen 90% der Nahrung der Korallenpolypen von den einzelligen Algen, ohne deren

Anwesenheit die Polypen auf Dauer nicht überleben könnten.

Korallen wachsen, indem sie ihr Kalkskelett vergrößern und die darin lebenden Korallenpolypen an Anzahl und Masse zunehmen. So entziehen an einem Korallenriff viele Millionen von Korallenpolypen über verschiedene Prozesse dem Meerwasser Kalk, der für den Bau der Skelettsubstanz benötig wird.
Obwohl fast alle riffbildenden Korallen in bestimmten geographischen Breiten unter gleichen Bedingungen von Temperatur, Sauerstoffangebot, Sonneneinstrahlung, Wasserbewegung und Salzgehalt leben, können doch erhebliche Wachstumsunterschiede zwischen den verschiedenen Korallenarten gemessen werden. So wachsen am schnellsten astbildende Korallen der Gattungen Acropora und Porites. Sie besiedeln vorzugsweise die von Sonnenlicht durchfluteten Areale des Riffdaches, der Riffkante und des oberen Riffhanges, wo die Sonneneinstrahlung, die Wasserdurchmischung, die Temperatur und das Nahrungsangebot am größten sind. Viele andere Korallenarten wachsen langsamer und stellen, wenn sie eine bestimmte Größe erreicht haben, ihr Wachstum weitgehend ein. So ist immer der Standort entscheidend, den der Erstpolyp sich für die Gründung einer neuen Korallenkolonie ausgesucht hat.

Die Geschlechtsverhältnisse sind bei den Korallen recht unterschiedlich. Entweder sind die Korallekolonien männlich, weiblich oder zwittrig. Einen Generationswechsel gibt es nicht, wobei eine Medusengeneration nicht vorkommt. Daher begegnen uns Korallen nur in der Polypenform. Eine ungeschlechtliche Vermehrung durch Knospung und Sprossung überwiegt bei den Korallen. Die durch eine Teilung entstandenen Tochterpolypen verbleiben im Polypenverband, so dass sehr schnell ein Polypenstock entsteht. Bei der geschlechtlichen Vermehrung geht aus einem befruchteten Ei eine frei schwimmende Larve (Planula) hervor, die sich nach einer kurzen planktischen Lebensphase ein geeignetes Substrat sucht, sich festsetzt und eine neue Korallenkolonie gründet. Die geschlechtliche Vermehrung dient somit zugleich der Verbreitung der Korallenart im Meer. Das Ablaichen der Gameten erfolgt bei vielen Korallenarten synchron und meist in einer einzigen Nacht. Es findet nach Einbruch der Dunkelheit statt und ist an viele Faktoren gekoppelt. So an Mondphasen, an die Temperatur, die Gezeiten und an die Tageslänge. Bereits schon die winzigen Larven haben in ihrem Gewebe einzellige Algen (Zooxanthellen), die sie vom Mutterpolypen übernommen haben und sich im Gewebe des Polypen in dem Maße vermehren, wie dieser wächst.

Die meisten Korallen sind nachtaktiv. Tagsüber leben sie in den Vertiefungen ihrer Skelette. Nur wenige Arten haben auch tagsüber ihre Polypen zum Planktonfang ausgestreckt. Die überwiegende Anzahl der Arten nutzt die Dunkelheit der Nacht, um tierisches Plankton, das aus der Tiefe des Meeres zur Wasseroberfläche aufsteigt, zu fangen. Mit Hilfe ihrer zahlreichen Fangarme und den sich darin befindlichen Nesselzellen wird tierisches Plankton bombardiert, gelähmt oder getötet, festgehalten und in die Mundöffnung gestopft.

Die meisten Korallen leben dicht gedrängt im Riff. Die Konkurrenz um Nahrung, Licht und Raum ist außerordentlich groß. So haben fast alle Arten verschiedene Strategien und Überlebensmechanismen entwickelt, mit dem Ziel, die Art zu erhalten. So setzen sie aggressiv ihre Nesselzellen für den Angriff und für die Verteidigung ein, bekämpfen sich mit Giften und mit wachstumshemmenden Substenzen, um nicht verdrängt und überwuchert zu werden. Alles ist im System des Nebeneinander und Miteinander zu leben so komplex, dass wir Menschen noch außerstande sind, es vollständig zu erfassen, geschweige denn, zu begreifen.

Ein Korallenriff, das intakt ist, stellt in der Regel eine geschlossene Einheit dar. Soll es erhalten bleiben, dann muss die Primärproduktion stets größer sein als alle Faktoren, die dazu beitragen, ein Riff abzutragen und damit auf Dauer zu zerstören. Viele Fische, Borstenwürmer, Seesterne, Seeigel, Schwämme und viele andere Organismen sind am Abbau der Riffe beteiligt. Selbst die Qualität des Wassers und damit der Grad der Verschmutzung, sich ändernde Strömungen, die zivile Sedimentation und der stetig fortwährende Eingriff des Menschen in das Gleichgewicht dieses so empfindlichen Ökosystems sind entscheidende Faktoren, die über Leben und Tod der Korallenriffe entscheiden.

Es muss außerdem bedacht werden, dass Korallentiere festsitzende Organismen sind, die sich nicht aktiv durch Flucht einer Verschmutzung des Meereswassers entziehen können. Damit sind sie stets den sich verschlechternden Ortsbedingungen ausgeliefert und reagieren dementsprechend schon auf kleinste Störungen ihres biologischen Gleichgewichtes. Letztlich sterben sie ab. Damit wird auch den Pflanzen und Tieren, die im Ökosystem Korallenriff leben, die Grundlage ihrer Existenz entzogen, so dass sie entweder abwandern oder auch aussterben.

In den letzten Jahrzehnten hat gerade der Mensch durch Eingriffe in die natürlichen Mechanismen des ökologischen Gleichgewichts der Riffsysteme dazu beigetragen, irreparable Schäden zu verursachen. So wird das Kalkgestein der Riffe nicht nur für die Zementherstellung und für den Häuser-, Straßen- und Wohnungsbau verwendet, sondern auch zur Düngemittelverarbeitung genutzt. Mit dem Wachstum von Industrie, Landwirtschaft und Transportwesen hat die Verschmutzung küstennaher Gewässer rapide zugenommen. Nicht zu vergessen sind der sich stetig ausbreitende Tourismus, die Dynamitfischerei und die Abfallbeseitigung im Meer. Aber auch menschliche und industrielle Abwässer aus Städten, Gemeinden, Häfen und Hotelanlagen werden ungeklärt in das Meer gepumpt und belasten es mit Pestiziden, Schädlingsbekämpfungs- und Düngemitteln, mit Phosphaten und Nitraten. Das hat zur Folge, dass es zu einer Überdüngung des Meerwassers und zu einer für die Korallen lebendbedrohlichen Sauerstoffverknappung kommt. Nur die Algen profitieren von diesem Nährstoffeintrag, wachsen zu einer großen Anzahl heran, so dass es vielerorts zu Planktonblüten kommen kann. Wenn Algen absterben, sinken sie zu Boden und bedecken die Korallenriffe. Damit beschleunigen sie das Korallensterben. Aber auch das Verbrennen fossiler Brennstoffe führt zum sogenannten Treibhauseffekt und damit zur Erwärmung unseres Planeten. Hinzu kommt, dass bei starken tropischen Regenfällen Sedimente im Landesinneren über Bäche und Flüsse abgeschwemmt werden und so die küstennahen Korallenriffe erreicht. Während einige Korallenarten ein gewisses Maß an Sedimentation tolerieren, sind andere Arten dagegen zum Absterben verurteilt. In den letzten Jahrzehnten ist festgestellt worden, dass Korallen vielerorts ausbleichen. Das geschieht, weil die kleinen, einzelligen Algen (Zooxanthellen) ihr Pigment, das Chlorophyll, verlieren oder ganz einfach ihren Wirt verlassen oder von diesem abgestoßen werden. Ohne Zooxanthellen sind die meisten hermatypischen Korallen kaum überlebensfähig, sterben nach einer gewissen Zeit ab und zurück bleibt ein weißes Kalkskelett, das schnell von Algen besetzt wird.

Man muss nicht allzu viel Fantasie entwickeln, um sich vorzustellen, wie die Riffsysteme in der Zukunft einmal aussehen werden, wenn diese Aktivitäten anhalten oder sich noch intensivieren. Schon jetzt sind viele Korallenriffe abgestorben, abgesammelt, weggesprengt und von vielen Sekundärsiedlern überwuchert. Schleimalgen flottieren in der Strömung und ersticken alles Leben. Die Riffhänge sind übersät mit totem Korallengestein und eine Wiederbelebung durch neuen Korallenbewuchs ist praktisch unmöglich. Bedingt durch die schnelle Erwärmung der Erdatmosphäre kommt es zur Abschmelzung der polaren Eiskappen, was zum Ansteigen des Meeresspiegels führen wird. Viele Koralleninseln im Indischen und pazifischen Ozean, die sich nur wenige Dezimeter über den Meeresspiegel erheben, werden dann irgendwann im Meer versinken. Die Inseln der Malediven werden dann nicht mehr existieren und ein Volk wird heimatlos. Das führt dazu, dass ganze Völker sich auf den langen Marsch und auf die Suche nach neuen Siedlungsmöglichkeiten begeben und damit Konflikte mit anderen Völkern vorprogrammiert sind.

In den letzten Jahren ist ein weiteres Problem in den Weltmeeren aufgetaucht, das es vorher noch nicht gegeben hat: Plastik! Denn mittlerweile sind unsere Weltmeere zu einer Müllhalde verkommen. Plastiktüten, Plastikbecher, Plastikdosen, Fischernetze, Verpackungsmaterialien und Vieles mehr landet in den Weltmeeren und ist über Jahrhunderte nicht abbaubar. Viele Kunststoffe zerfallen in Milliarden Einzelteile und bilden das sogenannte Nanoplankton, das in den Weltmeeren schwebt und teilweise zu Boden sinkt. Nach Schätzungen von Umweltorganisationen schwimmen heute über 90 Millionen Tonnen Plastik in unseren Weltmeeren und täglich kommen weitere Millionen hinzu. Das hat zur Folge, dass Plastik in den Mägen von Hochseehaien, Walen, Delphinen, Schildkröten, Fischen und anderen Tieren landet, ihren Hals, die Atemwege und den Verdauungstrakt blockiert und letztlich eine Nahrungsaufnahme unmöglich macht. Die Tiere verhungern elendig. Nicht zuletzt sind es die Fische, die Plastik in Form des Nanoplanktons aufnehmen und an uns Verbraucher weitergeben. Was dieser unfreiwillige Plastikkonsum bei uns Menschen einmal an Krankheiten hervorrufen kann und wird, ist im Moment noch nicht erforscht. Sicher ist jedoch, dass es Auswirkungen haben wird.

Verzweifelt blicken heute schon viele Menschen in die Zukunft und fragen sich, wie die Welt einmal aussehen wird, wenn diese negativen Entwicklungen so weiter gehen und nicht gestoppt werden können. Eines jedoch ist jetzt schon sicher: Schon lange hat der Mensch damit begonnen, Teile eines Schöpfungswerkes zu vernichten, das an Schönheit und Reichtum seines Gleichen sucht. Und sicher ist auch, dass der Mensch aufgrund seiner Intelligenz sich einmal selbst von dieser Erde katapultieren wird. Die Erde braucht uns Menschen nicht, denn sie wird auch ohne uns noch weitere Milliarden von Jahren bestehen bleiben, so lange, bis die Sonne ihre Energie verliert und die Erde, ähnlich wie der Mond, dann als ein kalter Planet im Weltraum seine Bahnen zieht.

Auf den Inseln Malediven sind Korallen eines der wenigen Baumaterialien, die vorhanden sind. Die Korallen werden im Riff gesammelt oder gesprengt und für den Hausbau verwendet. Das Bild zeigt, wie der Maurer die roten Kalkskelette der Orgelpfeifenkorallen *(Tubipora musica)* neben anderen Korallen in das Mauerwerk des Hauses kontrastreich eingearbeitet hat.

Foto: Malediven, Ari-Atoll

Acropora abrotanoides (LAMARCK, 1816)
Abrotan-Geweihkoralle

Abrotan-Geweihkorallen wachsen in Form kleiner Tische mit überwiegend horizontalen Verzweigungen. An den Spitzen der Verzweigungen sieht man häufig viele kleine und miteinander verwachsene Sekundärverzweigungen, die seitlich abstrahlen. Die Farbe der Polypen kann braun, grün oder rosa sein. Sie alle leben mit einzelligen Algen, den Zooxanthellen, in einer Symbiose, von deren Produkten sie sich auch weitgehend ernähren. Ihre Standorte sind das Flachwasser. Hier siedeln sie unterhalb der Niedrigwasserzone bis in Tiefen von 15 m auf Plattformen und am Riffhang. Verbreitet sind sie im Indopazifik und kommen von Ostafrika bis nach Australien, Samoa und Japan vor. Auch im Roten Meer sind sie verbreitet.

Foto: Indonesien, Kalimatan

Acropora aculeus (DANA, 1846)
Stachelige Geweihkoralle

Stachelige Geweihkorallen bilden überwiegend horizontale Platten mit dicht stehenden und zusammenhängenden Verzweigungen aus, von deren kurze Koralliten abstrahlen. Die einzelnen Kolonien werden maximal 50 cm im Durchmesser groß. Die Farbe ihrer Polypen kann grün, grüngelb, blaugrau oder braun sein. Ihre vertikale Verbreitung reich vom flachen Wasser bis in Tiefen von 20 m. In seichten und stillen Lagunen siedeln sie besonders häufig. Die Verbreitung der Art reicht im Indopazifik von Ostafrika bis zu den Malediven, Australien, Samoa, Vanuatu und Fidschi.

Foto: Indonesien, Raja Ampad

Acropora abrotanoides , Indonesien, Kalimatan

Acropora aculeus, Indonesien, Raja Ampad

Acropora acuminata (VERILL, 1864)
Speerspitzen-Geweihkoralle
Speerspitzen-Geweihkorallen bilden große und tischförmige Kolonien von 1-2 m im Durchmesser aus und wachsen mit aufrechten Verzweigungen, die den Speerspitzen ähnlich sind. Diese sind 10-15 cm lang, kräftig und spitz. Ihre Standorte sind gut durchströmte Riffabschnitte unterhalb der Niedrigwasserzone und der obere Riffhang. Ihre Polypen leben mit Zooxanthellen in einer Symbiose, von deren Produkten sie sich auch weitgehend ernähren. In der Nacht fangen die ausgestreckten Polypen Plankton. Speerspitzen-Geweihkorallen kommen in den Farben braun, blau und grün vor. Sie sind im Roten Meer und im Indopazifik von Ostafrika bis zu den Malediven, Chagos, dem Südchinesischen Meer, Japan und Australien weit verbreitet.

Foto: Indonesien, Vanuatu, Aoba

Acropora austera (DANA, 1846)
Kräftige Geweihkoralle
Kräftige Geweihkorallen zeigen variable Wuchsformen, die sich an der Stärke der Wasserbewegung im Riff orientieren. Sie können aufrecht, irregulär und buschig wachsen, mit dicht stehenden und kräftigen Verzweigungen. Vielerorts bilden sie in ihrem großen Verbreitungsgebiet ausgedehnte, monospezifische Bestände und das in fast allen Habitaten. Ihre Polypen können braun, hellbraun, grün oder violett gefärbt sein. Sie leben mit Zooxanthellen in einer Symbiose, von deren Produkten sie sich auch weitgehend ernähren. Verbreitet sind sie im Roten Meer und kommen im Indopazifik von Ostafrika bis Japan, den Cook-Inseln und Australien vor.

Foto: Indonesien, Moyo

Acropora acuminata, Vanuatu, Aoba

Acropora austera, Indonesien, Moyow

Acropora clathrata (BROOK, 1891)
Tischkoralle, Plattenkoralle

Die Kolonien dieser Korallenart wachsen überwiegend platten- bis tischförmig und kommen vom flachen Wasser bis in Tiefen von 15 m vor. Im oberen Riffhang sind sie vielerorts dominant. Ihre Kolonien können bis zu 120 cm im Durchmesser wachsen und ihre zahlreichen Verzweigungen sich vielerorts in schindelartigen Formationen auftürmen. Die Farbe der Kolonien reicht von grün und grau bis hin zu lavendelfarben. Verbreitet sind Tischkorallen dieser Art im Roten Meer und kommen im Indopazifik von Ostafrika bis nach Australien, den Salomonen und Japan vor.

Foto: Indonesien, Halmahera

Acropora danai (EDWARDS & HAIME, 1860)
Danas Geweihkoralle

Danas Geweihkorallen zeigen verschiedene Wuchsformen. An ruhigen Standorten mit nur mäßig bewegtem Wasser, wachsen sie fächerförmig, mit langen und aufrechten Verzweigungen. In Brandungsnähe dagegen tischförmig oder massiv mit kräftigen Verzweigungen, die einer breiten Basis entspringen. Die Spitzen der Verzweigungen sind heller abgesetzt und fächerförmig aufgespalten. Die Farbe der Kolonien ist variabel und richtet sich nach der Farbe der einzelligen Algen im Gewebe der Polypen. Graue und hellgrüne Farben sind dominierend. Verbreitet sind Danas Geweihkorallen im Roten Meer und kommen im Indopazifik von Ostafrika bis nach Australien und Tahiti vor.

Foto: Indonesien, Bali

Acropora clathrata, Indonesien, Halmahera

Acropora danai, Indonesien, Bali

Acropora divaricata (DANA, 1846)
Gespreizte Geweihkoralle

Gespreizte Geweihkorallen sind variabel in ihrer Wuchsform. Entweder wachsen sie in Form buschförmiger Kolonien oder sie bilden horizontale Platten aus, ähnlich denen der Tischkorallen. Ihre einzelnen Verzweigungen sind dick, kräftig und sie entspringen einer gemeinsamen Basis. Die Farbe der Kolonien ist variabel und reicht von braun und grün bis hin zu einem grünlichbraun. Die Wachstumsspitzen ihrer Verzweigungen sind in der Regel farblich abgesetzt und tragen hellere Spitzen. Das Verbreitungsgebiet dieser Korallen ist sehr groß. Es reicht vom Roten Meer und dem Golf von Oman bis nach Ostafrika, den Seychellen, Australien, Neukaledonien und Japan.

Foto: Salomonen, Hanesavo

Acropora donei (VERON & WALLACE, 1984)
Dones Geweihkoralle

Dones Geweihkorallen wachsen bevorzugt an flachen Saumriffen, wo sie am oberen Riffhang kleine, in mittleren Wassertiefen mittelgroße und im tieferen Wasser große Kolonien bilden, die einen Durchmesser von bis zu 300 cm erreichen können. Ihre tischförmigen Kolonien sind seitlich am Untergrund angewachsen, die Verzeigungen der Kolonien lang, gespreizt, stets aufwärts gerichtet und verschieden gefärbt. So können sie cremefarben, grau oder grünlich sein. Ihre Wachstumsspitzen sind entweder orange, bläulich oder violett abgesetzt. Die Verbreitung der Art reicht vom Roten Meer bis in den Indopazifik von Ostafrika bis nach Australien, Mikronesien, den Philippinen und Japan.

Foto: Vanuatu, Insel Aoba

Acropora divaricata, Salomonen, Hanesavo

Acropora donei, Vanuatu, Aoba

Acropora echinata (DANA, 1848)
Stachelige Geweihkoralle

Das Bild zeigt eine Nahaufnahme einer annähernd 150 cm im Durchmesser großen Kolonie. Die Hauptverzweigungen der Kolonie werden bis zu 3 cm im Durchmesser dick und 10 cm lang. Ihre zarten Spitzen, die sich meist blau oder violett absetzen, sind ähnlich den Borsten einer Flaschenbürste, um die Achse der Verzweigungen angeordnet. Sie bewirken das stachelige Aussehen der Koralle. Geweihkorallen dieser Art sind leicht zerbrechlich und siedeln daher in stillen Lagunen und an seicht abfallenden Riffhängen, wo die Strömung des Wassers moderat ist. Ihre Polypen leben mit Zooxanthellen in einer Symbiose und sie ernähren sich auch weitgehend von deren Produkten. Zusätzlich fangen sie in der Nacht Mikroplankton für die Ernährung der Kolonie. Die Art ist im Indopazifik von Thailand bis nach Malaysia, Australien, Mikronesien, Papua Neuguinea und den Solomonen verbreitet.

Foto: Australien, GBR

Acropora elegans (EDWARDS & HAIME, 1860)
Elegante Geweihkoralle

Elegante Geweihkorallen sind Tierkolonien des tieferen Wassers. Sie siedeln erst unterhalb einer Wassertiefe von 15-20 m. Hier bilden sie kleine, im Durchmesser 20-30 cm große Kolonien in Form flacher Plattern aus, wobei alle Verzeigungen abgeflacht sind. Die gesamte Kolonie ist seitlich am Korallengestein befestigt und wächst horizontal in das freie Wasser. Daneben kommen auch fächerförmig verzweigte Kolonien vor, die mit kleiner Basis beginnen und sich breit verzweigen. Elegante Geweihkorallen kommen in verschiedenen Farben vor und werden selten gefunden. Vielleicht ist ein Grund dafür, dass sie überwiegend in sehr tiefem Wasser siedeln, die von Tauchern selten aufgesucht werden. Verbreitet sind sie im Roten Meer und kommen im gesamten Indopazifik vor.

Foto: Indonesien, Menjangan

Acropora echinata, Australien , Großes Barriere Riff

Acropora elegans, Indonesien, Menjangan

Acropora florida (DANA, 1846)
Florida-Geweihkoralle

Florida-Geweihkorallen wachsen mit dicken und kräftigen Primärverzweigungen, die in einer Ebene ausgerichtet sind. Die Sekundärverzweigungen sind dagegen kurz und im Durchschnitt nur 1 cm hoch. Ihre Siedlungsorte sind die Brandungsbereiche der Riffdächer und der obere Riffhang. Damit sind sie kräftigen Wasserbewegungen bestens angepasst. An einem guten Standort können sie beträchtliche Ausmaße erreichen und mehrere Quadratmeter Untergrund bedecken. Ihre Polypen leben mit Zooxanthellen in einer Symbiose, von deren Produkten sie sich auch weitgehend ernähren. In der Nacht fangen die ausgestreckten Polypen Plankton. Florida-Geweihkorallen können braun, gelbbraun, gelb, rosa oder grün aussehen. Sie kommen von den Malediven und der südchinesischen See bis nach Mikronesien, Papua Neuguinea und Australien vor.

Foto: Indonesien, Sumatra

Acropora formosa (DANA, 1846)
Formosa-Geweihkoralle

Formosa-Geweihkorallen gehören wohl zu den häufigsten Arten der Gattung Acropora an den Riffen im Roten Meer und des Indopazifiks. Beginnend an den Riffen von Ostafrika und dem Persischen Golf bis hin zum südchinesischen Meer und Australien. Sie sind in fast jeder Wassertiefe und in fast jedem Habitat anzutreffen. Ihre Kolonien wachsen buschig, mit weit auseinander stehenden Verzweigungen, wobei die Endverzweigungen kurz und in alle Richtungen orientiert sind. Ihre Kolonien kommen in verschiedenen Farben vor. Auch die räumliche Ausdehnung ihrer Kolonien ist verschieden. An manchen Riffen können sie nur kleine Fleckenriffe bilden oder bestandbildend sein und sehr große Areale des Untergrundes bedecken.

Foto: Indonesien, Banta

Acropora florida, Indonesien, Sumatra

Acropora formosa, Indonesien, Banta

Acropora granulosa (EDWARDS & HAIME, 1846)
Raue Geweihkoralle

Die Kolonien der Rauen Geweihkorallen wachsen in der Regel in annähernd runden, horizontalen und tischförmigen Platten, die 100 cm und mehr im Durchmesser betragen können. Ihre röhrenförmigen Koralliten, die an den horizontal ausgerichteten Verzweigungen ansetzen sind kurz, etwa 2 mm im Durchmesser dick und nach oben gerichtet. Die Farbe der Kolonien ist variabel. Eine so prächtig gefärbte Kolonie, wie auf dem Bild zu sehen, ist selten zu finden. Raue Geweihkorallen siedeln vom flachen Wasser bis in größere Tiefen und bevorzugen als Standorte gut durchströmte Riffhänge. Verbreitet sind sie im gesamten Indopazifik und kommen von Ostafrika bis Australien und Tahiti vor.

Foto: Indonesien, Nord Sulawesi

Acropora hoeksemai WALLACE, 1997
Hoeksemas Geweihkoralle

Korallen dieser Art bilden große und weiträumige Tischkorallen aus, die im Extremfall einen Durchmesser von 400 cm erreichen können. In der Regel jedoch sind sie kleiner. Sie bilden kräftige und lange Verzweigungen aus, wobei die kräftigen und aufrecht stehenden in der Mitte und die nach oben gebogenen Verzweigungen am Rand der Kolonie zu liegen kommen. Die starken Verzweigungen können einen Durchmesser von 15 mm erreichen. Hoeksemas Geweihkorallen kommen in verschiedenen Farben vor. Diese richtet sich weitgehend nach der Farbe der Zooxanthellen, mit denen sie in einer Symbiose leben. Ihr Lebensraum sind Außenriffe, wo sie von der Niedrigwasserzone bis in moderate Tiefen vorkommen und auch den mittleren Riffhang besiedeln. Verbreitet sind sie von Thailand und Indonesien bis nach Papua Neuguinea und Australien. Diese Korallenart trägt den Namen des holländischen Korallenforschers Dr. Bert Hoeksema.

Foto: Indonesien, Nusakode

Acropora granulosa, Indonesien, Nord Sulawesi

Acropora hoeksemai, Indonesien, Nusakode

Acropora humilis (DANA, 1864)
Gedrungene Geweihkoralle

Gedrungene Geweihkorallen sind nicht nur weit verbreitet, sondern auch sehr häufig. Sie kommen im Roten Meer und im gesamten Indopazifik von Ostafrika bis Hawaii und Australien vor und siedeln im Bereich von Ebbe und Flut, auf Riffdächern, an der Riffkante und am oberen Riffhang. Die Kolonien, die im Gezeitenbereich leben, fallen häufig bei Niedrigwasser trocken. Gedrungene Geweihkorallen sind wichtige Riffbildner, deren Kolonien häufig nicht größer als 40 cm im Durchmesser wachsen. Sie sind an einer zentralen Basis befestigt und wachsen mit breiter Oberfläche dem Sonnenlicht entgegen. Ihre Verzweigungen tragen große, axiale Koralliten, die von kleineren und in Reihe angeordneten umstanden werden. Ihre Polypen leben mit Zooxanthellen in einer Symbiose, von deren Produkten sie sich auch weitgehend ernähren. Die Farbe der Kolonien ist sehr variabel und reicht von braun und blau bis hin zu rosa, gelbgrün und cremefarben.

Foto: Indonesien, Molukken

Acropora hyacinthus (DANA, 1846)
Hyazinthen-Tischkoralle

Hyacinthen-Tischkorallen bilden bis zu 2 m im Durchmesser große, flache, breite und tischförmige Kolonien aus, die auf einer kräftigen Basis ruhen. Da ihre Polypen mit Zooxanthellen in einer Symbiose leben, von deren Produkten sie sich auch weitgehend ernähren, streckt die gesamte Kolonie ihre Oberfläche dem einfallenden Sonnenlicht entgegen. Die vielen Verzweigungen sind relativ kurz und deren Enden aufwärts gekrümmt. Ihr Lebensraum sind Riffplattformen und das Riffdach, die Riffkante und der obere Riffhang, wo kräftige Wasserbewegungen vorherrschen. Die Tischbasis ist ein beliebter Aufenthaltsort für Rochen, Grundhaie und verschiedene Fischarten. Besonders Süßlippen der Gattung *Plectorhynchus* halten sich hier in kleinen Gruppen auf. Eine weit verbreitete Unart mancher Taucher ist es, sich mit voller Ausrüstung auf Tischkorallen zu setzen, um ein Erinnerungsfoto zu machen. Dabei brechen die Tischkorallen leicht ab und reißen eine Vielzahl anderer Korallenarten mit sich in die Tiefe. Tischkorallen sind im Roten Meer und im gesamten Indopazifik verbreitet.

Foto: Australien, Großes Barriere Riff

Acropora humilis, Indonesien, Molukken

Acropora hyacinthus, Australien, Großes Barriere Riff

Acropora intermedia (BROOK, 1891)

Mittelgroße Geweihkoralle

Geweihkorallen dieser Art kommen verstreut zwischen anderen Korallen (intermediate) vor und fallen durch ihre kräftigen Verzweigungen auf, die einen Durchmesser von 25 mm haben können und eine Länge von über 100 mm erreichen. Im Flachwasser der Riffe und in sandigen Lagunen können sie monospezifische Bestände von beträchtlichen Ausmaßen bilden, die viele Hundert Quadratmeter des Bodens bedecken. Sie kommen von der Niedrigwasserzone bis in Tiefen von 18 m vor und sind in ihrer Farbe sehr variabel. Sie sind im Roten Meer und im Indopazifik von Ostafrika bis in den Indowestpazifik und Australien verbreitet. Acropora nobilis ist ein Synonym.

Foto: Malaysia, Sabah

Acropora yongei VERON & WALLACE, 1984

Youngs Geweihkoralle

Yongs Geweihkorallen sind vom Golf von Oman bis nach Mikronesien, Taiwan und Australien weit verbreitet. Sie siedeln von der Niedrigwasserlinie bis in moderate Tiefen und sind besonders an gut durchströmten Riffhängen häufig. Ihre Kolonien sind unterschiedlich groß und wachsen in buschigen Formationen mit langen und kräftigen Verzweigungen. Die meisten von ihnen sind im Durchmesser etwas 50 cm groß. Ihre Polypen können cremefarben, gelbbraun, braun oder rosafarben sein und leben mit Zooxanthellen in einer Symbiose, von deren Produkten sie sich auch weitgehend ernähren. Sie nutzen aber auch noch andere Energiequellen für ihre Ernährung.

Foto: Indonesien, Nusakode

Acropora intermedia, Malaysia, Sabah

Acropora yongei, Indonesien, Nusakode

Acropora latistella (BROOK, 1892)
Tellerbreite Geweihkoralle

Geweihkorallen dieser Art bilden Platten mit einem Durchmesser von 30-50 cm aus und siedeln mit seitlicher Basis fest zementiert auf Korallengestein. Ihre vertikale Verbreitung reicht von der Niedrigwasserlinie bis in Tiefen von 20 m, wo sie besonders häufig am oberen Riffhang und in Lagunen mit einem relativ hohen Sedimenteintrag zu finden sind. Ihre Polypen besitzen ein breites Farbspektrum, das von gelb und braun bis hin zu blaubraun und lavendel reicht. Verbreitet sind sie im Roten Meer und kommen im Indopazifik von Ostafrika bis Indonesien, Samoa, Vanuatu, Taiwan, dem Tuamotu-Atoll und Australien.

Foto: Papua Neuguinea, Milne Bay

Acropora jacquelinae WALLACE, 1994
Jaquelines Geweihkoralle

Jaquelines Korallen sind selten zu finden, obwohl ihr Verbreitungsgebiet riesig ist. Dieses reicht von Thailand und Malaysia bis nach Australien, den Salomonen, Samoa und den Philippinen. Diese kleinpolypigen Korallen bilden nur weniger umfangreiche Kolonien von maximal 50-60cm im Durchmesser aus und bevorzugen als Siedlungsorte ruhiges bis mäßig bewegtes Wasser in mittleren Wassertiefen von 10-30 m. Am häufigsten findet man sie an steilen Riffhängen, wo sie von einer kleinen Basis aus in breiter Formation in das freie Wasser hinauswachsen. Ihre Verzweigungen sind glatt, überwiegend aufwärts gerichtet, zugespitzt und an den Enden gespalten.

Foto: Indonesien, Bali

Acropora latistella, Papua Neuguinea, Milne Bay

Acropora jaquelinae, Indonesien, Bali

Acropora loripes (BROOK,1892)
Loripes-Geweihkoralle

Loripes-Geweihkorallen kommen in verschiedenen Wuchsformen vor. So findet man sie tischförmig, bürstenförmig oder rasenförmig wachsend und kann sie daher leicht mit Acropora granulosa verwechseln. Auch ihr Farbspektrum reich von graugrün, blau und hellbraun bis hin zu rosa. Ihre axialen Koralliten sind stets weiß. Sie sind annähernd 7mm im Durchmesser groß und bilden stets eine terminale Verzweigung aus. Loripes-Geweihkorallen, auch Hinkende Acropora genannt, kommen in fast allen Riffbereichen vom Flachwasser bis in den unteren Riffhang vor. Sie sind im Roten Meer und in Indopazifik von den Malediven und Chagos bis nach Japan und Australien verbreitet. Wie ihr Artname gefunden wurde, kann wahrscheinlich nur der Erstbeschreiber erklären. Denn loripes heißt auf lateinisch humpeln, hinken oder einfach „Riemenbein".

Foto: Indonesien, Raja Ampad

Aropora lutkeni ((CROSSLAND, 1952)
Himbeer-Geweihkoralle

Die Kolonien der Himbeer-Geweihkorallen werden im Durchschnitt nur 25-30 cm im Durchmesser groß. Sie kommen im Roten Meer vor und sind im Indopazifik von Ostafrika bis nach Australien, den Osterinseln und Japan verbreitet. Sie siedeln bevorzugt an Flachwasserriffen und am oberen Riffhang, wo starke Wasserbewegungen vorherrschen und Wellen sich brechen. Ihre Kolonien sind unterschiedlich gefärbt und können grau, braun, grün oder rosa gefärbt sein. Die einzelnen Verzweigungen stehen aufrecht, sind konisch, kurz und kräftig. Ihre Wachstumsspitzen sind häufig hell angesetzt.

Foto: Vanuatu, Aoba

Acropora loripes, Indonesien, Raja Ampad

Acropora lutkeni, Vanuatu, Aoba

Acropora microclados (EHRENBERG, 1834)
Microklados-Tischkoralle

Korallen dieser Art bilden annähernd runde und tischförmige Kolonien mit einem Durchmesser von maximal 100 cm aus und siedeln bevorzugt an steilen Riffhängen mittlerer Wassertiefen zwischen 5-20 m. Ihre Verzweigungen sind dünn und kurz. Sie kommen in verschiedenen Farbtönen vor, wobei braun und blaß rosa sehr häufig sind. Die axialen Korallite sind röhrenförmig und meist seitlich der Verzweigungen lokalisiert. Ihre Öffnungen sind nasenförmig. Die Verbreitung der Art reicht vom Roten Meer und dem Indischen Ozean bis nach Australien, Mikronesien, Japan und Taiwan.

Foto: Papua Neuguinea, Milne Bay

Acropora millepora (EHRENBERG, 1834)
Poren-Geweihkoralle

Poren-Geweihkorallen bilden mittelgroße bis große Kolonien mit schuppenförmigen und radiär angeordneten Koralliten aus, die schindelartig die Verzweigungen bedecken. Die Kolonien wachsen mit einer zentralen oder seitlich versetzten Basis im Flachwasser der Riffe und kommen ab 3 m Wassertiefe auf Riffplattformen und an seicht abfallenden Riffhängen vor. Die Farbe der Kolonien ist variabel und reicht von grün und orange bis hin zu rosa, rot und blau. An den Riffen von Indonesien sind die Korallenkolonien dieser Art überwiegend rosafarben.

Foto: Indonesien, Kalimatan

Acropora microclados, Papua Neuguinea, Milne Bay

Acropora millepora, Indonesien, Kalimatan

Acropora nana (STUDER, 1878)
Zwerg-Geweihkoralle

Zwerg-Geweihkorallen wachsen in Form kleiner und kräftiger Kolonien, mit langen und geraden Verzweigungen, die einer soliden Basis entspringen. Die Verzweigungen verteilen sich nach allen Seiten und sind auf Korallengestein fest zementiert. Ihre axialen Koralliten sind tubulär mit abgerundeten Rändern. In der Regel sind ihre Kolonien weiß, während die Wachstumsspitzen sich blau oder purpurrot absetzen. Zwerg-Geweihkorallen lieben stark bewegtes Wasser und siedeln daher bevorzugt an Außenriffen. Hier kommen sie vom Riffdach bis in den oberen Riffhang vor. Ihre Verbreitung reicht im Indopazifik vom Indischen Ozean und Französisch Polynesien bis nach Mikronesien und Taiwan.

Foto: Indonesien, Bali

Acropora palifera (LAMARCK, 1816)
Säulen-Geweihkoralle

Je nach Strömungsexposition entwickeln diese Korallen unterschiedliche Wuchsformen, die aber immer dicke Säulen und Äste besitzen. Ihre Kalkskelette sind sehr massiv, schwer, stehen aufrecht und dicht beieinander. Charakteristisch an dieser Korallenart ist das Fehlen einzelner Axialkoralliten an der Spitze der Verzweigungen, die bei allen anderen Acropora-Arten vorhanden sind. Die kräftige Wuchsform der Korallenart prädestiniert sie in stark bewegtem Wasser zu siedeln. Und so findet man sie bevorzugt in geringen Wassertiefen von Lagunen und am oberen Riffhang. Sie kommen im Roten Meer vor und sind im Indopazifik von Ostafrika und dem Arabischen Golf bis nach Australien und dem östlichen Pazifik verbreitet.

Foto: Indonesien, Molukken

Acropora nana, Indonesien, Bali

Acropora palifera, Indonesien, Molukken

Acropora pinguis WELLS, 1950
Stumpfe Acropora

Die Kolonien dieser Korallen wachsen mit krustiger Basis auf totem Korallengestein. Verschieden große, kräftige, kurze, aufrecht stehende und kegelförmige Erhebungen bedecken die Basis. Sie werden von kleinen, hellen und rauen Koralliten umgeben. Große Kolonien können durchaus mehrere Quadratmeter des Untergrundes bedecken und auch verschieden gefärbt sein. Im zentralen Indischen Ozean sind diese Korallen häufiger zu finden als im restlichen Verbreitungsgebiet, das von Ostafrika bis zu den Molukken und den Philippinen reicht.

Foto: Philippinen, Cebu

Acropora robusta (DANA,1846)
Robuste Geweihkoralle

Geweihkorallen dieser Art bilden dicke, kräftige und aufwärts gebogene Verzweigungen im Zentrum der Kolonie aus. Zur Peripherie hin werden diese etwas länger und im Querschnitt dünner. Die Koralliten sind groß und raspelförmig ausgebildet und die Polypen können grün, graubraun, violett oder gelbbraun gefärbt sein. Robuste Geweihkorallen bilden auf Riffplattformen und an der Riffkante kleine, bis zu 60 cm im Durchmesser große und tischförmige Kolonien aus, die kräftige Wasserbewegungen tolerieren. Sie sind im Roten Meer verbreitet und kommen im Indopazifik von den Malediven bis nach Australien, Samoa, Fidschi und Japan vor.

Foto: Indonesien, Zentral Sulawesi, Palu

Acropora pinguis, Philippinen, Cebu

Acropora robusta, Indonesien, Zentral Sulawesi, Palu

Acropora secale (STUDER, 1878)
Secale-Geweihkoralle

Geweihkorallen dieser Art bilden überwiegend kleine Kolonien aus, die mit einem seitlichen Stiel am Untergrund festgewachsen sind. Ihre Verzweigungen sind ein Gemisch aus kleinen und großen Koralliten, die violett, braun oder grün gefärbt sein können. Ihre Polypen leben mit Zooxanthellen in einer Symbiose, von deren Assimilationsprodukten sie sich auch weitgehend ernähren. In der Nacht fangen die ausgestreckten Polypen zusätzlich Plankton. A. secale ist eine Flachwasserkoralle, die auf Flachriffen und am Riffhang bis in 5 m Wassertiefe vorkommt. Verbreitet ist sie im Roten Meer und kommt im Indopazifik von Ostafrika und Mauritius bis zum Tuamotu Atoll und Australien vor.

Foto: Vanuatu, Aoba

Acropora selago (STUDER, ww1828)
Selago Geweihkoralle

Die Kolonien dieser Geweihkoralle wachsen bis zu einem Durchmesser von maximal 75 cm heran. Sie sind seitlich am Untergrund befestigt und bestehen aus kurzen, dünnen und doldenförmigen Verzweigungen, die in die Breite wachsen. Die Farbe ihrer Polypen kann braun, grün, blau, blaubraun oder rötlich sein. Sie leben mit Zooxanthellen in einer Symbiose, von deren Produkten sie auch weitgehend ernähren. Sie sind gelegentlich auch tagsüber ausgestreckt. Geweihkorallen dieser Art lieben geschützte Riffe im flachen Wasser und siedeln bevorzugt in Lagunen. Verbreitet sind sie im Roten Meer und kommen im Indopazifik vom Indischen Ozean bis nach Japan, den Cook-Inseln und Australien vor.

Foto: Indonesien, Kalimatan

Acropora secale, Vanuatu, Aoba

Acropora selago, Indonesien, Kalimatan

Acropora sukarnoi WALLACE, 1997
Sukarno-Geweihkoralle

Sukarno-Geweihkorallen bilden kräftige, breite und horizontale Platten und Tische mit breiten und kräftigen lateralen Verzweigungen aus, die überwiegend horizontal ausgerichtet sind. An den Endverzweigungen findet eine weitere Aufspaltung in kürzere Verzweigungen statt. Alle Kolonien sind entweder auf einer zentralen oder auf einer seitlich ansetzenden Säule mit dem Untergrund verankert. Sukarno-Geweihkorallen können cremefarben, braune, grüne, rötlich braun und lavendelblau gefärbt sein. Alle Kolonien leben bevorzugt unterhalb der Niedrigwasserlinie im bis zu 10 m tiefen und kräftig bewegten Wasser der Außenriffe, wo klares Wasser und ein Maximum an Sonneneinstrahlung vorherrschen. Ihre Kolonien werden bei einem guten Standort fast 120 cm im Durchmesser groß. Im Indopazifik sind sie von Madagaskar bis nach Mikronesien und Papua Neuguinea verbreitet.

Foto: Indonesien, Java.

Acropora subglabra (BROOK, 1891)
Subglabra-Geweihkoralle

Subglabra-Geweihkorallen ähneln sehr der Korallenart Acropora echinata, doch sind sie weitaus seltener, da ihr Verbreitungsgebiet begrenzt ist. Sie kommen nur im zentralen Indopazifik und an den Riffen von Australien vor. Ihre Korallen bilden große und fein ineinander vernetzte Kolonien aus, deren Verzweigungen etwas an Flaschenbürsten erinnern. Auch in Form kleiner Tische wachsen sie mit horizontalen Verzweigungen und bilden so Kolonien mit einem maximalen Durchmesser von 1-2 m. Subglabra-Geweihkorallen sind Flachwasserkorallen, die in Lagunen und auf Weichböden große Areale des Untergrundes bedecken können und so starke Wasserbewegungen meiden. Die Verbreitung der Art reich von den Malediven und Australien bis nach Papua Neuguinea und Vanuatu.

Foto: Indonesien, Bali

Acropora sukarnoi, Indonesien, Java

Acropora subglabra, Indonesien, Bali

Acropora tenella (BROOK, 1892)
Zarte Geweihkoralle

Zarte Geweihkorallen dieser Art siedeln erst unterhalb einer Wassertiefe von 25 m. Ihre plattenförmigen Kolonien, die sich in verschiedene Lagen orientieren, sind seitlich am Untergrund befestigt und ihre Verzweigungen lang und feingliedrig. Durch die breitflächige und horizontale Ausdehnung der Kolonie sind die Polypen in der Lage, noch das Restlicht in der Tiefe für die Photosynthese ihrer Zooxanthellen auszunutzen. Die Farbe der Polypen kann blau, grün oder beige sein. Die Verbreitung der Art reicht im Indopazifik von Indonesien bis nach Melanesien und Mikronesien. Die abgebildete Koralle wurde in einer Wassertiefe von fast 50 m fotografiert.

Foto: Indonesien, Menjangan

Acropora valenciennesii (EDWARDS & HAIME, 1869)
Valenciennes Tischkoralle

Valenciennes Tischkorallen besitzen ein sehr großes Verbreitungsgebiet, das vom Indischen Ozean bis in die südchinesische See, Papua Neuguinea, Samoa, Japan und Australien reicht. Die tischförmigen Kolonien dieser Koralle, die bis zu 4 m im Durchmesser wachsen können, siedeln bevorzugt unterhalb der Niedrigwasserzone im Flachwasser und am oberen Riffhang. Ihre Verzweigungen sind lang, kräftig und stets mit nach oben gebogenen Spitzen. Sie sind deutlich voneinander getrennt. Die im Zentrum der Kolonie wachsenden Verzweigungen können eine Länge von über 20 cm erreichen. Valenciennes Tischkorallen sind sehr häufig und kommen besonders zahlreich in gut durchströmten Riffkanälen vor. Man findet sie in verschiedenen Farben.

Foto: Malaysia, Lankayan

Acropora tenella, Indonesien, Menjangan

Acropora valenciennesii, Malaysia, Lankayan

Acropora valida (DANA, 1846)
Variable Geweihkoralle

Geweihkorallen dieser Art zeigen unterschiedliche Wuchsformen, die von krustigen Lagen bis hin zu dicken und strauchförmigen Kolonien führen. Immer jedoch ist die Wuchsform in Abhängigkeit zur Strömungsstärke des Wassers korreliert. Variable Geweihkorallen leben auf unterseeischen Riffplattformen, am oberen Riffhang und kommen von der Niedrigwasserzone bis in Tiefen von 50 m vor. Meist jedoch endet ihre vertikale Verbreitung bei einer Tiefe von 15 m. Sie zeigen verschiedene Wuchsformen, sind im Durchmesser relativ klein und können bei maximaler Größe etwa einen Quadratmeter des Untergrundes bedecken. Häufig jedoch sind sie kleiner und ihre axialen Korallite besonders kräftig coloriert. Die Kolonien können rosa, braun, violett oder grün gefärbt sein. Verbreitet sind Variable Geweihkorallen im Roten Meer und kommen im gesamten Indopazifik von Ostafrika bis nach Japan und im Ostpazifik bis zu den Galapagos-Inseln vor. Acropora variabilis ist ein Synonym.

Foto: Indonesien, Molukken

Acropora variabilis (KLUNZINGER, 1879)
Veränderliche Geweihkoralle

Veränderliche Geweihkorallen sind im Roten Meer und im Indopazifik von Madagaskar und Mauritius bis zum Chagos- Archipel und Australien verbreitet. Die einzelnen Kolonien siedeln im Flachwasser der Riffe und kommen bis in Tiefen von 15 m vor. Sie bilden nur kleine und buschförmige Kolonien aus, die auf festen Substraten siedeln und einen maximalen Durchmesser von 100 cm besitzen können. Die axialen Koralliten sind klein und die radialen Koralliten verschieden groß. Die Wachstumsspitzen der Verzweigungen sind stets hell abgesetzt. Veränderliche Geweihkorallen sind in ihrem Verbreitungsgebiet nicht sehr häufig zu finden.

Foto: Ägypten, Safaga

Acropora valida, Indonesien, Molukken

Acropora variabilis, Ägypten, Safaga

Acropora vaughani WELLS, 1954
Vaughans Geweihkoralle

Vaughans Geweihkorallen wachsen buschig und können im Flachwasser der Riffe, in geschützten Buchten, in seichten und sandigen Lagunen und an Saumriffen große Bestände bilden, vie viele Quadratmeter des Untergrundes bedecken können. Sie tolerieren trübes Wasser im Bereich des Flachwassers, wachsen mit irregulären, 10 cm langen und 1-2 cm dicken Verzweigungen heran, die überwiegend aufwärts gerichtet sind und deren Spitzen sich in der Regel hell absetzen. Die Kolonien können violett, hellbraun cremefarben oder dunkelblau gefärbt sein. Die Verbreitung der Art reicht im Indopazifik von Madagaskar und den Malediven bis nach Australien, Japan und dem zentralen Pazifik.

Foto: Malaysia, Tioman

Anacropora forbesi RIDLEY, 1884
Forbes Zweigkoralle

Forbes Zweigkorallen bilden umfangreiche, aufrechte und unregelmäßig reich verzweigte Kolonien aus, deren Wachstumsspitzen hell abgesetzt sind. Die einzelnen Verzweigungen sind dünn und zerbrechlich. Die Koralliten liegen weit auseinander, stehen etwas erhöht und verleihen so den Verzweigungen ein einstacheliges Aussehen. Forbes Zeigkorallen leben häufig auf mobilem Grund, kommen in belasteten Hafenbecken vor und siedeln auch im Brackwasser in der Nähe von Flußeinmündungen. Damit sind sie durchaus in der Lage, auch in Gewässern mit einem hohen Suspensionseintrag, zu überleben. Ihre Verbreitung im Indopazifik reicht von den Seychellen bis nach Australien und Fidschi.

Foto: Indonesien, Nusakode

Acropora vaughani, Malaysia, Tioman

Anacropora forbesi, Indonesien, Nusakode

Astreopora gracilis BERNARD, 1896
Sternblumenkoralle

Sternblumenkorallen sind Flachwasserkorallen, die von der Niedrigwasserzone bis in Tiefen von 25 m ihr größtes, vertikales Verbreitungsgebiet haben. Sie kommen im Roten Meer vor und sind im Indopazifik von den Malediven und Indonesien bis nach Australien, Mikronesien und Fidschi verbreitet. Ihre Kolonien, die nicht größer als 50 cm im Durchmesser wachsen, kommen in unregelmäßigen Formen vor und bilden Krusten, Teller und halbkugelige Köpfe aus. Ihre Koralliten stehen konisch erhöht, sind verschieden groß und in alle Richtungen orientiert. Das verleiht den Kolonien ein unregelmäßiges Aussehen. Sie kommen in den Farben gelbgrün, cremefarben, grün und braun vor.

Foto: Ägypten, Safaga

Astreopora myriophthalma LAMARCK, 1816
Sternkoralle

Sternkorallen wachsen entweder massiv und hemisphärisch oder auch plattenförmig mit verschiedenen großen, zylindrischen und runden Koralliten, die die Kolonieoberfläche überragen und nach allen Seiten abstrahlen. Ihre Polypen können cremefarben, gelb oder bräunlich sein. Eine Unterscheidung von der anderen Art aus dieser Gattung, *Astreopora gracilis*, fällt schwer, die ähnlich aussieht, jedoch nicht so häufig vorkommt. Sternkorallen siedeln in fast allen Riffbereichen und meiden als Standorte sehr trübes Wasser. Die Verbreitung der Art reich vom Roten Meer bis nach Thailand, Indonesien, Australien, Mikronesien und den Philippinen bis zum Tuamotu-Archipel im Zentralpazifik.

Foto: Indonesien, Flores

Astreopora gracilis, Ägypten, Safaga

Astreopora myriophthalma, Indonesien, Flores

Pocillopora damicornis (LINNAEUS, 1758)
Himbeerkoralle

Himbeerkorallen sind außerordentlich weit verbreitet und kommen im Roten Meer und im Indopazifik von Ostafrika bis in den Westpazifik zur Küste von Panama vor. Sie siedeln auf Riffdächern, am Riffhang, in Lagunen und sind schnelle Siedler. Gerade an neu errichteten Hafenanlagen kann man beobachten, dass sie die ersten Korallen sind, die sich hier niederlassen. Die Verzweigungen der relativ kleinen Kolonien sind kurz und kräftig und enden in einer Verdickung. Viele der kleinen Koralliten am Ende der Verzweigungen formieren sich zu einem „Köpfchen", das bei rosa gefärbten Kolonien an eine Himbeere erinnert. Die kleinen Polypen können rosa oder braun gefärbt sein. Viele kleine Garnelen, Krabben und Fische finden in den Verzweigungen der Koralle Schutz.

Foto: Ägypten, Safaga

Pocillopora elegans DANA, 1846
Elegante Keulenkoralle

Korallen dieser Art zeigen verschiedene Wuchsformen. Diese sind abhängig von der Wasserbewegung an ihrem Standort. Geduckt wachsende Kolonien siedeln im stark bewegten Wasser, filigrane Kolonien findet man im tieferen Wasser, wo die Wucht der Wasserbewegung gering ist. Alle Kolonien wachsen reich verzweigt mit abgerundeten Endverzweigungen. Die Farbe variiert von einem hellen Grün bis hin zu Braun und Gelb. Elegante Keulenkorallen besitzen kleine Polypen, die einen Ring von 12 Tentakeln besitzen. Die Verbreitung der Art reicht von Indonesien und dem Golf von Kalifornien bis nach Ecuador und den Galapagosinseln.

Foto: Indonesien, West Papua

Pocillopora damicornis, Ägypten, Safaga

Pocillopora elegans, Indonesien, West Papua

Pocillopora eydouxy EDWARDS & HAIME, 1860
Eydoux-Porenkoralle

Eydoux-Porenkorallen, auch Buschkorallen genannt, sind Tierkolonien des Flachwassers, die im klaren und stark bewegten Wasser nahe der Wasseroberfläche bis in 15 m Wassertiefe siedeln. Sie besitzen kräftige Wuchsformen mit kurzen und abgeflachten Verzweigungen, die buschartig angeordnet sind. An manchen Riffen bilden sie monospezifische Bestände. Ihr Skelett ist erheblich massiver als das von *Pocillopora damicornis*, das sehr porös und fragil ist. Auf der gesamten Oberfläche der Verzweigungen erkennt man warzenförmige Erhebungen, die zahlreiche Koralliten mit Polypen tragen. Eine ganze Anzahl von Krabben und Fischen lebt in den kräftigen Verzweigungen der Korallen und sucht hier Schutz vor Feinden. Die Farbe der Kolonien ist meist braun oder grün. Verbreitet sind Eydoux-Porenkorallen im Roten Meer und kommen im Indopazifik von Ostafrika bis Papua Neuguinea, den Solomonen, Vanuatu und Australien vor.

Foto 1: Mikronesien, Palau
Foto 2: Thailand, Burma Banks

Pocillopora eydouxi, Mikronesien, Palau

Pocillopora eydouxi, Thailand, Burma Banks

Pocillopora verrucosa (ELLIS & SOLANDER, 1786)
Pfötchenkoralle

Pfötchenkorallen kommen an fast allen Flachriffen vor und siedeln vom Riffdach und dem Riffhang bis in Tiefen von 25 m. Sie besitzen kräftige, etwa gleich lange und stumpf endende Verzweigungen und können cremfarben, graubraun, grün, rosa oder blau gefärbt sein. Besonders Gallkrabben der Gattung *Haplocarcinus* leben häufig in den endständigen Verdickungen dieser Koralle und bilden so kräftige Verdickungen. Verbreitet sind Pfötchenkorallen im Roten Meer und kommen im Indopazifik von Ostafrika bis in den Ostpazifik vor. Hier sind sie noch bis zu den Galapagos-Inseln anzutreffen.

Foto: Papua Neuguinea, Milne Bay

Pocillopora woodjonesi VAUGHAN, 1918
Woodjones-Porenkoralle

Woodjones-Porenkorallen sind selten, da sie nur ein begrenztes Verbreitungsgebiet im Pazifik haben, das von Australien und Melanesien bis nach Hawaii reicht. Die Kolonien dieser Koralle bestehen aus einer Vielzahl langer, kräftiger, aufrecht wachsender und abgeflachter Verzweigungen, die sich an ihren Enden verbreitern und abrunden. Sie sehen denen der anderen Art aus dieser Gattung, Pocillopora eydouxi, ähnlich, sind jedoch weitaus größer, länger und kräftiger. Die Koralliten sind klein und regelmäßig auf der Kolonieoberfläche verteilt. Woodjones-Porenkorallen sind Tierkolonien des flachen Wassers. Sie siedeln nahe der Wasseroberfläche am oberen und mittleren Riffhang und lieben kräftige Wasserbewegungen.

Foto: Vanuatu, Aoba

Pocillopora verrucosa, Papua Neuguinea, Milne Bay

Pocillopora woodjonesi, Vanuatu, Aoba

Seriatopora hystrix DANA, 1846
Stachelbuschkoralle

Stachelbuschkorallen sind im Indopazifik von Ostafrika bis nach Samoa, den Phoenix-Inseln und Australien weit verbreitet. Ihre Larven meiden bei ihrer Standortwahl Riffbereiche mit starken Wasserbewegungen und setzen sich aus diesem Grund in strömungsarmen Habitaten der Riffe fest und gründen so eine neue Kolonie. Nur hier sind sie in der Lage ausgedehnte Kolonien zu bilden. Ihre zarten und zerbrechlichen Verzweigungen wachsen buschförmig und besitzen nadelspitze Äste. Die zahlreichen kleinen Polypen sind in Längsreihen entlang der Verzweigungen angeordnet. Sie können verschieden gefärbt sein und eine Kolonie auch grün, braun oder hellbraun aussehen lassen. Ihre Verzweigungen bieten vielen kleinen Tieren Schutz und Versteckmöglichkeiten. Es sind vor allem kleine Krebse und Schnecken, die hier Schutz suchen. Stachelbuschkorallen leben mit Zooxanthellen in einer Symbiose und ernähren sich auch weitgehend von deren Assimilationsprodukten. Sie sehen der Nadelkoralle, *Seriaropora caliendrum*, ähnlich, doch besitzen sie längere und auch kräftigere Verzweigungen.

Foto 1: Indonesien, Komodo
Foto 2: Indonesien, Menjangan

Seriatopora hystrix, Indonesien, Komodo

Seriatoporo hysrix, Indonesien, Komodo

Seriatopora caliendrum EHRENBERG, 1843
Nadelkoralle

Nadelkorallen siedeln bevorzugt an strömungsberuhigten Stellen im Riff, wo die angreifende Strömung des Wassers sehr gering ist. Sie bilden kleine, reich verzweigte, filigrane und leicht zerbrechliche Kolonien aus, deren Verzweigungen nadelspitz enden. Ihre Koralliten sind sehr klein und in Reihen entlang der einzelnen Verzweigungen angeordnet. Die Polypen sind ebenfalls sehr klein, überwiegend nachtaktiv und können verschieden gefärbt sein. So kennt man grüne, braune, beige, cremefarbene und rosarot gefärbte Kolonien. Verbreitet sind Nadelkorallen im Roten Meer und kommen im Indopazifik von Ostafrika und den Malediven bis nach Australien, Neukaledonien und den Salomonen vor.

Foto: Malediven, Ari-Atoll

Stylophora subseriata DANA, 1846
Fingerkoralle

Fingerkorallen bilden nur kleine Kolonien aus, die einen Durchmesser von 15-20 cm haben. Sie siedeln vom Flachwasser bis in Tiefen von 20 m und kommen besonders häufig im obern und mittleren Riffhang vor. Sie benötigen für die Aufrechterhaltung der Photosynthese ihrer Zooxanthellen in den Polypen viel Licht und moderat bewegtes Wasser. Ihre fingerförmigen Verzweigungen sind schlank und enden stumpf. Sie sind wesentlich dünner und vielerorts auch länger als die der Griffelkorallen *Stylophora pistillata*. Hinzu kommt, dass sich ihre Verzweigungen endständig gabeln. Die Farbe der Kolonien reicht von braun und rosa bis hin zu purpurn. Fingerkorallen kommen im Roten Meer und im Indopazifik von Ostafrika und Australien bis nach Fidschi vor.

Foto: Philippinen, Silquijor

Seriatopora caliendrum, Philippinen, Balikasac

Stylophora subseriata, Philippinen, Silquijor

Stylophora pistillata ESPER, 1797
Griffelkoralle

Griffelkorallen bilden reich verzweigt Kolonien aus, deren Endverzweigungen stumpf enden. Je nach Standort ist die Form und Größe ihrer Kolonien variabel. Die Kolonien, die in stark strömenden Gewässern siedeln, bilden nur kleine und geduckt wachsende Kolonien mit nur wenigen, doch kräftigen Verzweigungen aus. Die Kolonien jedoch, die im tiefen Wasser leben, sind in ihrer Form filigraner und können in größeren Tiefen bei nur wenig einfallendem Licht, ihre Kolonien weit ausgebreitet zur Lichtexposition stellen. Mit einer Siedlungstiefe von über 80 m hat diese Korallenart die wohl größte Tiefenverbreitung riffbildender Korallen erreicht. Griffelkorallen sind sehr variabel in ihrer Farbe. Man kennt gelbe, weiße rosarote, beige und auch grün fluoreszierende Kolonien. Ihre Verzweigungen sind Lebensraum für eine ganze Anzahl von Korallenkrabben, Schnecken, Schlangensternen und auch für Fische der Gattungen *Chromis und Dascyllus*. Verbreitet sind Griffelkorallen im Roten Meer und kommen im Indopazifik von Ostafrika bis nach Australien und Japan vor.

Fotos : Indonesien, Nusakode; Indonesien, Komodo

Stylophora pistillata, Indonesien, Nusakode

Stylophora pistillata, Indonesien, Komodo

Montipora aequituberculata BERNARD, 1897
Blattporenkoralle

Blattporenkorallen sind Flachwasserkorallen, die überall dort siedeln, wo die Wasserbewegung gering und die Flachwasserriffe geschützt sind. Hier bilden sie auf Riffplattformen den oberen Riffhängen ihre dominanten und vorherrschenden Korallenformationen aus, die bei einem guten Standort viele Hundert Quadratmeter des Riffbodens bedecken können. Sie zeigen verschiedene Wuchsformen, die meist ein Gemisch aus Platten, Säulen und Tellern ist. Sie alle bestehen aus dünnen, verkrusteten Platten, die hintereinander aufgereiht stehen und die einer breiten Basis entspringen. Ihre Koralliten sind klein und in Reihen angeordnet. Die Wachstumsränder einer jeden Platte sind hell abgesetzt. Die Farbe der Kolonien ist verschieden. Sie kann beige, grün, cremefarben oder lila sein. Verbreitet sind Blattporenkorallen im Roten Meer und kommen im Indopazifik vom Golf von Aden und dem Indischen Ozean bis nach Australien und dem Zentralpazifik vor.

Foto: Vanuatu, Aoba

Montipora capricornis VERON, 1985
Vasenkoralle

Vasenkorallen sind Tierkolonien des Flachwassers, die besonders in stillen und strömungsarmen Lagunen siedeln. Hier können sie vorherrschend sein und formieren sich zu dünnen und aufrecht stehenden Platten, Trichtern, Bechern und gelegentlich auch zu Säulen. Die Oberfläche ihrer Korallenplatten ist uneben, sie zeigt häufig Rillenstrukturen, während die Wachstumsränder der Kolonien sich hell absetzen. Die Polypen sind klein, unscheinbar und tagsüber eingezogen. Die Farbe der Kolonien kann verschieden sein. Braune, grüne und creme farbige Kolonien kommen häufig vor, während die lila gefärbten Kolonien recht selten zu finden sind. Vasenkorallen kommen im Roten Meer vor und sind im Indopazifik vom Golf von Indonesien bis nach Australien, Mikronesien und Singapur weit verbreitet.

Foto: Vanuatu, Aoba

Montipora aequituberculata, Vanuatu, Aoba

Montipora capricornis, Indonesien, Molukken

Montipora confusa, NEMENZO, 1967
Mikroporenkoralle

Mikroporenkorallen wachsen mit krustiger Basis und einer eigenwilligen Oberflächenstruktur im Flachwasser der Riffe und zeigen kurze, kräftige und aufrechte stehende Verzweigungen. Ihre Kolonien kommen besonders häufig in seichten Lagunen und an strömungsarmen Stellen im Riff vor. Die Oberfläche der einzelnen Verzeigungen zeigt Rillenstrukturen, die parallel bis zu den hell abgesetzten Wachstumsspitzen verlaufen. Die Farbe der Kolonien kann verschieden sein, so dass es grüne, braune und gelegentlich auch gelbe Kolonien gibt. Die Verbreitung der Art reicht vom Roten Meer bis in den Indopazifik, wo sie von Ostafrika und Australien bis nach Hawaii vorkommen.

Foto: Philippinen, Cabilao

Montipora florida, NEMENZO, 1967
Florida-Mikroporenkoralle

Florida-Mikroporenkorallen gehören in ihrem Verbreitungsgebiet, das von Malaysia und Indonesien bis zu den Philippinen und Papua Neuguinea reicht, durchaus zu den häufigen laminar wachsenden Steinkorallen, die rosettenartige Stöcke mit schüsselförmigen Blättern bilden. Diese dünnen, aufrecht stehenden und bis zu 100 cm wachsenden Korallenblätter entspringen einer breiten und gemeinsamen Basis, von der sie leicht abbrechen und umfallen. Da Mikroporenkorallen dieser Art häufig im flachen und oft auch trüben Wasser siedeln, hinterlässt eine stark aufgewühlte See nach einem Sturm oft ein Trümmerfeld dieser Korallenart unter Wasser.

Foto: Indonesien, Molukken

Montipora confusa, Philippinen, Cabilao

Montipora florida, Indonesien, Molukken

Montipora digitata, DANA, 1846
Fingerkoralle

Fingerkorallen sind Flachwasserkorallen, die vom Riffwatt bis in den oberen und mittleren Riffhang und gelegentlich auch auf schlammigen Böden vorkommen. Ihre Verzweigungen erheben sich aus einer gemeinsamen Basis und bilden dünne, aufrecht stehende und stumpf endende Verzweigungen, die leicht abbrechen, da ihr Kalkskelett porös ist. Die Wachstumsspitzen der einzelnen Verzweigungen sind hell abgesetzt und die Koralliten der Polypen sind klein. Fingerkorallen können verschieden gefärbt sein. Es gibt grüne, orange, violette und bläuliche Kolonien. Eine dunkelrote Variante zeigt das untere Bild. Verbreitet sind sie im Roten Meer und kommen im Indopazifik von Ostafrika und Australien, bis nach Samoa, Tuvalu, Tonga und Japan vor.

Fotos: Philippinen, Silquijor; Indonesien, Menjangan

Montipora digitata, Philippinen, Silquijor

Montipora digitata, Indonesien, Menjangan

Montipora foliosa, (PALLAS, 1766)
Blättrige Mörtelkoralle

Blättrige Mörtelkorallen wachsen in Form breiter, flacher und blattförmiger Lagen, die gelegentlich Wirbel bilden und sich ineinander verschachteln. Ihre unregelmäßige Oberfläche trägt kleine Koralliten, die in Reihen zwischen den Riffen angeordnet sind. Sie verlaufen senkrecht zu den etwas hell abgesetzten Kolonierändern. Die Polypen sind klein und nachtaktiv. Blättrige Mörtelkorallen sieden an geschützten Riffhängen, wo nur moderate Wasserbewegungen stattfinden und kommen vom flachen Wasser bis in Tiefen von 20 m vor. Sie kommen in verschiedenen Farben vor und sind im Indopazifik von Ostafrika und den Malediven bis nach Australien, Mikronesien, Philippinen und Tonga verbreitet.

Foto: Malaysia, Lankayan

Montipora monasteriata, (FORSKAL, 1775)
Mörtelkoralle

Mörtelkorallen wachsen entweder in krustigen Platten oder in massiven und hemisphärischen Kolonien. Ihre Koralliten und Polypen sind klein, locker über die gesamte Kolonieoberfläche verteilt und tagsüber eingezogen. Da sie sehr hohe Beleuchtungsstärken vertragen, siedeln sie bevorzugt am oberen Riffhang. Mörtelkorallen besitzen eine sehr unregelmäßig gestaltete Oberfläche mit gradartigen Erhebungen und Vertiefungen. Sie sind schnell wachsende Korallen und daher auch leicht zerbrechlich. Sie kommen im Roten Meer vor und sind im Indopazifik von Ostafrika und Australien bis nach Guam und Hawaii weit verbreitet.

Foto: Papua Neuguinea, Milne Bay

Montipora foliosa, Malaysia, Lankayan

Montipora monasteriata, Papua Neuguinea, Milne Bay

Montipora palawanensis VERON, 2000
Palawan-Mikroporenkoralle

Korallen dieser Art sind selten. Sie haben ihren Namen von der Philippineninsel Palawan erhalten, weil sie dort sehr häufig vorkommen und erst im Jahr 2000 beschrieben wurden. Ihre Kolonien wachsen entweder massiv in hemisphärischen Blöcken oder in Form dicker Platten, die den Untergrund flach überwachsen können. Ihre Oberfläche zeigt ein Labyrinth aus vertieften Koralliten und sinusförmigen Projektionen, die besonders dann gut sichtbar werden, wenn ihre hellbraunen oder auch grünen Polypen eingezogen sind. Als ausgewiesene Flachwasserkorallen zeigen sie ein Spektrum von Farben, die gelegentlich sehr kräftig ausfallen können. Hellbraune, rosa- und cremefarbene Kolonien sind sehr häufig. Palawan-Korallen sind vom zentralen Indopazifik bis in den Ostpazifik verbreitet.

Foto: Indonesien, Nusakode

Montipora spongodes, BERNARD, 1897
Spongodes Mikroporenkoralle

Die kräftigen, unterschiedlich großen und senkrecht aufragenden Korallensäulen der Spongodes Mikroporenkorallen entspringen einer breiten und plattenförmigen Basis, die mit wurzelähnlichen Ausläufern am Boden befestigt sind. Der Umfang einer Kolonie ist selten größer als 30 cm. Sie siedeln in unterschiedlichen Riffbereichen, kommen bevorzugt im mittleren Riffhang vor und sind selten zu finden. Die Oberfläche ihrer Säulen ist weitgehend glatt, die Koralliten klein, eingesenkt, weit auseinander gelegen und ihre Polypen nachtaktiv. Sie können grau, braun oder dunklbraun gefärbt sein. Verbreitet sind Mikroporenkorallen dieser Art im Roten Meer und kommen im Indopazifik von Ostafrika und den Malediven bis nach Australien, Mikronesien und Japan vor.

Foto: Philippinen, Cabilao

Montipora palawensis, Indonesien, Nusakode

Montipora spongodes, Philippinen, Cabilao

Montipora spumosa, (LAMARCK, 1816)
Schäumende Mikroporenkoralle

Schäumende Mikroporenkorallen wachsen verkrustet und säulenförmig auf einer gemeinsamen und plattenförmigen Basis, die mit dem Untergrund verwurzelt sind. Die Spitzen ihrer kleinen und säulenförmigen Erhebungen sind hell abgesetzt und gelegentlich geflammt, unregelmäßig verteilt und nach allen Seiten ausgerichtet. Die kleinen Koralliten sind vertieft und die Polypen tagsüber eingezogen. Sie können braun, grün, cremefarben oder blau gefärbt sein. Schäumende Mikroporenkorallen sind in fast allen Riffhabitaten präsent. Ihre Kolonien werden maximal 50 cm im Durchmesser groß und sind auch in trüben Gewässern zu finden. Verbreitet sind sie im Roten Meer und kommen im Indopazifik von Ostafrika und Australien bis nach Samoa, Tonga und Japan vor.

Foto: Philippinen, Cebu

Montipora tuberculosa, LAMARCK, 1816
Knotige Mikroporenkoralle

Knotige Mikroporenkorallen wachsen bei einem optimalen Standort zu außerordentlich großen und blatt- bis tellerförmigen Kolonien heran, die viele Quadratmeter des Untergrundes bedecken können. Die periphere Begrenzung ihrer scheibenförmigen Kolonieoberfläche ist meist unduliert, gelegentlich gefaltet und meist heller oder auch violettfarben abgesetzt. Die Koralliten sind klein und durch Knötchen voneinander getrennt. Im Zentrum großer Kolonien bilden sich Vertiefungen, die sich im Verlauf der Zeit mit feinem Sediment füllen. Dadurch entsteht ein neuer Siedlungsplatz und Lebensraum für verschiedene Algen und vielen benthischen wirbellosen Tieren. Die Farbe der Kolonien ist variabel. Mikroporenkorallen siedeln an gut durchströmten und lichtexponierten Stellen im Riff, häufig im flachen Wasser, auf Riffdächern und an seicht abfallenden Riffhängen. Sie sind im Roten Meer und im Indopazifik von Ostafrika bis nach Australien und Japan verbreitet.

Foto: Indonesien, Raja Ampad

Montipora spumosa, Philippinen, Cebu

Montipora tuberculosa, Indonesien, Raja Ampad

Montipora turgescens, BERNARD, 1897
Geschwollene Mikroporenkoralle

Die Kolonien dieser Korallenart sind massiv und wachsen entweder flach oder hemisphärisch. Sie können bei einem guten Standort beträchtliche Ausmaße erreichen und durchaus mehrere Quadratmeter des Untergrundes bedecken. Ihre Oberfläche kann verschieden gestaltet sein und säulenartige Erhebungen, runde Hügel und kleine Buckel aufweisen. Die Struktur der Oberfläche ist offensichtlich abhängig von der Intensität der vorherrschenden Strömung. Die Koralliten der Korallen sind klein, unscheinbar und tagsüber eingezogen. Sie können braun, cremefarben oder purpurn sein. Geschwollene Mikroporenkorallen kommen im Roten Meer vor und sind im Indopazifik von Ostafrika und Australien bis nach Polynesien weit verbreitet.

Foto: Thailand, Burma Banks

Montipora undata, BERNARD, 1997
Folienkoralle

Folienkorallen wachsen in Form von großen horizontalen bis vertikalen Platten, die sich gelegentlich auch in Form kleiner Röhren formieren. Die Koralliten liegen vertieft, sind undeutlich zu erkennen und tagsüber eingezogen. Sie sind nahe der Peripherie der Korallenplatten in Reihen organisiert. Die Ränder der einzelnen Korallenplatten sind stets hell abgesetzt und markieren die Wachstumszone. Folienkorallen siedeln bevorzugt im oberen und mittleren Riffhang, wo ausreichend Sonnenlicht ihre Kolonieoberfläche trifft und moderate Strömungen vorherrschen. Ihre Verbreitung reicht im Indopazifik vom Indischen Ozean bis in den westlichen Pazifik.

Foto: Indonesien, Halmahera

Montipora turgescens, Thailand, Burma Banks

Montipora undata, Papua Neuguinea, Milne Bay

Montipora verrucosa VERON, 2000
Blättrige Mörtelkoralle

Blättrige Mörtelkorallen wachsen entweder in Form breiter, flacher und blattförmiger Lagen, die sich häufig gedreht ineinander verschachteln, oder sie wachsen submassiv und bilden gelegentlich auch Säulen. Ihre unregelmäßige Oberfläche trägt kleine Koralliten, die in Reihen zwischen den Verrucae (Warzen) angeordnet sind. Ihre Polypen sind klein und nachtaktiv und ernähren sich weitgehend von den Produkten ihrer Zooxanthellen, mit denen sie in einer Symbiose leben. Blättrige Mörtelkorallen können kleine, aber auch große, monospezifische Bestände bilden, die besonders häufig an strömungsberuhigten Riffabschnitten der oberen Riffhänge und in Lagunen entstehen. Sie kommen vom flachen Wasser bis in große Tiefen vor. Sie sind im Roten Meer verbreitet und kommen im Indopazifik von Ostafrika und Australien bis zum Tuamoto-Archipel und Hawaii vor.

Foto: Philippinen, Cebu

Montipora vietnamensis VERON, 2000
Vietnam-Mikroporenkoralle

Korallen dieser Art sind selten zu finden und wenn, dann nur in einem begrenzten Verbreitungsgebiet, das von Thailand und Indonesien bis nach Papua Neuguinea und den Philippinen reicht. Sie bilden auf einer breiten und laminaren Basis kurze, eng stehende und vertikale Verzweigungen aus, deren Wachstumsspitzen hell angesetzt sind. In dieser Formation und Ansicht sind sie unverwechselbar. Vietnam-Mikroporenkorallen kommen in verschiedenen Farben vor, wobei die grüne Farbe dominiert. Sie kommen vom Flachwasser bis in moderate Tiefen von 20 m vor und siedeln bevorzugt in mittleren Riffbereichen, wo noch ausreichend Sonnenlicht ihre Kolonieoberfläche erreicht und die Strömung des Wassers moderat ist.

Foto: Philippinen, Silquijor

Montipora verrucosa, Philippinen, Cebu

Montipora vietnamensis, Philippinen, Silquijor

Porites annae CROSSLAND, 1952
Knotenkoralle

Knotenkorallen haben ein begrenztes Verbreitungsgebiet, das von Australien, Mikronesien und den Philippinen bis nach Japan und Hawaii reicht. Sie wachsen in unterschiedlichen Rifflagen, häufig auf Riffplattformen mittlerer Wassertiefen, bilden im klaren Wasser verkrustete Lagen mit kurzen Verzweigungen, deren Wachstumsspitzen in kleinen und hellen Knötchen enden. Im trüben Wasser jedoch wachsen ihre Kolonien geduckt und plattenförmig. Ihre Koralliten und Polypen sind klein und verschieden gefärbt. Dominant sind grüne Kolonien; braune, gelbe und lila gefärbte sind dagegen seltener. Knotenkorallen zu finden ist nicht leicht, da man ihre relativ kleinen Kolonien, die einen maximalen Durchmesser von annähernd 30 cm haben, leicht übersieht. Zudem ist die Häufigkeit ihres Vorkommens in einem Riffkomplex sehr niedrig.

Foto: Philippinen, Cabilao

Porites cylindrica DANA, 1846
Zylindrische Porenkoralle

Zylindrische Porenkorallen gehören zu den wenigen Arten innerhalb ihrer Gattung, die verzweigt und fingerförmig wachsen. Sie bilden sehr häufig im Bereich des Flachwassers ausgedehnte Kolonien aus und sind vielerorts die wohl häufigsten Korallen in ihrem Habitat. Alle Kolonien sind reich verzweigt und die einzelnen Verzweigungen entspringen einer gemeinsamen, oft inkrustierten Basis. Sie verjüngen sich bis hin zu den hellen und abgerundeten Spitzen. Ihre Polypen sind klein, tagsüber eingezogen und können grün, beige, gelb oder lila gefärbt sein. Im Labyrinth ihrer zahlreichen Verzweigungen befindet sich eine artenreiche Infauna die sich aus kleinen Krebsen, Muscheln, Haarsternen, Würmern und kleinen Fischen zusammensetzt. Zylindrische Porenkorallen kommen im Roten Meer vor und sind im Indopazifik von Madagaskar bis nach Australien, Mikronesien, Tonga und Japan weit verbreitet.

Foto: Indonesien, Molukken

Porites annae, Philippinen, Cabilao

Porites zylindrica, Indonesien, Molukken

Porites lichen Dana, 1846
Flechten-Porenkoralle

Flechten-Porenkorallen wachsen entweder inkrustiert oder in Form von flachen, unregelmäßig geformten und mit säulen- bis fingerförmigen Erhebungen, die sich zu gewaltigen Formationen auftürmen können. Sie können so meterhoch wachsen. Als Standorte bevorzugen Flechten-Korallen Stillwasserbereiche im Riff und in Lagunen, die nur geringe bis moderate Wasserströmungen haben. Die Polypen der Korallen sind klein, verschieden gefärbt und tagsüber eingezogen. Flechten-Korallen wachsen sehr langsam. Ihre Koralliten sind klein, eingesenkt und besitzen einen maximalen Durchmesser von 1 mm. Die Verbreitung der Art reicht vom Roten Meer bis nach Ostafrika, Australien, Samoa und Polynesien.

Foto: Indonesien, Java

Porites lobata DANA, 1846
Lappenförmige Porenkoralle

Lappenförmige Porenkorallen wachsen im Verlaufe von vielen Jahrzehnten zu sehr großen, massiven und helmförmigen Korallenblöcken heran, die mehrere Meter Durchmesser erreichen können. Sie siedeln vom Riffdach bis in den unteren Riffhang und bilden im tieferen Wasser, wenn sie einzeln stehen, große und wuchtige „Bommies", die eine Höhe und Breite von mehreren Metern erreichen können. Die Abtrennung von den anderen ebenso massiv wachsenden Porites-Arten *(Porites lutea, Porites lichen)* ist aber für den Laien sehr schwierig, wenn nicht gar unmöglich, weil dies den Vergleich der Struktur einzelner Koralliten voraussetzt, die sehr klein sind und an den lebenden Korallen von den Polypenmassen bedeckt sind. Die Kolonien, die auf dem Riffdach siedeln und dort bei Ebbe trocken fallen, werden im Verlaufe der Jahre zu „Mikroatollen", indem ihre Krone durch Sonne und Wind korrodiert und erodiert wird, um letztlich einer reichen Flora und Fauna Platz zum Siedeln anzubieten. Verbreitet sind Lappenförmige Porenkorallen im Roten Meer und kommen im Indopazifik von Ostafrika und Australien bis nach Japan und Hawaii vor.

Foto: Philippinen, Panglao

Porites lichen, Indonesien, Java

Porites lobata, Philippinen, Panglao

Porites lutea EDWARDS & HAIME, 1860
Große Porenkoralle

Große Porenkorallen bilden auf Riffplattformen, im Riffwatt und an Saumriffen sehr große Kolonien, die mehrere Meter Durchmesser haben können. Sie sind wichtige Riffbildner und können viele Hundert Jahre alt werden. Die Koralliten der Korallen sind klein, stehen sehr dicht und sind tagsüber eingezogen. Sie sind für die Farbgebung der Kolonien verantwortlich und können entweder cremefarben, gelb oder in einem anderen, helleren Farbton sich präsentieren. Die Kolonien, die im Riffwatt und auf Riffdächer siedeln, können bei Niedrigwasser trocken fallen und sind dann der intensiven Sonneneinstrahlung und der Austrocknung durch den Wind ausgesetzt. Ihre Koloniekuppe beginnt zu erodieren und nach und nach abzusterben. Das führt letztlich zur Bildung von so genannten „Mikroatollen". Große Porenkorallen kommen im Roten Meer vor und sind im Indopazifik von Ostafrika und Australien bis zu den Galapagos-Inseln sehr weit verbreitet.

Foto: Australien, Großes Barriere Riff

Porites latistellata QUELCH, 1886
Geweih-Porenkoralle

Geweih-Porenkorallen besitzen eine ungewöhnliche Wuchsform, wie man sie selten im Riff findet. Trotz ihres großen Verbreitungsgebietes, das im Indopazifik von Madagaskar bis nach Indonesien, Mikronesien, den Philippinen und Polynesien reicht, werden sie selten gefunden. Ein Grund dafür ist die geringe Größe ihrer Kolonien, die einfach übersehen werden. Eine Kolonie wächst auf einer breiten und tellerförmigen Basis, die am Untergrund befestigt ist und deren Peripherie meist hell abgesetzt ist. Sie kann einen maximalen Durchmesser von 50 cm haben. Von dieser Basis aus erheben sich unterschiedlich lange, dünne, aufrechte, wenig verzweigte, gedreht und fingerförmige Ausläufer empor, die mit breiter Basis beginnen und sich bis zur Spitze hin verjüngen. Die Koralliten der Korallen sind klein und die blassbraunen Polypen sind tagsüber eingezogen. Geweih-Porenkorallen sind Tierkolonien des Flachwassers, die in flachen und geschützten Riffen ihren Lebensraum finden.

Foto: Philippinen, Balikasac

Porites lutea, Australien, Großes Barriere Riff

Porites latistellata, Philippinen, Balikasac

Porites attenuata NEMENZO, 1955
Fingerförmige Porenkoralle

Korallen dieser Art werden auch aufgrund ihrer hellgelben bis hellgelb-grünen Farbe als Senf-Porenkorallen bezeichnet. Die fingerförmigen Kolonien dieser Koralle haben eine große Ähnlichkeit mit der im gleichen Verbreitungsgebiet noch häufiger vorkommenden Zylindrischen Porenkoralle, Porites cylindrica, die die gleiche Wuchsform entwickelt. Erst bei näherem Hinsehen erkennt man im Labor unter dem Mikroskop den Unterschied in der Anordnung der Koralliten, die einen Durchmesser von 1-2 mm besitzen. Zudem tragen die relativ gleichmäßigen Verzweigungen, die 3-4 mm im Durchmesser dick und eine Länge von 70-80 mm haben, markante Knötchen, die der anderen Art fehlen. Senf-Porenkorallen siedeln bevorzugt an geschützten Flachriffen und sind im Indopazifik von Madagaskar und Australien bis Mikronesien, den Philippinen und Fidschi weit verbreitet.

Foto: Mikronesien, Palau

Porites nodifera DANA, 1846
Knotenkoralle

Knotenkorallen wachsen im Verlaufe von vielen Jahrzehnten zu riesigen, massiven und viele Kubikmeter großen Kolonien heran, die im Verbreitungsgebiet des Roten Meeres, des Golfes von Aden und im Persischen Golf wichtige Riffbildner sind. Sie bedecken große Areale der Riffdächer und der Riffhänge und siedeln bis in Tiefen von 15 m. Ihre Kolonieoberfläche zeigt typische, säulenförmige Strukturen, die mit breiter Basis dem Untergrund aufsitzen und sich nach oben verjüngen. Die Koralliten der Korallen sind klein, eingesenkt und die Polypen tagsüber eingezogen. Die Farbe der Polypen reicht von Grau und Beige bis hin zu Hellgrün.

Foto: Ägypten, Safaga.

Porites attenuata, Mikronesien, Palau

Porites nodifera, Ägypten, Safaga

Porites rus (FORSKAL, 1775)
Buckelkoralle

Buckelkorallen, auch Platten- und Säulenkorallen genannt, sind Tierkolonien des flachen Wassers, deren Lebensraum direkt unterhalb der Wasseroberfläche beginnt und in 20 m Tiefe endet. An vielen geschützten Riffen des Indopazifiks sind sie in ihrem Lebensraum dominant und bedecken viele Hundert Quadratmeter des Riffbodens. Man kennt kleine Kolonien aber auch sehr große, domförmig wachsende Kolonieblöcke, die 3-4 m im Meter im Durchmesser groß sind. Sie können plattenförmige Strukturen bilden, jedoch auch aus Säulen und Buckel bestehen, die irregulär gestaltet sind und knotige Verzweigungen ausbilden. Die Koralliten der Korallen sind klein, sie stehen in Gruppen zusammen und sind durch Wände voneinander getrennt. Man kennt farbige Kolonien, doch die meisten von ihnen sind entweder cremefarben, grau oder bräunlich mit blassen und hell abgesetzten Wachstumsspitzen. Verbreitet sind Buckelkorallen im Roten Meer und kommen im Indopazifik von Ostafrika bis nach Australien, Hawaii und Costa Rica und Panama vor.

Foto: Mikronesien, Palau

Goniopora albiconus VERON, 2002
Weißmund- Margeritenkoralle

Charakteristisch für diese Korallenart sind die großen, weißen und konischen Mundscheiben, die von feinen und dünnen Tentakeln umstanden werden. Die Koralliten sind unterschiedlich groß, und die Kolonien wachsen meist krustenförmig über das Kalksteinsubstrat. Die fleischigen Polypen sind nicht annähernd so lang wie die mancher anderer Goniopora- Arten, doch wie diese besitzen auch sie 24 Tentakel, wodurch sie sich leicht von den sehr ähnlich aussehenden Alveopora- Arten unterschieden, die nur 12 Tentakel besitzen. Weißmund- Margaritenkorallen sind Tierkolonien des flachen Wassers, die bis in Tiefen von 25 m vorkommen. Sie sind im Indopazifik von Ostafrika und Australien bis nach Polynesien weit verbreitet.

Foto: Malaysia, Mantanani

Porites rus, Mikronesien, Palau

Goniopora albiconus, Malaysia, Mantanani

Goniopora columna DANA, 1846
Säulen- Margaritenkoralle

Der Trivialname der Säulen- Margaritenkorallen deutet bereits darauf hin, dass diese aus langen und keulenförmigen Säulen mit abgestorbenen Stielen zusammengesetzt sind und nur die Oberfläche der knollenartig erweiterten Enden von lebendem Korallengewebe bedeckt ist. Die Polypen sind sehr lang, außerordentlich zahlreich und auch tagsüber expandiert. Sie können braun, grün oder gelb gefärbt sein und leben mit Zooxanthellen in einer Symbiose, von deren Produkten sie sich auch weitgehend ernähren. Säulenkorallen, wie sie auch genannt werden, leben vom Flachwasser bis in Tiefen von über 15 m und kommen häufig auch in suspensionsreichen Gewässern vor. Hier können sie ausgedehnte monospezifische Bestände von mehreren Quadratmeter Ausdehnung bilden. Verbreitet sind sie im Roten Meer und kommen im Indopazifik von Ostafrika bis nach Australien, Fidschi und Samoa vor.

Foto: Ägypten, Safaga

Goniopora lobata EDWARDS & HAIME,1860
Lappen-Margaritenkoralle

Lappen- Margaritenkorallen sind sehr auffällig durch ihre bis zu 7 cm langen und schlauchförmigen Polypen, die auch tagsüber ausgestreckt sind. An ihren terminalen Enden tragen sie runde Mundscheiben, die von 24 kurzen Tentakeln umstanden sind. Das Mundfeld im Zentrum der Mundscheibe ist oftmals farbig abgesetzt. Die Farbe der langen Polypen reicht von weiß und grau bis hin zu hellbraun und ist abhängig von den einzelligen Algen, den Zooxanthellen, die im Gewebe der Polypen leben und die weitgehend die Farbe der Kolonie bestimmen. Von ihren Assimilationsprodukten ernähren sie sich auch. Das eigentliche Kalkskelett wird erst dann sichtbar, wenn sich die Polypen darin zurückgezogen haben. Korallen dieser Art können als Kolonie sehr groß werden. Sie wachsen massiv, überwiegend hemisphärisch, aber auch in Form von Säulen und lieben gut durchströmte Stellen im Riff als Lebensraum. Nicht selten leben sie auch in trüben Gewässern. An den Riffen im Roten Meer und im Indopazifik sind sie weit verbreitet.

Foto: Indonesien, Komodo

Goniopora columna, Ägypten, Safaga

Goniopora lobata, Indonesien, Komodo

Alveopora gigas VERON, 1985

Große Schwammkoralle

Große Schwammkorallen wachsen in mittelgroßen bis großen hemisphärischen, kissenförmigen oder plattenförmigen Kolonien heran und ihre Polypen besitzen, wenn sie voll expandiert sind, eine Länge bis zu 10 cm. Damit besitzen sie die längsten Polypen innerhalb dieser Gattung. Die Polypen können grün, braun oder grünlichbraun sein. Die Mundscheibe wird von 12 Tentakeln umstanden, die weiße Köpfchen und eine weiße Basis tragen. Die Kolonien Großer Schwammkorallen siedeln bevorzugt im Stillwasserbereich der Riffe und kommen vom flachen Wasser bis in mittlere Tiefen vor. Verbreitet sind sie überwiegend im westlichen Pazifik und kommen von der Bandasee und Australien bis nach Tahiti vor.

Foto: Philippinen, Luzon

Alveopora lizardi BASSETT-SMITH, 1890

Lizard-Koralle

Lizard-Korallen bilden kleine, flache und plattenförmige Kolonien aus, die auf abgestorbenen Korallen siedeln. Man erkennt sie leicht an ihren 12 kurzen Tentakeln und den bläschenförmig erweiterten Tentakelspitzen, die weiß abgesetzt sind. Sie siedeln bevorzugt an strömungsarmen Saumriffen und kommen vom Flachwasser bis in Tiefen von über 25 m vor. Sie sind nicht gerade häufig in den Riffen zu finden. Die Farbe ihrer Kolonien ist variabel und reicht von grau und hellrosa bis hin zu einem hellen braun. Verbreitet sind sie im Roten Meer und kommen im Indopazifik von Ostafrika und den Malediven bis nach Australien, Mikronesien und Papua Neuguinea vor.

Foto: Malaysia, Lankayan

Alveopora gigas, Philippinen, Luzon

Alveopora lizardi, Malaysia, Lankayan

Psammocora digitata EDWARDS & HAIME, 1851
Blütensternkoralle

Blütensternkorallen wachsen aufrecht in Form von Platten oder dicker, dicht stehender und unterschiedlich langer Säulen, die alle einer gemeinsamen Basis entspringen. Die annähernd gleich dicken Säulen haben einen Durchmesser von 4-5 cm. Die Koralliten der Korallen sind klein, flach und mit schwach ausgeprägten Septen. Die Polypen können grau, braun oder lila gefärbt sein. Blütenstenkorallen findet man in allen Riffhabitaten vom flachen Wasser bis in Tiefen von 30 m. Ihre Kolonien werden maximal 30-40 cm im Durchmesser groß und sind von Madagaskar, den Malediven, Indonesien und Australien bis nach Mikronesien, Singapur und Samoa verbreitet.

Foto: Indonesien, Komodo

Coscinarea monile (FORSSKAL, 1775)
Kuppelkoralle

Kuppelkorallen wachsen entweder in Form von Krusten oder hemisphärisch in Form kleiner Korallenköpfe, die eine gehirnähnliche Oberflächenstruktur besitzen, wobei die sternförmigen Korallenkelche dicht stehend angeordnet sind. Die Wälle und Täler fusionieren teilweise miteinander. Kuppelkorallen bilden nur kleine Kolonien aus, die maximal 60 cm im Durchmesser groß sein können. Sie kommen vom flachen Wasser bis in größere Tiefen vor und sind gerade im Flachwasser sehr tolerant gegenüber stark wechselnden biotischen und abiotischen Einflüssen. Ihre Koralliten sind klein und flach ausgebildet. Die Polypen der Kolonien können grau, braun oder lila gefärbt sein. Die Verbreitung der Art reicht im Indopazifik von Madagaskar und Indonesien bis nach Australien, Mikronesien und Samoa. Im Roten Meer ist *C. monile* die einzige Art aus dieser Gattung.

Foto: Ägypten, Safaga

Psammocora digitata, Indonesien, Komodo

Coscinarea monile, Ägypten, Safaga

Coscinaraea mcneilli WELLS, 1962
Mcneills Tellerkoralle

Die Korallen dieser Gattung kommen in verschiedenen Wuchsformen vor. So können sie Platten, Krusten oder Teller bilden und sind Tierkolonien, die in unterschiedlichen Tiefen siedeln. Nur die in Form von Säulen wachsende Art, Coscinarea exesa, ist relativ leicht zu erkennen. Bei allen anderen Arten besteht die Schwierigkeit, sie vom Bild her nicht eindeutig bestimmen zu können. Die Polypen der Korallen sind klein und nachtaktiv. Sie sind in flachen Vertiefungen entlang der Platten aufgereiht, die parallel zum Kolonierand ausgerichtet sind. Sie können braun, grau oder grün gefärbt sein. Verbreitet Tellerkorallen, auch Faltenkorallen genannt, im Indopazifik und kommen überwiegend im westlichen Pazifik vor.

Foto: Mikronesien, Palau

Pavona cactus (FORSKSL, 1775)
Kaktuskoralle

Kaktuskorallen wachsen in blattförmig gedrehten Kolonien, die aus flachen, dünnen, zarten und zum Teil aufrechten Verzweigungen bestehen. Ihre Koralliten sind unscheinbar und in Mustern angeordnet. Sie leben mit Zooxanthellen in einer Symbiose und ernähren sich auch weitgehend von deren Assimilationsprodukten. Je nach Standort kann der Umfang ihrer Kolonien verschieden sein. Auf flachen Arealen siedeln sie ausgedehnt, an Steilhängen sind sie nur fleckenförmig ausgebildet. Korallen dieser Art besitzen eine große Ähnlichkeit mit Leptoseris-Arten, die ebenfalls blattartige Strukturen entwickeln. Entscheidend dabei ist, dass Kaktuskorallen auf beiden Seiten der Lamellen Polypen besitzen, während bei den Leptoseris-Korallen nur eine Seite Polypenmasse hat. Kaktuskorallen leben im Roten Meer und kommen im Indopazifik von Ostafrika bis nach Australien und Polynesien vor.

Foto: Papua Neuguinea, Milne Bay

Coscinarea macneilli, Mikronesien, Palau

Pavona cactus, Papua Neuguinea, Milne Bay

Pavona decussata (DANA, 1848)
Rippen-Pfauenkoralle

Rippen-Pfauenkorallen siedeln vom Riffdach bis in den mittleren Riffhang und können bei einem guten Standort große Teile des Untergrundes bedecken. Ihre Kolonien siedeln mit einem dicken und kräftigen Skelett auf abgestorbenem Korallengestein, auf dem sich aufrecht, kurze und an der Basis miteinander kommunizierende Korallenplatten erheben. Ihre Koralliten können entweder parallel zueinander ausgerichtet sein, oder sie sind irregulär auf den einzelnen Verzweigungen verteilt. Die hellen Polypen sind tagsüber eingezogen, können aber bei starker Bewölkung auch am Tag ausgestreckt sein. Sie können braun, gelblich oder grün gefärbt sein. Rippenkorallen kommen im Roten Meer vor und sind im Indopazifik von Ostafrika bis nach Australien und Samoa verbreitet.

Foto: Tansania, Sansibar

Pavona duerdeni VAUGHAN, 1907
Duerdens Pfauenkoralle

Pfauenkorallen dieser Art wachsen in Form aufrechter, großer, dicker und teilweise gewellter und wulstiger Platten, die in verschiedene Richtungen, parallel oder irregulär, ausgerichtet sein können. Die Kammlinien der Korallenplatten sind breit und hell abgesetzt. Weiträumige Vertiefungen entstehen so zwischen den einzelnen Platten, die von verschiedenen Riffbewohnern als Verstecke oder Lebensraum genutzt werden. Bei einem guten Standort können diese Korallen eine Fläche von mehreren Quadratmeter des Untergrundes bedecken. Die Koralliten der Korallen sind klein. Duerdens Pfauenkorallen sucht man vergeblich am Riffhang, denn sie siedeln bevorzugt auf ebenen, horizontal ausgerichteten Substraten, so auf Riffplattformen in mittleren Wassertiefen. Aufgrund ihrer massiven Strukturen, die sie ausbilden, gehören sie zu den wohl größten und massivstem Kolonien aller Korallenarten. Sie sind im Roten Meer verbreitet und kommen im Indopazifik von Ostafrika und Australien bis nach Hawaii und Polynesien vor.

Foto: Vanuatu, Aoba

Pavona decussata, Tansania, Sansibar

Pavona duerdeni, Vanuatu, Aoba

Pavona maldivensis (GARDINER, 1905)
Malediven-Pfauenkoralle

Malediven-Pfauenkorallen sind Tierkolonien gut durchleuchteter Riffbereiche, die von der Niedrigwasserzone bis in den mittleren Riffhang siedeln. Die fingerförmig wachsenden Kolonien sind dabei an starke Wasserbewegungen angepasst, während die blattförmigen und inkrustiert wachsenden Kolonien geschützte Lebensräume als Siedlungsorte bevorzugen. Eine Kombination aus fingerförmigen Ausläufern und in dünnen Platten wachsende Kolonien kommen auch vor, sind aber selten zu finden. Somit kann festgestellt werden, dass die Wuchsform einer Kolonie abhängig ist von der Stärke der Wasserbewegung. Die fingerförmig wachsenden Kolonien, die am häufigsten vorkommen, bilden nur kurze und kräftige Verzweigungen von 4-6 cm Länge aus. Die kleinen Koralliten sind verschieden groß und kreisförmig angeordnet. In der Nähe von Plattenrändern sind sie in parallelen Reihen angeordnet. Verbreitet sind Malediven-Pfauenkorallen im Roten Meer und kommen im Indopazifik von Ostafrika und Australien bis nach Vanuatu und Japan vor.

Foto: Vanuatu, Pilotin

Pavona clavus (DANA, 1846)
Säulen-Pfauenkoralle

Säulen-Pfauenkorallen bilden entweder kleine, große oder sehr große und umfangreiche Kolonien aus, die an manchen Riffen monospezifische Bestände bilden, die viele Quadratmeter Riffboden bedecken können. Ihre Kolonien setzen sich entweder aus säulenförmigen, keulenförmigen, plattenförmigen oder aus einer Kombination aus beiden Wuchsformen zusammen. Die säulenförmigen Kolonien sind die häufigsten und auffälligsten Strukturen im Riff, die am oberen Riffhang auf flachem Riffgrund siedeln und die hier starken Strömungen des Wassers ausgesetzt sind. Ihre Säulen sind verschieden groß, verschieden dick, die Oberfläche glatt, die Koralliten verschieden groß und kreisförmig angeordnet. Auch die Farbe der Kolonien ist verschieden. Sie kann hellgrau, cremefarben, grün, braun oder dunkelbraun sein. Verbreitet sind Säulen-Pfauenkorallen im Roten Meer und kommen im Indopazifik von Ostafrika und Australien bis Hawaii und Tuamotu im Zentralpazifik vor.

Foto: Philippinen, Silquijor

Pavona maldivensis, Vanuatu, Espiritu Santo

Pavona clavus, Philippinen, Silquijor

Leptoseris explanata YABE & SUGIYAMA, 1941
Gesäumte Septenkoralle

Gesäumte Septenkorallen bilden blattförmige Kolonien mit gewelltem und häufig weiß abgesetztem Saum aus. Ihre unterschiedlich großen Kolonien können hellbraun, gelbbraun, dunkelbraun oder grünlich gefärbt sein, wobei nur die Kolonieoberseite Polypen trägt. Sie kommen vom Flachwasser bis in über 100 m Tiefe vor, können an manchen Riffen außerordentlich große Kolonien von mehreren Hundert Quadratmeter ausbilden, siedeln bevorzugt an stark abfallenden Riffhängen und Steilwänden oder am schattigen Rand von Kleinhöhlen. Dabei bevorzugen sie stille, doch gut durchströmte Gewässer, um ihre zarten und leicht zerbrechlichen Kolonien zu entfalten. Sie sind im Roten Meer verbreitet und kommen im Indopazifik von Ostafrika bis nach Australien, Mikronesien, Japan und Fidschi vor.

Foto: Philippinen, Cebu

Leptoseris foliosa DINESEN, 1980
Blättrige Septenkoralle

Blättrige Septenkorallen bilden nur kleine Kolonien von annähernd 25 cm in Durchmesser aus und sind in mittleren Wassertiefen erst ab 15 m auffindbar. Sie siedeln in Stillwasserbereichen der Riffe und bevorzugen Steilabfälle und schattige, vertikale Überhänge als Siedlungsraum. Ihre zahlreichen Verzweigungen entspringen einer gemeinsamen Basis, sind blattartig gedreht, unduliert geformt, stehen dicht beieinander und bilden so ein fast undurchdringbares Labyrinth. Ihre Polypen sind klein, tagsüber eingezogen und können cremefarben, goldgelb oder braun sein. Blättrige Septenkorallen sind im Roten Meer verbreitet und kommen im Indopazifik von Ostafrika und Australien bis zu den Salomonen und Hawaii vor. Sie unter Wasser zu finden ist keine leichte Aufgabe.

Foto: Philippinen, Balikasac

Leptoseris explanata, Philippinen, Cebu

Leptoseris foliosa, Philippinen, Balikasac

Leptoseris gardineri VAN DER HORST, 1921
Gardiners Septenkoralle

Gardiners Septenkorallen bilden blattförmig gewundene Kolonien im wenig bewegten Wasser mittlerer und tiefer gelegener Riffhänge aus. Sie können hier bei einem guten Standort viele Quadratmeter des Untergrundes bedecken. Sie kommen aber auch im Flachwasser seichter Lagunen auf weichem Substrat vor und bilden hier nur kleine Fleckenriffe. Die Polypenkelche sind zum Kolonierand geneigt und die Polypen fehlen auf der Unterseite der schindelförmigen Verzweigungen. Ihre Polypen können cremefarben, gelb, hellbraun oder braun sein. Die gewellte Peripherie der schindelartigen Verzweigungen ist stets hell abgesetzt und markiert die Wachstumszone. Gardiners Septenkorallen sind im nördlichen Roten Meer und im Indopazifik von den Malediven und Australien bis nach Fidschi und Hawaii verbreitet.

Foto: Papua Neuguinea, Milne Bay

Leptoseris mycetoseroides WELLS,1954
Pizza-Septenkoralle
Pizza-Septenkorallen wachsen in Form von Krusten und Platten und stets mit unregelmäßig gestalteter Oberfläche. Die Polypen mit ihren Koralliten befinden sich in den Vertiefungen der Rillen. Nur am Kolonierand sind die Koralliten in Reihen parallel zum Saum angeordnet. Die Farbe der Kolonien ist variabel. Doch meist sind sie grün oder braun oder beides. Pizza-Septenkorallen sind Tierkolonien des tieferen Wassers. Sie können am Riffgrund bis zu einer Größe von einem Quadratmeter heranwachsen und nutzen in der Tiefe ihre gesamte Oberfläche als Lichtfalle aus. Im Indopazifik sind sie von Ostafrika, Australien, und der Korallenseen bis nach Polynesien verbreitet.

Foto: Malediven, Baa-Atoll

Leptoseris gardineri, Papua Neuguinea, Milne Bay

Leptoseris mycetoseroides, Malediven, Baa-Atoll

Leptoseris scabra VAUGHAN, 1907
Falten-Septenkoralle

Falten-Septenkorallen formen eigenwillige Oberflächenstrukturen, die sich aus krustigen bis blattförmigen Verzweigungen zusammensetzen, die vertikale Säulen und Tuben formen, die dann in andere geometrische Formen übergehen. Ihre Kolonieränder sind stets etwas heller abgesetzt. Ihre Polypen, die ovale Koralliten bilden, leben mit Zooxanhtellen in einer Symbiose, von deren Produkten sich die Korallenpolypen auch weitgehend ernähren. Falten-Septenkorallen leben an geschützten Stellen im Riff, sind leicht zerbrechlich und siedeln bis in die tiefen Riffhänge hinab. Im Indopazifik sind sie von Ostafrika bis nach Australien und Hawaii verbreitet.

Foto: Malaysia, Mantanani

Leptoseris tubulifera VAUGHAN, 1907
Trompeten-Septenkoralle

Die Kolonien dieser Koralle sind aus horizontalen, vertikalen, irregulär wachsenden und blattförmigen Lagen zusammengesetzt. Durch Einfaltungen entstehen große, zylindrische und offene Röhren, deren Öffnungen trompetenförmig erweitert enden. Dadurch wird die Oberfläche des Korallenstocks deutlich vergrößert, ohne dabei jedoch mehr Raum zu fordern. Das ist eine wichtige Strategie, denn im Riff ist jeder Quadratzentimeter Siedlungsraum hart umkämpft und alle Korallen konkurrieren darum mit raffinierten Strategien. Die Polypen der Trompeten-Septenkorallen sind klein und nachtaktiv. Sie ernähren sich überwiegend von den Produkten ihrer Zooxanthellen. Die Verbreitung der Art reicht von Thailand, Indonesien, Australien und den Philippinen bis nach Vanuatu und Papua Neuguinea.

Foto: Philippinen, Gato

Leptoseris scabra, Malaysia, Mantanani

Leptoseris tubulifera, Philippinen, Gato

Gardineroseris planulata (DANA,1846)
Wabenkoralle

Wabenkorallen können sowohl in krustigen bis blattförmigen, als auch in massiven und hemisphärischen Kolonien wachsen. Ihre relativ großen Koralliten sind durch hohe Zwischenwände voneinander getrennt und die Polypen selten ausgestreckt. Nur in der Nacht sieht man sie Plankton fangen. Hauptsächlich ernähren sie sich jedoch von den Produkten ihrer Zooxanthellen. Wabenkorallen können von braun bis gelb gefärbt sein. Obwohl sie ein großes Verbreitungsgebiet haben, das vom Roten Meer und im Indopazifik von Ostafrika bis nach Polynesien und Australien reicht, sind sie nicht häufig. Man findet sie an Überhängen und an steilen Riffhängen, wo sie gut durchströmtes und klares Wasser für einen Standort bevorzugen.

Foto: Mauritius, Flick en Flack

Coeloseris mayeri VAUGHAN, 1918
Mayers Wabenkoralle

Mayers Wabenkorallen sind selten in ihrem Verbreitungsgebiet. Sie kommen im Indopazifik von der Andamanensee bis Australien, Taiwan und Samoa vor und siedeln bevorzugt in stillen Lagunen und im oberen Riffhang, wo die Kraft der Strömung und der Wellen moderat ist. Hier bilden sie entweder krustige oder kleine, massive und hemisphärische Kolonien von blassgrüner Farbe aus. Die dicht stehenden Koralliten sind in ihrer Form rund bis polygonal, 2-5 mm im Durchmesser groß, tragen zahlreiche (20-30) im Kreis arrangierte Septen, die sich am oberen Ende mit denen benachbarter Koralliten zu einem Wall vereinigen. Mayers Wabenkorallen leben mit Zooxanthellen in einer Symbiose, von deren Produkten sie sich auch weitgehend ernähren. Die tagsüber eingezogenen Polypen fangen in der Nacht zusätzlich Plankton für die Ernährung der Kolonie.

Foto: Mikronesien, Palau

Gardinoseris planulata, Mauritius, Flick en Flack

Coeloseris mayeri, Mikronesien, Palau

Pachyseris rugosa (LAMARCK, 1801)
Gewöhnliche Rinnenkoralle

Die Kolonien der Gewöhnlichen Rinnenkorallen wachsen in dünnen Platten, die sich mehr oder weniger dem Untergrund anschmiegen. Die kleinen Polypen befinden sich nur auf der Kolonieoberseite. Bisher hat man noch nie ausgestreckte Polypen beobachten können, auch nicht in der Nacht. Die Oberfläche der Kolonie zeigt eine eigenwillige Rillenstruktur, die unregelmäßig ist. Rinnenkorallen dieser Art können an sandigen Vorriffen und in beruhigten Buchten, wo die Strömung des Wassers gering bis moderat ist, große und monospezifische Bestände bilden, die mehrere Quadratmeter des Untergrundes bedecken. Die Farbe der Kolonien ist variabel und richtet sich nach der Farbe der Zooxanthellen, mit denen sie in einer Symbiose leben. Häufig sind sie grau, grün, rötlich oder rotbraun. Der Rand der Kolonie ist gelegentlich weiß abgesetzt. Rinnenkorallen kommen im Roten Meer vor und sind im Indopazifik von Madagaskar bis Australien, Samoa und den Marshall-Inseln verbreitet.

Foto: Papua Neuguinea, Milne Bay

Pachyseris speciosa (DANA, 1846)
Regelmäßige Rillenkoralle

Regelmäßige Rillenkorallen wachsen in der Regel plattenförmig in konzentrischen Kreisen und in verschiedenen, in der Höhe positionierten Lagen. Diese können sich trichterförmig formieren oder auch schindelartig überdecken oder den Untergrund abdecken. Ihre Polypen befinden sich in einer oder in mehreren Reihen entlang der Furchen der dichten stehenden und konzentrisch angeordneten Leisten und fehlen auf der Unterseite der Kolonie. Sie können braun, grau oder grünlich sein und leben mit Zooxanthellen in einer Symbiose, von deren Produkten sie sich auch weitgehend ernähren. Rillenkorallen leben in allen Riffhabitaten vom Flachwasser bis in größere Tiefen. Mancherorts können sie größere Bestände bilden. Verbreitet sind sie im Roten Meer und kommen im Indopazifik von Ostafrika und Australien bis zu den Solomonen und den Gesellschafts-Inseln vor.

Foto: Vanuatu, Spiritu Santo

Pachyseris rugosa, Papua Neuguinea, Milne Bay

Pachyseris speciosa, Vanuatu, Spiritu Santo

Fungia distorta (MICHELIN, 1842)
Verwachsene Pilzkoralle

Verwachsene Pilzkorallen bestehen aus mehreren fächerförmigen Segmenten, die miteinander verwachsen sind. Sie liegen frei dem Untergrund auf und sind Tiere mobiler Weichböden, die ihren Lebensraum auf Sand und Schlamm wählen. Hier liegen sie entweder einzeln verteilt oder in kleinen Gruppen auf ihren Substraten. Ihre großen Polypen sind nachtaktiv, besitzen eine zentral gelegene Mundöffnung, die sich dort befindet, wo die fächerförmigen Segmente auseinanderdriften. Durch Wasseraufnahme kann ein Polyp sich um ein Vielfaches vergrößern, um sich so aus einer misslichen Labe befreien und umdrehen, wenn Fische oder die Strömung des Wassers die Pilzkorallen umgeworfen haben. Verwachsene Pilzkorallen sind Tiere des Flachwassers, die bis in 15 m Wassertiefe vorkommen. Sie sind 8-10 cm im Durchmesser groß und cremefarben. Verbreitet sind sie im Indopazifik von Ostafrika und Australien bis Hawaii. Kommen aber auch im Golf von Kalifornien, an der Pazifikküste von Ecuador und auf den Galapagos-Inseln vor. Die Korallen auf dem Bild wurden gesammelt und unter Wasser zur Demonstration zusammengelegt.

Foto: Philippinen, Gato

Fungia fralinae NEMENZO, 1955
Lagunen-Pilzkoralle

Lagunen-Pilzkorallen können den Untergrund von Lagunen zu Tausenden bedecken. Alle Altersstufen liegen dann bunt gemischt übereinander und durcheinander. Ausgewachsene Tiere werden bis zu 15 cm im Durchmesser groß. Sie sind Tiere des flachen Wassers, die auf allen nur möglichen Substraten ihren Lebensraum finden, nur nicht auf tiefen, mobilen Böden. Sie alle liegen dem Untergrund lose auf und sind nur in ihrer Jugend am Untergrund auf einem Stiel festgewachsen. Die überwiegend olivegrünen Polypen stehen in Kreisen und strecken auch tagsüber ihre zahlreichen Tentakel aus. Diese haben kleine und violett Spitzen. Alle Septen der Koralliten sind fein gezahnt. Lagunen-Pilzkorallen sind im Indopazifik von Thailand und Malaysia bis nach Indonesien, Australien, Vanuatu und Papua Neuguinea weit verbreitet.

Foto: Papua Neuguinea, Milne Bay

Fungia distorta, Philippinen, Gato

Fungia fralinae, Papua Neuguinea, Milne Bay

Fungia fragilis (ALCOCK,1893)
Zerbrechliche Pilzkoralle

Zerbrechliche Pilzkorallen leben einzeln am tiefen Riffgrund auf Korallenbruch und auf lockerem Sediment und sind relativ selten zu finden. Mit einem Durchmesser von 6-8 cm sind sie auch nicht gerade die größten Pilzkorallen. Sie bilden annähernd kreisrunde und flache Scheiben aus, die radiär von einer Vielzahl unterschiedlich langer und nur schwach gezahnter Septen bestanden sind. Im Zentrum der Scheibe liegt die Mundöffnung. Der Polyp einer Koralle kann grün oder gelblichbraun sein, je nachdem, mit welchen Zooxanthellen er in einer Symbiose lebt. Die Korallen ernähren sich weitgehend von den Produkten ihrer Zooxanthellen, fressen aber auch Plankton und anderes organischen Material. Zerbrechliche Pilzkorallen sind an den Riffen im gesamten Indopazifik von Ostafrika und Australien bis nach Polynesien und Japan verbreitet.

Foto: Indonesien, Nord Sulawesi

Fungia fungites (LINNAEUS,1758)
Gewöhnliche Pilzkoralle

Gewöhnliche Pilzkorallen leben an den Riffen im Roten Meer und im Indopazifik. Sie sind Tiere des Flachwassers, die lose auf verschiedenen Böden einzeln oder in kleineren Gruppen leben und in Lagunen und im oberen und mittleren Riffhang vorkommen. Sie bilden runde Korallenscheiben aus, die in der Mitte gelegentlich hoch aufgewölbt und deren Septen durchgehend und schwach gezahnt sind. Nur ein einziger Polyp bildet diese bis zu 20 cm im Durchmesser groß werdenden Pilzkorallen. Die Mundöffnung des Polypen liegt etwas vertieft im Zentrum der Korallenscheibe und die kurzen und blasenförmigen Tentakel sind tagsüber eingezogen. Gewöhnliche Pilzkorallen leben mit Zooxanthellen in einer Symbiose, von deren Produkten sie sich auch weitgehend ernähren. Zusätzlich fangen ihre Polypen in der Nacht noch Plankton. Die Farbe der Tiere variiert von graugrün und gelbbraun bis hin zu rosa.

Foto: Papua Neuguinea, Milne Bay

Fungia fragilis, Indonesien, Nord Sulawesi

Fungia fungites, Papua Neuguinea, Milne Bay

Fungia repanda DANA, 1848
Große Pilzkoralle

Pilzkorallen dieser Art sind außerordentlich groß und können bis zu einem Durchmesser von 30 cm heranwachsen. Ihr Korallenskelett ist dick, flach, scheibenförmig, schwer und gewölbt. Es liegt in der Regel lose auf Korallenbruch und Korallenschutt. Die radiär angeordneten Septen auf der Oberseite sind kräftig und fein gezahnt. Die Septen auf der Unterseite tragen Stacheln. Die Polypen sind tagsüber eingezogen und bei schattigem Wetter leicht verlängert ausgestreckt. Sie leben mit Zooxanthellen in einer Symbiose, von deren Assimilationsprodukten sie sich auch weitgehend ernähren. Zudem fangen und fressen sie noch in der Nacht Plankton und anderes organisches Material. Verbreitet sind sie im Roten Meer und kommen im Indopazifik von Ostafrika, Australien und Kiribati bis zum Tuamotu-Archipel im zentralen Pazifik vor.

Foto: Malediven, Ari-Atoll

Fungia granulosa KLUNZINGER,1879
Raue Pilzkoralle

Die Polypen der Rauen Pilzkorallen bilden annähernd runde, flache und bis zu 15 cm im Durchmesser große Kalkscheiben aus, die lose dem Substrat aufliegen. Ihr Siedlungsraum sind Lagunen und Riffhänge. Die Septen der Korallenscheibe sind dick, kräftig, leicht gewellt und mit feinen und granulierten Rändern versehen. Raue Pilzkorallen sind selten. Sie leben mit Zooxanthellen in einer Symbiose und ernähren sich weitgehend von deren Produkten. Außerdem fressen sie noch Plankton und anderes organisches Material. Sie kommen in verschiedenen Farben vor, sind im Roten Meer verbreitet und kommen im Indopazifik von Indonesien und Australien bis Französisch Polynesien und Hawaii vor.

Foto: Papua Neuguinea, Milne Bay

Fungia repanda, Malediven, Ari-Atoll

Fungia granulosa, Papua Neuguinea, Milne Bay

Fungia scruposa KLUNZINGER,1879
Scharfkantige Pilzkoralle

Pilzkorallen dieser Art können in ihrer Form rund oder oval sein. Ihr teilweise stark gewölbtes Kalkskelett trägt dichte und gewellte Septen, die von einer zentral gelegenen Mundöffnung bis zur Peripherie der Koralle reichen. Die Septenzähne sind ungleich gestaltet und tragen einfache Stacheln. Die Polypen der Korallen sind verschieden gefärbt und können rosa, braun, blau oder blaugrün aussehen. Der Lebensraum Scharfkantiger Pilzkorallen sind seichte Lagunen und der obere bis mittlere Riffhang. Hier liegen sie einzeln oder in kleineren Gruppen dem Substrat lose auf. Sie sind im Indopazifik vom Golf von Aden, den Malediven, Indonesien, Australien, Mikronesien und den Philippinen bis zum Tuamotu-Archipel verbreitet.

Foto: Indonesien, Ambon

Fungia gravis NEMEZO, 1955
Schwere Pilzkoralle

Schwere Pilzkorallen besitzen eine länglich-ovale Form und liegen lose dem Untergrund auf. Nur in ihrer Jugend sind sie auf einem Stiel festgewachsen. Die erwachsenen Korallen werden annähernd 20 cm groß und sind in ihrer Mitte kuppelförmig aufgewölbt. Die Oberfläche trägt zahlreiche und unterschiedlich lange Septen, die fein gezahnt sind und die von einer zentralen Furche bis an der Peripherie der Korallen verlaufen. Die Mundöffnung des Polypen liegt in der Mitte der zentralen Längsachse der Koralle. Die Lebensräume von Pilzkorallen sind generell Lagunen, der obere Riffhang und der Riffgrund. Sie bevorzugen Standorte mit moderaten Wasserbewegungen und sind an den Riffen im Indopazifik vom Golf von Aden und den Malediven bis nach Australien, Mikronesien und Samoa verbreitet.

Foto: Indonesien, Menjangan

Fungia scruposa, Indonesien, Ambon

Fungia gravis, Indonesien, Menjangan

Fungia scutaria LAMARCK,1801
Ovale Pilzkoralle

Ovale Pilzkorallen sind häufig an den Riffen im Roten Meer und im Indopazifik zu finden, denn sie sind von Südafrika bis Australien, Hawaii und Polynesien verbreitet. Die bis zu 17 cm großen Korallen liegen dem Untergrund lose auf und sind nur in ihrer Jugend mit einem Stiel am Untergrund befestigt. Entweder leben sie einzeln oder sie kommen in einer größeren Individuendichte mit anderen Pilzkorallen vor. Ihre Kolonien sind oval in der Form und in der Mitte etwas aufgewölbt. Die Septen sind lang und kräftig und zeigen Verdickungen an den Enden. Sie verlaufen von einer zentral gelegenen Mundöffnung bis zur Peripherie der Koralle. Die Tentakel sind stiftförmig und transparent. Die Farbe der Pilzkorallen richtet sich nach der Farbe der Zooxanthellen, mit denen sie in einer Symbiose leben. Sie können braun oder gelb sein und auch leuchtend grüne Tentakel besitzen. Pilzkorallen sind Tiere des Flachwassers, die von der Niedrigwasserlinie bis in 20 m Tiefe am Riffhang vorkommen.

Foto: Papua Neuguinea, Milne Bay

Fungia horrida DANA, 1846
Schreckliche Pilzkoralle

Das Kalkskelett Schrecklicher Pilzkorallen kann bis zu 20 cm im Durchmesser groß werden, ist jedoch bei den gefundenen und untersuchten Exemplaren in der Regel meist nur halb so groß. Der Polyp bildet eine flache und runde Korallenscheibe aus, die mit feinen und dicht stehenden, kräftig und verschieden gezahnten und symmetrischen Radiärsepten besetzt ist. Im Zentrum der runden Korallenscheibe befindet sich, etwas erhöht gelegen, die geschlitzte Mundöffnung, die häufig rosafarben gesäumt ist. Schreckliche Pilzkorallen leben in seichten Lagunen und am Riffhang. Hier liegen sie lose dem Untergrund auf. Ihre maximale Tiefenverbreitung liegt bei 25 m, wo man sie nur selten antrifft. Der obere und mittlere Riffhang sind wohl die Lebendräume, die sie bevorzugen. Sie sind im Roten Meer verbreitet und kommen im Indopazifik von Ostafrika, Indonesien und Australien bis zu den Marianen und Tuvalu vor.

Foto: Ägypten, Safaga

Fungia scutaria, Papua Neuguinea, Milne Bay

Fungia horrida, Ägypten, Safaga

Fungia moluccensis VAN DER HORST, 1919
Molukken-Pilzkoralle

Mollukken-Pilzkorallen leben einzeln. Entweder sind sie noch am Untergrund festgewachsen oder sie liegen frei auf verschiedenen Substraten und kommen auch auf mobilen Böden und in suspensionsreichen Gewässern vor. Ihre kreisförmigen bis leicht elliptisch geformten Kolonien besitzen einen zentral gelegenen Buckel, in deren Mitte sich eine breite und schlitzförmige Mundöffnung befindet. Diese wird möglicherweise von mehreren Polypen gebildet. Die langen und kräftigen Primärsepten reichen von der Mundöffnung bis zur Peripherie der Koralle und sind häufig unregelmäßig gestaltet. Verbreitet sind Molukken-Pilzkorallen im Roten Meer und kommen im Indopazifik von Sri Lanka, Indonesien und Australien bis zu den Philippinen, Samoa und Taiwan vor.

Foto: Indonesien, Sabolan

Fungia sp.
Pilzkoralle

Pilzkorallen sieht man tagsüber ganz selten mit ausgestreckten Polypen, es sei denn, das Wetter ist trüb und regnerisch und der Himmel von dunklen Wolken bedeckt. Dann ist es durchaus möglich, dann man im Riff einige der Pilzkorallen mit ausgestreckten Polypen antrifft, besonders dann, wenn sie auf tiefen und mobilen Böden ihren Lebensraum haben. Das Bild zeigt eine noch junge Pilzkoralle, die ihre zahlreichen und stiftförmigen Tentakel ausgestreckt hat, die die Anordnung der gezahnten Septen weitgehend verdecken. Es ist bekannt, dass Pilzkorallen gegenüber vielen anderen Korallen auch sedimentreiches Wasser tolerieren, denn sie sind in der Lage, sich von Sinkstoffen aktiv zu befreien, indem die Polypen die Sedimentauflagerungen von der Mundöffnung zur Peripherie der Korallen abtransportieren. Auch besitzen die die Fähigkeit sich umzudrehen, wenn sie umgestoßen werden. Das geschieht durch Wasseraufnahme und der damit verbundenen Vergrößerung ihres Polypengewebes.

Foto: Indonesien, Bali

Fungia moluccensis, Indonesien, Sabolan

Fungia sp., Indonesien, Bali

Ctenactis albitentaculata HEOKSEMA,1989
Weißtentakel-Pilzkoralle

Weißtentakel-Pilzkorallen sind in ihrer Jugend an einem kurzen Stiel auf Hartsubstrat festgewachsen, der später abbricht, wenn die Koralle zu schwer wird. Dann liegend die noch relativ kleinen und länglichen Korallen dem Untergrund frei auf und wachsen hier kontinuierlich weiter. Sie werden von mehreren Polypen gebildet, können bis zu 40 cm lang werden und sind in ihrer Form länglich-oval. Die Oberseite der Koralle zeigt die von einer Mittellinie aus durchgehenden, selten unterbrochenen und grob gezahnten Kalksepten, zwischen denen sich die Tentakel befinden. Diese sind weiß (Name!) und werden meist nur nachts ausgestreckt. Die Unterseite der Pilzkoralle ist stachelig. Weißtentakel-Pilzkorallen leben mit Zooxanthellen in einer Symbiose und ernähren sich weitgehend von deren Produkten. Sie fressen aber auch Plankton und anderes organisches Material. Pilzkorallen dieser Art kommen vom flachen Wasser bis in Tiefen von 30 m vor. Sie sind im Indopazifik von Thailand, Indonesien und Australien bis nach Mikronesien, Fidschi und den Marianen verbreitet. Häufig werden sie mit der anderen Pilzkoralle, *Herpolitha limax*, verwechselt, die keine durchgehenden Septen besitzt.

Foto: Indonesien, Molukken

Ctenactis echinata (PALLAS,1866)
Langgestreckte Pilzkoralle

Langgestreckte Pilzkorallen sind in ihrer Form länglich-oval und besitzen auf ihrer Oberseite große und gezähnte Kalksepten. Die Unterseite ist mit vielen Kalkspitzen bedeckt. Der wissenschaftliche Artname weist auf diesen Tatbestand hin. Während die Korallen in ihrer Jugend noch auf einem Stiel mit dem Untergrund verbunden sind, leben sie als erwachsene Tiere lose auf dem Boden liegend. Die bis zu 60 cm großen Korallen werden nur von einem einzigen Polypen gebildet, so dass dieser in seiner Dimension zu den größten Korallenpolypen im Tierreich zählt. Langgestreckte Pilzkorallen sind in der Regel braun gefärbt. Sie leben vom oberen Riffhang bis in 30 m Wassertiefe und sind mancherorts häufig. Verbreitet sind sie im Roten Meer und kommen im Indopazifik von der Küste Ostafrikas bis zu den Malediven, Australien, den Philippinen, Japan und Französisch Polynesien vor.

Foto: Ägypten, Ras Muhamed

Ctenactis albitentaculata, Indonesien, Molukken

Ctenactis echinata, Ägypten, Ras Muhamed

Herpolitha limax HOUTTUYN, 1772
Gefurchte Zungenkoralle

Die Kolonien der Zungenkoralle sind freilebend, lang gestreckt und können zungenartig, T-, Y- oder X-förmig sein. Sie liegen dem Untergrund lose auf und werden von mehreren Polypen gebildet. Diese sind auf der zentral gelegenen Mittellinie und auf den Kolonieseiten verteilt und ausschließlich nachtaktiv. Rechts und links der zentralen Längsfurche befinden sich einander überlappende Septen, die zu den abgerundeten Seitenrändern laufen. Sie setzen sich an der Unterseite der Kolonie fort. Die Septen sind kurz, zahlreich und gering gezahnt. Man erkennt sie erst, wenn die stiftförmigen Polypen eingezogen sind. Zungenkorallen leben bevorzugt im Flachwasser der Lagunen und an geschützten Riffabschnitten auf totem Korallengestein, auf Korallenbruch oder zwischen Korallen verkeilt. Sie kommen an manchen Riffen in einer großen Individuendichte vor und können auch übereinander gestapelt liegen. Sie werden über 20 cm groß. Verbreitet sind sie im Roten Meer und kommen im Indopazifik von Ostafrika und den Malediven bis nach Australien, Mikronesien und Kiribati im Zentralpazifik vor.

Fotos: Indonesien, Malaysia

Herpolitha limax, Indonesien, Bali

Herpolitha limax, Indonesien, Kalimatan

Herpolitha limax, Malaysia, Tioman

Polyphyllia talpina LAMARCK,1801
Furchenlose Zungenkoralle

Furchenlose Zungenkorallen bilden lang gestreckte und elliptische Kolonien aus, die dem Boden lose aufliegen. Nur in ihrer sehr frühen Entwicklungsphase sind sie am Untergrund festgewachsen. Sie liegen auf Riffterrassen und am Riffhang und besitzen auf ihrer Oberfläche lange und schlauchförmige Polypen mit hellen Tentakelspitzen, die auch tagsüber verlängert ausgestreckt sind. Dadurch wird die Kalkstruktur der Koralle verdeckt. Im Gegensatz zu ähnlichen Gattungen wie Herpolitha und Ctenactis besitzen sie keine deutliche Mittelfurche. Sie ist nur angedeutet. Furchenlose Zungenkorallen können eine Länge von 45 cm erreichen und sind im Indopazifik von Madagaskar, den Malediven, Indonesien, Australien, den Philippinen und Fidschi bis in den Zentralpazifik verbreitet.

Foto: Indonesien, Nord Sulawesi

Sandalolitha dentata QUELCH,1884
Gezahnte Hutkoralle

Gezahnte Hutkorallen bilden große und überwiegend flache, lang gestreckte bis ovale Kolonien aus, die nicht am Untergrund festgewachsen sind. Sie liegen einzeln verstreut am Riffhang, auf Riffterrassen und auf Korallenbruch in geschützten Riffbereichen, die nur eine moderate Strömung besitzen. Sie sind kuppelförmig, sehen umgedreht wie ein Korb aus, und werden bis zu 50 cm lang und 20 cm breit. Ihre Septen stehen dicht, es wechseln dünne und dicke Septen einander ab und sie alle sind gezahnt. Eine Axialfurche fehlt den Kolonien. Die Farbe ihre Kolonien ist verschieden und kann braun, grünlich meliert und fleckig sein. Gezahnte Hutkorallen sind im Indopazifik von den Seychellen, den Malediven und Australien bis nach Papua Neuguinea, Mikronesien und den Pitcairn-Inseln im Zentralpazifik verbreitet.

Foto: Philippinen, Cebu

Polyphyllia talpina, Indonesien, Nord Sulawesi

Sandaloitha dentata, Philippinen, Cebu

Sandalolitha robusta QUELCH,1886
Robuste Hutkoralle

Robuste Hutkorallen sind groß, rund oder oval in ihrer Form und liegen dem Untergrund lose auf. Sie können bis zu 50 cm groß werden. Eine axiale Furche fehlt den Tieren. Ihr Lebensraum sind unterseeische Terrassen und seicht abfallende Riffhänge, wo sie oft am Riffgrund auf Korallenbruch liegen. Viele Polypen sind an der Bildung der umfangreichen Kolonie beteiligt. Sie sind ausschließlich nachtaktiv. Bei schwerer See werden sie gelegentlich übereinander geschichtet oder umgeworfen. Aufgrund ihres Eigengewichtes sind sie dann nicht mehr in der Lage, sich wieder umzudrehen, so dass die Polypen absterben müssen. Für viele Rifforganismen bieten sie dann Versteckmöglichkeiten und kleine Fische heften gerne ihre Gelege in die so entstandenen Hohlräume. Robuste Hutkorallen kommen in verschiedenen Farben vor und sind im Indopazifik von Ostafrika, der Andamanensee, Indonesien, Australien und den Salomonen bis nach Französisch Polynesien verbreitet.

Foto: Indonesien, Bali

Halomitra pileus LINNAEUS,1758
Mützenkoralle, Neptuns Mütze

Mützenkorallen, auch Neptuns Mützen genannt, wachsen in Form großer, kuppel- bis glockenförmiger Kolonien, die dem Untergrund frei aufliegen und sich so stark aufwölben, dass darunter ein Hohlraum entsteht. Aufgehoben und umgedreht ähneln sie einer Mütze. Man kann sie leicht mit *Sandalolitha robusta* verwechseln, einer ähnlichen Koralle, deren Wuchsform aber mehr oval als rund ist. Mützenkorallen werden 20-25 cm im Durchmesser groß und leben auf verschiedenen Substraten. So auf Sand, Korallenbruch im Flachwasser von Lagunen und sind im Indopazifik von Ostafrika bis Indonesien, Australien und den Philippinen bis nach Kiribati im Zentralpazifik verbreitet. Ihre Polypen sind nachtaktiv. Die Farbe der Korallenkolonien ist variabel. Häufig befindet sich ein purpurroter bis violette Saum an ihrer Basis.

Foto: Indonesien, Molukken

Sandaloitha robusta, Indonesien, Bali

Holomitra pileus, Indonesien, Molukken

Heliofungia actiniformis (QUOY & GAIMARD,1833)
Sonnen-Pilzkoralle, Anemonen-Pilzkoralle

Sonnen-Pilzkorallen liegen dem Untergrund lose auf und leben bevorzugt an gut durchlichteten Riffbereichen, wie in Lagunen und auf unterseeischen Plattformen direkt unterhalb der Niedrigwasserlinie. An manchen Riffen kommen sie auf dem Grund sandiger Kanäle in einer großen Dichte vor, wobei eine Koralle neben der anderen liegt. Das flache und scheibenförmige Skelett, das einen Durchmesser von 20 cm erreichen kann, wird durch die sehr langen Tentakel verdeckt. Es sie sind die wohl längsten Tentakeln, die Korallentiere besitzen. Ihre Spitzen sind stets ballonförmig erweitert und von den grünen oder graugrünen Tentakeln weiß abgesetzt. In ihrem Zentrum der Korallenscheibe liegt eine längliche Mundöffnung. Sonnen-Pilzkorallen werden ihrem Aussehen nach von Unkundigen für Seeanemonen gehalten. Ein Griff genügt, um festzustellen, dass sie ein festes Skelett mit Septen und großen Zähnen besitzen, das allen Seeanemonen fehlt. Die Verbreitung der Art reicht im Indopazifik vom Ausgang des Roten Meeres und von Thailand, Indonesien und Australien bis nach Mikronesien, den Philippinen und Salomonen. *Fungia actiniformis* ist ein Synonym.

Fotos: Indonesien, Tatawa; Nord Sulawesi

Heliofungia actiniformis, Indonesien, Tatawa

Heliofungia actiniformis, Indonesien, Nord Sulawesi

Podabacia crustacea (PALLAS, 1766)
Krustenkoralle

Krustenkorallen siedeln mit schmaler Basis auf Korallengestein und wachsen folien- bis tellerförmig in einer oder mehreren kreisförmigen Lagen und können einen Durchmesser von 100 cm erreichen. Die Kolonieränder sind leicht unduliert und hell abgesetzt. Die Koralliten der Korallen sind klein und deren Polypen tag- und nachtaktiv. Sie können braun, dunkelbraun oder hellbraun gefärbt sein. Krustenkorallen findet man in fast allen Riffbereichen. Sie kommen vom flachen Wasser bis in große Tiefen vor und sind jedoch nicht gerade häufig zu finden. Sie kommen im Roten Meer vor und sind im Indopazifik von Ostafrika und den Malediven bis nach Australien, den Salominen und den Marshallinseln weit verbreitet.

Foto: Sudan, Rotes Meer

Galaxea astreata (LAMARCK, 1816)
Krönchenkoralle

Krönchenkorallen wachsen entweder krustenförmig, hemisphärisch oder in Form kleiner Säulen und Zapfen und können bei einem guten Standort mehrere Quadratmeter des Untergrundes bedecken. Beobachtungen zeigten, dass gerade größere Kolonien sich im Bereich trüber Küstengewässer befinden. Krönchenkorallen besitzen krönchenförmige Koralliten, die 8-12 Septen tragen. Ihre Polypen können grau, braun, grün oder rosa gefärbt sein. Korallen dieser Art kommen in allen Rifbereichen vor und sind sehr aggressive Nachbarn, die mit langen und fadenförmigen Tentakeln im Lebensraum kämpfen. Sie sind im Roten Meer verbreitet und kommen im Indopazifik von Ostafrika und den Malediven bis nach Indonesien, Australien, Japan und Vanuatu vor.

Foto: Indonesien, Bali

Podabacia crustacea, Ägypten, Sudan

Galaxea astreata, Indonesien, Bali

Galaxea fascicularis (LINNAEUS, 1767)
Skalpellkoralle

Skalpellkorallen bilden eine breite Palette von Wuchsformen aus, die von kleinen und geduckt wachsenden Kolonien bis hin zu großen und mehrere Meter im Durchmesser wachsenden Strukturen reichen. Sie können krustenförmig bis massiv auf festen und abgestorbenen Substraten ausbreiten und besitzen krönchenartige Korallenkelche mit scharfen Septen, die bis in das Zentrum der Korallenkelche reichen. Ihre Polypen können 5-7 mm im Durchmesser groß werden, besitzen lange „Kampftentakel", die mit Batterien von Nematocysten bestückt sind, mit deren Hilfe sie Raumkonkurrenten angreifen und verdrängen. Ihre Polypen sind auch tagsüber ausgestreckt und leben mit Zooxanthellen in einer Symbiose, von deren Assimilationsprodukten sie sich auch weitgehend ernähren. Skalpellkorallen kommen auch in trüben Gewässern vor, doch findet man sie bevorzugt an Saumriffen, am oberen und mittleren Riffhang. Sie kommen im Roten Meer vor und sind im Indopazifik von Ostafrika bis nach Australien, Fidschi, Samoa und Australien verbreitet.

Foto: Indonesien, Molukken

Galaxea horrescens (DANA, 1846)
Dornenstrauch-Koralle

Dornenstrauch-Korallen siedeln bevorzugt an Riffen mit guter Wasserzirkulation und lieben Standorte im oberen Riffhang, wo sie exponiert zum Sonnenlicht leben. Ihre Kolonien wachsen buschig, bleiben relativ klein in ihrer Ausdehnung und erreichen selten einen Durchmesser von 35 cm. Ihre Koralliten stehen in Gruppen und sind sehr stachelig. Die Polypen sind nachtaktiv. Dornenstrauch-Korallen kommen in den Farben braun, gelbbraun und grün vor. Sie ernähren sich überwiegend von den Produkten ihrer Zooxanthellen und fangen als Nahrungsergänzung in der Nacht Plankton. Verbreitet sind sie im Roten Meer und im Indopazifik von Indonesien bis nach Vanuatu, Fidschi, Samoa und Australien. Diese Korallenart ist selten in ihrem Verbreitungsgebiet.

Foto: Philippinen, Batangas

Galaxea fascicularis, Indonesien, Molukken

Galaxea horrescens, Philippinen, Batangas

Cyathelia axillaris (ELLIS & SOLANDER,1786)
Achsenkoralle

Achsenkorallen gehören zu den ahermatypischen Korallen, die ohne Zooxanthellen in ihrem Gewebe leben. Es sind Tiergemeinschaften des tieferen Wassers, denn sie kommen erst unterhalb einer Wassertiefe von 40 m vor. Aus der Gattung *Cyathelia* ist nur eine einzige Art bekannt, die hier vorgestellt wird. Eine Korallenkolonie dieser Art bildet nur kleine, gestreckte, wenig verzweigte und geduckt wachsende Kolonien aus, die in der Regel weiß sind. Sie siedeln fest zementiert auf Korallengestein und besitzen große und alternierende Koralliten mit endständigen Polypen an den Verzweigungen. Die großen Polypen sind transparent und ernähren sich vom tierischen Plankton, das sie in der Nacht fangen. Achsenkorallen sind seltene Tiergemeinschaften, die im Indopazifik von den Komodo-Inseln bis nach Westaustralien vorkommen.

Foto: Indonesien, Rinca

Echinophyllia echinata SAVILLE-KENT, 1871
Stachelige Großblattkoralle

Stachelige Großblattkorallen bilden folienförmige, dünne, flache oder vasenförmige Kolonien aus, die im zentralen Teil ihrer Kolonie am Boden festgewachsen sind. Ein zentraler Korrallit befindet sich in der Mitte der Kolonie. Alle anderen Koralliten liegen weit auseinander und sind radiär angeordnet. Ihre Polypen sind klein, tragen winzige Tentakel und kommen in verschiedenen Farben vor. Diese richtet sind nach der Farbe der einzelligen Algen, die in ihrem Gewebe symbiotisch leben. Von ihren Assimilationsprodukten ernähren sich die Korallen auch weitgehend. In der Nacht fangen ihre Polypen noch zusätzlich Plankton für die Ernährung der Kolonie. Der Lebensraum dieser Korallenart sind Küstenriffe mit vertikalen Riffwänden und gut durchströmte Überhänge an mittleren und unteren Riffhängen. Die doch relativ selten zu findenden Korallen kommen im Indopazifik von den Malediven und Australien bis zu den Salomonen, Vanuatu und Neukaledonien vor.

Foto: Philippinen, Cebu

Cyathelia axillaris, Indonesien, Rinca

Echinophyllia echinata, Philippinen, Cebu

Mycedium elephantotus PALLAS, 1766
Elefantenohrkoralle

Elefantenohrkorallen wachsen überwiegend scheibenförmig mit deutlich voneinander abgesetzten Korallenkelchen, die auf der Unterseite der Kolonie fehlen. Sie kommen in unterschiedlichen Farben vor, wobei grüne und braune Farbkompositionen überwiegen. Ihre Koralliten können verschieden aussehen, rund oder länglich geformt sein und einen Durchmesser von annähernd 15 mm besitzen. Elefantenohrkorallen kommen bevorzugt in Tiefen zwischen 15-40 m vor, wo moderate Strömungen des Wassers vorherrschen und sie in der Lage sind, scheibenförmige Skelettplatten ausbilden, die dann einen Durchmesser von bis zu 70 cm haben. Ihren Polypen fehlen die Tentakel, so dass sie sich als Netzschleimfänger betätigen. Zahlreiche Schleimzellen in ihrem Gewebe produzieren eine Schleimschicht, an der Nahrungspartikel haften bleiben, die dann über die Mundöffnung von den Polypen verschlungen werden. Elefantenohrkorallen sind im Roten Meer verbreitet und kommen im Indopazifik von Ostafrika und den Malediven bis nach Indonesien, Australien, Mikronesien, den Salomonen und Fidschi vor.

Foto: Philippinen, Cabilao

Pectinia alcicornis (SAVILLE-KENT, 1871)
Geweih-Papierkoralle

Geweih-Papierkorallen zeigen schlanke, aufrechte und bizarr gedrehte Fortsätze, die sich von einer gemeinsamen Basis aus in das freie Wasser erheben. Diese können auch in Form kleiner Platten nach oben wachsen. Ihre Polypen können braun, beige, grünlich gelb oder gelbbraun gefärbt sein. Geweih-Papierkorallen leben bevorzugt auf unterseeischen Plattformen und siedeln hier auf horizontal ausgerichteten Unterlagen. Man findet sie gelegentlich auch in trüben Gewässern, wo sie nur kleine Kolonien ausbilden. Im Indopazifik sind sie von den Malediven und Thailand bis nach Indonesien, Australien, Tonga und Fidschi weit verbreitet.

Foto: Indonesien, Bali

Mycedium elephantotus, Philippinen, Cabilao

Pectinia alcicornis, Indonesien, Bali

Pectinia elongata (REHBERG, 1892)
Gestreckte Spitzkegelkoralle

Gestreckte Spitzkegelkorallen bilden nur kleine Kolonien aus, die einen Durchmesser von maximal 50 cm haben. Dabei erheben sich aus einer gemeinsamen Basis viele, aufrechte, langgestreckte und spitz endende Verzweigungen in das offene Wasser, die an ihrer Basis weitere, jedoch kürzere Verzweigungen ausbilden. Sie formen kleine Türme und erinnern an einen Stachelwald, der sich unter Wasser gebildet hat.
Die Koralliten bilden entlang der Verzweigungen in Zentren. Die Polypen sind nachtaktiv und können hellbraun oder grünlich gefärbt sein. Spitzkegelkorallen sieden an seich abfallenden Riffhängen und kommen auf verschiedenen, mobilen Böden vor. Da ihre Verzweigungen zerbrechlich sind, sind sie in ihrem Lebensraum auf moderate Wasserbewegungen angewiesen und siedeln daher in tieferen Riffbereichen. Ihr Vorkommen reicht im Indopazifik von Indonesien und Papua Neuguinea bis zu den Philippinen und den Salomonen.

Foto: Indonesien, Menjangan

Pectinia ayleni (WELLS, 1935)
Aylenis Labyrinth-Koralle

Korallen dieser Art sind nicht häufig an indopazifischen Riffen zu finden. Ihre Verbreitung reicht von Thailand bis nach Malaysia, Indonesien, Papua Neuguinea, Mikronesien und Japan. Die relativ kleinen Kolonien, die selten einen Quadratmeter des Untergrundes bedecken, bestehen aus vielen aufrecht wachsenden, verschieden gewundenen, in der Höhe unterschiedlichen und krustenförmigen Platten, die miteinander ein unübersichtliches Labyrinth bilden. Die gewundenen Korallenplatten haben aufrecht stehende Wände, die unterschiedlich hoch sind. Die meist grünlich gefärbten Kolonien leben im Bereich des Flachwassers und kommen besonders häufig dort vor, wo der Untergrund mit Algen bestanden ist.

Foto: Indonesien, Bali

Pectinia elongata, Indonesien, Menjangan

Pectinia ayleni, Indonesien, Bali

Pectinia paeonia (DANA,1846)
Pfingstrosen-Koralle

Pfingstrosen-Korallen, auch Salatblattkorallen genannt, sind von bizarrer Gestalt und bilden dünne, dicke oder blattförmige und stachelige Strukturen aus, die eine Schalen- oder Labyrinthform bilden. Die Kolonien beginnen mit einer stacheligen Rosette, die sich kontinuierlich vergrößert und bei späterem Wachstum viele irregulär und aufrecht wachsende Projektionen bildet. Pfingstrosenkorallen sind in der Farbe variabel und in ihrer Struktur sowieso. Sie lieben als Standorte geschützte Stellen im Riff und kommen selbst im trüben Wasser vor. Man findet sie an Saumriffen und an seicht abfallenden Riffhängen. Die Verbreitung der Art reicht im Indopazifik von den Malediven, Indonesien, Australien und Papua Neuguinea bis nach Fidschi und Japan.

Foto: Philippinen, Cebu

Pectinia lactuca PALLAS, 1766
Salatkoralle

Salatkorallen, auch Hibiskuskorallen genannt, wachsen in der Regel mehr oder weniger scheibenförmig mit aufrechten, hohen, dünnen, Lamellen ähnlichen, undulierenden und annähernd gleich großen Septen, die durch genauso tiefe Täler voneinander getrennt sind, die vom Zentrum der Kolonien bis an den Rand der Peripherie verlaufen. Gelegentlich haben sie das Aussehen von zusammen geknäueltem Papier. Sie siedeln vom Flachwasser bis in größere Tiefen und bevorzugen als Standorte Riffe mit klarem und gut strömendem Wasser, kommen aber auch im trüben Wasser vor. Die Kolonien kommen in den Farben braun, grün und grau vor. Im Indopazifik sind sie von Madagaskar bis zu den Malediven, Indonesien, Australien bis nach Fidschi, Tonga und Japan verbreitet.

Foto: Indonesien, Nord Sulawesi

Pectinia paeonia, Philippinen, Cebu

Pectinia lactuca, Indonesien, Sulawesi

Cyarina lacrymalis (EDWARDS&HAIME,1848)
Tränen-Sternkoralle

Tränen-Sternkorallen leben stets solitär, frei liegend und festzementiert mit schmaler Basis auf allen nur möglichen Unterlagen. Ihre Wuchsform kann rund bis oval sein. Die Polypen sind außerordentlich groß und fleischig. Sie formen blasige Erhebungen auf den Septen der Koralle, die wie Tränen aussehen sollen. Die Septen sind radiär angeordnet und scharf gezahnt. Wie fast alle Korallenpolypen, so ernähren auch sie sich überwiegend von den Produkten ihrer Zooxanthellen und nutzen in einem gewissen Umfang sicherlich auch andere Nahrungsquellen. Ihr Lebensraum sind schattige und gut durchströmte Riffabschnitte. Selbst wenn man sie sucht, findet man sie kaum, so gut versteckt leben sie am Riffgrund zwischen Korallenbruch oder auf verschiedenen Weichböden. Die Farbe ihrer Kolonien kann grünlich, bräunlich oder rötlich sein. Ihr Durchmesser schwankt zwischen 5 cm und 10 cm. Im expandierten Zustand können sie die doppelte bis dreifache Größe erreichen. Verbreitet sind sie im Roten Meer und kommen im Indopazifik von Thailand, Malaysia, Indonesien und Australien bis nach Papua Neuguinea und den Philippinen bis nach Südjapan vor.

Fotos: Malaysia, Lankayan; Indonesien, Komodo

Cyarina lacrymalis, Malaysia, Lankayan

Cyarina lacrymalis, Indonesien, Komodo

Blastomussa wellsi WIJSMAN-BEST.1973
Wells Ecksternkoralle

Wells Ecksternkorallen sind selten. Sie bilden nur kleine Kolonien aus, wobei man von Kolonien eigentlich gar nicht reden darf. Die einzelnen Koralliten, die alle große und fleischige Polypen besitzen, stehen in Gruppen dicht beieinander, ohne zu fusionieren. Lediglich die fleischigen Polypen, die die Koralliten bedecken, erweckten den Eindruck, als würden sie dicht gepackt beieinander stehen. Die Koralliten sind rund, oval oder eckig und haben verschiedene Durchmesser. Sie besitzen kreisförmig angeordnete und gezahnte Septen, die jedoch stumpf enden. Der Mund der Polypen liegt vertieft im Zentrum der Mundscheibe. Wells Ecksternkorallen sind nachtaktive Planktonfänger. Während tagsüber die Tentakel eingezogen sind, werden sie in der Nacht weit ausgestreckt und erinnern in ihrem Arrangement an kleine Blumen oder Anemonen. Die Farbe der Polypen kann einheitlich oder zweifarbig sein. Die roten und braunen Polypen sind einfarbig, die grünen zweifarbig. Sie besitzen eine hellgrüne Mundscheibe und dunkelgrüne Tentakel. Innerhalb der Gattung *Blastomussa* gibt es nur 2 Arten. Die hier vorgestellte, deren Koralliten einen Durchmesser 9-14 mm haben und *B. merletti* (WELLS,1961), deren Koralliten wesentlich kleiner sind und einen Durchmesser von nur 7 mm besitzen. Wells Ecksternkorallen leben am unteren Riffhang und sind weltweit verbreitet.

Foto: Malaysia, Lankayan

Parascolymia vitiensis (BRÜGGEMANN, 1877)
Großsternkoralle

Großsternkorallen sind selten an indopazifischen Korallenriffen zu finden, denn sie ähneln sehr der Australischen Großsternkoralle, *Parascolymia australis,* von der sie nur schwer zu unterschieden sind. Großsternkorallen leben solitär, besitzen große und fleischige Polypen, die einen Durchmesser von über 15 cm erreichen können. Damit gehören sie zu den größten Solitärkorallen an den Riffen im Indopazifik. Die radiären Septen der Koralle sind kräftig ausgebildet und besitzen unterschiedlich lange, scharfe und spitze Zähne. Die Farbe der Polypen ist verschieden. Sie richtet sich nach der Farbe der einzelligen Algen, mit denen sie in einer Symbiose leben und von deren Assimilationsprodukten sie sich auch weitgehend ernähren. Nur ein einziger Polyp ist an der Bildung der Korallen beteiligt. Dieser ist außerordentlich aggressiv gegenüber benachbarten Raumkonkurrenten und benötigt aus diesem Grund viel Freiraum für seine Entwicklung. Großsternkorallen siedeln in unterschiedlichen Riffbereichen und in verschiedenen Tiefen und kommen an den Riffen im gesamten Indopazifik vor.

Foto: Indonesien, Banta

Blastomussa wellsi, Malaysia, Lankayan

Parascolymia vitiensis, Indonesien, Banta

Parascolymia australis MILNE EDWARDS & HAIME, 1849
Australische Großsternkoralle

Großsternkorallen besitzen große, fleischige und recht bunt gefärbte Polypen, die einen Durchmesser von über 10 cm erreichen können. Damit gehören sie zu den großen Solitärkorallen an den Riffen im Indopazifik. Die radiären Septen der Koralle sind kräftig ausgebildet und sie besitzen unterschiedlich lange, scharfe und spitze Zähne. Die Farbe der Polypen ist verschieden. Der Polyp der hier abgebildeten Koralle ist dunkelbraun, besitzt ein hellbraunes Mundfeld und eine graublaue Peripherie. Großsternkorallen sind nachtaktive Tiere, die in größerer Tiefe auf festen Substraten leben. Sie sind an den Riffen von Indonesien, Australien, Papua Neuguinea und den Philippinen bis Französisch Polynesien nur sporadisch vertreten und selten zu finden.

Foto: Indonesien, Nusakode

Lobophyllia corymbosa (FORSKAL, 1775)
Gelappte Doldenkoralle

Gelappte Doldenkorallen wachsen entweder scheibenförmig oder hemisphärisch und werden von einer Vielzahl von keulenförmigen, dicht gepackten und parallel angeordneten Koralliten gebildet. Diese sind rund bis oval und tragen lange und kräftige Zähne auf ihren Septen. Die Polypen sind groß, fleischig und können unterschiedlich gefärbt sein. Sie sind tagsüber eingezogen und nur in der Nacht sichtbar, wenn sie ausgestreckt Plankton für die Ernährung der Kolonie aus dem vorbeidriftenden Wasser fangen. Gelappte Doldenkorallen sind Tierkolonien des Flachwassers, die in den oberen Riffhängen sich häufig ansiedeln. Gelegentlich sind sie hier in einer größeren Dichte anzutreffen. Verbreitet sind sie im Roten Meer und kommen im Indopazifik von Ostafrika und Australien bis nach Japan und Französisch Polynesien vor.

Foto: Papua Neuguinea, Milne Bay

Parascolymia australis, Indonesien, Nusakode

Lobophyllia corymbosa, Papua Neuguinea, Milne Bay

Lobophyllia costata DANA, 1846
Gezackte Doldenkoralle

Gezackte Doldenkorallen bilden nur kleine und massive Kolonien aus, die in Lagunen und am Riffhang bis in Tiefen vorn 25 m vorkommen. Ihre großen und fleischigen Polypen sind nachtaktiv. Sie besitzen lange Tentakel, deren Spitzen hell abgesetzt sind. Sie sind unterschiedlich in der Farbe, doch grüne Kolonien sind auffallend oft zu finden. Die Septen der Korallen sind breit und lang und mit langen und scharfen Spitzen ausgestattet. Die Täler dazwischen sind tief. Verbreitet sind Gezackte Doldenkorallen im Roten Meer und kommen im Indopazifik von Ostafrika und Australien bis nach Französisch Polynesien, Japan und Tahiti vor.

Foto: Malaysia, Lankayan

Lobophyllia dentatus VERON, 2000
Gezahnte Koralle

Gezahnte Korallen bilden unterschiedlich große Kolonien aus, die einen Durchmesser von über 100 cm besitzen können. Im Normalfall sind sie jedoch kleiner. Ihr Lebensraum sind seichte Lagunen und obere Riffhänge, wo sie aufgrund ihrer einheitlich grauen Farbe sehr leicht übersehen werden. Ihre flachen bis halbkugeligen Kolonien setzen sich aus einer Vielzahl langer und eng stehender Koralliten zusammen, die oft einer gemeinsamen Basis entspringen. Die Koralliten sind groß, rund bis oval in der Form und mit kräftigen Septen bewehrt, die lange und spitze Zähne tragen. Die Zähne der primären Septen sind dabei besonders kräftig ausgebildet. Das Verbreitungsgebiet dieser Korallen ist im Indopazifik begrenzt. Es reicht von Thailand und Malaysia bis zu den Philippinen und Vanuatu.

Foto: Malaysia, Sipadan

Lobophyllia costata, Malaysia, Lankayan

Lobophyllia dentatus, Malaysia, Sipadan

Lobophyllia flabelliformis VERON, 2000
Fächer- Doldenkoralle

Fächer-Doldenkorallen, auch Steinkorallen genannt, bilden große und kuppelförmige Kolonien aus, mit meandroid geformten Wällen und Tälern, wobei das Kalkskelett eine ausgeprägte Fächerform hat. Im Gegensatz zu den anderen *Lobophyllia*-Arten besitzt diese auf der gesamten Polypenoberfläche kurze Pseudotentakel, die der Koralle ein pelziges Aussehen verleihen. Die Farbe der Korallen kann verschieden sein. Braune, dunkelgraue und grüne sind häufig. Doldenkorallen dieser Art kommen in allen Riffbereiche vor und siedeln vom Flachwasser bis in Tiefen von über 25 m. Ihre Verbreitung im Indopazifik ist begrenzt, denn sie kommen nur von Malaysia, Indonesien, Papua Neuguinea und Neukaledonien bis zu den Philippinen vor.

Foto: Indonesien, Kalimatan

Lobophyllia hattai YABE, SUGYIAMA & EGUCHI, 1936
Hattas Doldenkoralle

Hattas Doldenkorallen bestehen nur aus wenigen großen und dicht gepackten Koralliten, die gelegentlich zu einer mäandrischen Formation verschmelzen. Die Polypen der Korallen sind groß, fleischig und ausschließlich nachtaktiv. Ihr Mundfeld setzt sich in der Regel farblich vom Rest der Polypen ab. Die Polypen dieser Koralle sind außerordentlich aggressiv und dulden keine Raumkonkurrenten in ihrer Nachbarschaft. Sie kämpfen mit ihren Kampftentakeln gegen alles an, das sich in ihrer Nähe niederlassen will. Hattas Doldenkorallen siedeln in Riffbereichen mit kräftigen Strömungen, so dass man sie bevorzugt im Flachwasser antrifft. Ihre Verbreitung reicht im Indopazifik von den Malediven und Australien bis in das südchinesische Meer.

Foto: Vanuatu, Espiritu Santo

Lobophyllia flabelliformis, Indonesien, Kalimatan

Lobophyllia hattai, Vanuatu, Espiritu Santo

Lobophyllia hemprichii (EHRENBERG, 1834)

Hemprichs Doldenkoralle

Doldenkorallen können große, flache, hemisphärische und monospezifische Bestände bilden, deren Kolonien nur aus wenigen großen Polypen zusammengesetzt sind. Junge Polypen sind rund und besitzen nur eine Mundöffnung, ältere dagegen sind seitlich aufgefaltet und haben mehrere Mundöffnungen. Die Polypen sind groß, fleischig und sie kommen in vielen Farbvarianten vor. So können sie in weiß, gelb, grün, grau und braun bis hin zu rosa und rot vorkommen. Ihre langen Tentakel, die fast 5 cm Länge erreichen können, sind nur in der Nacht ausgestreckt. Dann hat die Korallenkolonie das Aussehen einer Seeanemone und wird dafür auch gehalten. Die Polypen ernähren sich weitgehend von den Produkten ihrer Zooxanthellen. Doch nachts fangen sie Plankton und fressen Würmer und Krebse, die über die hinwegkrabbeln. Verbreitet sind sie im Roten Meer und kommen im Indopazifik von Ostafrika bis nach Australien, Malaysia, Indonesien und den Philippinen bis nach Tahiti vor.

Foto: Philippinen, Cabilao

Lobophyllia robusta YABE & SUGIYAMA, 1936

Warzige Doldenkoralle

Warzige Doldenkorallen besitzen mehrere fächerförmige Koralliten, die groß und monozentrisch sind. Sie bilden zusammen halbkugelige Kolonien unterschiedlicher Größe und Ausdehnung. Ein jeder Korallit trägt große, spitze und scharfe Zähne. Ihre Polypen sind groß, fleischig und besitzen eine raue Oberfläche, die von einer Vielzahl kleiner Pseudotentakel gebildet wird. Warzige Doldenkorallen kommen vom flachen Wasser bis in Tiefen von über 30 m vor und sind in fast alle Riffhabitaten beheimatet. Sie sind im Roten Meer verbreitet und kommen im Indopazifik von Ostafrika und Indonesien bis nach Australien, Mikronesien, den Philippinen und Vanuatu vor.

Foto: Papua Neuguinea, Milne Bay

Lobophyllia hemprichii, Philippinen, Cabilao

Lobophyllia robusta, Papua Neuguinea, Milne Bay

Lobophyllia serratus VERON, 2000
Zackige Doldenkoralle

Zackenrand-Korallen sind in ihrem Verbreitungsgebiet nicht häufig. Sie bilden hemisphärische Kolonien von beträchtlichen Ausmaßen aus, die auch 2 m im Durchmesser übertreffen können. Ihre Kolonien sind eine Komposition aus vielen großen, runden, eckigen und mäandrisch geformten Koralliten, die ein, zwei oder auch drei Mundöffnungen haben können. Ihre Septen besitzen kräftige, lange und scharfkantige Zähne. Die Polypen sind außerordentlich groß, sehr fleischig und in ihrer Farbe variabel. Die tagsüber eingezogenen Polypen besitzen eine raue Oberfläche und tragen helle Randzeichnungen. Zackige Doldenkorallen leben bevorzugt am Grund von Stillwassergebieten im Rückriff und ernähren sich weitgehend von den Produkten ihrer Zooxanthellen. Ihre Verbreitung im Indopazifik ist limitiert, denn sie kommen nur zwischen Malaysia den Philippinen, Papua Neuguinea und den Salomonen vor.

Foto: Papua Neuguinea, Milne Bay

Symphyllia agaricia MILNE EDWARDS & HAIME, 1849
Stachelige Faltenkoralle

Stachelige Faltenkorallen können flache oder hemisphärische Kolonien bilden, die an exponierten Stellen im Riff, wo kräftige Wasserbewegungen vorherrschen, siedeln. So findet man sie am häufigsten im oberen und mittleren Riffhang von Außenriffen. Ihre Kolonien besitzen dicke, breite und bei sehr großen Kolonien häufig auch sinusförmig verlaufende Septen, die eine Vielzahl großer und spitzer Zähne tragen. Sie kommen in verschiedenen Farben vor und sind im Roten Meer und im Indopazifik von Ostafrika bis nach Australien, den Philippinen und Japan bis zu den Marshall-Inseln verbreitet.

Foto: Indonesien, Manado

Lobophyllia serratus, Papua Neuguinea, Milne Bay

Symphyllia agaricia, Indonesien, Manado

Symphyllia radians EDWARDS & HAIME,1849
Indopazifische Faltenkoralle

Faltenkorallen dieser Art wachsen entweder flach oder hemisphärisch und kommen in verschiedenen Farben vor. Bekannt sind rote, graue, grüne und braune Kolonien, wobei in der Regel die Kämme anders gefärbt sind als die Täler. Beide, Täler und Kämme, liegen 2-3 cm auseinander. Während die Kämme bei den hemisphärisch wachsenden Kolonien mäandroide Formen zeigen, sind die bei den flach wachsenden Kolonien weitgehend gestreckt. Indopazifische Faltenkorallen werden nicht sehr groß. Mit einem Durchmesser von 35-50 cm haben sie bereits das Maximum ihres Wachstums erreicht. Ihre Kolonien siedeln an gut durchströmten Riffabschnitten, kommen vom Flachwasser bis in moderate Tiefen vor und sind besonders an Saumriffen und am oberen und mittleren Riffhang zu finden. Verbreitet sind sie im Roten Meer und kommen im Indopazifik von Ostafrika, den Malediven und Australien bis zu den Philippinen, Japan und Vanuatu vor.

Foto: Indonesien, Komodo

Symphyllia recta (DANA, 1846)
Aufrechte Faltenkoralle

Aufrechte Faltenkorallen bilden entweder flache oder hemisphärische Kolonien unterschiedlicher Größe und mit sinusförmigen Kämmen aus, die unterschiedlich weit voneinander entfernt sind. Die Täler und Kämme der Korallen sind meist unterschiedlich gefärbt und verschieden weit voneinander entfernt. Im Unterschied zu der anderen, ähnlichen Art, Symphyllia radians, besitzen die Kämme in ihrer Mitte eine Rille auf ihrer Oberseite. Aufrechte Faltenkorallen sind Tierkolonien des tieferen Wassers, die vom mittleren Riffhang bis auf dem Riffgrund siedeln. Sie sind im Indopazifik von Ostafrika und den Malediven bis nach Australien, Mikronesien, den Philippinen, Japan und Samoa weit verbreitet.

Foto: Thailand, Similan-Inseln

Symphyllia radians, Indonesien, Komodo

Symphyllia recta, Thailand, Similan-Inseln

Symphyllia valenciennesii EDWARDS & HAIME, 1849
Valenciennes Faltenkoralle

Valenciennes Faltenkorallen bilden mäandroide, massive und wesentlich mehr flache als hemisphärische Kolonien mit breiten Kammlinien und tiefen Tälern aus. Die Kammlinien liegen weit auseinander und sind entlang der Mitte ihrer Oberseite gerillt. Sie Septen der Korallen sind dick, lang und mit scharfen Zähnen ausgestattet. Ihre Polypen sind groß und fleischig und die Farbe variabel. Sie reicht von grau, braun und grün bis hin zu rot. Faltenkorallen dieser Art leben bevorzugt im mittleren und unteren Riffhang, wo noch ausreichend Sonnenlicht die Kolonie erreicht und sie ihre gesamte Oberfläche als Sonnenfalle einsetzen können. Hier sind sie auch weitgehend vor zu starken Wasserbewegungen geschützt. Verbreitet sind sie im Roten Meer und kommen im Indopazifik von Ostafrika und Indonesien bis nach Australien, den Philippinen, Japan und den Marshall-Inseln vor.

Foto: Indonesien, Molukken

Symphyllia sp.
Faltenkoralle

Faltenkorallen bilden nur kleine Kolonien aus, die sich überwiegend horizontal auf ihren Unterlagen ausbreiten. Ihre Oberfläche wird durch breite Kammlinien und tiefe und breite Täler dazwischen bestimmt, die unterschiedlich gefärbt sein können und einen besonders schönen Kontrast bilden. Die Kammlinien sind in ihrer Mitte gerillt, und tragen scharfe und spitze Septen. Die Polypen, die tagsüber eingezogen sind, sind in ihrer Farbe variabel, wobei sie entweder grau, braun, grün, orange oder rot gefärbt sein können. Erst in der Nacht werden sie zum Planktonfang ausgestreckt. Faltenkorallen siedeln bevorzugt an strömungsberuhigten Stellen im Riff und kommen überwiegend vom mittleren Riffhang bis zum Riffgrund vor. Sie sind im Roten Meer und im gesamten Indopazifik weit verbreitet, jedoch nicht immer genau bestimmbar.

Foto: Philippinen, Gato

Symphyllia valenciennesii, Indonesien, Molukken

Symphyllia sp., Philippinen, Gato

Hydnophora rigida (DANA,1846)
Stachel-Pickelkoralle

Stachelkorallen wachsen ohne feste Basis geduckt, buschig und reich verzweigt. Die Verzweigungen sind unterschiedlich dick und enden mehr oder weniger spitz. Die Polypen können entweder cremefarben, hellgrau, graubraun oder grün sein und sind auch tagsüber ausgestreckt. Sie leben mit Zooxanthellen in einer Symbiose, von deren Produkten sie sich auch weitgehend ernähren. Stachelkorallen sind häufig und kommen besonders an Flachriffen und in Lagunen vor. Hier können sie große Areale des Untergrunds bedecken. Im Labyrinth ihrer reichen Verzweigungen versteckt sich eine große Anzahl besonders junger Riffbewohner, die hier Schutz vor Feinden suchen. Stachelkorallen kommen im Roten Meer vor und sind im Indopazifik von Ostafrika bis nach Polynesien weit verbreitet.

Foto: Philippinen, Bohol

Hydnophora exesa (PALLAS,1866)
Zerklüftete Pickelkoralle

Die Oberfläche der Korallenkolonie ist mit stumpfen und konischen „Pickeln" übersät, die von den kurzen Tentakeln der Korallenpolypen umstanden werden. Ihre Kolonien wachsen entweder plattenförmig oder halbkugelförmig, sind nur gering verzweigt und erreichen einen Durchmesser von annähernd 25-40 cm. Die unterschiedlichen Wuchsformen können durchaus auch bei einer einzigen Korallenkolonie auftreten. Pickelkorallen lieben hohe Beleuchtungsstärken und klares, nicht zu stark strömendes Wasser und siedeln aus diesem Grund bevorzugt am oberen Riffhang. Ihre Polypen sind recht lang und zottig, tag- und nachtaktiv und können beige, cremefarben, grün oder hellbraun gefärbt sein. Einige fluoreszieren. Verbreitet sind sie im Roten Meer und kommen im Indopazifik von Ostafrika bis nach Polynesien vor.

Foto: Vanuatu, Pilotin

Hydnophora rigida, Philippinen, Bohol

Hydnophora exesa, Vanuatu, Pilotin

Hydnophora microconus (LAMARCK,1816)
Kegel-Pickelkoralle

Die Kolonieoberfläche der Pickelkorallen ist mit 3-5 mm hohen Erhebungen übersät, die ihr den Namen Pickel- oder Kegelkoralle eingebracht haben. Diese so genannten Hydnophoren bilden sich dort, wo sich die Wände benachbarter Koralliten treffen und konische Pickel ausbilden. Um diese kegelförmigen Erhebungen sind die Polypen mit ihren Tentakeln angeordnet, die beige bis olivgrün gefärbt sein können. Tagsüber sind die Polypen eingezogen und ernähren sich weitgehend von den Produkten ihrer Zooxanthellen. In der Nacht sind sie ausgestreckt und fangen Plankton. Pickelkorallen bilden große, massive und hemisphärische Kolonien aus, die über 1 m Durchmesser erreichen können. Sie siedeln auf festen Substraten am oberen und mittleren Riffhang und kommen im Roten Meer und im gesamten Indopazifik von Ostafrika bis nach Australien, Mikronesien, den Philippinen, Papua Neuguinea, Tonga und Samoa vor.

Foto: Indonesien, Menjangan

Merulina ampliata (ELLIS & SOLANDER,1786)
Gekräuselte Krustenkoralle

Die Kolonien der Gekräuselten Krustenkorallen sehen in den unterschiedlichen Wachstumsphasen sehr verschieden aus. Zuerst wachsen sie flach, plattenförmig und krustig mit konzentrischen Septen. Später wachsen auf der Kolonie Erhebungen aus, die knotenförmige bis bäumchenförmige Strukturen bilden, wobei Spitzen dieser Erhebungen und auch die Peripherie der Kolonien stets heller abgesetzt sind. Gekräuselte Krustenkorallen siedeln in Lagunen, auf geschützten Riffdächern und am oberen Riffhang, wo sie zu terrassenförmigen Kolonien auswachsen und monospezifische Bestände bilden und große Areale des Riffbodens bedecken können. Verbreitet sind sie im Roten Meer und kommen im Indopazifik von Ostafrika bis nach Australien, Mikronesien, Japan, Fidschi und Samoa vor.

Foto: Indonesien, Bali

Hydnophora microconus, Indonesien, Menjangan

Merolina ampliata, Indonesien, Bali

Caulastrea curvata WIJSMANN-BEST,1972
Gewundene Fingerkoralle

Die Kolonien der Gewundenen Fingerkorallen sind in der Regel relativ klein, können jedoch bei einem guten Standort im Flachwasser der Riffe große und monospezifische Bestände bilden und den Untergrund über viele Quadratmeter bedecken. Die Kolonien besitzen gestreckte und gewundene, verzweigte, sehr kompakte und voneinander getrennte Koralliten, die etwa 08-10 mm Durchmesser haben können. Die einzelnen Koralliten besitzen zahlreiche dünne Septen, wobei die Spitzen der Primärsepten durch das Polypengewebe hell hindurch scheinen. Gewundene Fingerkorallen wachsen geduckt und erheben sich nur geringfügig über ihr Substrat. Sie lieben als Standorte seichte und warme Buchten mit einer ausreichenden Wasserzirkulation. Im Indopazifik sind sie von Ostafrika bis nach Malaysia, Indonesien, Australien Fidschi, Mikronesien und Tonga verbreitet.

Foto: Malaysia, Lankayan

Caulastrea furcata DANA,1848
Gefurchte Fingerkoralle

Gefurchte Fingerkorallen können kleine, aber auch große Kolonien bilden und kommen an manchen Riffen in Indopazifik in größeren Beständen vor. Dabei sind die Bestände nicht zusammenhängend, sondern setzen sich aus verschieden großen Kolonien zusammen. Die relativ großen Koralliten sind rund bis oval in der Form und tragen zahlreiche Septen. Die großen von ihnen leuchten durch das Polypengewebe hindurch und erscheinen an ihrer Oberfläche als helle Streifen. Die Polypen selbst sind groß, fleischig und überwiegend braun, gelb oder grün gefärbt. Nur die Mundscheibe bildet ein grünes Zentrum mit einer hell sich absetzenden Mundöffnung. Gefurchte Fingerkorallen siedeln sowohl auf festen, als auch auf mobilen Substraten und bevorzugen geschützte Gewässer als Lebensraum. Sie sind im Indopazifik von Madagaskar, Thailand, Indonesien und Australien bis nach Fidschi, Tonga und Mikronesien verbreitet.

Foto: Australien, Großes Barriere Riff

Caulastrea curvata, Malaysia, Lankayan

Caulastrea furcata, Australien, Großes Barriere Riff

Favia favus (FORSSKAL, 1775)
Knopf-Sternkoralle

Knopf-Sternkorallen bilden überwiegend massive und hemisphärische Kolonien, doch sie wachsen auch flach und krustig. Auffallend an ihren Kolonien sind ihre großen und runden bis ovalen Koralliten, die in einem gewissen Abstand zueinander angeordnet sind und deren Septen weit auseinander stehen und unregelmäßig gestaltet sind. Die großen Polypen sind nachtaktiv und können unterschiedlich gefärbt sein. Grüne und braune Kolonien sind häufig. Knopf-Sternkorallen brauchen viel Licht und siedeln aus diesem Grund auf Riffdächer, am oberen Riffhang und in Lagunen. Sie sind im Roten Meer verbreitet und kommen im Indopazifik von Ostafrika bis nach Australien, Japan und Polynesien vor.

Foto: Indonesien, Menjangan

Favia maxima VERON ,PICHON & WJISMAN-BEST 1977
Große Sternkoralle

Große Sternkorallen bilden massive, hemisphärische oder flach wachsende Kolonien mit großen, runden bis ovalen Koralliten aus, die relativ dicht stehen und nur geringe Zwischenräume offen lassen. Kurze und lange Septen wechseln einander ab. Ihr Durchmesser schwankt zwischen 25 und 75 mm. Ihre Polypen sind groß, fleischig und tagsüber eingezogen. Die Mundscheibe ist heller abgesetzt. In ihrer Farbe sind Korallen dieser Art sehr variabel. Sie können grün, graublau, orange, cremefarben oder hellgelb sein. Große Sternkorallen siedeln auf fast allen festen Substraten und kommen vom Riffdach und Riffhang bis auf dem Riffgrund vor. Sie sind im Roten Meer verbreitet und kommen im Indopazifik von Madagaskar und Australien bis zu den Philippinen, Japan und Fidschi vor.

Foto: Philippinen, Luzon

Favia favus, Indonesien, Menjangan

Favia maxima, Philippinen, Luzon

Favia pallida (DANA,1846)
Bleiche Sternkoralle

Bleiche Wabenkorallen bilden im Flachwasser der Riffe kleine bis mittelgroße Kolonien aus, die massiv und überwiegend hemisphärisch wachsen. Ihre runden bis ovalen Koralliten sind unterschiedliche groß, stehen weit auseinander und besitzen einen Durchmesser von 6-10 mm. Die Septen sind fein und unregelmäßig. Die Farbe der Polypen ist verschieden und bestimmt das Aussehen der Kolonie. Man kennt orange, gelbliche, cremefarbene und grünlich gefärbte Kolonien. Sie siedeln von der Niedrigwasserzone bis in die tiefen Riffbereiche und sind nicht gerade häufig in ihrem Verbreitungsgebiet zu finden. Sie kommen im Roten Meer vor und sind im Indopazifik von Ostafrika bis nach Indonesien, Australien, den Philippinen, Japan und den Zentralpazifik verbreitet.

Foto: Philippinen, Bohol

Favia veroni MOLL & BEST, 1984
Verons Sternkoralle

Verons Sternkorallen sind in ihrem Verbreitungsgebiet selten. Sie bilden nur kleine Kolonien mit einem Durchmesser von maximal 40 cm aus und sind vom flachen Wasser der Lagunen bis in Tiefen von über 30 m verbreitet. Sie wachsen massiv mit dicht stehenden Koralliten, die unregelmäßig geformt sind. Getrennt sind diese voneinander durch hohe Wälle, die dunkelbraun gefärbt sind. Die tiefer gelegenen Mundscheiben sind dagegen hell abgesetzt und ergeben einen auffälligen Kontrast. Die großen und fleischigen Polypen der Korallen sind nachtaktiv. Verons Sternkorallen leben im Roten Meer und kommen im Indopazifik von Ostafrika bis nach Indonesien, Australien, Papua Neuguinea und Vanuatu bis nach Fidschi vor.

Foto: Mauritius, Flick en Flack

Favia pallida, Philippinen, Bohol

Favia veroni, Mauritius, Flick en Flack

Favia rotundata (VERON, PICHON & WIJSMAN-BEST, 1977)
Rundpolypen-Sternkoralle

Rundpolypen-Sternkorallen sind relativ selten. Die Kolonien dieser Koralle wachsen entweder flach oder hemisphärisch. Sie besitzen dickwandige Korallenkelche mit einem Durchmesser von bis zu 20 mm. Diese sind annähernd rund und gelegentlich oval in der Form. Die Polypen sind groß, fleischig und in der Farbe variabel. Sie können grau, blaugrau, gelblich oder braun sein. Rundpolypen-Sternkorallen siedeln an gut exponierten Stellen und Riff, kommen sowohl in Lagunen und an den Riffhängen vor und sind nachtaktiv. Tagsüber sind ihre Polypen eingezogen. Sie leben im nördlichen Roten Meer und kommen im Indopazifik von den Malediven und Chagos bis nach Australien, den Philippinen, Japan und dem Zentralpazifik vor.

Foto: Australien, Großes Barriere Riff

Favia stelligera (DANA, 1846)
Säulen-Sternkoralle

Säulen-Sternkorallen wachsen in Form flacher, säulenförmiger, halbkugeliger oder hemisphärischer Kolonien, die beträchtliche Ausmaße erreichen können. Bei einem guten Standort können sie einen Durchmesser von mehreren Metern erreichen. Ihre Koralliten sind klein, dicht stehend und besitzen dicke Wälle. Sie fusionieren nicht miteinander. Die Farbe der Kolonien kann einheitlich braun, gelb oder grün sein. Säulen-Sternkorallen sind Tierkolonien des flachen Wassers, die kräftige Wasserbewegungen lieben. Sie kommen vom flachen Wasser der Riffdächer bis in mittlere Wassertiefen vor und sind im Roten Meer und im Indopazifik von Ostafrika und Australien bis zu den Marshall-Inseln und Kiribati im Zentralpazifik verbreitet.

Foto: Ägypten, Safaga

Favia rotundata, Australien, Großes Barriere Riff

Favia stelligera, Ägypten, Safaga

Favia speciosa (DANA,1846)
Zweifarben-Sternkoralle

Zweifarben-Sternkorallen wachsen massiv, hemisphärisch und annähernd rund. Ihre Korallenkelche stehen dicht, sind in ihrer Form annähernd rund bis oval und stets größer als 10 mm im Durchmesser. Im flachen Wasser sind ihre Koralliten kreisrund und dicht stehend, während sie im tiefen Wasser weiter auseinander stehen. Ihre Septen sind fein, zahlreich und gleichmäßig. Die Polypen, die tagsüber eingezogen sind fleischig. Sie können braun, grau oder grün gefärbt sein, wobei bei den meisten Kolonien das Mundfeld farblich abgesetzt ist. Aus diesem Grund werden sie auch Zweifarben-Sternkorallen genannt. Sternkorallen leben im Roten Meer und sind im Indopazifik von Ostafrika bis nach Australien, Samoa, Vanuatu, den Marshall-Inseln im Zentralpazifik verbreitet.

Fotos: Indonesien, Raja Ampad; Malaysia, Sipadan

Favia speciosa, Indonesien, Raja Ampad

Favia speciosa, Malaysia, Sipadan

Favites vasta (KLUNZINGER, 1879)
Waben-Sternkoralle

Waben-Sternkorallen wachsen massiv und überwiegend hemisphärisch mit großen und eckigen Koralliten. Große Kolonien können durchaus einen Durchmesser von über 100cm besitzen. Die eckigen und unterschiedlich großen Koralliten besitzen dicke Wände, mit feinen, gleich großen und gezahnten Septen. Die fleischigen Polypen, die tagsüber eingezogen sind, können verschieden gefärbt sein. Die Mundscheibe mit ihrer schlitzförmigen Öffnung liegt vertieft im Zentrum der dicken Wände und ist meist farblich etwas heller abgesetzt. Waben-Sternkorallenkommen in fast allen Riffbereichen vor. Sie kommen im Roten Meer vor und sind im Indopazifik von Ostafrika und Australien bis nach Papua Neuguinea, den Philippinen, Japan und den Fidschi-Inseln weit verbreitet.

Foto: Papua Neuguinea, Milne Bay

Favia russelli (WELLS, 1954)
Russells Sternkoralle

Russells Sternkorallen wachsen in dicken und krustigen Lagen auf abgestorbenem Korallengestein. Die Korallenlage folgt den Unebenheiten des Untergrundes. Die Koralliten der Korallen sind groß, bilden hohe, scharfkantige und gezahnte Wälle und besitzen einen Durchmesser von 10-12 mm. Die großen und fleischigen Polypen sind verschieden gefärbt und nachtaktiv. Die Larven dieser Korallenart besetzen relativ schnell abgestorbenes Korallengestein, so dass sie in fast allen Riffbereichen angesiedelt sind und auch dort gefunden werden. Sie sind im Roten Meer verbreitet und kommen im Indopazifik von den Malediven und Australien bis zu den Philippinen, Japan und dem Zentralpazifik vor.

Foto: Indonesien, Halmahera

Favites vasta, Papua Neuguinea, Milne Bay

Favites russelli, Indonesien, Halmahera

Favites flexuosa (DANA, 1846)
Variable Sternkoralle

Die Korallenkolonien von Variablen Sternkorallen wachsen entweder krustig oder hemisphärisch. Ihre Polypen sind sehr groß, die Koralliten unregelmäßig geformt und vielfach eckig, mit weiten Vertiefungen, die eng beieinander stehen. Sie kommen in einer breiten Palette von Farben vor. Aneinander grenzende Koralliten haben gemeinsame Wände ausgebildet, die nicht miteinander fusionieren. Ihre Septen sind regelmäßig und gezahnt. Sternkorallen dieser Art siedeln an gut durchströmten Stellen im Riff und sind im Roten Meer verbreitet. Im Indopazifik kommen sie von Ostafrika und Thailand bis nach Australien, Papua Neuguinea, den Philippinen, Japan und den Marshall-Inseln vor.

Foto: Philippinen, Cebu

Favites complanata (EHRENBERG, 1834)
Fünfeck-Sternkoralle

Fünfeck-Sternkorallen wachsen entweder flach oder hemisphärisch. Sie besitzen eckige Koralliten mit kräftigen, hohen und abgerundeten Wällen. Im Zentrum befinden die helleren und vertieft liegende Mundscheiben der Polypen, die einen Durchmesser von annähernd 12 mm besitzen. Die Septen der Koralliten tragen nur 4-5 Zähne. Ihre großen und fleischigen Polypen sind nachtaktiv und können verschieden gefärbt sein. Fünfeck-Sternkorallen leben in ihrem Verbreitungsgebiet in fast allen Riffbereichen. Sie sind im Roten Meer verbreitet und kommen im Indopazifik von Ostafrika, den Seychellen, Australien, Mikronesien, den Philippinen bis nach Polynesien vor.

Foto: Malediven, Ari-Atoll

Favites flexuosa, Philippinen, Cebu

Favites complanata, Malediven, Ari-Atoll

Goniastrea australiensis (EDWARDS & HAINE, 1857)
Australische Sternkoralle

Australische Sternkorallen bilden nur kleine Kolonien aus, die entweder plattenförmig, hemisphärisch oder submassiv wachsen können. Die Koralliten aller Wuchsformen bilden sinusförmige Oberflächenstrukturen (Kämme) aus, die ein Hirnmuster aufzeigen. Kämme und Täler können unterschiedlich gefärbt sein. In ihrem Verbreitungsgebiet leben Australische Sternkorallen vom Gezeitenbereich bis in moderate Tiefen und kommen gelegentlich häufig im oberen und mittleren Riffhang vor. Besonders die, die auf Riffdächern im Gezeitenbereich siedeln und hier gelegentlich trocken fallen, sind dem Wechsel der Gezeiten gut angepasst. Verbreitet sind sie im Roten Meer und kommen im Indopazifik vom Indischen Ozean und Australien bis zu den Philippinen und Japan vor.

Foto: Vanuatu, Aoba

Goniastrea retiformis (LAMARCK,1816)
Netz-Sternkoralle

Netz-Sternkorallen sind sehr weit verbreitet und kommen im Roten Meer und im Indopazifik vom Ostafrika bis nach Australien, den Philippinen, Samoa und dem Zentralpazifik vor. Man kann sie durchaus als Flachwasserkorallen bezeichnen, denn sie leben von der Niedrigwasserlinie bis in wenige Meter Wassertiefe und siedeln bevorzugt im Riffwatt und am oberen Riffhang. Im Riffwatt fallen sie bei extremem Niedrigwasser gelegentlich trocken. Die überwiegend halbkugelig bis kugelig oder säulenförmig wachsenden Korallen, die bei einem guten Standort beträchtliche Ausmaße erreichen können, besitzen vieleckige Koralliten, die vier-, fünf- oder sechseckig sein können und die unterschiedlich große Septen tragen. Sie ähneln Bienenwaben. Ihre Polypen sind nachtaktiv und können cremefarben, blassbraun oder blassrosa gefärbt sein.

Foto: Sudan, Rotes Meer

Goniastrea australiensis, Vanuatu, Aoba

Goniastrea retiformis, Rotes Meer, Sudan

Platygyra acuta VERON, 2000
Scharfkantige Hirnkoralle

Scharfkantige Hirnkorallen können sowohl zu großen Platten, aber auch zu mäandroiden und massiven Korallenblöcken heranwachsen, deren Oberflächen tiefe Gruben und hohe, scharfkantige Wälle zeigen, die sich farblich nicht voneinander unterscheiden. In ihrem Verbreitungsgebiet, das im Roten Meer beginnt und im Indopazifik von Ostafrika und Australien bis nach Westpapua, den Philippinen und Fidschi reicht, findet man diese Korallenart in fast allen Riffbereichen. Es ist schwer, sie von den anderen Arten, wie *P. sinensis* und *P. daedalea*, zu unterschieden und deutlich abzugrenzen.

Foto: Philippinen, Cabilao

Platygyra daedalea (ELLIN & SOLANDER, 1786)
Dädalus-Hirnkoralle

Die Kolonien der Dädalus-Hirnkoralle wachsen massiv, inkrustiert oder hemisphärisch, mit breiten mäandroiden Tälern und rau gezackten, schmalen Wällen. Täler und Wälle sind gelegentlich verschieden gefärbt. Diese Art kann leicht mit P. lamellina verwechselt werden, die aber wesentlich dickere Wälle und schmalere Täler besitzt. Hirnkorallen dieser Art siedeln in allen Riffbereichen und kommen im Roten Meer und im Indopazifik von Ostafrika bis nach Australien und Polynesien vor.

Foto: Indonesien, Molukken

Platygyra acuta, Philippinen, Cabilao

Platygyra daedalea, Indonesien, Molukken

Platygyra lamellina (EHRENBERG, 1834)
Lamellen-Hirnkoralle

Lamellen-Hirnkorallen wachsen entweder hemisphärisch oder krustenförmig und können einen Durchmesser von über 100 cm erreichen. Ihre Wuchsform ist abhängig von der Strömungsstärke des Wassers. Ihre mäandroiden und dicht stehenden Furchen bilden lange, gewundene oder gerade Kämme, die durch dicht stehende und abgerundete Septen entstehen. Hirnkorallen dieser Art siedeln bevorzugt im Gezeitenbereich auf Riffdächern oder besiedeln den oberen Riffhang. Vereinzelt kommen sie aber auch noch in 30 m Tiefe vor. Ihre kleinen Polypen sind nachtaktiv und können braun, grau oder grün gefärbt sein. Lamellen-Hirnkorallen sind im Roten Meer verbreitet und kommen im Indopazifik von Ostafrika bis nach Thailand, Malaysia, Indonesien, Australien den Philippinen und Polynesien vor.

Foto: Malaysia, Tioman

Platygyra pini CHEVALIER,1975
Kurzmäander-Hirnkoralle

Hirnkorallen dieser Art wachsen in großen bis mittelgroßen, hemisphärischen Kolonien oder in Krusten. Sie tragen weit auseinander liegende Rippen und Furchen, die eine submäandroide Oberflächenstruktur bewirken. Die kurzen, aufragenden Rippen haben nicht die durchgehende Hirnstruktur, wie andere Arten aus dieser Gattung sie besitzen. Kurzmäander-Hirnkorallen siedeln bevorzugt auf ebenen Substraten in fast allen Riffbereichen und kommen in den Farben grau, gelb und braun vor. Oft haben die Täler zwischen den aufragenden Wällen grüne oder cremeweiße Zentren. Ihre Polypen leben mit Zooxanthellen in einer Symbiose, von deren Assimilationsprodukten sie sich auch weitgehend ernähren. Ihr Vorkommen reicht von Madagaskar, Australien, der Korallensee, den Philippinen und Japan bis nach Polynesien und den Marshall-Inseln im Zentralpazifik.

Indonesien, Halmahera

Platygyra lamellina, Malaysia, Tioman

Platygyra pini, Indonesien, Halmahera

Leptoria phrygia (ELLIS & SOLANDER,1786)
Flachwasser-Hirnkoralle

Hirnkorallen dieser Art wachsen massiv, tellerförmig, säulenförmig oder halbkugelig und können bei einem guten Standort einen Durchmesser von annähernd 200 cm durchaus erreichen. Sie siedeln auf Riffdächern, bevorzugt jedoch am Riffhang und kommen bis in Tiefen von 20 m vor. Die Oberfläche der Kolonie wird durch ein eigenwilliges, mäandroides Hirnmuster bestimmt, das von vielen gleichmäßig geformten Septen gebildet wird. Die Täler und Wälle sind in der Regel verschieden gefärbt, die Polypen sind nachtaktiv und unterschiedlich in ihrer Farbe. So gibt es Kolonien mit cremefarben, braunen oder grünen Polypen. Flachwasser-Hirnkorallen kommen im Roten Meer vor und sind im Indopazifik von Ostafrika bis nach Indonesien, Mikronesien, den Philippinen, Südjapan bis nach Vanuatu, den Salomonen und Fidschi weit verbreitet.

Foto: Philippinen, Cabilao

Platygyra sinensis (MILNE-EDWARDS & HAIME, 1849)
Indopazifische Hirnkoralle

Indopazifische Hirnkorallen wachsen zu großen Kolonien heran, die mehr als 1000 cm Durchmesser haben können. Ihre Oberfläche ist gekennzeichnet durch ein feines mäandrisches Muster, das von dünnen Wällen gebildet wird. Die Farbe der Kolonien ist variabel und richtet sich nach der Farbe der Zooxanthellen in ihren Polypen, die mit den Korallenpolypen in einer Symbiose leben. Indopazifische Hirnkorallen findet man in fast allen Riffbereichen vom Flachwasser bis in größere Tiefen. Besonders häufig kommen sie im Bereich des Riffwatts vor, wo sie große Mikroatolle bilden können. Verbreitet sind sie im Roten Meer und kommen im Indopazifik von Ostafrika bis nach Thailand, Indonesien, Australien den Philippinen und Japan bis nach Polynesien vor.

Foto: Papua Neuguinea, Milne Bay

Platygyra phrygia, Philippinen, Cabilao

Platygyra sinensis, Papua Neuguinea, Milne Bay

Montastrea curta DANA, 1846
Kurze Sternkoralle

Kurze Sternkorallen präsentieren sich in unterschiedlichen Wuchsformen. So können sie abgeflacht, säulenförmig oder halbkugelig wachsen. Ihre runden bis ovalen Koralliten liegen weit auseinander, haben kurze und lange Septen, die einander abwechseln. Ihre nachtaktiven Polypen können verschieden gefärbt sein. Kurze Sternkorallen kommen vom Flachwasser der Lagunen und der Riffkante bis in 40 m Wassertiefe vor. Sie siedeln bevorzugt auf ebenen Substraten und können eine Größe von 30 cm erreichen. Verbreitet sind sie im Roten Meer und kommen im Indopazifik von Ostafrika und den Malediven bis nach Australien, Samoa, Tuvalu und dem Tuamotu-Archipel vor.

Foto: Malaysia, Lankayan

Oulophyllia bennettae (VERON, PICHON & WIJSMAN-BEST, 1977)
Bennetts Mäanderkoralle

Bennetts Mäanderkorallen wachsen überwiegend hemisphärisch an gut durchströmten Riffhängen. Sie besitzen große, unregelmäßig geformte und überwiegend eckige Koralliten, die weit voneinander entfernt sind. Diese sind durch hohe Kämme voneinander getrennt und besitzen große und kräftige Zähne, die abgerundet sind. Die großen und fleischigen Polypen sind ausschließlich nachtaktiv. Sie leben mit Zooxanthellen in einer Symbiose, von deren Produkten sie sich auch weitgehend ernähren. Die Farbe der Polypen ist variabel. Auffallend ist, dass die Mundscheiben stets anders gefärbt sind. Bennetts Mäanderkorallen kommen im Indopazifik von Madagaskar und dem Persischen Golf bis nach Australien, den Philippinen, Papua Neuguinea, Samoa und Fidschi vor.

Foto: Philippinen, Batangas

Montastrea curta, Malaysia, Lankayan

Oulophyllia bennettae, Philippinen, Batangas

Oulophyllia crispa (LAMARCK, 1816)
Gekräuselte Mäanderkoralle

Korallenkolonien dieser Art wachsen entweder plattenförmig oder halbkugelig und können einen Durchmesser von 100 cm erreichen. Ihre Korallenoberfläche zeigt breite und tiefe mäandrisch gewundene Täler, die begleitet werden von dünnen und gleichmäßig geformten Septen. Die Polypen sind groß, fleischig und nachtaktiv. Sie können braun, grau oder grün gefärbt sein mit häufig andersfarbigen Mundscheiben. Gekräuselte Mäanderkorallen kommen vom Flachwasser der Lagunen bis in Tiefen von 30 m vor und sind in fast allen Riffbereichen präsent. Sie sind im Roten Meer verbreitet und kommen im Indopazifik von Ostafrika und Australien bis nach Japan und den Westpazifik vor.

Foto: Vanuatu, Espiritu Santo

Cyphastrea seralia (FORSKAL, 1775)
Knotige Koralle

Knotige Korallen besitzen eine raue und knotige Oberfläche, die durch die kreisrunden und konischen Koralliten entsteht. Diese sind unterschiedlich dicht angeordnet und besitzen 12 primäre Septen. Die Wuchsform Knotiger Korallen kann verschieden sein, so dass es krustenförmig wachsende Kolonien gibt, die den abgestorbenen Riffgrund besetzen und den Unebenheiten des Untergrundes aufliegen, oder sie bilden halbkugelige Kolonien, die in fast allen Riffhabitaten gefunden werden. Ihre kleinen Polypen, die nachtaktiv sind, können grau, braun, grün oder cremefarbig sein. Verbreitet sind Knotige Korallen im Roten Meer und sie kommen im Indopazifik von Ostafrika und Indonesien bis nach Australien, Tonga, Fidschi, dem Tuamotu-Archipel und den Philippinen vor.

Foto: Salomonen, Santa Cruz

Oulophyllia crispa, Vanuatu, Espiritu Santo

Cyphastrea seralia, Salomonen, Santa Cruz

Echinopora fructiculosa (EHRENBERG, 1834)
Stumpfe Zweigsternkoralle

Stumpfe Zweigsternkorallen leben sowohl in Lagunen, als auch an den Außenriffen und kommen im Roten Meer und im Indischen Ozean vom Golf von Aden und Madagaskar bis nach Chagos, einem kleinen Atoll im Süden der Malediven, vor. Im Roten Meer sind sie häufig, im Indischen Ozean kommen sie nur vereinzelt vor. Ihre filigranen und reich verzweigten Kolonien, die einen Durchmesser von 200 cm und eine Höhe von über 100 cm erreichen können, siedeln bevorzugt im beruhigten Flachwasser der Lagunen, auf dem Riffdach und kommen bis zum mittleren Riffhang vor. Ihre Kolonien sind aus einer Vielzahl kurzer Verzweigungen zusammengesetzt, die aus einzelnen, röhrenförmigen Koralliten bestehen. Diese wiederum bilden seitliche Knospen mit einem Durchmesser von 5-8 mm aus. Ihre kleinen gelbbraunen, blassbraunen oder rosafarbenen Polypen sind tagsüber eingezogen und werden erst in der Nacht zum Planktonfang ausgestreckt.

Foto: Ägypten, Safaga

Echinopora horrida DANA,1846
Spitze Zweigsternkoralle

Spitze Zweigsternkorallen wachsen in aufrechten, mehr oder weniger gekrümmten Verzweigungen, die sich an den Enden gabeln und spitz auslaufen. Die Koralliten sind groß, tragen 6 Primärsepten und haben einen Durchmesser von 4-6 mm. Ihr Lebensraum ist das Flachwasser, wo sie in strömungsberuhigten Lagunen große Kolonien ausbilden können, die mehrere Quadratmeter des Untergrundes bedecken können. Damit schaffen sie ein Dickicht und undurchdringbares Versteck für viele Jungfische und wirbelloser Tiere. Die Farbe der kleinen Polypen ist variabel und reicht von hellbraun und grün bis hin zu ockerfarben und gelb. Verbreitet sind Spitze Zweigsternkorallen im Indopazifik von Thailand, Indonesien und Australien bis nach Mikronesien, den Philippinen, Vanuatu und Fidschi.

Foto: Papua Neuguinea, Milne Bay

Echinopora fruticulosa, Ägypten, Safaga

Echinopora horrida, Papua Neuguinea, Milne Bay

Echinopora lamellosa (ESPER, 1795)
Lamellen-Sternkoralle

Korallen dieser Art wachsen überwiegend blatt- bis scheibenförmig und in horizontal ausgerichtete Platten, die auch geschichtet und in verschieden übereinander liegenden Lagen vorkommen. Gelegentlich formen sie im Zentrum der Kolonien zylindrische Tuben. Die Koralliten stehen weit auseinander und besitzen eine charakteristische Textur, die es einfach macht, diese Korallen zu erkennen. Lamellen-Sternkorallen können sehr große Kolonien von mehreren Quadratmeter Umfang bilden. Als Lebensraum bevorzugen sie ebene Substrate im flachen Wasser und kommen auf Riffplateaus, auf dem Riffdach und an gut durchströmten Riffwänden vor. Ihre Polypen, die nachtaktiv sind, kommen in verschiedenen Farben vor, so in dunkelbraun, grün und bernsteinfarben. Verbreitet sind sie im Roten Meer und kommen im Indopazifik vom Ostafrika bis nach Thailand, Indonesien, Australien, Japan und dem Zentralpazifik vor.

Foto: Indonesien, Rinca

Echinopora pacificus VERON, 1990
Blatt-Sternkoralle

Blatt-Sternkorallen wachsen in breiten, dünnen, aufrechten, blattförmig und geriffelten Lagen und können im flachen Wasser ab einer Tiefe von 6 m große Riffareale bedecken. Die Wachstumsränder der einzelnen Platten sind hell abgesetzt. Die Koralliten sind klein, in Reihen angeordnet und haben einen Durchmesser von 8-10 mm. Die Farbe der Kolonien kann verschieden sein, die ihre Polypen entweder grün, gelblich oder bräunlich aussehen. Blatt-Sternkorallen sind Tiere des flachen Wassers, die häufig dicht unter der Wasseroberfläche siedeln. Das durch die Anordnung der Korallenplatten entstandene Labyrinth ist für viele Fische und wirbellose Tiere ein gutes Versteck und ein sicherer Zufluchtsort. Die Verbreitung der Art reicht im Indopazifik von Malaysia und Indonesien bis nach Australien, Vanuatu, den Marshall-Inseln, Japan und den Philippinen.

Foto: Salomonen, San Cristobal

Echinopora lamellose, Indonesien, Rinca

Echinopora pacificus, Salomonen, San Cristobal

Trachyphyllia geoffroyi AUDOUIN,1826
Geoffroyis Koralle

In ihrer Jugend sind Geoffroyis Korallen noch am Untergrund festgewachsen. Bei einer bestimmten Größe und Gewicht brechen sie ab und leben dann frei und solitär, liegen lose auf dem Untergrund, so dass nur die konische Basis im Boden verschwindet. Die zuerst runden, dann elliptischen und später mäandroiden und bilateralsymmetrischen Korallen besitzen große und fleischige Polypen, die, wenn sie expandiert sind, die Korallen um ein Vielfaches größer erscheinen lassen. Mehrere Mundöffnungen sind immer bei ausgewachsenen Tieren zu erkennen, die im Zentrum des Polypen liegen. Die Polypen sind nachtaktiv und in ihrer Farbe variabel. Diese richtet sich nach der Farbe der Zooxanthellen, mit denen sie in einer Symbiose leben und von deren Assimilationsprodukten sie sich auch weitgehend ernähren, wobei die nachtaktiven Polypen zusätzlich Plankton fressen und organische Verbindungen aufnehmen. Geoffroyis Korallen findet man selten an Küstenriffen. Auf tiefen Sandflächen, die dem Riffgrund vorgelagert sind und in tiefen Lagunen von Koralleninseln sind sie weitaus häufiger anzutreffen und können in einer beachtlichen Individuendichte vorkommen. Verbreitet sind sie im Roten Meer und kommen im Indopazifik von Ostafrika bis nach Neukaledonien, Australien und Japan vor. Sie sind die einzige Art innerhalb ihrer Gattung.

Fotos: Philippinen, Cabilao; Malaysia, Tioman

Trachyphyllia geoffroyi, (juvenil), Philippinen, Cabilao

Trachyphyllia geoffroyi, Malaysia, Tioman

Moseleya latistellata QUELCH,1884
Moseleys Sternkoralle

Die Korallen dieser Art wachsen flach, fast diskusartig und liegen häufig frei auf verschiedenen mobilen Böden und damit auch auf Schlamm. Ihre Kolonien setzen sich aus vielen großen und kleinen Koralliten zusammen, wobei die großen, die einen Durchmesser von fast 40 mm erreichen können, im Zentrum und die kleinen mehr peripher zu liegen kommen. Ihre Septen sind mit feinen Zähnen bewehrt und die großen und fleischigen Polypen ausschließlich nachtaktiv. Sie ernähren sich vom Plankton und von den Produkten ihrer Zooxanthellen. Große Sternkorallen leben häufig in belasteten und in suspensionsreichen Gewässern, ohne dabei abzusterben. Dabei gelingt es ihren großen Polypen sich von einer auflagernden Sedimentschicht zu befreien. Moseleys Sternkorallen sind Tierkolonien des tieferen Wassers und kommen in ihrem begrenzten Verbreitungsgebiet, das von den Seychellen und Indonesien bis nach Australien reicht, selten vor.

Foto: Indonesien, Moyo

Euphyllia glaberescens (CHAMISSO & EYSENHARDT, 1821)
Tentakel-Bukettkoralle

Bukettkorallen können umfangreiche Bestände sowohl auf felsigen, als auch auf mobilen Substraten ausbilden. Sie besitzen große und separat stehende Koralliten, die bis zu 30 mm im Durchmesser groß sein können und fleischige Polypen mit außerordentlich langen Fangarmen, deren Spitzen bläschenförmig erweitert und heller abgesetzt sind. Diese sind nicht mehr in der Lage, sich vollständig soweit zu kontrahieren, dass sie sich in ihr Kalkgehäuse zurückziehen können und sind aus diesem Grund tag- und nachtaktiv. Sie sind unterschiedlich gefärbt, doch leuchtend grüne Polypen sind weitaus häufiger zu finden als graugrüne oder blaugrüne Polypen. Bukettkorallen kommen in verschiedenen Riffbereichen vor und siedeln vom Flachwasser bis in Tiefen von über 30 m. Sie sind selten im Roten Meer und kommen im Indopazifik von Malaysia und Indonesien bis nach Australien, Samoa und Japan vor.

Foto: Indonesien, Molukken

Moseleya latistellata, Indonesien, Moyo

Euphyllia glaberescens, Indonesien, Molukken

Euphyllia ancora VERON & PICHON, 1980
Hammerkoralle

Viele Trivialnamen sind in der Literatur zu finden, wenn diese Koralle abgebildet ist. Alle Namen beziehen sich auf die terminale Morphologie der langen Polypen, die T- förmig, bohnenförmig oder hammerförmig sein können und die in mehreren Reihen angeordnet sind. Die großen Polypen sind so fleischig, dass sie die dünnwandige Skelettstruktur völlig bedecken. Sie sind tag- und nachtaktiv, können sich nicht mehr vollständig kontrahieren, brennen die menschliche Haut fürchterlich und leben mit Zooxanthellen in einer Symbiose, von deren Produkten sie sich ernähren. Die Farbe der Polypen ist sehr variabel, doch dominieren Grün- und Brauntöne. Bukettkorallen bilden mittelgroße bis sehr große Kolonien von einer mäandrischen Korallitenstruktur aus und kommen vom Flachwasser bis in größere Tiefen vor. Auf tiefen und horizontalen Riffterrassen können sie durchaus dominant sein und große Flächen des Untergrundes bedecken. Im Indopazifik sind sie von Thailand, Indonesien und Australien bis nach Melanesien, Südjapan, Vanuatu, Fidschi und den Marshall-Inseln verbreitet.

Fotos: Malaysia, Mantanani

Euphyllia ancora, Malaysia, Mantanani

Euphyllia ancora, Malaysia, Mantanani

Euphyllia divisa VERON & PICHON,1980
Verzweigte Bukettkoralle

Verzweigte Bukettkorallen können an gut belichteten Stellen im Riff große Bestände von mehreren Quadratmetern Ausdehnung auf felsigen und schlammigen Substraten bilden und kommen auch vereinzelt in trüben Gewässern vor. Ihre großen, langen und schlauchförmigen Polypen besitzen röhrenförmige Tentakel, die gelappt, seitlich verzweigt und so voluminös sind, dass sie das Skelett der Koralle vollständig bedecken und weit überlappen. Ihre Spitzen sind knopfartig erweitert und hell abgesetzt. Das Kalkskelett erinnert an das der Koralle Euphyllia ancora, denn beide Korallenarten besitzen ein mäandroides (gewundenes) Kalkskelett mit scharfkantigen Talwänden. Doch ihre Polypen unterscheiden sich insofern, dass die von Euphyllia ancora nicht verzweigt sind. Bei den verzweigten Bukettkorallen sind die Polypen sind auch tagsüber ausgestreckt und leben mit Zooxanthellen in einer Symbiose, von deren Produkten sie sich auch ernähren. Die Farbe der Polypen kann grünlich, bläulich oder hellbraun sein. Einige fluoreszieren. Verzweigte Bukettkorallen kommen im Indopazifik von Thailand, Malaysia, Indonesien, Australien, Papua Neuguinea, den Philippinen und Japan bis zu den Salomonen und Fidschi vor.

Fotos: Malaysia, Mantanani

Euphyllia divisa, Malaysia, Mantanani

Euphyllia divisa, Malaysia, Mantanani

Catalaphyllia jardinei (SAVILLE-KENT,1893)
Zackenkoralle

Das Skelett der Zackenkorallen wird nur von einem einzigen großen und fleischigen Polypen gebildet. Dieser besitzt eine große und gestreifte Mundscheibe mit mehreren Mundöffnungen. Am Rand der Mundscheibe setzen lange und schlauchförmige Tentakel an, deren Spitzen häufig farbig abgesetzt sind. Zackenkorallen sind Tiere des Sand- und Geröllbodens. Ihre Skelette sind häufig tief in das Sediment eingesunken, so dass nur noch die Mundscheiben mit den zahlreichen Tentakeln sichtbar sind. Das führt nicht dazu, dass man Zackenkorallen für Seeanemonen hält. Ihre Polypen leben mit Zooxanthellen in einer Symbiose. Von ihren Produkten ernähren sie sich auch weitgehend. Zackenkorallen sind Überlebenskünstler in Gebieten mit einer hohen Konzentration an Sinkstoffen und organischen Partikeln. Im Indopazifik sind sie von den Malediven, Indonesien und Australien bis zu den Philippinen, Neukaledonien und Fidschi verbreitet.

Foto: Indonesien, Wakatobi

Plerogyra simplex REHBERG, 1892
Gewöhnliche Blasenkoralle

Gewöhnliche Blasenkorallen besitzen sehr lange und bis zu 2-5 cm runde, monozentrische und mit großen Septen ausgestattete Koralliten, die durch unterschiedlich weite Abstände voneinander getrennt sind. Sie alle entspringen einer gemeinsamen Basis. Gewöhnliche Blasenkorallen siedeln bevorzugt an geschützten Riffen und kommen bevorzugt am Riffhang vor. Zudem findet man ihre Kolonien auch in trüben Gewässern, wo sie bis in Tiefen von 15 m auffindbar sind. Wo sie sich auch immer niederlassen, sie bilden nur kleine Kolonien aus, die kaum größer als 50 cm im Durchmesser wachsen werden. Die sehr langen, schlauchförmigen und blasenförmigen Tentakel sind bestückt mit Nematocysten, die auch die menschliche Haut stark nesseln. Sie werden nur in der Nacht ausgestreckt, um Plankton für die Ernährung der Kolonie aus dem vorbeiströmenden Wasser zu fangen. Im Indopazifik kommen Gewöhnliche Blasenkorallen von Indonesien und Australien bis zu den Philippinen, den Salomonen, Vanuatu und Fidschi vor.

Foto: Papua Neuguinea, Milne Bay

Catalophyllia jardinei, Indonesien, Wakatobi

Plerogyra simplex, Papua Neuguinea, Milne Bay

Plerogyra sinuosa (DANA,1846)
Bogen-Blasenkoralle

Blasenkorallen sind sehr auffällige Korallen im Riff. Tagsüber besitzen ihre Kolonien blasig aufgetriebene, annähernd 25 mm traubenförmige, röhrenförmige, gegabelte und fast transparente Vesikel, die spezielle Polypenbildungen darstellen und die mit symbiotischen Algen, den Zooxanthellen, gefüllt sind. Sie werden tagsüber dem Sonnenlicht entgegengestreckt. Von ihren Assimilationsprodukten ernähren sich tagsüber die Korallen. Bei älteren Korallenkolonien besitzt die Vesikeloberfläche helle Linien, die die Anhäufungen von Nematocysten (Nesselzellen) markieren. Diese können auch die menschliche Haut durchschlagen, was zu einem schmerzhaften Brennen führen kann. Erst in der Nacht werden die eingezogen, um den langen Tentakeln Platz zu machen, sich auszustrecken, um Plankton für die Ernährung der Kolonie aus dem vorbeiströmenden Wasser zu fangen. Manche Kolonien können bis zu 200 cm im Durchmesser wachsen, wobei man das Skelett nur bei eingezogenen Polypen erahnen kann. Es besteht aus mäandrisch gewundenen Kalkrippen. Blasenkorallen leben auf gut durchströmten Riffdächern und am Riffhang. Ihre Polypen können grau, bläulich, grünlich oder auch graubraun gefärbt sein. Wie das untere Bild zeigt, leben auf den Vesikeln kleine, flache und rotbraun bis olivegrün gefärbte Korallen-Strudelwürmer der Gattung *Waminoa*, die sich möglicherweise hier vom Schleim der Vesikeloberfläche der Koralle ernähren. Blasenkorallen sind im Indopazifik von Thailand, Indonesien, Australien, der Korallensee, Samoa und Tonga bis zu den Philippinen, Japan und den Marshall-Inseln verbreitet.

Fotos: Indonesien, Bali; Indonesien, Molukken

Plerogyra sinuosa, Indonesien, Bali

Plerogyra sinuosa, Indonesien, Molukken

Physogyra lichtensteini EDWARDS & HAIME, 1851
Weintrauben-Koralle

Weintrauben-Korallen bilden massive Kolonien aus, die geschützte Riffbereiche als Siedlungsorte bevorzugen. Sie kommen vom flachen Wasser bis in Tiefen von über 40 m vor und benutzen schattige Überhänge und weiträumige Nischen als Lebensraum. Sie können eine Größe von 80 cm im Durchmesser erreichen. Ihre Kolonien sind tagsüber komplett von blasenförmigen Vesikeln bedeckt, die kleinen Trauben ähneln und die sich bei Störungen kontrahieren und in ihr Kalkskelett zurückziehen. Erst bei zurückgezogenen Polypen erkennt man schön die mäandrisch angeordneten Skelette und die aufrecht stehenden, linsenförmigen Septen (Bild unten). Die überwiegend nachtaktiven Polypen, die man häufig auch tagsüber sieht, strecken neben den Blasen auch ihre Tentakelspitzen in das freie Wasser, wobei die Blasen spezielle Polypenbildungen darstellen, in denen viele symbiotische Zooxanthellen sich befinden. Von ihren Assimilationsprodukten ernähren sich die Korallen auch weitgehend, wobei ihre Polypen in der Nacht noch auf ganz konventionelle Weise Plankton für die Ernährung der Kolonie fangen. Weintrauben-Korallen kann man leicht mit der Blasenkoralle, *Plerogyra sinuosa*, verwechseln, deren Blasenbildungen aber wesentlich größer sind. Garnelen der Gattung *Periclimenes* sind häufig mit Weintrauben-Korallen vergesellschaftet. Die Verbreitung der Art reicht im Indopazifik von Thailand, Malaysia, Indonesien und Australien bis nach Japan, Fidschi und den Zentralpazifik.

Fotos: Philippinen, Luzon

Physogyra lichtensteini, Philippinen, Luzon

Physogyra lichtensteini, Philippinen, Luzon

Turbinaria peltata ESPER, 1794
Blatt-Salatkoralle

Blatt-Salatkorallen besitzen ein dickes, flaches, fast blattförmiges Aussehen, mit dickwandigen, recht bruchfesten und gewellten Blättern. Diese können in ihrer Wuchsform kelchförmig, becherförmig oder säulenförmig gestaltet sein und dabei Ausmaße erreichen, die 500 cm im Durchmesser überschreiten können. Ein Kennzeichen dieser Korallenart ist nicht nur die breite und flache Wachstumsform, sondern auch der beiderseitige Besatz mit großen Polypen. Alle anderen Turbinaria- Arten tragen ihre Polypen nur auf einer Blattseite. Die großen und röhrenförmigen Polypen sind tag- und nachtaktiv, wobei gerade tagsüber die Tentakel verlängert ausgestreckt werden. Blatt-Salatkorallen sind meist einfarbig grau gefärbt und tragen eine helle Blattbegrenzung. Ihre Wuchsform wird stark vom Lichteinfall und der Intensität der Sonneneinstrahlung beeinflusst. Ihr Lebensraum sind geschützte Riffgebiete mit flachen Riffhängen. Ihre Verbreitung reicht im Indopazifik von Malaysia, Indonesien und Australien bis nach Papua Neuguinea, Fidschi, den Philippinen, Taiwan und Japan.

Foto: Philippinen, Bohol

Turbinaria reniformis BERNARD,1896
Gelbe Salatkoralle

Gelbe Salatkorallen erkennt man an den leuchtend gelben, goldbraunen oder gelbgrünen und überwiegend vertikal wachsenden Platten, die geschichtet und leicht gewunden ineinander greifen und deren Säume heller abgesetzt sind. Sie können große Bestände mit mehreren Quadratmetern Ausdehnung bilden und leben in der Regel an geschützten Stellen im Riff, die eine moderate Strömung des Wassers besitzen. Hier siedeln sie bevorzugt am Riffhang. Meist sind die Korallenstrukturen, die sie bilden, relativ klein und erreichen nur einen Durchmesser von 3-4 m. Doch bisweilen sieht man riesige Felder dieser Gelben Salatkoralle, die eine Ausdehnung von 8-10 m überschreiten und am Hang auch weit in die Tiefe reichen können. Die Lamellen sitzen bei guten Lichtverhältnissen sehr dicht, während in größerer Tiefe bei schwächerem Licht viel Zwischenraum zwischen den Lamellen bleibt. Koralliten auf ihren Platten stehen weit auseinander und ihre Polypen sind tagsüber eingezogen. In der Nacht sind sie ausgestreckt und fangen ihre Polypen tierisches Plankton für die Ernährung der Kolonie. Gelbe Salatkorallen sind im Roten Meer und im Indopazifik von Ostafrika bis nach Polynesien und dem zentralen Pazifik weit verbreitet.

Foto: Ägypten, Safaga

Turbinaria peltata, Philippinen, Bohol

Turbinaria reniformis, Ägypten Safaga

Turbinaria mesenterina (LAMARCK, 1816)
Platten-Salatkoralle

Platten-Salatkorallen bilden plattenförmige Verzweigungen aus, die mehr oder weniger stark gefaltet sind. Im stark strömenden Wasser mit intensiver Sonneneinstrahlung bilden sie aufrecht stehende und gewellte Schüsseln, die dicht beieinander stehen und den gesamten Korallenstock die Form einer Rosette geben. In größerer Tiefe bei schwächerem Lichteinfall sind sie plattenförmig und horizontal ausgerichtet, um mit ihrer gesamten Oberfläche das Restlicht einzufangen. Die Oberfläche der Platten ist besetzt mit großen und weit voneinander entfernt liegenden Polypen, die verschieden gefärbt sind. Salatkorallen dieser Art sind in der Lage große, monospezifische Bestände zu bilden, die mehrere Meter Durchmesser haben können. Sie kommen vom Flachwasser bis in Tiefen von 40 m vor und sind im Roten Meer und im Indopazifik von Ostafrika bis nach Australien, Polynesien und Japan verbreitet.

Foto: Australien, Großes Barriere Riff

Heteropsammia cochlea SPENGLER, 1849
Solitäre Kelchkoralle

Solitäre Korallen sind Tiere des Flachwassers, die bis in Tiefen von 20 m vorkommen. Sie leben mit einer flachen oder gekielten Basis einzeln und frei auf verschiedenen Weichböden und auf Korallenschutt und können in einer größeren Individuendichte vorkommen. Ihre Korallenkelche sind entweder rund oder seitlich zusammengedrückt und die grünen Polypen tagsüber eingezogen und mit Zooxanthellen in einer Symbiose, von deren Produkten sie sich auch ernähren. Eine symbiotische Beziehung zu einem Wurm, *Aspidosiphon corallicola*, konnte beobachtet werden, der in einem Hohlraum an der Unterseite der Korallen lebt und diese kleine über sandige Substrate zieht. Die Verbreitung der Koralle reicht im Indopazifik von Ostafrika bis in die Korallensee.

Foto: Papua Neuguinea, Milne Bay

Turbinaria mesenterina, Australien, Großes Barriere Riff

Heteropsammia cochlea, Papua Neuguinea, Milne Bay

Dendrophyllia ijimai Yabe & Eguchi, 1934
Zylindrische Röhrenkoralle

Zylindrische Röhrenkorallen entfalten ihre wahre Schönheit erst dann, wenn sie in der Abenddämmerung und in der Nacht ihre goldfarbenen Polypen zum Planktonfang in das freie Wasser ausstrecken. Erst dann wird so richtig der Farbkontrast zwischen der roten Kolonie und den goldgelben Polypen zu einem eindrucksvollen Erlebnis. Die bäumchenförmige Kolonie streckt sich aus einer gemeinsamen Basis und verzweigt sich bis zur Spitze hin. Vom Hauptstamm aus strahlen die Korallenkelche nach allen Seiten ab. Diese sind lang und werden terminal von Polypen besetzt. Zylindrische Röhrenkorallen leben ohne Zooxanthellen in ihrem Gewebe. Sie sind Tierkolonien das tieferen Wassers, die erst ab 35 m Wassertiefe siedeln. Hier leben sie entweder an abgeschatteten Stellen oder frei im Riff, stets festzementiert auf Riffgestein. Zylindrische Röhrenkorallen sind selten und kommen von Indonesien bis nach Japan vor.

Foto: Indonesien, Rinca

Dendrophyllia sp.
Kelchkoralle

Kelchkorallen besitzen wunderschöne, rotorange gefärbte Korallenpolypen, die in der Nacht von ihrem Mantelrand aus einer Vielzahl zarter und spitz zulaufender Tentakel in das Wasser ausstrecken, um Plankton für die Ernährung der Kolonie aus dem vorbeiströmenden Wasser zu fangen. Tagsüber leben die Polypen eingezogen in ihrem Kalkskelett. Die etwa 2-3 cm großen Korallenkelche erheben sich aus einer gemeinsamen und siedeln bevorzugt an schattigen Stellen im Riff. Das können Spalten, Ritzen, Überhänge, Unterhöhlungen oder Höhlenränder sein. Kelchkorallen sind, wie fast alle Tiefseekorallen, ahermatypische Korallen, die ohne Zooxanthellen in ihrem Gewebe leben. Aus diesem Grund kommen sie erst ab einer Wassertiefe unterhalb von 30 m gehäuft vor. Kelchkorallen der Gattung *Dendrophyllia* sind weltweit verbreitet.

Foto: Indonesien, Nusakode

Dendrophyllia ijimai, Indonesien, Rinca

Dendrophyllia sp., Indonesien, Nusakode

Cladopsammia gracilis EDWARDS & HAIME,1848
Grazile Kelchkoralle

Grazile Kelchkorallen sind nachtaktive Planktonfresser, die schattige Standorte im Riff besetzen. Sie siedeln im tiefen Riffbereichen unter Überhängen, an schattigen Höhlenrändern und in Höhlen. Tagsüber sind ihre Polypen eingezogen, nachts sind sie ausgestreckt. Von einer gemeinsamen Basis aus erheben sich nur wenige röhrenförmige und unverzeigten Korallenkelche, die bis zu 30 mm lang werden können. Sie ähneln mit kleinen Unterschieden den Tubastrea-Arten, wobei ihre Kalksepten zum Rand hin gabelartig verzweigt sind. Die großen und fleischigen Korallenpolypen sind getrennt geschlechtlich und es findet bei ihnen eine innere Befruchtung statt, wobei die Planula-Larven nur über kurze Distanzen auf den Boden kriechen oder schwimmen und nicht für eine lange Zeit über weite Entfernungen im Plankton driften. Kelchkorallen kommen an den Riffen im Indopazifik nur vereinzelt vor. Sie sind noch in Tiefen von über 400 m gefunden worden. *Dendrophyllia gracilis* ist ein Pseudonym.

Fotos: Papua Neuguinea, Milne Bay

Cladopsammia gracilis, Papua Neuguinea, Milne Bay

Cladopsammia gracilis, Papua Neuguinea, Milne Bay

Tubastrea coccinea LESSON,1834
Orange Kelchkoralle

Orange Rohrkorallen bevorzugen als Lebensraum gut durchströmte und schattige Plätze an vertikalen Wänden. Häufig siedeln sie unter Hafenanlagen, an Schiffswracks und in dunklen Unterhöhlungen dicht unterhalb der Wasseroberfläche. Hier breiten sie sich großflächig aus und bilden rasenähnliche Polster. Ihre kräftig rotorange gefärbten Polypen besitzen zahlreiche, randständige und gelbe Tentakel, die ohne symbiotische Algen in ihrem Gewebe leben. Wie die meisten Korallen, so sind auch Tubastrea-Korallen überwiegend nachtaktiv. Dennoch findet man ihre Kolonien auch tagsüber an Stellen, wo der Lichteinfall sehr gering ist, mit ausgestreckten Polypen vor. Einige Nacktschnecken der Gattung *Phestilla*, die sich den Korallenpolypen farblich angepasst haben, sind ihre Fressfeinde. Sie können, bei einem übermäßig starken Befall, einen Korallenblock innerhalb weniger Tage kahl fressen, so dass nur noch das weiße Kalkskelett übrig bleibt. Auch die Wendeltreppenschnecke *Epitonium billearum* ernährt sich von den Korallenpolypen der Tubastrea-Korallen und legt anschließend ihre orangefarbenen Eier in die ausgefressenen Kelche der Korallen. Orange Kelchkorallen sind nächtliche Planktonfänger, die sich überwiegend von Kleinkrebsen und Borstenwürmer ernähren. Sie sind im Roten Meer und im gesamten Indopazifik verbreitet.

Foto: Indonesien, Nord Sulawesi

Tubastrea coccinea, Indonesien, Nord Sulawesi

Tubastrea coccinea, Indonesien, Nord Sulawesi

Tubastrea diaphana DANA,1846
Braune Kelchkoralle

Braune Kelchkorallen besitzen große, fleischige und schokoladenbraune Polypen, die mit zahlreichen und spitz auslaufenden Tentakeln ausgestattet sind. Ihre Kolonien sind klein und bestehen aus nur wenigen langen und zylindrischen Koralliten, die mit einer gemeinsamen Basis auf Hartsubstrat festgewachsen sind. Mehrere dieser Kolonien können, wenn sie dich beieinander siedeln, schon etwas größere Flächen des Untergrundes abdecken. Häufig sind sie zu einem „Blumenstrauß" arrangiert. Die Polypen sind nachtaktive Planktonfänger und leben ohne Zooxanthellen in ihrem Gewebe. In ihrem Verbreitungsgebiet, das vom Indischen Ozean bis nach Australien, Vanuatu und Papua Neuguinea reicht, siedeln Braune Kelchkorallen auf offenen Riffterrassen, am Riffhang, Riffgrund und unter schattigen Standorten.

Foto: Indonesien, Nord Sulawesi

Tubastraea faulkneri WELLS,1982
Faulkners Röhrenkoralle

Faulkners Röhrenkorallen siedeln vom Flachwasser bis in große Tiefen bevorzugt an schattigen und vertikalen Wänden, unter Überhängen und in Höhlen. Sie sind dämmerungs- und nachtaktive Planktonfänger, die ohne Zooxanthellen leben. Ihre großen Polypen sind dicht organisiert, stehen in Gruppen und sind von einem kompakten Coenosteum umgeben. Tagsüber sind die Polypen eingezogen. Ausgestreckt erkennt man ihre kräftige, gelborange Färbung. Die Tentakel der Polypen sind semitransparent, zart, gelb und spitz auslaufend. Die Nacktschnecke Phestilla melanobranchia und die Schnecke Epitonium billeanum sind ihre Fressfeinde. Faulkners Röhrenkorallen sind im Indopazifik von Australien und den Philippinen bis nach Melanesien und den Galapagos-Inseln verbreitet.

Foto: Papua Neuguinea, Milne Bay

Tubastrea diaphana, Indonesien, Nord Sulawesi

Tubastrea faulkneri, Papua Neuguinea, Milne Bay

Tubastrea micranthus EHRENBERG,1834
Schwarze Kelchkoralle

Schwarze Kelchkorallen wachsen in Form von kräftigen und in einer Ebene quer zur Strömung das Wassers ausgerichteten Kolonien, die aufrecht und verzweigt sind und die einen Durchmesser von über 100 cm erreichen können. Sie wachsen busch- und baumförmig und sind damit die einzigen Steinkorallen ohne Zooxanthellen in ihrem Gewebe (azooxanthelata), die riffbildend sind. Ihre großen, gefräßigen, fleischigen und schwarzgrünen bis schwarzbraunen Polypen, die häufig fluoreszieren, sind in der Lage, auch größere Planktonorganismen zu überwältigen. Sie sind dämmerungs- und nachtaktiv und fangen für die Ernährung der Kolonie das in der Nacht aus der Tiefe des Meeres aufsteigende Plankton. Das Skelett dieser Korallenart ist sehr hart, widerstandsfähig und sehr starken Wasserbewegungen angepasst. Aus diesem Grund siedeln Schwarze Kelchkorallen überwiegend in Wassertiefen zwischen 10-15 m, wo starke Strömungen entlang der Riffkante vorherrschen. Hinzu kommt, dass ihre Polypen in der Lage sind, auch noch dann zu überleben, wenn alle anderen Korallenarten im gleichen Riffgebiet bereits abgestorben sind und im gesamten Riffkomplex kein Leben mehr zu erkennen ist. Schwarze Kelchkorallen sind im Roten Meer verbreitet und kommen im Indopazifik von Ostafrika und Australien bis nach Japan, Tonga und Hawaii vor. In den letzten Jahren sind sie im Golf von Mexiko nachwiesen worden. Dort haben sich ihre weit bis in den Ostpazifik verdrifteten Larven an Ölplattformen festgesetzt und neue Kolonien der Schwarzen Kelchkoralle gegründet.

Fotos: Australien, GBR; Indonesien, Komodo

Tubastrea micranthus, Australien, Großes Barriere Riff

Tubastrea micranthus, Indonesien, Komodo

Balanophyllia sp.
Solitärkoralle

Solitärkorallen leben fast ausschließlich an schattigen Standorten im Korallenriff und besitzen in der Regel sehr große, fleischige und farbenprächtige Polypen. Die Farbpalette tendiert mehr zum roten Farbspectrum hin, so dass orange, rotorange, rote und lila bis violette Polypen häufig sind. Da die Polypen dieser Korallen ohne Zooxanthellen in ihrem Gewebe leben, sind sie gezwungen, für ihre Ernährung mit Hilfe ihrer zahlreichen langen, transparenten und spitz auslaufenden Tentakeln Plankton aus dem Wasser zu fischen. Das geschieht in der Nacht, wenn das Plankton aus der Tiefe des Meeres zur Wasseroberfläche aufsteigt. Hilfe bei der Nahrungsbeschaffung leisten viele Millionen kleiner Nesselzellen in den Tentakeln der Polypen, die in dem unteren Bild als helle Pünktchen zu erkennen sind. Tagsüber sind die Polypen eingezogen und lassen so annähernd die Struktur der Korallenkelche erkennen. Die solitären Polypenkelche sind rund bis oval in der Form, etwa 10 – 20 mm im Durchmesser groß und besitzen kräftige Primärsepten. Die Gattung *Balanophyllia* ist in allen tropischen und subtropischen Meeren beheimatet. Sie alle kommen vom flachen Wasser bis in große Tiefen vor, wobei es Arten gibt, die bis hinab in die Tiefsee siedeln.

Fotos: Indonesien, Flores

Balanophyllia sp., Indonesien, Flores

Balanophyllia sp., Indonesien, Flores

Rhizotrochus typus EDWARDS & HAIME,1848
Ovale Solitärkoralle

Ovale Solitärkorallen leben entweder an schattigen Standorten von vertikalen Höhlenwänden und Höhlendecken und unter weiträumigen Überhängen oder im tiefen Riffbereich von 15-1000 m Wassertiefe. Ihre Korallenkelche sind rund bis oval in der Form und lassen bei eingezogenen Polypen eine Vielzahl kräftiger Septen erkennen. Bei den ausgewachsenen Polypen sind die Septen in 6 Kreisen arrangiert. Die orangefarbenen bis orangeroten Polypen, die gelegentlich weiße Tentakel tragen, sind tagsüber eingezogen und werden erst in der Nacht zum Planktonfang ausgestreckt. Solitärkorallen sind von ihrer Basis bis zum Kelchrand fast immer von Schwämmen, Moostierchen, Kalkrotalgen, Foraminiferen oder von anderen Wirbellosen umwachsen. Die Verbreitung der Art reicht vom Roten Meer und dem Indischen Ozean bis nach Mikronesien und nach Japan.

Foto: Indonesien, Rinca

Javania erhardti CAIRNS, 2004
Erhardts Solitärkoralle

Solitärkorallen sind ahermatypische Korallen, die keine Riffe bilden und die auch keine Zooxanthellen in ihrem Gewebe besitzen. Sie sind Tiere des tieferen Wassers und aktive Planktonfänger, die erst in der Nacht ihre Polypen in das freie Wasser strecken, um Planktonorganismen für ihre Ernährung zu fangen. Die Polypen der Koralle sind groß und fleischig. Sie sind etwa 30 mm lang und 10 mm breit. Die Tentakel sind zahlreich, konisch in der Form und laufen spitz aus. Sie sind dicht mit Nematocysten bestückt, die hoch spezialisierte Waffen der Nesseltiere darstellen. Wenn sie auf Beute abgeschossen werden, können sie diese betäuben oder töten. Bei Beute verschwindet in einem langen und schlitzförmigen Maul, das sich in der Mitte der Polypen befindet. Die Struktur des Korallenskeletts kann nur bei eingezogenen Polypen erahnt werden. Solitärkorallen dieser Art siedeln auf Hartsubstrat und kommen erst unterhalb einer Wassertiefe von 35 m vor. Wegen ihrer geringen Größe werden sie in der Regel von Tauchern übersehen. Sie sind an den Riffen von Indonesien verbreitet und erst vor nicht zu langer Zeit als Art beschrieben worden.

Foto: Indonesien, Rinca

Rhizotrochus typus, Indonesien, Rinca

Javania erhardti, Indonesien, Rinca

Monomyces sp.
Fleischige Solitärkoralle

Erst unterhalb einer Wassertiefe von 40 m kommen Fleischige Solitärkorallen vor. Sie besitzen eine länglich-ovale Form und sind stets auf Hartsubstrat festgewachsen. Ihr Korallit hat einen Durchmesser von maximal 2 cm, trägt zahlreiche radiär angeordnete und dünne Septen, die nicht gezahnt sind. Der Polyp ist fleischig und trägt am Mundscheibenrand zahlreiche Tentakel, die in mehreren Kreisen angeordnet sind. Diese sind semitransparent, zur Spitze hin verjüngt und mit deutlich sichtbarer Anordnung der Nematocysten. Im Zentrum der Mundscheibe befindet sich der längliche Mundschlitz. Solitärkorallen gehören zu den ahermatypischen Korallen, die ohne Zooxanthellen in ihrem Gewebe leben. Ihre Polypen sind nachtaktive Planktonfänger. Korallen der Gattung *Monomyces*, die von Indonesien und Australien bis nach Japan verbreitet sind, sind mit nur 2 Arten im Indowestpazifik vertreten. Zum einen ist es *M. radiatus*, zum anderen *M. levidensis*. Zu welcher Art die hier vorgestellte Koralle gehört, könnte nur durch eine mikroskopische Untersuchung des Korallenskeletts festgestellt werden. Ohne eine Probenahme jedoch ist eine Identifizierung der Art leider nicht möglich.

Foto: Indonesien, Banta

Dendrophyllia robusta (BOURNE,1905)
Kräftige Kelchkoralle

Kräftige Kelchkorallen gehören zu den ahermatypischen Korallen, die ohne Zooxanthellen in ihrem Gewebe leben. Sie sind auch nicht riffbildend. Die unterschiedlich großen Korallenkelche sind rund bis oval im Querschnitt und zeigen nur wenige, doch dafür kräftige Primärsepten. Tagsüber sind die orangefarbigen Polypen eingezogen. Erst in der Nacht werden sie zum Planktonfang ausgestreckt. Die Kolonien sind entweder weiblich oder männlich. Es findet eine innere Befruchtung statt. Die Larven werden ausgebrütet und bei einer Länge von 1 mm ausgestoßen. Für eine kurze Zeit schwimmen sie im Plankton, bevor sie sich festsetzen und eine neue Kolonie gründen. Kräftige Kelchkorallen leben an schattigen Standorten im Riff. Sie sind an den Korallenriffen im gesamten Indopazifik verbreitet, jedoch schwer zu finden, da sie in sehr tiefem Wasser an abgedunkelten Standorten siedeln.

Foto: Indonesien, Kalimatan

Monomyces sp., Indonesien, Banta

Dendrophyllia robusta, Indonesien, Kalimatan

Stamm:	**CNIDARIA**	Nesseltiere
Klasse:	**ANTHOZOA**	Blumentiere
Unterklasse:	**HEXACORALLIA**	Sechsstrahlige Korallen
Ordnung:	**SCLERACTINIA**	Steinkorallen

Familie: Pocilloporidae
Gattungen: Pocillopora
Seriatopora
Stylophora

Familie: Acroporidae
Gattungen: Acropora
Anacropora
Astreopora
Montipora

Familie: Poritidae
Gattungen: Alveopora
Goniopora
Porites

Familie: Siderastreidae
Gattung: Siderastrea

Familie: Agariciidae
Gattungen: Coeloseris
Leptoseris
Pachyseris
Pavona

Familie: Fungiidae
Gattungen: Ctenactis
Halomita
Heliofungia
Herpolitha
Podabacia
Polyphylla
Sandolitha

Familie:	<u>Oculinidae</u>
Gattungen:	Cyathelia
	Galaxea
Familie:	<u>Pectiniidae</u>
Gattungen:	Echinophyllia
	Mycedium
	Pectinia
Familie:	<u>Mussidae</u>
Gattungen:	Cyarina
	Blastomussa
	Lobophyllia
	Parascolymia
	Symphyllia
Familie:	<u>Merolinidae</u>
Gattungen:	Hydnophora
	Merolina
Familie:	<u>Flabelliidae</u>
Gattungen:	Javania
	Monomyces
	Rhizotrochus

Abbot, D.P. (1987) Observing marine invertebrates. Stanford University Press, Stanford, California, USA.

Allen, G.R. & Steen, R. (1994) Indo-Pacific coral reefs. Field Guide. Tropical Reef Research, Singapore.

Anderson, R. CH. (2000) An underwater guide to Indonesia. Times Edition, Singapore.

Baensch, H. & Debelius, H. (1992) Meerwasser-Atlas Band 1. Mergus-Verlag, Melle.

Bennet, I. (1971) The Great Barrier Reef. Landsdowne Press, Sydney, Australia.

Coleman, N. (1991) Encyclopedia of marine animals. Blandford, London, UK.

Coleman, N. (2000) Marine life of the Maledives. Atoll Edition, Victoria, Australia.

Colin, P.L. & Arneson, CH. (1995) Tropical Pacific Invertebrates. A field guide to the marine invertebrates on tropical Pacific coral reefs, seagras beds and mangroves. Coral Reef Press, California, USA.

Debelius, H. (1999) Riff-Führer Indischer Ozean. Jahr Verlag, Hamburg.

Debelius, H. (2001) Asia Pacific Reef Guide. IKAN, Frankfurt.

Debelius, H.(2001) Riff-Führer Rotes Meer. Jahr Verlag, Hamburg.

Debelius, H.& Kuiter, R. (2009) Atlas der wirbellosen Meerestiere. Kosmos, Stuttgart

Edwards, A.J. & Head, St. M. (1987) Red Sea. Pergamon Press Oxford-New York-Frankfurt.

Endean, R. (1982) Australia´s Great Barrier Reef. University of Queensland Press, St. Lucia, London, UK.

Erhardt, H. & Moosleitner, H. (1995) Meerwasser-Atlas. Band 2 und 3 Wirbellose Tiere. Mergus-Verlag, Melle.

Erhardt, H. & Baensch, H. (1998) Meerwasser-Atlas. Band 4 Wirbellose Tiere. Mergus-Verlag, Melle.

Erhardt, H. & Baensch, H. (2000) Meerwasser-Atlas. Band 5 Wirbellose Tiere. Mergus-Verlag, Melle.

Erhardt, H. & Daniel Knop (2005): Korallenführer Indopazifik. Kosmos, Stuttgart.

Erhardt, H. & Ch. Krimke (2019): Tiere tropischer Korallenriffe. Druck und Design De Lange, Fritzlar.

George, D. & George, J: (1979) Marine Life. An illustrated Encyclopaedia of Invertebrates in the Sea. Harrap, London, UK.

Graham, J.E. (2000) Australian Marine Life. New Holland Publisher, Australia.

Grasshoff, M. (2000) The gorgonians of the Sinai coast and the strait of Gubal, Red Sea (Coelenterata, Octocorallia). CSF 224, Frankfurt.

Grzimek, B. (1971) Enzyklopädie des Tierreichs. Band 1-3-4-5. Kindler Verlag Zürich, Schweiz.

Hoover, J.P. (1998) Hawaii Sea Creatures. A Guide to Hawaii's Marine Invertebrates. Mutual Publishing, Hawaii.

Humann, P. & DeLoach, N (2010) Reef Creature Identification Tropical Pacific, New World Publications Inc., USA

Kaestner, A. (1984) Lehrbuch der speziellen Zoologie. VEB Gustav Fischer Verlag, Jena.

Kuiter, R. H. (2009) Seahorses and their relatives. Aquatic Photographics, Seaford 3198, Australia

Randall, R.H & Myers, R.F (1983): The corals. Guide to the coral resources of Guam. University Press of Guam.

Ray, C. & Ciampi, E. (1956) The underwater guide to marine life. San Diego, California: A.S. Barnes.

Remane, A., Storch, V. und Welsch, U. (1985) Kurzes Lehrbuch der Zoologie. Fischer Verlag, Stuttgart.

Schuhmacher, H. (1976) Korallenriffe. BLV Verlag, München.

Schuhmacher, H. & Hinterkircher, J. (1996) Niedere Meerestiere. Rotes Meer, Indischer Ozean, Pazifik. BLV-Verlagsgesellschaft, München-Wien-Zürich.

Schuhmacher, H. (2010): Korallen, Baumeister am Meeresgrund. BLV-Verlagsgesellschaft, München.

Severns, M. (1994) Sulawesi Seas, Indonesians Magnificent Underwater Realm, Staples Ecenbarger Publishing, Concord, USA

Shepherd, S.A. & Thomas, I.M. (1982) Marine invertebrates of southern Australia. Woolman, Government Printer, Adelaide, Australia.

Steene, R. (1991): Korallenriffe der Welt. Verlag Stephanie Naglschmid, Stuttgart.

Steene, R. (1998): Coral Seas. New Holland Publishers, U.K.

Van der Loos, R. (2001) Living reefs of the Indo-Pacific. Reed New Holland Publishers, Australia.

Veron, J.E.N. (2000): Corals of the world. Australian Institute of Marina Science, Townsville, Australie. 3 Volume.

Wallace, C.C. & Wolstenholme, J. (1998): Revision of the coral Acropora (Scleractina: Astrocoeniina: Acroporidae) in Indonesia. Zoological Journal of the Linnean Siciety 123, 199-348, London.

Walls, J.G. (1982) Encyclopaedia of marine invertebrates. TFH Publication, N.Y., USA.

Malediven, unbewohnte Insel im Ari-Atoll

Dr. Harry Erhardt & Christina Krimke

NIEDERE TIERE

INDOPAZIFISCHER KORALLENRIFFE

Einführung

Das gesamte Tier- und Pflanzenreich hat sich ursprünglich aus nur einer einzigen Zelle entwickelt. Heute lebt eine unvorstellbare Anzahl einzelliger Tiere auf unserem Planeten, die aufgrund ihrer Ernährungsweise entweder dem Tierreich oder dem Pflanzenreich zugeordnet werden.
Bereits der Brite Charles Darwin (1809-1882) benutzte in seiner Abhandlung „On the origin of the species" (Die Entstehung der Arten) den Begriff „lower animals", um eine Entwicklungshierarchie in der Tierwelt aufzuzeigen. Und auch der Botaniker, Zoologe und Entwicklungsbiologe Jean-Babtiste Lamarck (1744-1829) prägte den Begriff „Wirbellose", um den Unterschied zwischen den Tieren aufzuzeigen, die ohne oder die mit einer Wirbelsäule (Rückgrad) leben und sie voneinander abzugrenzen.
Heute sind die Begriffe Niedere Tiere, Wirbellose oder Invertebraten geläufige Sammelbezeichnungen für Tiere, die ohne eine Wirbelsäule in ihrem Körper leben. In der Biologie stellen sie jedoch keine einheitliche Verwandtschaftsgruppe dar.
Zu der großen Gruppe der Niederen Tiere zählen 96% aller Tierarten, die auf unserem Planeten Erde leben. Die restlichen 4% teilen sich alle Wirbeltiere, die eine Wirbelsäule besitzen, wozu auch wir Menschen zählen.
Der Begriff Niedere Tiere ist demzufolge eine sehr alte und ursprüngliche Bezeichnung für alle Tiere, die ohne Rückgrat leben. Und so erlauben wir uns diesen Begriff in unserer Dokumentation zu verwenden, und das nicht nur aus historischen, sondern auch als nostalgischen Gründen. In der deutschen Sprache klingt die Bezeichnung „Niedere Tiere" für uns viel besser und vertrauter als das Wort „Invertebraten".
Zu den Niederen Tiere in einem Korallenriff zählen selbstverständlich auch viele Einzeller, wie zum Beispiel die Geißeltierchen (Flagellata), die Wurzelfüßler (Rhizopoda), die Sporentierchen (Sporozoa) und die Wimpertierchen (Ciliata), die man nur mit Hilfe eines Binokulars oder eines Mikrokopes betrachten kann und die sich in einer erstaunlichen und formenreichen Mikrowelt präsentieren. Mit diesen winzige kleinen Organismen werden wir uns in diesem Buch nicht auseinandersetzen, denn sie waren mit unserer fotografischen Ausrüstung unter Wasser einfach nicht darstellbar. Und so sind es bei den Niederen Tieren die Vielzeller, die uns beschäftigen werden.
In den von uns veröffentlichten Büchern über die Schwämme, die Steinkorallen, die Weichtiere und die Stachelhäuter haben wir uns bereits mit den Niederen Tieren befasst. Jetzt werden wir unseren Lesern die Hydroiden, die Quallen, die Seeanemonen, die Seefedern, die Zylinderrosen, die Weich- und Lederkorallen und die Fächerkorallen vorstellen. Es folgen die Plattwürmer, die Borstenwürmer, die Moostierchen und die Krebse. Die Manteltiere, die wir dann nachfolgend unseren Lesern nahebringen, nehmen im Tierreich eine Sonderstellung ein und sind praktisch eines der Bindeglieder zwischen den wirbellosen Tieren und

den Wirbeltieren. Sie besitzen bereits in ihrer Larvalentwicklung einen Stützstab in ihrem Ruderschwanz, eine so genannte Corda dorsalis, die als Vorläufer der Wirbelsäule gedeutet wird. Dieser Stützstab wird in der weiteren Entwicklung der Manteltiere reduziert und ist bei den erwachsenen Tieren dann nicht mehr vorhanden.

Da allen Niederen Tieren ein sie stützendes, inneres Skelett (Endoskelett) fehlt, haben viele Tiergruppen ein Außenskelett entwickeln, das ihren Körper stützt und schützt. So haben bei den Weichtieren die Muscheln Schalenklappen und die Schnecken Kalkgehäuse entwickelt. Bei den Kopffüßlern (Tintenfischen) tragen zum Beispiel die Nautiliden *(Nautilus pompilius)* eine äußere, gekammerte Schale als Auftriebsorgan mit sich herum, die sie in jeder Wassertiefe schweben lässt, während die Kalmare und Sepioiden *(Sepia latimanus)* eine innere Restschale, den Schulp, besitzen. Auch die Stachelhäuter (Seeigel, Seesterne, Haarsterne, Schlangensterne, Seegurken) bilden, wie bereits in einem anderen Buch berichtet, ein äußeres Kalkskelett aus, das in einer Bindegewebsschicht eingelagert ist. Hinzu kommen bewegliche und unbewegliche Stacheln und Höcker. Alle diese Sonderbildungen haben letztlich eine Stütz- und Schutzfunktion.

Der wesentliche Unterschied zwischen den Niederen Tieren und den Wirbeltieren ist bereits erwähnt worden, der mit dem Fehlen oder dem Vorhandensein eines Rückgrades gekennzeichnet ist. Doch es gibt selbstverständlich noch wesentlich mehr Unterschiede, die beispielsweise die Körpertemperatur, die Augen, die Gliedmaßen, die Geschlechtsverhältnisse und die Ernährungsweise der Tiere betreffen. Diese im Detail darzustellen, würde jedoch den Rahmen einer Einführung sprengen.

Wichtig zu wissen ist, dass die Vielfalt Niederer Tiere in einem Korallenriff unermesslich groß ist. Den größten Anteil haben die winzig kleinen Organismen, die im Wasser schweben und die im Sandlückensystem verschiedener Weichböden leben und die wir mit den unbewaffneten Augen nicht sehen können. Hinzu kommen die vielen kleinen und versteckt lebenden Organismen, die als Kommensalen oder Schmarotzer auf anderen Tieren und Tiergemeinschaften leben. Parasitismus ist in einem Korallenriff weit verbreitet und gut versteckt zu leben ist eine sehr wichtige Grundvoraussetzung dafür, überleben zu können. Und so gibt es mit großer Wahrscheinlichkeit noch sehr viele Niedere Tiere in einem Korallenriff, die noch nicht gefunden wurden und deren Entdeckungen uns noch so manche Überraschungen in der Zukunft bereiten werden.

Wir haben in unseren Veröffentlichungen unseren Lesern nur einen winzig kleinen Teil Niederer Tieren in einem Korallenriff vorstellen können. Doch das, was wir bisher zeigen konnten, sind Tiere und Tiergemeinschaften, die in einer größeren Anzahl und Dichte in einem Korallenriff vorhanden sind und die man bei einem Tauchgang auch findet. Es werden mit großer Wahrscheinlichkeit in der Zukunft noch viele Bücher erscheinen, die sich mit den Niederen Tieren beschäftigen werden.

Fritzlar, 2023 — Dr. Harry Erhardt und Christina Krimke

Hydroiden gehören zum Stamm der Nesseltiere (Cnidaria), die durch den Besitz von typischen Nesselzellen (Nematocysten) gekennzeichnet sind. Diese stellen hoch spezialisierte Zelldifferenzierungen dar, die zur Abwehr von Feinden und zum Fang von Beute eingesetzt werden.

Hydroiden treten in zwei Erscheinungsformen auf: Zum einen sind es die mehr oder weniger festsitzenden Polypen, zum anderen die freischwimmenden Medusen, auch Quallen genannt.

Der Polyp besitzt einen einfachen Bau. Sein schlauchförmiger Körper ist in der Regel mit einem Pol auf einer Unterlage festgewachsen. Der andere Pol ragt in das Umgebungswasser und trägt eine unterschiedliche Anzahl von Fangarmen, die zum Fangen und Festhalten der Beute dienen. In ihrer Mitte befindet sich die Mundöffnung, die auch gleichzeitig After ist.
Die äußere Haut der Polypen (Ektoderm) dient dem Schutz. Eine innere Zelllage (Entoderm) erfüllt Darmfunktion. Sie verdaut die aufgenommene Nahrung mit Hilfe von Drüsenzellen. Die unverdaulichen Reste werden dann über die Mund-After-Öffnung ausgeschieden. Zwischen der Innen- und Außenschicht liegt eine Füllsubstanz (Mesogloea), die Stützfunktion übernimmt.

Hydroidpolypen vermehren sich in der Regel ungeschlechtlich durch Knospung. Dabei verbleiben die Tochterpolypen oft im Verbund mit den Mutterpolypen, so dass umfangreiche Polypenstöcke entstehen. Dabei sind alle Einzeltiere über röhrenförmige Fortsätze (Stolone) miteinander verbunden. Richtet sich dieser Fortsatz auf, dann können sie Stämmchen bilden, an denen die Polypen sprossen.

Die Außenhaut der Hydroidstöcke scheidet eine elastische Hülle aus Chitin ab (Periderm), deren Form für die systematische Zuordnung der Tiere wichtig ist. Überzieht das Periderm die Polypenköpfchen nicht, dann zählen die Tiere zu den athecaten Hydroiden. Bildet aber das Periderm um die Polypenköpfchen einen schützenden Becher, dann werden diese Hydoiden zu den thecaten Arten gerechnet.

Bei den kolonialen Polypenstöcken kann man in vielen Fällen bereits eine Arbeitsteilung beobachten, die mit gestaltlichen Veränderungen der Einzelpolypen verbunden ist. Man bezeichnet diese Vielgestaltlichkeit der Polypen als Polymorphismus. So behalten die Wehrpolypen und die Nährpolypen ihre ursprüngliche Gestalt bei, während die spezialisierten Polypen meist den Mund und die Fangarme zurückbilden und zu Geschlechtspolypen werden. Viele Polypen können durch Knospung Medusen (Quallen) hervorbringen, die sich regelmäßig ablösen und als geschlechtliche Generation die Art im Meer verbreiten. In solchen Fällen haben wir es mit einem Generationswechsel zu tun, wobei eine ungeschlechtliche Polypengeneration sich mit einer geschlechtlichen Medusengeneration abwechselt.

Die Medusen sind das freischwimmende Gegenstück zu den festsitzenden Polypen. Trotz einer ganzen Reihe von Sonderbildungen können sie vom Bauplan her als gestauchte und in die Breite gezogene Polypen beschrieben werden, deren Füllsubstanz (Mesogloea) zu einem gallertigen Schwimmkörper umgebildet wurde. In der Regel sind Medusen Einzeltiere, die in der Zone das freien Wassers leben, wobei jedoch einige Arten zu einer hemisessilen oder gar zu einer sessilen Lebensweise übergegangen sind.

Der Körper der Medusen ist glocken- oder schirmförmig. Man unterscheidet eine Schirmoberseite (Exumbrella) von einer Schirmunterseite (Subumbrella). Am Schirmrand befinden sich Fangarme, die mit Nesselbatterien bestückt sind. Daneben sind viele Sinneszellen lokalisiert, die für die Rezeption von Licht- und Schwerereizen verantwortlich zeichnen.

Die Medusen bestehen zu 90% aus Wasser. Sie haben fast immer die gleiche Dichte wie das Umgebungsmedium und können daher mühelos schweben. Ihre Fortbewegung ist rhythmisch pulsierend.

Die Medusen der athecaten Hydroiden heißen Anthomedusen. Sie sind glockenförmig und tragen Augenflecke als Sinnesorgane am Schirmrand. Die thecaten Polypen stehen dagegen mit sehr flachen Medusen im Generationswechsel, die Gleichgewichtsorgane (Statozysten) am Schirmrand besitzen und deren Gonaden in den Radiärkanälen liegen.

Nesselzellen, die für den gesamten Stamm so typisch sind, sind die wohl kompliziertesten Sekretionsorgane im gesamten Tierreich. Es sind Zelldifferenzierungen, die in besonderen Bildungszellen (Cnidoblasten) entstehen. Von ihrer Funktion her unterscheidet man verschiedene Nesselkapseltypen. Die gefährlichsten und auch die schmerzhaftesten sind die Durchschlagskapseln (Penetranten). Sie durchschlagen die Haut ihrer Beute und machen damit die Bahn fei für das Gift, das dann in die Wunde fließt. Die Penetranten einiger Arten können auch dem Menschen gefährlich werden. Daneben existieren noch die Klebkapseln (Glutinanten) und die Wickelkapseln (Volventen), die ihre Beute mit einem klebrigen Faden fangen und umwickeln.

Einige Nacktschnecken, die auf Hydoiden weiden und sich von diesen ernähren, haben es geschafft, diese Nesselkapseln, ohne dass sie explodieren, zur eigenen Abwehr von Feinden zu nutzen. Sie werden vom Darm der Nacktschnecken in die Rückenanhänge transportiert und explodieren erst dann, wenn das Tier angegriffen wird. Da die Nacktschnecken einem anderen Tier diese Nesselkapseln „stehlen" und sie zur eigenen Verteidigung nutzen, werden sie auch als „Kleptocniden" bezeichnet.

Eine Sonderstellung bei den athecaten Hydroiden nehmen die Feuerkorallen (Milleporidae) und die Filigrankorallen (Stylasteridae) ein. Die Feuerkorallen ähneln in ihrem Aussehen sehr den Steinkorallen. Sie sind wie diese auch Riffbildner, die in der Lage sind, Kalk aus dem Meerwasser zum Bau eines eigenen Skeletts zu synthetisieren. Die langen und mundlosen Wehrpolypen der Feuerkorallen sind mit Batterien von Durchschlagskapseln bestückt, die auch die menschliche Haut durchschlagen können und schmerzhaft nesseln. Mehrere dieser Wehrpolypen umstehen einen kräftigen Fresspolypen und beide sind in der Lage, sich in die Hohlräume ihres kalkigen Skeletts zurückzuziehen. In speziellen Vertiefungen des Kalkskeletts, in den sogenannten Ampullen, wachsen sehr kleine, transparente, mund- und tentakellose Medusen heran, die als geschlechtliche Generation den Tierstock verlassen und für die Verbreitung der Feuerkorallen im Meer sorgen.

Auch die Filigrankorallen scheiden harte Kalkskelette ab. Nur sind sie im Vergleich zu denen der Feuerkorallen klein, filigran und reich verzweigt. Mehrere Wehrpolypen umstehen auch hier einen zentral gelegenen Freßpolypen, wobei die Wehrpolypen nicht nesseln. Filigrankorallen sind getrennt geschlechtlich und bilden keine Medusengeneration aus. Ihre Eier und Spermien werden in besonderen Kammern entwickelt.

Hydratiere besitzen ein diffuses Nervensystem. Alle Nervenzellen sind über den gesamten Körper der Polypen verteilt und zu einem Nervennetz verknüpft. Polypen und Medusen sind gegenüber Licht- Berührungs- und Schwerereizen außerordentlich empfindlich.

Zypressen-Nesselfarn (Aglaophenia cupressina), Indonesien, Nusakode

Köpfchenpolyp *(Tubularia larynx)*

Köpfchenpolypen leben einzeln oder in kleinen Kolonien und kommen an manchen tropischen Küsten im Flachwasser der Riffe in einer bemerkenswerten Individuendichte vor. Sie siedeln auf verschiedenen Hartsubstraten, zwischen Korallenbruch, auf Weichtierschalen, Weichkorallen, Gorgonien, Moostierchen, Manteltieren und an Hafenstützpfeilern. Kolonial siedelnde Köpfchenpolypen sind über ein umfangreiches Stolonengeflecht miteinander verbunden. Die Polypenköpfchen befinden sich am Ende eines langen Rumpfes, der von einer Peridermhülle umgeben ist. Dieser kann eine Länge von 15cm erreichen und strukturiert sein. Am Polypenköpfchen fallen zwei voneinander getrennte Polypenkränze auf: Ein oraler Kranz mit sehr vielen kurzen Tentakeln, der die Mundöffnung umgibt und ein aboraler Kranz mit wenigen, doch sehr langen, zugespitzten und gebogenen Tentakeln, die Planktonorganismen aus der Strömung des Wassers fangen, von denen sich die Polypen und der Polypenstock ernähren. Zwischen beiden Tentakelkränzen werden die Geschlechtsprodukte in besonderen Kapseln (Gonophoren) platziert. Köpfchenpolypen besitzen keine freischwimmende Medusengeneration. Sie sind Plankton- Detritus- und Mikrophagenfresser und im gesamten Indopazifik weit verbreitet.

Fotos: Indonesien, Rinca

Köpfchenpolyp *(Tubularia sp)*

Köpfchenpolypen der Gattung Tubularia sind in allen tropischen und subtropischen Meeren beheimatet. Sie kommen vom flachen Wasser bis in große Tiefen vor und siedeln auf verschiedenen Hartsubstraten entweder einzeln oder in kolonialer Form. Sie bevorzugen schattige Standorte, so dass sie besonders schattige Unterhöhlungen, Höhlen, Wracks, Hafenanlagen und Gorgonien als Lebensraum besiedeln. Durch eine ungeschlechtliche Vermehrung kommt es bei ihnen zur Ausbildung von dicht stehenden Kolonien, wobei alle Polypen in unmitterlbarer Nachbarschaft nebeneinander siedeln und über ein basales Stolonengeflecht miteinander verbunden sind. Allen Polypen fehlt eine Medusengeneration, so dass Köpfchenpolypen nur in Polypenform vorkommen. Auffallend an den Tieren sind zwei verschiedenen Tentakelkränze, wobei man einen oralen Kranz mit vielen feinen und dicht stehenden Tentakeln von einem randständigen, oralen Tentakelkranz unterschieden kann, der nur aus wenigen, doch sehr langen und gebogenen Tentakeln besteht. Der Rumpf der Polypen ist, gemessen am Durchmesser der kleinen Köpfchen, sehr lang, zylindrisch und wird von einer Peridermhülle umgeben. Die Länge der Polypen reicht von 5-10cm.

Foto: Indonesien, Nusakode

Köpfchenpolyp (Tubularia larynx), Indonesien

Köpfchenpolyp (Tubularia sp.), Indonesien

Nesselfarn *(Aglaophenia cupressina)*

Nesselfarne wachsen aufrecht und buschig, mit feder- bis farnförmigen Verzeigungen. Sie ähneln eher Algen oder Farnen als Hydroidkolonien. Erst wenn man sie berührt weiß man, dass es sich um Nesseltiere handelt. Dann empfindet man ein schmerzhaftes Brennen auf der Haut, ähnlich wie bei einem Kontakt mit einem Busch Brennnesseln. Jede einzelne „Feder" der Kolonie besitzt eine zentrale Achse, auf der schmale, seitlich angeordnete und lamellenartig verbreitete Verzweigungen stehen, an denen die Polypen aufgereiht sitzen. Diese sind im Besitz von Nesselzellen, deren Nematozysten auch die menschliche Haut durchschlagen und ein schmerzhaftes Brennen verursachen. Nesselfarne leben auf festen Substraten. Ihre Farbe richtet sich nach der Farbe der einzelligen Algen (Zooxanthellen), die im Polypengewebe symbiotisch leben. Zwei bevorzugte Farbvarianten kommen vor: Eine grauweiße und eine olivegrüne. Beide Farbvarianten werden in der Literatur nicht als gesonderte Arten aufgeführt. Im gesamten Indopazifik sind Nesselfarne an allen Riffen verbreitet. Ihr Lebensraum sind licht- und strömungsexponierte Stellen im Flachwasser der Riffe. Hier können sie gelegentlich große und dichte Bestände bilden. Ein Generationswechsel zwischen Polyp und Meduse findet nicht statt. Sie bilden lediglich Medusenknospen aus, die Eier und Spermien entwickeln.

Foto: Indonesien, Sabolan

Schwarzer Hydroid *(Plumularia badida)*

Schwarze Hydroiden kommen in verschiedenen Wuchsformen vor. Sie können buschig, reicht verzweigt und unverzweigt wachsen. Häufig bestehen ihre Kolonien aus einer Vielzahl aufrecht wachsender Verzweigungen, die sich in Form einer Bürste oder eines Besens formieren. Ihre Außenhaut, das Periderm, ist schwarz und glatt und besteht aus Chitin. Die kleinen Polypen, die an den feinen Verzweigungen aufgereiht sind, sind tagsüber eingezogen. Erst in der Nacht fangen die Fresspolypen der Kolonie Mikroplankton aus dem Wasser, um die Kolonie zu ernähren. Schwarze Hydroiden lieben klares, kühles und strömungsreiches Wasser und siedeln besonders häufig dort, wo kaltes Auftriebswasser aus der Tiefe kommend zur Oberfläche strömt und sich hier mit dem wärmeren Oberflächenwasser mischt. Schwarze Hydroiden sind im gesamten Indopazifik verbreitet. Eine Vielzahl von Ruderfußkrebsen (Copepoda) nutzt das dichte Netzwerk der Hydroidkolonien als Versteck und Lebensraum.

Foto: Papua Neuguinea, Milne Bay

Nesselfarn (Aglaophenia cupressina), Indonesien

Schwarzer Hydroid (Plumularia badida), Papua Neuguinea

Federstrauß-Hydroiden *(Gymnangium eximium)*

Federstrauß-Hydroidkolonien wachsen aufrecht mit kräftigen und hornigen Stämmchen und vielen zarten und federförmigen Verzweigungen daran. Sie siedeln auf festem Riffgrund bevorzugt an gut durchströmten Riffvorsprüngen und orientieren ihre „Federn" quer zur Strömungsrichtung des Wassers. Die Polypen der Kolonien sind winzig klein, transparent und mit dem bloßen Auge nicht zu erkennen. Sie nesseln die menschliche Haut bei Berührung nur schwach. Die giftige Wirkung ihrer Nematocysten reicht aber aus, Mikroplanktonorganismen zu betäuben, zu fangen und zu fressen. An den Riffen im Roten Meer und im gesamten Indopazifik sind diese Hydroiden weit verbreitet und kommen in einigen unterschiedlichen Wuchsformen und Farben vor.

Foto: Indonesien, Tatawa

Schwarzer Federhydroid *(Lytocarpia niger)*

Schwarze Federhydroiden erheben sich aufrecht und federförmig in das freie Wasser. Sie siedeln bevorzugt auf Felsgestein und auf Korallen, wo sie dicht stehende Gruppen bilden, jedoch nur kleine Areale des Untergrundes bedecken. An einem zentralen Stämmchen befinden sich feine und seitliche Verzweigungen, die in ihrer Gesamtheit einer Feder ähneln. An ihnen befinden sich die kleinen Polypen. An der Basis der Verzweigungen haben sich viele kleine Manteltiere der Art *Didemnum molle* angesiedelt Die Nesselwirkung der Nesselkapseln (Nematocysten) Schwarzer Hydroiden ist sehr gering und damit ungefährlich für uns Menschen. Die Verbreitung der Art reicht im Indopazifik von Ostafrika bis nach Hawaii.

Foto: Indonesien, Nord Sulawesi

Federstrauß-Hydroid (Gymnangium eximium), Indonesien

Schwarzer Federhydroid (Lytocarpia niger), Indonesien

Oranger Federhydroid *(Lytocarpia sp.)*

Orange Federhydroiden sind, wie der Trivialname es bereits ausdrückt, von federartigem Aussehen. An einer zentralen Achse befinden sich, wechselseitig angeordnet, einzelnen Verzweigungen, die dicht mit kleinen Polypen besetzt sind. Diese sind im Besitz kräftiger Durchschlangskapseln (Nematocysten), die zum Beuteerwerb und zur Verteidigung eingesetzt werden und die auch bei Berührung die menschliche Haut durchschlagen können. Diese kleinen Harpunen, die von den Hydroidpolypen abgeschossen werden, dringen in die menschliche Haut ein und injizieren ein Gift in die Wunde, das zu einem schmerzhaften Brennen der Haut führt. Federhydroiden siedeln auf fast allen toten Substraten. Bevorzugt jedoch findet man sie auf Gorgonien, die gut positioniert zur Strömungsrichtung des Wassers ausgerichtet sind. Das gewährleistet den Tierkolonien einen guten Standort zum Fang von Zooplankton, das sie für Ihre Ernährung brauchen. Tierkolonien aus dieser Gattung sind in allen Weltmeeren verbreitet.

Foto: Indonesien, Raja Ampad

Philippinenkraut *(Macrorhynchia philippina)*

Die Hydroidkolonien des Philippinenkrautes wachsen aufrecht, buschig bis bäumchenförmig und reich verzweigt. Mit wurzelartigen Ausläufern sind sie am Untergrund befestigt, wobei sich auf den elastischen Stämmchen wechselständige und weißlich gefiederte Verzweigungen erheben, die dicht mit Polypen besetzt sind. Die Polypen sind sehr klein und im Besitz stark nesselnde Nematocysten, die auch die menschliche Haut durchschlagen können. Eine Berührung mit Philippinenkraut führt häufig zu stark schmerzenden Verbrennungen, die lange andauern und die nur langsam heilen. Man findet Philippinenkraut-Kolonien an gut exponierten Stellen im Riff, wo starke Strömungen reichhaltiges Mikroplankton für die Ernährung der Kolonien heranführen. Die Verbreitung der Art reicht von den Kanarischen Inseln bis nach Mexiko und vom Roten Meer bis in den Indopazifik. *Lytocarpus philippinus* ist ein Synonym.

Foto: Ägypten, Rotes Meer, Safaga

Oranger Federhydroid (Lytocarpia sp.), Indonesien

Philippinenkraut (Macrorhynchia philippina). Ägypten

Phoenix-Hydroid *(Macrorhynchia phoenicea)*

Phoenix-Hydroiden bilden relative große Kolonien aus, die eine Größe von 30cm erreichen können. An einem Hauptstamm setzen Seitenverzweigungen an, die sich weiter wechselseitig reich verzweigen. Dadurch entsteht eine fächerförmige Kolonie, die sich auf festen Substraten in das freie Wasser erhebt. Stamm und Verzweigungen sind dunkel gefärbt. Die kleinen Polypen sind entlang der feinen und seitlichen Verzweigungen angeordnet und mit dem bloßen Auge nicht sichtbar. Sie ernähren sich vom Mikroplankton und von Detritus, das sie aus dem vorbei strömenden Wasser fangen. Phoenix-Hydroidkolonien sind neben dem Philippinenkraut, *Macrorhynchia philippina*, einer der größten Vertreter innerhalb der Familie der Aglaopheniidae. Verbreitet sind sie im Indopazifik von Südafrika bis nach Hawaii und Australien. Plumularia phoenicea ist ein Synonym.

Foto: Indonesien, Nord Sulawesi

Federhydroid *(Gymnangium sp.)*

Federhydroiden siedeln in umfangreichen Kolonien mit aufrecht stehenden „Federn", die alle über ein weiträumiges Wurzelwerk (Stolonengeflecht) miteinander in Verbindung stehen. Die kleinen Polypen, die entlang der seitlichen Verzweigungen aufgereiht sind, kann das menschliche Auge nur mit Hilfe einer Lupe erkennen, so winzig klein sind sie. Die Polypen ernähren sich von Mikroplankton und nehmen zusätzlich organische Verbindungen aus dem Meerwasser auf. Vorsicht: Bei Berührung durchschlagen die Nematocysten der Polypen auch die menschliche Haut und verursachen ein schmerzhaftes Brennen, Rötung und ein Anschwellen der betroffenen Hautstellen. Federhydroiden siedeln auf festen Substraten und kommen bevorzugt auf unterseeischen Riffplateaus vor. Eine „Feder" der Kolonie kann bis zu einer Länge von 8cm heranwachsen. Hydroiden aus dieser Gattung sind in allen Weltmeeren verbreitet.

Foto: Vanuatu, Reef Island

Phoenix-Hydroid (Macrorhynchia phoenicea), Indonesien

Federhydroid (Gymnangium sp.), Vanuatu

Antennenhydroid *(Antenella sp.)*

Die Kolonien der Hydroiden aus dieser Gattung wachsen sowohl verzweigt als auch unverzweigt. Bei den unverzweigten Hydroiden wachsen die Kolonien in langen und aufrechten Ausläufern, ähnlich „Antennen", an denen sich die winzig kleinen Polypen befinden. Antennenhydroiden siedeln stets auf festen Substraten in unterschiedlichen Tiefen und bevorzugen als Lebensraum schattige Standorte, die gut vom Wasser durchströmt sind. Die einzelnen „Antennen" werden maximal 10cm lang und sind über ein dichtes, basales Stolonengeflecht miteinander verbunden. Tierkolonien aus dieser Gattung sind an allen tropischen und subtropischen Riffen verbreitet. Um die einzelnen Arten voneinander zu unterscheiden, bedarf es einer mikroskopischen Analyse.

Antennenhydroid (Antenella sp.), Malaysia, Mabul

Antennenhydroid (Antenella sp.), Indonesien, Raja Ampad

Federhydroid *(Dynamena sp.)*

Die hier vorgestellte Hydroidkolonie siedelt inmitten einer weiträumigen Sandfläche im tiefen Wasser, was selten zu beobachten ist. Denn normalerweise siedeln Hydroidkolonien auf festem Korallengrund und breiten sich über ein umfangreiches Wurzelgeflecht weiträumig aus. Aus diesem sogenannten Stolnengeflecht erheben sich die einzelnen „Federn" der Kolonie aufrecht in das sie umgebende Wasser. An einem Hauptstamm setzen seitlich versetzte Seitenzweige an, an denen sich die kleinen Polypen aufreihen. Diese sind zweiteilig angeordnet. Federhydroiden sind schnelle Sekundärsiedler, die sich vom Mikroplankton ernähren und aus diesem Grund bevorzugt in reich bewegtem Wasser siedeln. An den Riffen im Roten Meer und im gesamten Indopazifik sind sie weit verbreitet, doch eine Bestimmung der Arten hat in der Feldbiologie seine Grenzen, da unter Wasser kein Mikroskop einsatzbereit ist, um Federhydroiden mikroskopisch zur Feststellung der Arten zu untersuchen und zu identifizieren.

Foto: Papua Neuguinea, Milne Bay

Baumhydroide *(Idiellana pristis)*

Baumhydroiden, auch Federstraußhydroiden genannt, leben in allen tropischen Meeren. Sie siedeln in dichten Kolonien auf abgestorbenem Untergrund und kommen, örtlich sehr verschieden, in mehr oder weniger großen Kolonien vor. An manchen Standorten sind sie in der Lage, über einen Quadratmeter Riffgrund zu bedecken. Baumhydroiden lieben starke Wasserbewegungen und besetzen aus diesem Grund auch häufig die Riffkante und den oberen Riffhang. Besonders Schnorchler, die sich von der Wasseroberfläche aus die Unterwasserwelt betrachten und erforschen wollen, machen häufig die schmerzhafte Bekanntschaft mit diesen Hydroiden, deren Nenatocysten bei Berührung die menschliche Haut stark und schmerzhaft nesseln können, was zu einem nachhaltigen Brennen und nach einigen Tagen zum Ablösen der verbrannten Haut führt.

Foto: Indonesien, Molukken

Federhydroid (Dynamena sp.), Papua Neuguinea

Baumhydroid (Idiellana pristis), Indonesien

Federhydroid *(Sertularella diaphana)*

Federhydroiden siedeln nicht nur in schattigen Höhlen, in Unterhöhlungen, an Hafenanlagen und an Wracks, sondern auch schattenfrei, dem einfallenden Sonnenlicht ausgesetzt, inmitten mobiler Böden. Ihre Kolonien sind strauchförmig und die einzelnen Verzweigungen federförmig ausgerichtet, die wiederum alternierende Seitenverzweigungen tragen. An ihnen sind die winzig kleinen Polypen arrangiert. Umfangreiche Kolonien können bis zu 20cm in die Höhe wachsen und mehrere Quadratzentimeter Untergrund bedecken. Federhydroiden sind im Roten Meer und im gesamten Indopazifik verbreitet.

Foto: Papua Neuguinea, Milne Bay

Buschhydroide *(Sertularia sp.)*

Buschhydroiden bestehen aus einer Vielzahl von kleinen und gefiederten Hydroidstöckchen, die sich auf abgestorbenen Unterlagen festsetzen und eine Größe von 4-5cm erreichen können. Sie siedeln auf Schwämmen, Gorgonien, Weichtierschalen und auf fast allen sich nur bietenden festen Gegenständen. Auch Manteltiere werden besiedelt. Eine einzige „Hydroidfeder" besteht aus einem zentralen Stämmchen, an denen alternierende und in einer Ebene ausgerichtete Seitenverzweigungen ansetzen, die mit kleinen und winzigen Polypen besetzt sind. In ihrer Vielzahl und ausgerichtet in verschiedenen Wachstumsebenen ergeben die vielen Verzweigungen letztlich einen kleinen Busch. Die Polypen nesseln stark und können auch die menschliche Haut schmerzhaft reizen. Die Gattung Sertularia ist zirkumtropikal, was so viel heißt, dass sie in allen Weltmeeren vorkommen.

Foto: Indonesien, Rinca

Federhydroid (Sertularella diaphana), Papua Neuguinea

Buschhydroide (Sertularia sp.), Indonesien

Federhydroide *(Halopteris sp.)*

Federhydroiden wachsen in Form kleiner und zarter Federn, die nicht größer als 5cm werden. Sie erheben sich aus einem basalen Stolonengeflecht und können dicht stehende Formationen bilden. In der Regel jedoch stehen die einzelnen Hydroidfedern weit auseinander, so dass zwischen ihnen noch andere, kleine wirbellose und schnelle Siedler, wie Schwämme, Manteltiere und Krustenanemonen Siedlungsfläche finden, um sich darauf niederzulassen. An den einzelnen Hydroidstämmchen befinden sich wechselständige, seitliche Verzweigungen, die nur wenige Polypen tragen. Federhydroiden dieser Art, die leider nicht bestimmt werden konnte, siedeln bevorzugt an abgestorbenen Ruten Schwarzer Korallen, an, Schwämmen, Gorgonien, an Hafenmolen, Bojen und an Schiffwracks, wo sie viel Schattn finden. Hydroiden der Gattung *Halopteris* sind in allen tropischen und subtropischen Meeren verbreitet.

Foto: Indonesien, Zentral Sulawesi, Palu

Federzweighydroid *(Halecium sp.)*

Federzweighydroiden wachsen in Form kleiner, doch kräftiger Verzweigungen, an denen die langen und weißen Polypen nach allen Seiten abstrahlen. Diese sind nicht mehr in der Lage sich vollständig in ihr Peridermgehäuse (Theca) zurückzuziehen. Alle Kolonien erheben sich in das freie Wasser aus feinen, am Boden miteinander vernetzen Stolonen, die sich auf dem Substrat ausbreiten. Nur noch wenige Arten innerhalb der Gattung Halecium bilden eine Medusengeneration aus, die davonschwimmt und die Art im Meer verbreitet. Stattdessen werden Gonophoren (Geschlechtspolypen) gebildet. Hydroiden der Gattung Halecium leben bevorzugt in Stillwasserbereichen, die besonders im Flachwasser sedimentreich sein können. Ihre kleinen Polypen nesseln bei Berührung auch die menschliche Haut, was zu einem schmerzhaften Brennen führen kann, verbunden mit Rötung und Anschwellen der betroffenen Hautpartien. Hydroiden der Gattung *Halecium* sind in allen Weltmeeren verbreitet.

Foto: Malaysia, Lankayan

Federhydroid (Halopteris sp.), Indonesien

Federzweighydroid (Halicium sp.) Malaysia

Weihnachtsbaum-Hydroide *(Pennaria distichia)*

Weihnachtsbaum-Hydroiden sind im flachen Wasser der Riffe sehr schnelle Siedler auf fast allen Substraten und die weltweit in allen tropischen und subtropischen Meeren vorkommen. Sie leben auf Schwämmen, auf Korallen und Gorgonien, siedeln an Bojen, an Schiffswracks und kommen an den Stützpfeilern von Hafenanlagen vor. Bei einem guten Standort können sie umfangreiche Kolonien bilden, die viele Quadratzentimeter des Untergrundes bedecken. An den alternierenden Verzweigungen ihrer kleinen Stämmchen erkennt man die kleinen Polypen mit ihren hellen Köpfchen, die nicht mehr in der Lage sind, sich in eine Theca zurückzuziehen. Bei den Weihnachtsbaum-Hydroiden kommen sowohl festsitzende Medusen, sich ablösende Medusen und auch auch Gonophoren (Geschlechtspolypen) vor. Die letzteren sind länglich-oval in der Form und entlassen winzig kleine und freischwimmende Medusen, die die Geschlechtsgeneration bilden und die Art im Meer verbreiten. Vorsicht: Die Nematocysten dieser Hydroiden können die menschliche Haut sehr empfindlich nesseln.

Foto: Mikronesien, Palau

Gelber Federhydroide *(Synthecium sp.)*

Gelbe Federhydroiden wachsen als Epibionten auf Schwämmen, auf Gorgonien, auf Peitschenkorallen und auf Schwarzen Korallen der Gattung Cirripathes. Fast immer sind andere Sekundärsiedler in der unmittelbaren Nachbarschaft zu finden, so die Riffseescheide *Didemnum molle*. Die zarten Hydroidkolonien wachsen in Form einer kleinen Feder mit feinen und seitlichen Verzweigungen. An ihnen befinden sich die winzig kleinen Polypen, deren Durchschlagskapseln (Nematocysten) in der Lage sind, die menschliche Haut stark zu nesseln. Das kann zu allergischen Reaktionen der Haut führen, die nach einer sichtbaren Rötung anschwellen und Blasen bilden kann. Gelbe Federhydroiden sind im Indopazifik verbreitet, jedoch selten zu finden, da sie schattige Standorte unter weiträumigen Überhängen als Siedlungsraum bevorzugen.

Foto: Indonesien, Zentral Sulawesi, Palu

Weihnachtsbaum-Hydroide (Pennaria distichia), Mikronesien

Gelber Federhydroid (Synthecium sp.), Indonesien

Strauch-Hydroide (Idiellana pristis), Philipinen, Cabilao

Strauch-Hydroide *(Idiellana pristis)*

Hydroiden dieser Gattung leben in allen tropischen Meeren. Sie siedeln in dichten Kolonien auf abgestorbenem Untergrund und kommen, örtlich sehr verschieden, in mehr oder weniger großen Kolonien vor. An manchen Standorten sind sie in der Lage, über einen Quadratmeter Riffgrund zu bedecken. Strauch-Hydroiden lieben starke Wasserbewegungen und besetzen aus diesem Grund auch häufig die Riffkante und den oberen Riffhang. Besonders Schnorchler, die von der Wasseroberfläche aus die Unterwasserwelt betrachten, machen häufig schmerzhafte Bekanntschaft mit diesen Hydroiden, deren Nenatocysten bei Berührung die menschliche Haut stark und schmerzhaft nesseln können.

Seefächer-Hydroid (Solanderia cf. gracilis), Vanuatu, Kokotuan

Seefächer-Hydroid *(Solanderia cf. gracilis)*

Seefächer-Hydroiden bilden Kolonien aus, die in ihrer Wuchsform an Fächerkorallen (Gorgonaria) erinnern. Ihre feinen, filigranen und netzartigen Verzweigungen sind in eine Ebene ausgerichtet, die sich quer zur Strömungsrichtung des Wassers positionieren. Die Polypen der Kolonie sind klein, stiftartig und befinden sich überwiegend an den Zweigenden. Im Gegensatz zu den anderen Hydroidkolonien bilden *Solanderia*-Arten ihre Chitinstränge als ein Innenskelett aus. Seefächer-Hydroiden lieben schattige Stellen im Riff bei mäßig strömendem Wasser. Sie kommen vom Flachwasser bis in Tiefen von über 100m vor und sind vom Roten Meer bis in den Westpazifik weit verbreitet.

Papua-Wurzelmundqualle *(Mastigias papua)*

Papua-Wurzelmundquallen besitzen einen hemisphärischen Schirm (Umbrella), der eine Vielzahl weißer Flecken und Tupfen unterschiedlicher Größe und Form trägt, die gehäuft am Schirmrand vorkommen und hier teilweise in Reihen angeordnet sind. Die Mundarme sind lang, breit, gekräuselt und tragen lange Öffnungen. Die unteren Mundarme sind filamentartig verlängert. Papua-Wurzelmundquallen leben epibenthisch, schwimmen im flachen Wasser und ruhen sich am Boden von sandigen Lagunen und auf Schlamm und Korallenbruch aus. Teilweise dringen sie bis in Brackwassergebiete vor. Die Nesselkraft ihrer Nematocysten ist harmlos und für Menschen ungefährlich. Die etwa 20cm im Durchmesser großen Quallen sind bevorzugt an den Riffen im westlichen Pazifik weit verbreitet.

Foto: Indonesien, Sabolan

Kronen-Wurzelmundqualle *(Cephea cephea)*

Kronen-Wurzelmundquallen sind Tiere des Freiwassers, die oberflächennah driften oder aktiv schwimmen. Sie kommen ozeanisch wie auch küstennah vor und ernähren sich überwiegend von Plankton. Ihre flache Schirmscheibe trägt eine „Krone" aus verschiedenen langen und konischen Warzen und Tuberkeln. Der Schirmrand besitzt Marginallappen (= Randlappen), die unterschiedlich in der Anzahl sein können. Acht dicke Mundarme, die mehrfach verzweigt sind und gekräuselte Enden besitzen, sind miteinander verschmolzen. Lange und dünne Mundfilamente hängen von ihnen herab und flottieren im freien Wasser. Die Nematocysten von Kronen-Wurzelmundquallen haben keine oder nur geringe Nesselwirkung. In einem Eigenversuch konnte keine Nesselwirkung festgestellt werden. Die Verbreitung der Art reicht vom Roten Meer bis nach Australien Japan und Polynesien.

Foto: Indonesien, Bali, Alam Anda

Papua-Wurzelmundqualle (Mastigias papua), Indonesien

Kronen-Wurzelmundqualle (Cephea cephea), Indonesien

Gefleckte Würfelqualle *(Carybdea sp.)*

Gefleckte Würfelquallen besitzen einen hohen und mehr oder weniger vierkantigen Schirm, der in der Regel transparent ist. An den 4 Schirmecken befinden sich lange Fangarme (Tentakel), mit deren Hilfe die Quallen beim Schwimmen das Wasser nach Beute abfischen. Die verbreiterten Tentakelbasen dienen der Fortbewegung und der Steuerung. Die meisten von ihnen sind gefräßige Räuber, die kleine Fische erbeuten, die in ihrer Größe auch die Qualle überragen kann. Die Jugendformen dieser Quallen leben überwiegend am Boden (benthisch). Erst später, im erwachsenen Stadium, schwimmen sie zur Wasseroberfläche. Würfelquallen aus dieser Gattung sind mit 16 Arten in allen warmen Meeren beheimatet. Das Nesselgift einiger Arten ist auch für uns Menschen absolut tödlich. Besonders an der Ostküste Australiens kommen diese gefährlichen Würfelquallen vor, die hier für Panik unter den Schwimmenden sorgen und wo schon viele tote Opfer zu beklagen sind.

Foto: Philippinen, Cebu

Mangrovenqualle *(Cassiopeia andromeda)*

Mangrovenquallen sind Tiere, die von einer schwimmenden zu einer mehr oder weniger sessilen Lebensweise übergegangen sind. Nur in ihrer Jugend sind sie Tiere des freien Wassers und schwimmen umher. Später lassen sie sich zu Boden sinken und gehen damit zu einer hemisessilen Lebensweise über. Ihr bis zu 15cm großer und scheibenförmiger Schirm ist auf seiner Oberseite etwas eingedrückt. Mit seiner Hilfe saugen sich die Tiere am Untergrund fest, um nicht von der Strömung des Wassers verdriftet zu werden. Sie können sich jedoch jederzeit von ihrem Standort lösen und davonschwimmen. Die acht reich verzweigten Mundarme werden dem Sonnenlicht entgegengestreckt. Sie leben in einer Symbiose mit photosynthetisch aktiven Zooxanthellen, einzelligen Algen, die ausreichend Licht für ihre Photosynthese benötigen. Von ihren Assimilationsprodukten ernähren sich die Quallen weitgehend. Mangrovenquallen sind Tiere des flachen Wassers. Sie leben einzeln oder in größeren Ansammlungen und kommen in Mangrovenbeständen massenhaft vor. Häufig sieht man kleine Garnelen der Gattung *Periclimenes* zwischen ihren Armen herumwandern. Mangrovenquallen sind im Roten Meer und im gesamten Indopazifik weit verbreitet. Doch Vorsicht bei Umgang mit diesen Quallen: Ihre Nesselzellen können die menschliche Haut empfindlich reizen, was zu Schwellungen und Entzündungen führen kann, die lange nachwirken.

Foto: Indonesien, Rinca

Gefleckte Würfelqualle (Carybdea sp.), Philippinen

Mangrovenqualle (Cassiopeia andromeda), Indonesien

Gitter-Feuerkoralle *(Millepora dichotoma)*

Gitter-Feuerkorallen wachsen fächerförmig, reich verzweigt und vielfach vernetzt, mit stets dichotom verzweigten Enden, deren Spitzen hell abgesetzt sind. Ihre hellgelben bis olivfarbenen Kolonien können über 1000cm Größe erreichen. Sie sind schnelle Sekundärsiedler und Riffbildner im Bereich der Riffkante und am oberen Riffhang. Die Kolonien dieser Feuerkoralle wachsen stets senkrecht ausgerichtet und sind quer gestellt zur vorherrschenden Strömungsrichtung des Wassers. Ihr Skelett zeigt „Tausend Poren". Einen zentral gelegenen Fresspolypen umstehen mehrere Wehrpolypen. Sowohl die Freßpolypen als auch die Wehrpolypen ragen jeweils aus einem eigenen Porus heraus und sind in ihrem natürlichen Habitat stets expandiert. Die Nematocysten der Wehrpolypen nesseln bei Berührung die menschliche Haut stark und führen in der Regel zu schmerzhaften Verbrennungen, die von Blasenbildungen begleitet werden. Feuerkorallen ernähren sich von den Assimilationsprodukten ihrer Zooxanthellen und vom feinen Mikroplankton, das ihre Fresspolypen überwiegend in der Nacht fangen. Die Verbreitung der Art reicht vom Roten Meer bis in den Westpazifik.

Foto: Ägypten, Safaga

Platten-Feuerkoralle *(Millepora platyphyllia)*

Feuerkorallen dieser Art wachsen in kräftigen, senkrecht stehenden und gewellten Platten, die eine knotige bis warzige Oberfläche zeigen und deren Saum stets hell abgesetzt ist. Sie siedeln im von Sonnenlicht durchfluteten Flachwasser und können hier umfangreiche Riffstrukturen bilden. Als schnelle Sekundärsiedler sind sie ernsthafte Raumkonkurrenten für die ebenfalls lichtabhängigen Steinkorallen. Umfangreiche Kolonien der Platten-Feuerkorallen findet man besonders häufig dort, wo Wellen sich an der Riffkante und auf dem Riffdach brechen. Sie sind Siedlungsfläche, Aufenthaltsorte und Verstecke für eine Vielzahl von wirbellosen Tieren. Besonders häufig werden sie von Röhrenwürmern der Gattung *Spirobranchus*, von Wurmschnecken der Gattung *Vermetus* und von Seepocken der Art *Savignium milleporae* besiedelt. Verbreitet sind Platten-Feuerkorallen im Roten Meer und im gesamten Indopazifik.

Foto: Indonesien, Banta

Gitter-Feuerkoralle (Millepora dichotoma), Ägypten

Platten-Feuerkoralle (Millepora plytyphyllia), Indonesien

Zartgliedrige Feuerkoralle (*Millepora intricata)*

Feuerkorallen dieser Art sind gekennzeichnet durch ihre langen und zylindrischen Verzweigungen, die dichotom verzweigt enden. Die olivgrünen Kolonien wachsen im Flachwasser der Riffe auf festen Substraten und bilden nur kleine Kolonien aus, die nicht in der Lage sind, Riffstrukturen auszubilden. Wie alle Feuerkorallen so leben auch ihre Polypen in einer Symbiose mit einzelligen Algen, den Zooxanthellen, von deren Assimilationsprodukten, überwiegend Zucker, sie sich auch ernähren. Zartgliedrige Feuerkorallen sind im Indopazifik verbreitet, doch nicht so auffällig strukturiert, wie andere Arten aus dieser Gattung. Ihr Lebensraum sind von Strömungen beruhigte Zonen. Stark strömendes Wasser oder Wellenbrecher im Bereich der Riffkante würden die zarten und langen Verzweigungen dieser Feuerkoralle sofort zerstören.

Foto: Philippinen, Silquijor

Feingliedrige Feuerkoralle *(Millepora tenera)*

Feingliedrige Feuerkorallen wachsen in Form dünner, zerbrechlicher, dichotom- und reich verzweigter Kolonien, die in Stillwasserbereichen mancher Riffe beträchtliche Bestände bilden können, die mehrere Quadratmeter Untergrund bedecken. Feuerkorallen dieser Art leben bevorzugt in stillen und seichten Lagunen nahe der Wasseroberfläche. Kräftige Wasserturbulenzen würden sehr schnell ihre feingliedrigen Kolonien zerstören. Viel Sonnenlicht ist für ihren Fortbestand und für die Wachstumsgeschwindigkeit auch nötig, da sie in einer Symbiose mit Zooxanthellen leben, von deren Produkten sie sich auch weitgehend ernähren. Wie bei fast allen Feuerkorallen so nesseln ihre Nematocysten auch die menschliche Haut stark. Kleine Fahnenbarsche der Gattung *Pseudanthias* suchen regelmäßig Schutz und Deckung in ihren Verzweigungen. Im gesamten Indopazifik ist diese Art weit verbreitet.

Foto: Indonesien, Bali

Zartgliedrige Feuerkoralle (Millepora intricata), Philippinen

Feingliedrige Feuerkoralle (Millepora tenera), Indonesien

Elegante Filigrankoralle *(Stylaster elegans)*

Elegante Filigrankorallen wachsen feingliedrig, zart und reich verzweigt und sind in ihrer Handhabung sehr zerbrechlich. Aus diesem Grund siedeln größere Kolonien bevorzugt an schattigen und nur leicht durchströmten Standorten in tieferen Riffbereichen und hier bevorzugt unter schattigen Überhängen und dunklen Unterhöhlungen. Kleinwüchsige Kolonien kommen schon im Flachwasser vor. Alle Kolonien leben auf Korallengestein fest zementiert und verzweigen sich über Hauptachsen und Seitenverzweigungen bis hin zu den hell abgesetzten Wachstumsspitzen. Die Farbe der Kolonien kann verschieden sein und reicht von Weiß und einem zarten Rosa bis hin zu einem kräftigen Rosa. Elegante Filigrankorallen leben ohne Zooxanthellen in ihrem Gewebe. Sie sind Planktonfänger. Ihre Freß,- Wehr- und Fangpolypen stehen in Gruppen. Im Zentrum dieser Gruppe befindet sich der Freßpolyp. Dieser wird von den anderen Polypen umstanden. Ihnen fehlt eine Mundöffnung. Dafür sind sie reichlich mit Nesselbatterien ausgestattet, die Planktonorganismen harpunieren, um sie dann dem Freßpolypen zu übergeben, der sie in den Magen stopft. Elegante Filigrankorallen kommen im Roten Meer, im Indopazifik und im gesamten Pazifik vom Flachwasser bis in größere Tiefen vor.

Foto: Indonesien, Hoga

Violette Filigrankoralle *(Distichopora violacea)*

Violette Filigrankorallen, die auch Blaue Filigrankorallen genannt werden, wachsen in kleinen, kräftigen, reich verzweigten und häufig fächerförmigen Kolonien, die sich quer zur Strömungsrichtung des Wasses ausrichten. Sie siedeln an stark durchströmten Riffbereichen und bevorzugen abgedunkelte Standorte schattiger Nischen, Unterhöhlungen und Riffkanten im Bereich des oberen Riffhanges. Ihre Freßpolypen sind entlang der Ränder der Verzweigungen angeordnet und werden von mehreren Fangpolypen umgeben. Die Spitzen ihrer Verzweigungen sind hell abgesetzt. Filigrankorallen ernähren sich vom Mikroplankton. Da ihre Skelette im getrockneten Zustand ihre Farbe beibehalten, werden sie an manchen Küsten gelegentlich zu Schmuck verarbeitet. Die Verbreitung der Art reicht vom Roten Meer und Ostafrika bis nach Mikronesien.

Foto: Indonesien, Rinca

Elegante Filigrankoralle (Stylaster elegans), Indonesien

Blaue Filigrankoralle (Distichopora violacea), Indonesien

Hübsche Filigrankoralle *(Distichopora nitida)*

Hübsche Filigrankorallen bilden verschiedenfarbige Fächer aus, die quer zur Wasserströmung positioniert sind und die das Wasser nach Planktonorganismen durchsieben. Ihre Verzweigungen stehen so dicht, dass nur sehr schmale Zwischenräume entstehen, in denen die langen Freßpolypen aus dem hindurchströmenden Wasser das tierische Plankton fangen können. Hübsche Filigrankorallen sind Tierkolonien des tieferen Wassers, die als Lebensraum abgedunkelte Stellen im Riff bevorzugen. Die Verbreitung der Gattungen im Meer erfolgt über eine kleine und winzige Larve, die im Plankton treibt und sich irgendwo einen neuen Standort sucht. Zwischen den Verzweigungen der Filigrankorallen leben lichtscheue Schlangensterne, ein kleiner, farblich gut angepasster Seestern und verschiedene, kleine Krebse. Auf den Inseln der Malediven werden ihre Skelette gesammelt, gereinigt und in Andenkenläden verkauft.

Foto: Malediven, Ari-Atoll

Filigrankorallen (Distichopora sp.), Papua Neuguinea, Milne Bay

Filigrankoralle (Distichopora sp.), Mikronesien, Palau

Filigrankoralle (Distichopora sp.), Salomonen, San Cristobal

Seeanemonen, auch Seerosen oder Aktinien genannt, leben in allen Meeren auf unserer Erde. In den tropischen und subtropischen Gewässern sind sie besonders häufig und artenreich vertreten. Wegen ihres oft farbenprächtigen Aussehens und ihrer überwiegend sesshaften Lebensweise haben sie im allgemeinen Sprachgebrauch auch die Bezeichnung „Blumentiere" erhalten. In Wirklichkeit sind Seeanemonen selbstverständlich keine Blumen, sondern Tiere, die zum großen und umfangreichen Stamm der Nesseltiere (Cnidaria) gehören und hier mit den Steinkorallen sehr nahe verwandt sind.

Der grosse Unterschied zwischen den beiden Tiergruppen besteht darin, dass Seeanemonen keine Kalkskelette ausbilden. Ausserdem sind Seeanemonen fast ausschliesslich solitär lebende Organismen, während Steinkorallen, mit nur wenigen Ausnahmen, Kolonien bilden. Die meisten Seeanemonen sind Tiere felsiger Küsten. Sie leben von der Spritzwasserzone bis in moderate Wassertiefen und kommen auch in der Tiefsee vor. Während einige von ihnen in mobilen Böden von Sand, Schlick und Korallenbruch leben, siedeln andere auf Schwämmen, Korallen, Seetange, auf Muschel- und Schneckenschalen und an Hafenanlagen.

Seeanemonen treten nur in Polypengestalt auf. Daher ist ihr Körper auch relativ einfach gebaut und organisiert. Im Vergleich zu den anderen Nesseltieren haben sie die größten Polypen im Tierreich entwickelt, die bei Riesenanemonen tropischer Meere einen Durchmesser von 150cm erreichen können.

Der schlauchförmige bis zylindrische Körper der Seeanemonen haftet entweder mit einer Fußscheibe auf festen Substraten, wobei Schleimabsonderungen die Saugwirkung verstärken, oder die Tiere bohren sich mit ihrem spitzen Fussende in weiche Böden, um sich dann durch Wasseraufnahme und Hineinpressen des Wassers in das Fussende im Untergrund zu verankern. Ganz wenige Arten können schwimmen, wobei sie sich für kurze Zeit von Untergrund lösen und mit rhythmisch schlagenden Tentakeln über kurze Strecken einen Standortwechsel vornehmen. Einige kleine Arten, die im Oberflächenwasser tropischer Meere mehr oder weniger planktisch leben, haben ihren Fuss zu einem Gasbehälter umgestaltet, der ihnen das Schweben im Freiwasser wesentlich erleichtert.

Neben den am Untergrund haftenden und im Freiwasser schwebenden Arten gibt es auch solche, die halbsessil sind. Diese Anemonen können sich aktiv vom Untergrund lösen und mit Hilfe ihrer Fußscheibe langsam und spanneratig fortbewegen, um sich in einem neuen Lebensraum einen besseren Standort zu suchen.

Der zylindrische Körperhohlraum (Gastralraum) der Seeanemonen unterteilt sich in viele paarige Scheidewände (Mesenterien). Zuerst werden 6 Paar davon angelegt, später kommen weitere hinzu. An ihnen befinden sich Muskelfahnen, die gemeinsam mit der Längs- und Quermuskulatur des Körpers die Anemonen stabilisieren und ihnen erlauben, ihre Gestalt durch Zusammenziehen und Strecken zu verändern.

Eine Kontraktion des Körpers ist stets eine Schutzreaktion zur Abwehr von Feinden und auf sich verschlechternde Umweltbedingungen. Gerade im Bereich von Ebbe und Flut schützen sich Seeanemonen während der Zeit des Trockenfallens dadurch, dass sie ihre Tentakeln einziehen, den Körper stark kontrahieren und sich so auf einen Bruchteil ihrer ursprünglichen Körpergrösse verkleinern. Durch das Ausstossen von Wasser werden sie so zu fast formlosen und unscheinbaren, schleimigen Klumpen.

Der Körper der Seeanemonen wird nach oben hin durch eine Mundscheibe abgedeckt. In ihrem Zentrum liegt die einzige Körperöffnung, die die Funktion von Mund und After zugleich erfüllt. Tentakelkränze umstehen in mehreren Kreisen diese Mundscheibe. Die Tentakel sind zylindrisch, hohl, unverzweigt, meist gleich lang, gelegentlich terminal etwas angeschwollen und stehen mit dem Gastralraum in offener Verbindung. Vor wenigen Jahren hat man herausgefunden, dass sich an der Basis der Tentakeln 1-2 Reihen runder Tuberkeln (Sphaerules) befinden, die mit speziellen Abwehrwaffen (Nematocysten) gefüllt sind und die die alleinige Aufgabe haben, andere Seeanemonen vom eigenen Siedlungsort fernzuhalten.

Die meisten Seeanemonen leben räuberisch. Sie ernähren sich von kleinen Fischen, Krebsen, freilebenden Borstenwürmern und von verschiedenen Weichtieren, die sie mit Hilfe ihren Nesselzellen bombardieren, sie betäuben oder töten, um sie dann mit Hilfe ihrer vielen Tentakeln in die zentral gelegene Mundöffnung zu stopfen. Erstaunlich ist, dass die grössten Seeanemonen Filtrierer sind. Sie fressen tierisches Plankton, das sie mit Schleim umhüllen und mit Hilfe von Flimmerepithelien zur Mundöffnung führen. Im Gastralraum wird die eingeschleimte Masse dann verdaut. Viele Arten haben symbiotische Algen (Zooxanthellen) in ihrem Gewebe, von deren Assimilationsprodukten sie sich weitgehend ernähren. Sie nutzen aber auch noch andere Nahrungsquellen.

Seeanemonen sind ausschliesslich marine Tiere. Sie leben an tropischen Korallenriffen oft in einer Symbiose mit verschiedenen Fischen und Krebsen. Das wohl bekannteste Beispiel ist das Zusammenleben von Riesenanemonen mit Fischen der Gattung *Amphiprion*. Jahrelang war man der Meinung, dass diese enge Beziehung zwischen Anemone und Fisch rein kommensalistisch sei und dass der Clownfisch in der Anemone Schutz vor seinen Feinden suchte, wobei die Seeanemone weder einen Nutzen noch einen Schaden habe. Heute weiss man, dass die Fische ihren Wirt tatsächlich vor Feinden schützen und ihre Anemonen vehement verteidigen. Entfernt man nämlich die Fische aus ihren Anemonen, dann beginnen Riffbarsche die zarten Tentakel der Anemonen zu attackieren und abzufressen.

Seeanemonen sind häufig wunderschön gefärbte Tiere. Verantwortlich für die Farbe der meisten Arten sind Farbstoffe aus der Gruppe der Karotinoide, die je nach Bindung an verschiedene Eiweisskörper auch grün oder blau sein können, so dass die Färbung der Tiere auch innerhalb einer Art sehr verschieden sein kann.

Seeanemonen sind getrennt geschlechtliche Tiere. Einige von ihnen sind Zwitter. Die Befruchtung der Gameten erfolgt entweder im freien Wasser oder im Gastralraum der Tiere. Bei den meisten Seeanemonen verläuft die Entwicklung über eine bewimperte Larve (Planula), die 1-2 Wochen im Freiwasser driftet, bevor sie sich festsetzt und zu einer kleinen Seeanemone heranwächst. Ganz wenige Arten betreiben Brutpflege, wobei sich die Junganemonen im Gastralraum der Elterntiere entwickeln. Eine ungeschlechtliche Vermehrung durch Längsteilung der Polypen kommt vor, doch ist sie selten.

Bedingt durch das Vorhandensein schussbereiter Nesselkapseln und Nesselfäden (Acontien), die aus der Mundöffnung der Tiere herausgeschleudert werden, haben Seeanemonen kaum Feinde. Dennoch haben einige Fische und gehäuselose Schnecken sie auf ihren Speiseplan gesetzt. Seeanemonen, die in weichen Sedimenten leben, schützen sich durch Zurückziehen. Sie sind in der Regel nachtaktiv und leben tagsüber im Untergrund verborgen.

Etwa 1000 Arten, die beschrieben sind, werden in ein noch recht unsicheres System eingeordnet, das sich in stetiger Umgruppierung befindet. Eine wirtschaftliche Bedeutung für uns Menschen haben Seeanemonen nicht. Und das ist auch gut so, denn dann wären die meisten Arten des Flachwassers schon längst ausgerottet.

KORALLENANEMONEN (CORALLIMORPHARIA)

Die Ordnung der Korallenanemonen, auch Scheibenanemonen genannt umfasst nur wenige Arten. Etwa 40-50 Arten dürften bekannt sein. Sie leben in allen Weltmeeren und kommen bevorzugt in den tropischen und subtropischen Regionen vor. Sie siedeln vom Flachwasser bis in große Meerestiefen, doch kommt die überwiegende Anzahl von ihnen bis in Tiefen von 30 m vor.

In ihren innerem Aufbau und in ihrer Vermehrungs- und Siedlungsweise ähneln Korallenanemonen den Steinkorallen, jedoch mit dem ganz großen Unterschied, dass sie niemals ein festes Kalkskelett ausbilden und abscheiden.

Korallenanemonen leben entweder einzeln oder in Kolonien. Generell stellt man fest, dass sie im Flachwasser überwiegend Kolonien bilden und in der tieferen See solitär leben.

Koloniale Tiergemeinschaften bilden sich entweder durch eine ungeschlechtliche Vermehrung durch Knospung oder Laceration, wobei sich die durch die Querteilung entstandenen und die von der Fußscheibe neu abgetrennten Individuen nicht vom Muttertier lösen, sondern in einem Tierverband verbleiben. Auf diese Weise entstehen große Kolonien, die sich aus über 100 Einzeltieren zusammensetzen können.

Bei der solitären Siedlungsweise sind die Einzeltiere auch wesentlich größer als die, die durch Knospung und Teilung entstanden sind. Die größte Art, die bisher gefunden wurde, ist *Discosoma nummiforme*, die einen Mundscheibendurchmesser von fast einem Meter erreichen kann. Damit bildet diese Art innerhalb der Blumentiere (Anthozoa) die größten Polypen aus. Die geschlechtliche Vermehrung führt nach der Befruchtung der im Wasser entlassenen Eizellen zur Ausbildung frei schwimmender und bewimperter Larven (Planula), die zuerst planktisch treiben, bis sie sich festsetzen.

Die in Kolonien lebenden Korallenanemonen breiten sich im Flachwasser rasen-bis mattenförmig auf festen Unterlagen aus. Dabei sind sie mit einer Fußscheibe fest mit dem Substrat verbunden. Fehlen diese Hartsubstrate, dann liegen sie lose dem Sediment auf.

Der Körper aller Korallenanemonen ist kurz und zylindrisch. Die Mundscheibe ist von Art zu Art verschieden groß. Ihr Durchmesser reicht von 1 cm bis 100cm. Zahlreiche kurze und lange, vielfach auch verzweigte und terminal angeschwollene Tentakeln sind darauf angeordnet, die mit Nesselkapseln bestückt sind. Die Struktur dieser Nesselzellen ist ein wichtiges systematisches Merkmal zur Bestimmung der Art. Doch leider ist in den meisten Fällen ein Feldbiologe so schlecht ausgerüstet, dass er diese komplizierten Untersuchungen nicht im Freiland, sondern nur in einem Labor durchführen kann und dann auch nur mit speziellen Kenntnissen.

Die überwiegende Anzahl der Arten ist carnivor und ernährt sich vom tierischen Plankton, von kleinen Krebsen und von allem, was ihrer Mundscheibe mit den zahlreichen Tentakeln zu nahe kommt. So können große Anemonen durchaus kleine Fische fressen. Viele Arten des Flachwassers leben in einer Symbiose mit einzelligen Algen (Zooxanthellen), von deren Assimilationsprodukten sie sich auch weitgehend ernähren. Die in sehr tiefem Wasser lebenden Arten sind Mikrophagen, die sich von Detritus und von dem, was auf sie herabrieselt, ernähren.

Korallenanemonen sind Sekundärsiedler, die freie Flächen im Riff schnell besetzen und ihr Areal mit Nesselkapseln verteidigen. Da sie eine große Toleranz gegenüber Schadstoffen und einer Wasserverschmutzung besitzen, werden sie als Indikatoren für die durch den Menschen verschmutzten Gewässer herangezogen.

Krustenanemonen sind ausschließlich marine Tiere, die kleinen Seeanemonen gleichen. Die meisten Arten haben gerade einmal einen Mundscheibendurchmesser von 1 cm. Sie bilden wie diese auch kein festes Kalkskelett aus. Stattdessen sondern ihre Polypen eine Schleimschicht ab, an der Fremdkörper haften bleiben. Diese erhärten zu einer Schicht und werden von der Außenhaut überwachsen. Auf diese Weise entsteht ein inneres „Ersatzskelett".

Krustenanemonen bilden umfangreiche Kolonien aus, die aus zahlreichen Einzeltieren zusammengesetzt sind. Drei verschiedene Wuchsformen kann man bei ihnen unterscheiden. Entweder zeigen einige Anemonen ein solitäres Wachstum, ohne mit ihren Nachbarn in Verbindung zu stehen, oder alle in der Kolonie lebenden Anemonen sind über basale Ausläufer, sog. Stolone, miteinander verbunden. Bei der dritten Wuchsform sind alle Anemonen in ein gemeinsames Coenenchym eingebettet. Nur ganz wenige Arten leben solitär, wie Tiere der Gattung Sphenopus, einer solitär lebenden Art, die frei dem Untergrund aufliegt und sich mit einem langen Fortsatz darin verankert.

Krustenanemonen entwickeln ihre größte Artenvielfalt im flachen Wasser des Litorals tropischer und subtropischer Meere. Hier besiedeln sie fast alle organischen und anorganischen Unterlagen und bilden umfangreiche Krusten, Matten, Klumpen oder Kugeln aus. Einige Arten leben auf Schwämmen, Gorgonien, Moostierchen oder auf Schneckenschalen von Einsiedlerkrebsen. Mit ihnen bilden sie häufig eine Symbiose.

Krustenanemonen sind schnelle Sekundärsiedler, die freiwerdende Stellen im Riff sofort besetzen. Viele ihrer Kolonien leben auf Riffdächern im Gezeitenbereich zwischen Ebbe und Flut, wo andere Tiere, bedingt durch extreme biotische und abiotische Faktoren, Schwierigkeiten der Anpassung haben. Durch verstärkte Schleimabsonderung schützen sich die Anemonen vor Austrocknung und zu starker Sonneneinstrahlung.

Den Krustenanemonen fehlt die für Seeanemonen so typische Fußscheibe. Sie stecken nur mit ihrem zugespitzten Ende im Substrat. Die Mundscheibe trägt zahlreiche Fangarme, die sich in ein oder zwei Kreisen um die zentral gelegene Mundöffnung gruppieren. Sie sind zart, überwiegend randständig, unverzweigt, tragen häufig winzige Köpfchen an den Tentakelspitzen und sie besitzen Nesselzellen. Viele Arten sind Partikelfresser oder sie leben mit einzelligen Algen (Zooxanthellen) in einer Gemeinschaft, wobei die einzelligen Algen für die Farbe der Anemonen verantwortlich sind. Hier geht die Symbiose manchmal soweit, dass die Tiere ihren Magenraum stark reduzieren und sich weitgehend von den Stoffwechselendprodukten ihres Symbiosepartners ernähren. Zusätzlich werden die im Wasser gelösten Stoffe über die gesamte Körperoberfläche absorbiert.

Krustenanemonen fangen ihre Beute unter Einsatz ihrer Nesselkapseln (Cniden). Die Giftwirkung reicht aus, um kleines tierisches Plankton zu betäuben. Über den Mund wird die

Nahrung aufgenommen und dem Magen zugeführt. Unverdauliche Reste werden wieder über die Mundöffnung ausgeschieden. Damit hat der Mund auch eine Afterfunktion. Die meisten Krustenanemonen sind tagaktiv und nur die Planktonfänger unter ihnen sind nachtaktiv. Ihre Fressaktivität ist gekoppelt an die vertikale Wanderung des Planktons in der Nacht. Krustenanemonen sind überwiegend getrennt geschlechtliche Tiere. Einige von ihnen sind Hermaphroditen. Auch die Kolonien sind nach Geschlechtern getrennt: Entweder leben in einer Kolonie nur männliche oder nur weibliche Anemonen. Häufig erfolgt ein saisonales Ablaichen der Geschlechtsprodukte. Eine asexuelle Vermehrung ist für die Bildung von Kolonien verantwortlich.

Krustenanemonen haben nur wenige Feinde, da sie sehr giftig sind. Aus der Gattung *Palythoa* haben Chemiker das Gift Palytoxin isoliert, das zu den wohl giftigsten Naturstoffen überhaupt gehört. Es ist noch giftiger als das Gift einer Königskobra. Wissenschaftler sind jedoch der Meinung, dass das Gift nicht selbst von den Krustenanemonen hergestellt wird, sondern von Bakterien, die mit den Anemonen in einer Symbiose leben. Außerdem fand man heraus, dass die höchste Konzentration des Giftes immer dann erreicht wurde, wenn die Polypen Eier produzieren. Es ist einzusehen, dass die Anemonen ihre Fortpflanzungsprodukte vor Fressfeinden schützen möchten. Trotz ihrer Giftigkeit werden sie von Feilenfischen der Gattung Monacanthus angegriffen und gefressen. Etwa 300 Arten sind aus allen Meeren bekannt. Die Systematik ist dieser Tiergruppe bedarf unbedingt einer Revision.

Prachtanemone (Heteractis magnifica), Malediven

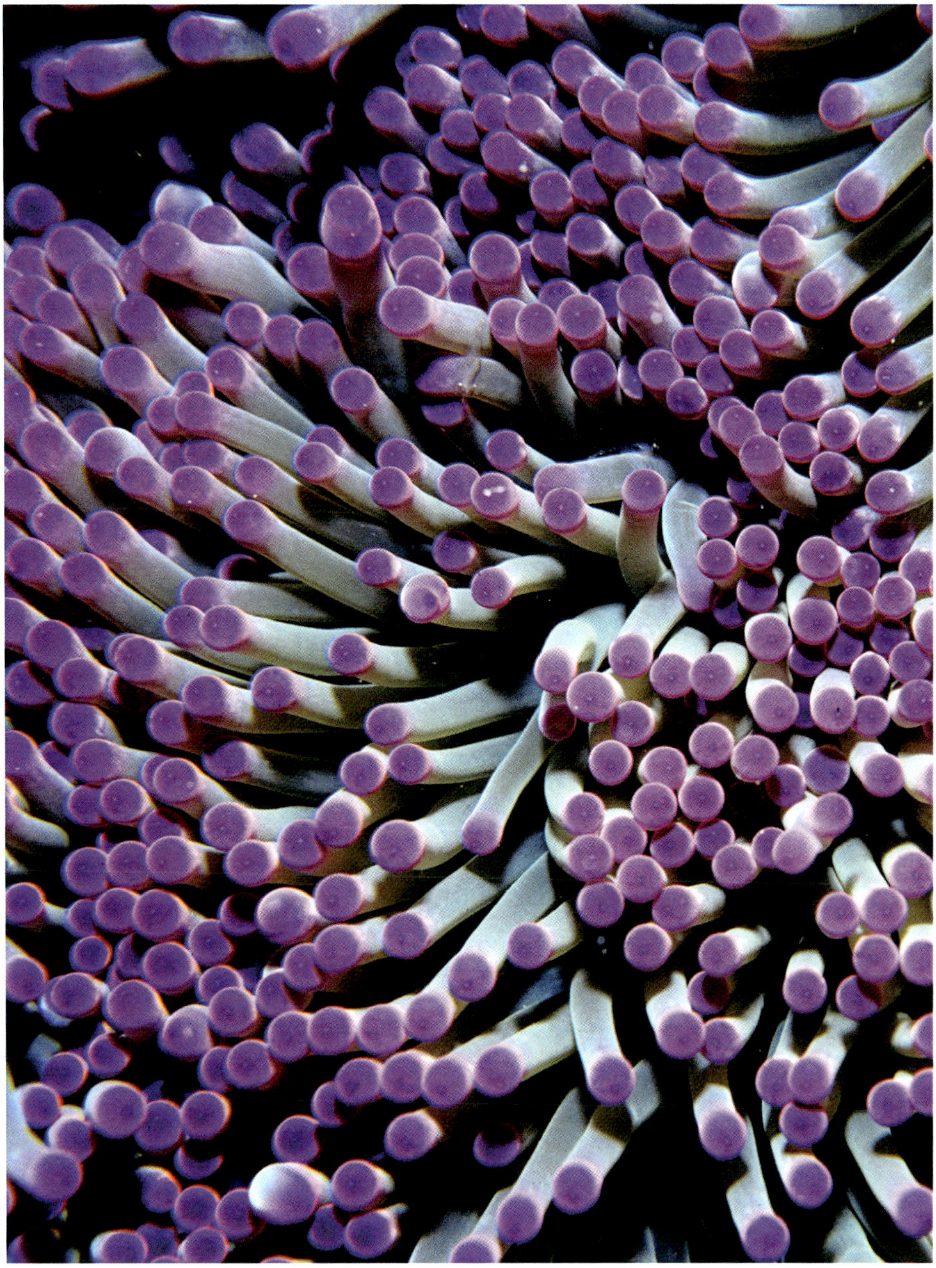

Tentakelspitzen der Prachtanemone (Heteractis magnifica), Mikronesien, Palau

Felsenanemone *(Anthopleure sp.)*

Felsenanemonen sind reltaviv kleine Tiere mit einem Mundscheibendurchmesser von 2-3cm. Sie siedeln einzeln oder in kleineren Kolonien zwischen Steinen und Korallenbruch unterhalb der Niedrigwasserlinie und sind tagsüber nicht zu entdecken. Ihre Mundscheibe ist rund und gelblichbraun in der Farbe. Die zahlreichen Tentakel sind zugespitzt und umstehen den Mundscheibenrand in mehreren Kreisen. Sie sind transparent. Seeanemonen aus dieser Gattung sind dämmerungs- und nachtaktive Tiere, die sich von Detritus und Zooplankton ernähren, das sie nachts aus dem vorbeiströmenden Wasser fischen. Auch kleinere Schwebegarnelen, die sich ihren bewaffneten Tentakeln nähern, sind als Beute willkommen. Anemonen der Gattung *Anthopleura* sind mit zahlreichen Arten in tropischen und subtropischen Meeren verbreitet.

Foto: Indonesien, Rinca

Lagunen-Anemone *(Condylactis sp.)*

Lagunen-Anemonen kommen in seichten und sandigen Lagunen vor, wo sie mit ihren Fußscheiben an Steinen oder Bruchkorallen haften. Nur ihre Mundscheiben mit den langen und zylindrischen Tentakeln sind sichtbar. Die langen grünen, bläulichen und violett schimmernden Tentakel werden nach allen Seiten ausgestreckt in der Hoffnung, Beute zu fangen. Wovon sie sich ernähren, weiß man nicht so genau. Aber es dürften kleine Krebse und Borstenwürmer sein, die in die Nähe ihrer Fangarne geraten oder über sie hinwegkriechen, um sie dann zu fressen. Vielleicht sind es auch kleine Fische, die ihren Tentakeln zu nahe kommen. Lagunen-Anemonen kommen in verschiedenen Farben vor und sind an den Riffen im westlichen Pazifik gelegentlich zu finden. Leider sind sie sehr schreckhaft, und verschwinden im Boden, wenn Erschütterungen sie erreichen oder ein Schattenfall sie trifft. Aus diesem Grund ist es sehr schwierig, sie lange genug beobachten zu können. Die Art konnte leider nicht bestimmt werden.

Foto: Malaysia, Lankayan

Felsenanemone (Anthopleura sp.), Indonesien

Lagunen-Anemone (Condylactis sp.), Malaysia

Bewaffnete Anemone *(Dofleina armata)*

Während die juvenilen Anemonen dieser Art sich in den Ritzen und Spalten der Riffe aufhalten, leben die erwachsenen Tiere dagegen in ausgedehnten Sand- und Schlammflächen und auch in belasteten Hafenbecken vom Flachwasser bis in größere Tiefen. Die erwachsenen Anemonen sind dagegen in ihrer Farbe einheitlich und nicht so bunt wie die Jungtiere. Tagsüber leben Bewaffnete Anemonen versteckt im Untergrund. Erst in der Nacht kommen sie aus ihren Verstecken und breiten ihre Mundscheibe und die zahlreichen Tentakel auf den Boden aus. Alles, was sich ihnen nähert und mit ihren Tentakeln in Berührung kommt, wird genesselt, betäubt und gefressen. Auch die Haut eines Menschen durchschlagen ihre giftigen Nesselbatterien, was ein schmerzhaftes Brennen verursachen kann, das wochen- und monatelang anhält. Bei Tagesanbruch werden die Tentakel zu einem Bündel aufgestellt und die Anemone verschwindet wieder im Boden. Bewaffnete Anemonen sind im Roten Meer und im Indopazifik von Ostafrika bis in der Westpazifik und Australien verbreitet.

Foto: Malaysia, Mantanani

Korkenzieher-Anemone *(Macrodactyla sp.?)*

Leider ist es den Taxonomen in den Museen der Welt nicht gelungen, diese Anemone anhand von Fotografien zu bestimmen. Vergleichbar ist sie mit der Korkenzieher-Anemone *(Macrodactyla doreensis)* des Indopazifiks, kommt aber als diese Art nicht in Betracht. Möglicherweise handelt es sich um eine neue Art?!
Fest steht jedoch, dass nur wenige Menschen diese schöne Anemone gesehen haben, so selten dürfte sie vorkommen. Der zentralen Mundöffnung, die im Zentrum der Mundscheibe etwas erhöht steht, umgeben mehrere ringförmig angeordnete und zylindrische Tentakel, deren Spitzen weiß abgesetzt sind und die korkenzieherförmig gedreht enden. Mit einem breiten Fuß verankert sich die Anemone in den Untergrund, um nicht von der Strömung des Wassers verdriftet zu werden.

Foto: Papua Neuguinea, Milne Bay

MUCK/GÜNTHER

Bewaffnete Anemone (Dofleina armata), Malaysia

Korkenzieher-Anemone (Macrodactyla sp.), Papua Neuguinea

Korkenzieher-Anemone *(Macrodactyla doreensis)*

Korkenzieher-Anemonen leben im Flachwasser auf Sand und Schlammflächen und können sich bei Störungen ganz darin zurückziehen. Ihre Mundscheibe kann purpurgrau, braun oder grün gefärbt sein und einen Durchmesser von 50cm erreichen. Sie trägt weiße Radiärstreifen, die sich in den Tentakeln fortsetzen können. Die Tentakel sind lang und am Ende wie Korkenzieher gekrümmt. Bei Berührung bleiben sie an der Hand eines Menschen kleben und können abreißen. Korkenzieher-Anemonen werden von verschiedenen Anemonenfischen der Gattung *Amphiprion* bewohnt. Auch zahlreiche Garnelen der Gattungen Periclimenes finden zwischen ihren Tentakeln Unterschlupf. Im Indopazifik reicht ihre Verbreitung vom Indischen Ozean bis in den Westpazifik und Australien.

Foto: Malaysia, Mantanani

Bäumchen-Anemone *(Actinodendron arboreum)*

Bäumchen-Anemonen leben bevorzugt in Sand- und Schlickböden des Flachwassers und kommen bis in Tiefen von 30m vor. Sie leben einzeln und besonders in der Nacht versteckt im Boden und strecken nur tagsüber ihre zahlreichen, zylindrischen und mit kurzen Verzweigungen ausgestatteten Tentakeln dem Sonnenlicht entgegen. Dieses Sonnenlicht benötigen die Zooxanthellen in ihrem Gewebe zum Ablauf der Fotosynthese, von deren Assimilationsprodukten sich die Anemonen weitgehend ernähren. Sie fressen aber auch zahlreiche benthische Wirbellose und kleine Fische, die von ihren stark nesselnden Fangarmen erbeutet werden. Ihr starkes Nesselgift kann auch auf der menschlichen Haut entzündliche und schmerzende Blasen hervorrufen und zu Narbenbildungen führen. Bei Belästigung verschwinden die Anemonen schnell im Boden und zurück bleibt ein tiefer Krater. Bäumchen-Anemonen können hellbraun, braun oder olivgrün gefärbt sein. Einige Krebsarten der Gattungen *Periclimenes* und *Lissocarcinus* leben zwischen den stark nesselnden Tentakeln der Anemone. Verbreitet sind sie im Roten Meer und kommen im Indopazifik von Ostafrika bis in den Westpazifik vor.

Foto: Papua Neuguinea, Milne Bay

Korkenzieher-Anemone (Macrodactyla doorensis), Malaysia

Bäumchen-Anemone (Actinodendron arboreum), Papua Neuguinea

Blasenanemone *(Entacmaea quadricolor)*

Die großen und gestreiften Mundscheiben der Blasenanemonen besitzen eine Vielzahl langer und an deren Spitzen blasenförmig erweiterter Tentakel, die ein „schnullerähnliches" Aussehen haben. Die Tentakel sind in der Mitte der Mundscheibe länger als die am Rand. Sie können bis zu 40cm lang wachsen. Der Bläschenequator ist bei den meisten Anemonen hell abgesetzt. Auch die Tentakel, die keine Bläschen ausgebildet haben und stumpf enden, besitzen noch den hellen Equatorring. Die Form der terminalen Tentakelerweiterungen scheint an die Anwesenheit von symbiotischen Fischen, die mit den Anemonen vergesellschaftet leben, gebunden zu sein. Man weiß heute, dass 13 verschiedene Anemonenfischarten der Gattungen *Amphiprion* und *Premnas* mit dieser Anemone in einer Gemeinschaft leben. Bei Störungen und Reizen können sich die Tentakel kontrahieren und die Anemonen in ihren Verstecken im Boden verschwinden. Blasenanemonen siedeln in Spalten und Ritzen der Riffe, so dass nur ihre Fangarme hervorschauen. Obwohl solitär, siedeln die Anemonen oft so dicht, dass sie im Flachwasser ausgedehnte Rasen von über 100 Quadratmeter bilden können, wie zum Beispiel im Flachwasserbereich der Insel Apo der Philippinen. Blasenanemonen leben mit Zooxanthellen in einer Endosymbiose und ernähren sich weitgehend von deren Assimilationsprodukten. Sie sind im Roten Meer und im Indopazifik von Ostafrika bis Polynesien und Australien verbreitet.

Foto: Indonesien, Nord Sulawesi

Tentakelspitzen der Blasenanemone (Entacmaea quadricolor)

Verzweigte Anemone *(Actinodendron glomeratum)*

Verzweigte Anemonen ähneln aufrechtstehenden Weichkorallen und sie werden auch dafür gehalten. Die überwiegend nachtaktiven und bäumchenförmigen Anemonen, mit ihren aufrechten und seitlich ausgestreckten Verzweigungen, leben auf Weichböden und im Korallenschutt, den Körper tief im Sediment vergraben. Man sieht von ihnen praktisch nur die außerordentlich langen, zylindrischen und mit seitlichen Verzweigungen ausgestatteten Tentakeln, die, wenn sie eingezogen sind, großen Vesikel gleichen. Bei Störungen und Gefahr ziehen sich die Anemonen vollständig in den Boden hinein und zurück bleibt ein tiefer Krater. Verzweigte Anemonen können bis zu 60m im Durchmesser wachsen. Sie ernähren sich von den Produkten Ihrer Zooxanthellen und fressen alles, was sich ihren nesselbewehrten Tentakeln nähert. Auch kleine bis mittelgroße Fische sind dabei. Vorsicht ist geboten beim Umgang mit dieser Anemone. Sie nesselt außerordentlich stark, was schon in kurzer Zeit beim Menschen zu Blasen- und Narbenbildungen führen kann. Verzweigte Anemonen sind an den Riffen im gesamten Indopazifik verbreitet.

Foto: Philippinen, Cebu

Haeckels Sandanemone *(Actinostephanus haeckeli)*

Haeckels Sandanemonen leben einzeln in verschiedenen mobilen Böden (Schlamm, Sand, Korallenbruch), in die sie sich mit einem wurmförmigen Fuß verankern und tagsüber zurückziehen. Vom Rand einer kreisrunden Mundscheibe entspringen 12 oder mehr unterschiedlich lange, schlangenähnliche und zugespitzte Fangarme, die unterschiedlich große und spitze Projektionen oder Tuberkeln entlang ihrer Arme aufweisen. Die Tentakel können sowohl gestreift als auch gebändert sein. Die Farbe der Anemonen ist sehr variabel. Sie reicht von beige und braun bis hin zu schwarz. Bei Anbruch der Dämmerung breiten die Anemonen ihre Mundscheibe und die Tentakel auf dem Untergrund aus und ernähren sich überwiegend von organischen Sinkstoffen. Auf den kleinen Mundscheiben, die einen Durchmesser von 6-8cm aufweisen, und zwischen den Tentakeln selbst leben häufig Partnergarnelen der Gattung *Periclimenes* und bevorzugt die Art *Periclimenes magnificus*. Haeckels Sandanemonen sind an den Riffen im Indopazifik weit verbreitet und können nur in der Nacht beobachtet werden.

Foto: Indonesien, Nusakode

Verzweigte Anemone (Actinodendron glomeratum), Philippinen

Haeckels Sandanemone (Actinostephanus haeckeli), Indonesien

Griffiths Feueranemone *(Megalactis griffithsi)*

Griffiths Feueranemonen nesseln außerordentlich stark. Sie sehen im expandierten Zustand wie harmlose Weichkorallen aus, doch wehe, wenn man sie anfasst. Dann nesseln sie außerordentlich schmerzhaft die menschliche Haut. Es kommt zuerst zur Rötung der Haut, dann zu Schwellungen und Blasenbildungen und letztlich zur Ablösung der betroffenen Hautstellen und zu Narbenbildungen. Griffiths Feueranemonen leben einzeln im Flachwasser der Riffe auf Sand, Korallenbruch und auf Schlamm. Ihr Körper lebt versteckt im Boden und nur die langen und baumförmigen Verzweigungen werden auf dem Untergrund ausgelegt. Bei Störungen ziehen sich die Anemonen vollständig in den Boden zurück. Da sie Zooxanthellen besitzen, leben sie bevorzugt von deren Assimilationsprodukten. Magenuntersuchungen haben aber auch ergeben, dass sie kleine Fische mit ihren Nematocysten bombardieren, betäuben und fressen. Zwei Arten aus dieser Gattung leben an den Riffen im Indopazifik.

Foto: Malaysia, Lankayan

Sansibar-Beerenanemone *(Alicia sansibariensis)*

Tagsüber leben Sansibar-Beerenanemonen in sich zusammengesunken im Riff. Erst bei Anbruch der Dunkelheit streckt sich der schlanke Rumpf und die außerordentlich langen, feinen und transparenten Tentakel werden zum Planktonfang weit in das freie Wasser ausgestreckt. Nachtanemonen, wie sie auch genannt werden, siedeln auf verschiedenen Hartsubstraten. Ihr zylindrischer und fast transparenter Rumpf zeigt traubenförmige Vesikel, die Beeren oder Blasen ähnlich sehen und die mit Nesselzellen besetzt sind. Diese nesseln auch die menschliche Haut heftig, was zu Hautreizungen, Rötungen, Schwellungen und bis zu Blasenbildungen führen kann. Bei einem Standortwechsel löst sich die Anemone vom Untergrund und bewegt sich spannerartig zu einem neuen Standort fort. Sansibar-Beerenanemonen sind im Roten Meer und im gesamten Indopazifik vom Flachwasser bis in größere Tiefen verbreitet
.

Foto: Indonesien, Nusakode

Griffiths Feueranemone (Megalactis griffithsi), Malaysia

Sansibar-Beerenanemone (Alicia sansibariensis), Indonesien

Knubbelanemone *(Triactis producta)*

Knubbelanemonen kommen vom Flachwasser bis in mittlere Tiefen von 30m vor. Sie verstecken sich in Felsspalten, zwischen Korallen und Feuerkorallen und strecken nur ihre vielen feinen Tentakel in das freie Wasser. Diese sind an ihren Spitzen bläschenartig erweitert und vollgepackt mit Nesselzellen, die auch die menschliche Haut empfindlich und schmerzhaft reizen. Einige Garnelen der Gattung *Periclimenes* leben zwischen den Tentakeln. Tagsüber ernähren sich die Anemonen von den Assimilationsprodukten ihrer einzelligen Algen, den Zooxanthellen, mit denen sie in einer Symbiose leben. Mit Hilfe ihrer Nesselbatterien fangen sie in der Nacht Zooplankter und Kleinkrebse. Knubbelanemonen kommen im Roten Meer und im Indopazifik von Ostafrika bis nach Polynesien vor. Fälschlicherweise wurde und wird die Knubbelanemone in der Literatur als Boxerkrabben-Anemone bezeichnet. Die Boxerkrabbe, Lybia tesselata, die sehr kleine Anemonen auf ihren Scheren trägt, packt nicht Knubbelanemonen auf ihre Scherenbeine, sondern Anemonen der Gattungen *Sagartia* und *Bunodeopsis*.

Foto: Indonesien, Nord Sulawesi

Feueranemone *(Phyllodiscus semoni)*

Die Nematocysten der Feueranemonen brennen auch die menschliche Haut bei Berührung fürchterlich. Die betroffenen Hautstellen schmerzen oft tagelang. In akuten Fällen kommt es zu Blasenbildungen und Hautablösungen. Diese außergewöhnlichen Anemonen haben tagsüber ihre grauen bis graugrünen Tentakeln auf ihrer Mundscheibe zusammengelegt und erinnern mehr an einen Algenteppich als an Anemonen. Erst in der Nacht werden die Tentakel ausgestreckt und aus der Mitte der Mundscheibe wird, ähnlich einem Teleskop, ein Schlundrohr ausgefahren, dass apikal die Mundscheibenöffnung und die darum herum gruppierten feinen und geknäuelten Tentakeln trägt. Da die Anemonen mit Zooxanthellen in einer Symbiose leben und sich auch weitgehend von deren Produkten ernähren, wird diese nächtliche Aktivität der Tiere als eine weitere Nahrungsbeschaffung interpretiert. Mit ihren Tentakeln fangen sie Plankton aus dem vorbeiströmenden Wasser. Feueranemonen leben vom Flachwasser bis in Tiefen von 15m stets mit ihren Fußscheiben festgesaugt auf Hartsubstraten. Verbreitet sind sie an den Riffen im Indopazifik und kommen von Indonesien bis Mikronesien und Melanesien vor.

Foto: Philippinen, Cabilao

Knubbelanemone (Triactis producta), Indonesien

Feueranemone (Phyllodiscus semoni), Philippinen

Schmarotzeranemone *(Nemanthus annamensis)*

Schmarotzeranemonen überwuchern abgestorbene Skelette von Gorgonien, Seepeitschen und Schwarzen Korallen und siedeln auch auf anderen, festen Substraten. Sie leben auf ihren Unterlagen in Kolonien und können regelrechte Teppiche bilden. Die koloniale Siedlungsform entsteht nicht durch die Teilung der Polypen, sondern durch Auswüchse der Fußregion. Schmarotzeranemonen sind in ihrer Farbe sehr variabel. Ihr Farbspektrum reicht von weiß und beige bis hin zu orange und rot. Zudem kann ihr Mauerblatt gestreift, gesprenkelt oder gepunktet sein. An einer kleinen Mundscheibe, die 2-3 Zentimeter im Durchmesser groß ist, setzen in mehreren Reihen zarte, fast transparente und zugespitzte Tentakel an. Diese sind mit Nematocysten bewehrt, die in der Nacht Plankton aus dem Wasser fangen. Tagsüber liegen die kleinen Anemonen in sich zusammengesunken auf ihren Unterlagen. Die Schwammkrabbe *Lauridromia intermedia* lädt sich diese Anemonen auf ihren Körper, um sich mit ihrer Hilfe besser vor ihren Fressfeinden zu tarnen. Schmarotzeranemonen sind im Indopazifik von Ostafrika bis in den Westpazifik verbreitet.

Foto: Indonesien, Nord Sulawesi, Lembeh

Schmarotzeranemone (Nemanthus annamensis), Indonesien

Schmarotzeranemone (Nemanthus annamensis), Indonesien

Noppenrand-Anemone *(Cryptodendron adhaesivum)*

Noppenrand-Anemonen sind bis zu 75cm große, flache, tellerartige und die an den Kolonierändern wellenförmig auf dem Untergrund ausgebreitete Anemonen bilden, die besitzen kurze und klebrige Tentakel. Das Mauerblatt trägt im oberen Teil Reihen klebriger Warzen. Zwei Tentakelformen werden bei ihnen voneinander unterschieden: Zum einen sind es die kurzen, gestielten und verzweigten Tentakel, die im Zentrum der Mundscheibe stehen; zum anderen die Randtentakeln, die in einfachen Bläschen enden. Diese sind stets unterschiedlich gefärbt und heben sich als Noppenrand vom Zentrum der Anemone ab. Noppenrand-Anemonen haften mit einem kräftigen Fuß in Spalten, Ritzen und in Vertiefungen am Untergrund fest. Bei Störungen ziehen sie sich vollständig in ihre Verstecke zurück. Der Anemonenfisch *Amphiprion clarckii* und die Jungfische des Dreiflecken-Preußenfisches, *Dascyllus trimaculatus*, leben mit ihnen vergesellschaftet. Auch einige Garnelen der Gattungen *Thor* und *Periclimenes* leben auf diesen Anemonen. Ihr Verbreitungsgebiet reicht vom Roten Meer und dem Indopazifik bis nach Polynesien.

Foto: Malaysia, Lankayan

Noppenrand-Anemone (Cryptodendron adhaesivum), Indonesien

Noppenrand-Anemone (Cryptodendron adhaesivum), Indonesien

Hemprichs Anemone *(Heterodactyla hemprichi)*

Hemprichs Anemonen leben festgesaugt mit einem Fuß in Riffspalten und unter Korallen und strecken ihre stark gefaltete Mundscheibe in das freie Wasser. Diese ist von Tausenden von extrem feinen Tentakeln bestanden, die dicht stehen und ein fadenförmiges Aussehen haben. Entlang des Mundscheibenrandes befinden sich in gewissen Abständen rosafarbene bis violette Kügelchen, die einzeln oder in kleineren Gruppen von bis zu 10 Kugeln zusammenstehen. Es sind Verteidigungswaffen der Anemone, die voll gestopft mit Nesselzellen sind, die abgeschossen werden, wenn Fressfeinde die Anemone packen. Hemprichs Anemonen besitzen einen Durchmesser von 15-25cm und kommen in verschiedenen Farben vor. Sie leben mit Garnelen der Gattung *Periclimenes* in einer Symbiose und kommen vom Flachwasser bis in Tiefen von 30m vor. Im Roten Meer und im gesamten Indopazifik sind sie weit verbreitet.

Foto: Indonesien, Bali

Schmarotzer-Anemone *(Calliactis polypus)*

Das Bild zeigt verschieden große Schmarotzer-Anemonen, die auf der Schneckenschale eines Korallen-Einsiedlerkrebses, *Dardanus pedunculatus*, herumgetragen werden. Der Krebs und die Anemonen leben in einer echten Symbiose miteinander, indem die stark nesselnden Anemonen den Krebs vor seinem Hauptfeind, dem Octopus, schützen und der Krebs den Anemonen auf seinen nächtlichen Streifzügen durch das Riff neue Nahrungsquellen erschließt. Letztlich profitieren die Anemonen auch noch von der unorthodoxen Fressweise des Krebses. Die Anemonen sind praktisch ein stetiger Tischgast. Wenn der Krebs aus Wachstumsgründen sein Schneckengehäuse wechseln muss, dann werden auch die Anemonen vorsichtig auf das neue Gehäuse übertragen. Leider erfolgt diese Transplantation der Anemonen auf das Schneckengehäuse stets in der Nacht, so dass nur wenige Taucher die Gelegenheit haben, diesen Vorgang zu beobachten. Die Anemonen kommen in verschiedenen Farben und Farbkombinationen vor. Sie zeigen eine vertikale Streifung und können 7-10cm groß werden. Die Einsiedlerkrebse sind mit ihren Anemonen an den Riffen im Roten Meer und im Indopazifik verbreitet und überall im Riff unterwegs.

Foto: Indonesien, Rinca

Hemprichs Anemone (Heterodactyla hemprichi), Indonesien

Schmarotzer-Anemone (Calliactis polypus), Indonesien

Glasperlen-Anemone *(Heteractis aurora)*

Aufgrund ihrer zahlreichen Tentakelanschwellungen, die wie Perlen auf einer Kette aufgereiht scheinen, sind Glasperlen-Anemonen auch für den Laien leicht zu identifizieren. Bis zu 200 Anschwellungen können besonders lange Tentakel besitzen. Die Mundscheibe der Anemone ist breit und wegen des peripheren Ansatzes der Fangarme weitgehend einheitlich gestaltet. Sie kann helle bis braune radiäre Streifen besitzen, die sich bis in die Tentakel fortsetzen. Die Tentakel kleben bei Berührung. Die Körperunterseite kann gefleckt, orange oder rot gefärbt sein. Glasperlen-Anemonen leben vom Roten Meer bis in den Westpazifik. Sie leben einzeln in Felsspalten und in mobilen Böden, kommen in verschiedenen Farbvarianten vor und zeigen ein vielgestaltiges Erscheinungsbild, wobei die Farbe der Anemonen abhängig ist von der Menge der in ihrem Gewebe lebenden Zooxanthellen und natürlich von ihrer Umgebung, an die sie sich adaptieren. Mit einer ganzen Anzahl von Anemonenfischen leben sie vergesellschaftet.

Foto: Malaysia, Mantanani

Lederanemone *(Heteractis crispa)*

Lederanemonen leben in Spalten, zwischen Korallen und auf sandbedeckten Hartgründen stets angeheftet auf festen Unterlagen. Ihre Bindung an ihr Substrat ist nicht sehr intensiv, so dass sie sich relativ leicht ablösen lassen. Je nach Anwesenheit symbiotischer Zooxanthellen im Anemonengewebe kann ihre Farbe von grau bis hin zu violett variieren. Die Mundscheibe und die Tentakel sind stets einheitlich gefärbt. Nur die Tentakelspitzen zeigen oftmals eine andere Farbe. Die langen Tentakel sind zahlreich, gewunden und zur Spitze hin verjüngt. Sie sind in mehreren konzentrischen Ringen auf der Mundscheibe angeordnet. Die breite Mundscheibe fühlt sich ledrig an, was ihr den Namen Lederanemone einbrachte. Mit einer ganzen Anzahl von Anemonenfischen, Krebsen und Garnelen leben Lederanemonen vergesellschaftet. Sie wachsen bis zu 30cm im Durchmesser heran und ernähren sich weitgehend von den Produkten ihrer Zooxanthellen, fressen aber auch kleine Wirbellose, die sie mit ihren Tentakeln erreichen. Das Verbreitungsgebiet der Lederanemonen reicht vom Roten Meer und Ostafrika bis nach Japan.

Foto: Indonesien, Bali

Glasperlen-Anemone (Heteractis aurora), Malaysia

Lederanemone (Heteractis crispa), Indonesien

Prachtanemone *(Heteractis magnifica)*

Prachtanemonen siedeln auf festen Unterlagen an exponierten Stellen im Riff, wo mäßige bis starke Strömungen vorherrschen. Ihr runder und kräftiger Körper erreicht bei günstigen Standortbedingungen eine stattliche Größe von 100cm im Durchmesser. Mit einer großen und breiten Fußscheibe, die Saugwarzen trägt, haften sie fest auf ihrem Siedlungssubstrat. Es ist nahezu unmöglich, sie davon loszulösen, ohne die Tiere zu verletzen. Die Mundscheibe der Tiere ist flach, leicht gewellt und dicht mit fingerförmigen Tentakeln besetzt, die in mehreren konzentrischen Kreisen angeordnet sind und die entweder stumpf oder leicht angeschwollen enden. Die Fußscheibe und das Mauerblatt können unterschiedlich gefärbt sein. Die Farbe der Anemonen variiert von hellgrün bis blaugrün, rosa, orange und violett. An vielen Riffen, meist unterhalb der Riffkante, wo starke Wasserbewegungen vorherrschen, siedeln sie in einer großen Individuendichte, die durch ungeschlechtliche Teilung entsteht. Nicht selten bilden sie Rasen von annähernd hundert Einzelindividuen. Unter bestimmten Bedingungen schließen sich die Anemonen, so dass nur noch ein kleiner Schopf von nur wenigen Tentakeln aus ihnen hervorschaut. Bei starken Störungen und sich verschlechternden Umweltbedingungen können die Anemonen ihren Standort wechseln. Prachtanemonen leben mit Garnelen der Gattung Periclimenes und mit verschiedenen Anemonenfischen der

Foto: Indonesien, Bali

Gattung Amphiprion vergesellschaftet. Sie ernähren sich von kleinen Tieren und von den Produkten ihrer Zooxanthellen. Im Roten Meer und im gesamten Indopazifik sind sie weit verbreitet.

Prachtanemone (Heteractis magnifica), Malediven

Haddons Anemone *(Stichodactyla haddoni)*

Haddons Anemonen leben einzeln auf verschiedenen Weichböden in Wassertiefen von 4-40m. Sie besitzen flache bis leicht gewellte Mundscheiben, die einen Durchmesser von 75cm erreichen können. Damit gehören sie zu den größten Riffanemonen im Roten Meer und im Indopazifik. Die gesamte Oberfläche ihrer Mundscheibe ist von kurzen und blasenförmigen Tentakel bestanden, die verschieden gefärbt sein können. Sie verleihen der Anemone ein geflecktes Aussehen. Berührt man die Tentakel, dann bleiben sie an der Hand kleben. Bei starker Haftung können sie abgerissen werden. Als Reaktion auf diese Störung verschwindet die Anemone vollständig im Sediment. Zurück bleibt ein tiefer Krater im Boden. Sechs verschiedene Anemonenfische der Gattung *Amphiprion* benutzen sie als Wirtanemone und häufig sieht man nicht nur eine einzige Art die Anemone besetzen.

Foto: Papua Neuguinea, Milne Bay

Mertens Riesenanemone *(Stichodactyla mertensii)*

Mertens Riesenanemonen besitzen große Mundscheiben, die einen Durchmesser von über 100cm erreichen können. Sie liegen weich und teppichartig auf ihren Unterlagen und folgen den Konturen ihrer Siedlungsunterlage. Eine kleine Fußscheibe, die die Tiere am Untergrund festhält, sitzt in Spalten oder in Ritzen. In sie hinein können sie sich bei Störungen langsam zurückziehen. Die Tentakel der Anemonen sind kurz und unterschiedlich lang. In Mundscheibenmitte sind sie länger als am Rand. Sie nesseln nicht, haben annähernd den gleichen Durchmesser und enden entweder stumpf oder spitz. Auffallend sind weiße Anemonen, die man sehr selten unter Wasser sieht. Möglicherweise sind sie ausgebleicht. In der Regel leben Mertens Riesenanemonen mit verschiedenen Zooxanthellen vergesellschaftet, von deren Assimilationsprodukten sie sich auch überwiegend ernähren. Sie fressen möglicherweise auch kleine Wirbellose. Ihr Farbspektrum reicht von graugrün bis hin zu oliv. Mit Fischen der Gattung *Amphiprion* und mit verschiedenen Garnelen und Porzellankrebsen leben sie vergesellschaftet. Von Ostafrika bis nach Melanesien sind Mertens Riesenanemonen im Indopazifik weit verbreitet.

Foto: Papua Neuguinea, Milne Bay

Haddons Anemone (Stichodactyla haddoni), Papua Neuguinea

Mertens Riesenanemone (Stichodactyla mertensii), Papua Neuguinea

Riesenanemone *(Stichodactyla gigantea)*

Riesenanemonen leben einzeln. Ihre stets gefaltete Mundscheibe kann bis zu 70cm im Durchmesser wachsen und ist von kleinen, stumpf endenden und sehr klebrigen Tentakeln bestanden, die bei Berührung haften bleiben und aufgrund ihrer Klebwirkung abreißen, sobald man die Hand entfernt. Sie nesseln nicht! Riesenanemonen sind Tiere des Flachwassers, die auf Sandflächen, auf Korallenbruch und auf Riffdächern leben. Hier können sie bei Ebbe trockenfallen. Ihre Fußscheibe haftet auf Hartsubstrat oder an festen Gegenständen, die im Boden verborgen sind. Sechs verschiedene Anemonenfische der Gattung *Amphiprion* benutzen sie als Wirtanemone. Da sie mit Zooxanthellen in einer Endosymbiose leben, ernähren sie sich weitgehend von deren Produkten und nehmen gelöste organische Substanzen aus dem Meerwasser auf. Riesenanemonen sind im Roten Meer und im gesamten Indopazifik verbreitet.

Foto: Indonesien, Molukken

Hawaii-Anemone *(Heteractis malu)*

Hawaii-Anemonen kommen in einer großen Individuendichte vor allem an den Korallenriffen der Hawaii-Inseln vor. Verbreitet sind sie jedoch von Thailand bis Hawaii, Japan und Australien. Sie leben vom Flachwasser bis in Tiefen von 20m und lieben als Siedlungsorte das seichte und ruhige Wasser von Lagunen und die von starken Strömungen abgewandten, stillen Buchten. Von den Anemonen sieht man nur die auf dem Untergrund ausgebreiteten Mundscheiben, die einen Durchmesser von 20cm erreichen können. Diese sind radiär gestreift und werden von verschieden langen Tentakeln bestanden, die, wenn sie sich kontrahieren, wie kleine Bläschen aussehen. Bei Störungen kann sich eine Anemone komplett in den Untergrund zurückziehen. Hawaii-Anemonen leben mit Zooxanthellen in einer Symbiose, von deren Produkten sie sich auch weitgehend ernähren. Vergesellschaftet sind sie mit den Fischen *Amphiprion clarkii* und *Dascyllus albisella*.

Foto: Philippinen, Silquijor

Riesenanemone (Stichodactyla gigantea), Indonesien

Hawaii-Anemone (Heteractis malu), Philippinen

Kleine Teppichanemone *(Stichodactyla tapetum)*

Teppich-Anemonen kommen vom Flachwasser bis in größere Tiefen im Roten Meer und im gesamten Indopazifik von Sansibar und Indonesien bis nach Tahiti und Westaustralien vor. Es sind Anemonen mobiler Böden, die sowohl auf Korallensand und Schlick als auch auf Korallenschutt leben und ihre runde und selten gefaltete Mundscheibe auf den Untergrund ausbreiten. Diese ist vollständig von kurzen und stumpf endenden Tentakeln bestanden, wobei die im Zentrum der Mundscheibe etwas länger sind als die, die sich an der Peripherie der Munscheibe befinden. Im Zentrum der Mundscheibe liegt die schlitzförmige Mundöffnung. Teppichanemonen sind überwiegend nachtaktiv und tagsüber im Sediment verborgen. Ihr Fuß haftet an einer Unterlage im Boden. Die nur bis zu 10cm im Durchmesser großen Anemonen sind verschieden gefärbt und leben gelegentlich mit verschiedenen Krebsen der Gattungen *Periclimenes* und *Thor* in einer Symbiose. Über die Biologie dieser Tiere ist wenig bekannt.

Foto: Malaysia, Lankayan

Edwards Sandanemone *(Edwardsianthus pudica)*

Diese kleinen Sandanemonen leben einzeln auf Sand- und Geröllflächen. Ihre breite Fußscheibe ist im Untergrund vergraben und an einem festen Gegenstand angesaugt. Mit dieser Verankerung im Untergrund können sich die schreckhaften Anemonen bei Störungen schnell in den Boden zurückziehen. Aufgrund ihrer geringen Größe von 4-5cm Mundscheibendurchmesser und ihrer perfekten farblichen Anpassung an den Untergrund, sind die kleinen Anemonen leicht zu übersehen. Die Mundscheibe, die dem Substrat aufliegt, ist von langen und zylindrischen Tentakeln bestanden, die spitz auslaufen und die gebändert sind. Mit ihrer Hilfe fangen die Tiere Plankton und organische Sinkstoffe, von denen sie sich ernähren. Gelegentlich sieht man kleine Garnelen zwischen den Tentakeln krabbeln. Sandanemonen leben im Roten Meer und kommen im Indopazifik von Ostafrika bis in den Indowestpazifik und bis nach Australien vor.

Foto: Papua Neuguinea, MIlne Bay

Kleine Teppichanemone (Stichodactyla tapetum), Malaysia

Edwards Sandanemone (Edwardsianthus pudica), Papua Neuguinea

Pfirsich-Anemone *(Peachia sp.)*

Seeanemonen aus dieser Gattung kommen in allen Weltmeeren vor. Sie leben in weichen Sedimenten vom Flachwasser bis in Tiefen von 2000m. Gegenüber allen anderen Seeanemonen besitzen sie keine Fußscheibe. Ihr Rumpf ist lang, schmal, zugespitzt oder blasig aufgetrieben und kann eine Länge von 25cm erreichen. Mit ihrer Mundscheibe liegen sie mehr oder weniger dem Sediment auf und strecken ihre langen Tentakel aus, die lange, dunkle und unterbrochene Längsbänder zeichnen. Die mit Nesselgift bewehrten Tentakel erbeuten kleine Fische und freischwimmende Plankter. Das Bild zeigt möglicherweise eine dieser seltenen Anemonen, die sehr schreckhaft auf Erschütterungen reagieren und sich bei Störungen sofort in den Boden zurückziehen. Aus diesem Grund werden sie auch selten gesehen.

Foto: Malaysia, Mantanani

Schwimmende Anemone *(Boloceroides mcmurrichi)*

Schwimmende Anemonen sind relativ kleine Seeanemonen, die nur wenige Zentimeter im Durchmesser groß werden. Sie schwimmen mit schlagenden Tentakeln, autotomieren sehr leicht und regenerieren schnell, wobei sich selbst aus Teilen ihrer Tentakel wieder ein kompletter Organismus entwickeln kann. Die Tentakel der Anemone sind zahlreich und die Spitzen gelegentlch korkenzieherartig aufgedreht. Ihre Farbe richtet sich nach der Farbe den Zooxanthellen in ihrem Gewebe, von deren Assimilationsprodukten sie sich auch weitgehend ernähren. In der Regel leben die Anemonen einzeln. Sie können aber auch in größeren Aggregationen auftreten, weil durch eine ungeschlechtliche Fortpflanzung stets neue Anemonen entstehen, die dann dich nebeneinander im gemeinsamen Verbund siedeln. Schwimmende Anemonen kommen im Roten Meer und im Indopazifik von Ostafrika bis Japan, den Hawaii-Inseln und Australien vor.

Foto: Indonesien, Bali

Pfirsich-Anemone (Peachia sp.), Malaysia

Schwimmende Anemone (Boloceroides mcmurrichi), Indonesien

Buitendijks Sandanemone *(Phymanthus buitendijki)*

Sandanemonen dieser Art kommen an den Riffen von Ostafrika bis nach Polynesien vor. Sie sind Tiere des flachen Wassers und leben einzeln und sehr versteckt zwischen Korallen, Korallenbruch und in weichen Substraten. Ihr Fuß haftet an festen Gegenständen im Untergrund und nur die annähernd runde Mundscheibe wird auf dem Untergrund ausgebreitet. Die randständigen Tentakel sind in mehreren Kreisen angeordnet. Sie sind reich verzweigt und ähneln einem Wurzelgeflecht. Sie nesseln die menschliche Haut nur sehr schwach. Bei Störungen ziehen sich die Anemonen schnell und vollständig in den Untergrund zurück. Einige Porzellankrabben der Gattung *Porcellana* leben mit ihnen vergesellschaftet. Sandanemonen leben mit Zooxanthellen in einer Symbiose und ernähren sich auch weitgehend von deren Assimilationsprodukten.

Foto: Indonesien, Rinca

Schleimanemone *(Phymanthus cf. mucosus)*

Anemonen dieser Gattung kommen in allen tropischen und subtropischen Meeren vor. Sie sind Symbioseanemonen für viele kleine Krebse der Gattungen *Thor, Periclimenes* und *Neopetrolisthes* und leben mit Zooxanthellen in einer Endosymbiose, von deren Produkten sie sich auch weitgehend ernähren. Sie siedeln auf verschiedenen Weichböden und zwischen Korallenbruch und sind tag- und nachtaktiv. Bei Störungen ziehen sie sich in den Untergrund zurück. Ihre Mundscheibe ist von Tentakeln bestanden und wird dem Substrat aufgelegt. In ihrem Zentrum befindet sich eine etwas hell abgesetzte Mundöffnung. Schleimanemonen sind ihrer Umgebung farblich gut angepasst, so dass sie leicht zu übersehen sind. Bei der hier abgebildeten Anemone handelt es sich entweder um die Art Phymanthus mucosus oder um *P. simplex*. Anhand einer Fotografie sind beide Arten nicht voneinander zu unterscheiden.

Foto: Indonesien, Menjangan

Buitendijks Sandanemone (Phymanthus buitendijki), Indonesien

Schleimanemone (Phymanthus cf. mucosus), Indonesien

Wurmförmige Keulenanemone *(Telmatactis vermicularis)*

Wurmförmige Keulenanemonen leben einzeln und sind in der Regel mit Garnelen der Gattung *Periclimenes* vergesellschaftet. Die Anemonen sind klein und nur wenige Zentimeter im Durchmesser groß. Die Mundscheibe der Tiere ist von mehreren Kreisen randständiger und konischer Tentakel besetzt, deren Spitzen apikal erweitert und hell abgesetzt sind. Keulenanemonen leben in Spalten und Ritzen und unter Steinen. Sie sind nachtaktiv und ernähren sich vom Plankton. Verbreitet sind sie im Roten Meer und kommen im Indopazifik von Ostafrika bis nach Australien vor.

Foto: Indonesien, Komodo

Korallenanemone *(Pseudocorynactis sp.)*

Mit einem Durchmesser von annähernd 15cm leben Korallenanemonen aus dieser Gattung an schattigen Standorten, festgesaugt mit einem breiten Fuß auf Hartsubstrat. Im kontrahierten Zustand erkennt man eine breite Mundscheibe, in deren Zentrum sich ein schlitzförmiger Mund befindet. Die zahlreichen Tentakel sind peripher in mehreren Kreisen am Mundscheibenrand angeordnet und besitzen helle Köpfchen an ihren Spitzen. Die Farbe dieser terminalen Erweiterungen der Tentakel kann verschieden sein. Da Korallenanemonen aus dieser Gattung nicht mit Zooxanthellen in einer Symbiose leben, sind sie gezwungen, sich andere Nahrung zu beschaffen. So können sie von ihrem Standort aus ihrem Körper enorm in die Länge strecken und langsam am Boden vorbeikriechende Tiere erbeuten. Zu ihrer Beute gehören unter anderem sich langsam bewegende Stachelhäuter wie Seeigel oder Seesterne. Die Beute wird mit Hilfe der zahlreichen Tentakel festgehalten, der Magen wird ausgestülpt und das gefangene Tier extragastrisch verdaut. Korallenanemonen aus dieser Gattung kommen in allen tropischen Meeren vor.

Foto: Malaysia, Lankayan

Wurmförmige Keulenanemone (Telmatactis vermicularis), Indonesien

Korallenanemone (Pseudocorynactis sp.), Malaysia

Scheibenanemone (Pseudocorynactis sp), Indonesien, Ambon

Scheibenanemone (Pseudocorynactis sp.), Singapur

Elefantenohr *(Amplexidiscus fenestrafer)*

Elefantenohren sind große Scheibenanemonen, die an fast allen Riffen im Indopazifik leben. Sie haften wie große, runde Teller auf festen Unterlagen und bedecken mit ihren Mundscheiben den Untergrund. Sie können 20cm und mehr im Durchmesser groß werden und siedeln bevorzugt an strömungsgeschützten Stellen auf Korallenbruch und Felsgestein. Durch Querteilung der Mundscheibe entstehen immer wieder neue Individuen, die in der unmittelbaren Nachbarschaft der Muttertiere siedeln. Daher findet man sie oft in großen Aggregationen so dicht siedeln, dass sich ihre Scheibenränder überlappen. Elefantenohren sind passive Räuber, die mit ausgebreiteten Mundscheiben auf das warten, was das Wasser ihnen an Nahrung zuträgt und was auf ihren Mundscheiben landet. So ist es überwiegend das Plankton, von dem sie sich ernähren. Doch auch unvorsichtige Krebse und kleine Fische, die sich auf ihnen niederlassen, werden betäubt und mit Hilfe der kurzen Tentakel festgehalten. Die Anemonen stülpen dann ihre Scheibenränder über die Beute und verschließen ihre Anemonen zu einer ballonähnlichen Halbkugel. Große Nahrungsbrocken, die in den Schlund nicht hineinpassen, werden extragastrisch mit Hilfe der Mesenterialfilamente verdaut. Unverdaute Reste werden beim Öffnen der Anemone durch die Strömung des Wassers weggespült.

Foto: Papua Neuguinea, Milne Bay

Münzförmige Scheibenanemone *(Discosoma nummiforme)*

Scheibenanemonen dieser Art leben kolonial. Sie vermehren sich ungeschlechtlich durch Knospung und können an manchen Riffen große und zusammenhängende Kolonieverbände bilden, die mehrere Quadratmeter des Untergrundes bedecken. Die Mundscheibe der Tiere ist breit, dünn und kann bis zu 12cm im Durchmesser wachsen. Sie trägt Warzen und Randtentakeln. In ihrer Mitte, etwas erhöht angebracht, befindet sich die Mundöffnung. Die Farbe der einzelnen Tiere kann variabel sein: grau, blau, grünlich und rot. Häufig sind sie zudem stark fluoreszierend. Scheibenanemonen leben in einer Symbiose mit einzelligen Algen, den Zooxanthellen. Von ihren Assimilationsprodukten ernähren sie sich auch weitgehend. Man vermutet, dass sie auch gelöste organische Stoffe und kleine Mikroorganismen aufnehmen. Scheibenanemonen dieser Art sind im Roten Meer und im gesamten Indopazifik vom Flachwasser bis in größere Tiefen, wo sie noch ausreichend Sonnenlicht erreicht, verbreitet.

Foto: Indonesien, Rinca

Blaue Scheibenanemone *(Discosoma inchoata)*

Blaue Scheibenanemonen leben einzeln doch stets kolonial. Die Anzahl der Einzeltiere in einer Kolonie schwankt beträchtlich und ist abhängig von Alter der Kolonie. Sie entstehen durch ungeschlechtliche Zweiteilung und Knospung. Blaue Scheibenanemonen leben auf verschiedenen Hartsubstraten doch bevorzugt auf abgestorbenem Korallengestein. Die 5-6cm große und runde Mundscheibe der Anemonen ist mit kurzen Tentakeln bestanden, die in noppenähnlichen Strukturen angeordnet sind. In der Mitte der vertieften Mundscheibe erhebt sich die Mundöffnung. Blaue Scheibenanemonen ernähren sich von den Produkten ihrer Zooxanthellen und nehmen gelöste organische Stoffe aus dem Meerwasser auf. Sie siedeln vom Flachwasser bis in moderate Tiefen, wo noch genügend Sonnenlicht vorhanden ist, damit ihre Zooxanthellen Photosynthese betreiben können. Sie sind an den Riffen im Indopaziifk verbreitet.

Foto: Indonesien, Nord Sulawesi

Münzförmige Scheibenanemone (Discosoma nummiforme), Indonesien

Blaue Scheibenanemone (Diacosoma inchoata), Indonesien

Scheibenanemone (Discosoma sp.), Indonesien, Komodo

Scheibenanemone (Discosoma sp.), Malaysia, Lankayan

Rosenmund-Scheibenanemone *(Rhodactis rhodostoma)*

Rosenmund-Scheibenanemonen leben entweder einzeln oder in dichten Kolonien, die viele Quadratmeter des Untergrundes bedecken können. Die ungeschlechtliche Vermehrung durch Teilung ist der Grund für diese Koloniebildungen. Die flache Mundscheibe der Tiere, die von zahlreichen kurzen und spitz auslaufenden Tentakel bestanden ist, liegt dem Untergrund lose auf. Bei Störungen kann die Mundscheibe aufgewölbt und ballonförmig geschlossen werden. Rosenmund-Scheibenanemonen leben in einer Symbiose mit einzelligen Algen, den Zooxanthellen. Diese bestimmen auch die Farbe der Tiere. Die Anemonen sind Flachwassertiere, die bevorzugt auf Riffdächern und am oberen Riffhang siedeln. So erhalten ihre Symbionten, die einzelligen Algen, ausreichend Licht für ihre Fotosynthese, von deren Assimilationsprodukten sich die Scheibenanemonen auch weitgehend ernähren. Verbreitet sind sie im Roten Meer und kommen im Indopazifik von Ostafrika bis in den westlichen Pazifik vor.

Foto: Indonesien, Hoga

Yuma-Scheibenanemone *(Ricordea yuma)*

Yuma-Scheibenanemonen leben einzeln oder in einem kolonialen Verband. Während sie im sonnendurchfluteten Flachwasser große und dichte Kolonien bilden können, siedeln sie weniger dicht bis solitär in der Tiefe. Die flache Mundscheibe der Anemonen ist vollständig von kurzen und noppenförmigen Tentakeln bedeckt, die nicht einziehbar sind. Sie sind in der Regel grün bis hellgrün gefärbt, wobei die Randtentakel stets etwas heller erscheinen. Im Zentrum der Mundscheibe erhebt sich eine schlitzförmige Mundöffnung. Yuma-Scheibenanemonen werden bis zu 15cm im Durchmesser groß und leben mit Zooxanthellen in einer Symbiose, von deren Assimilationsprodukten sie sich auch weitgehend ernähren. Sie vermehren sich durch Knospung, die letztlich zu einer Koloniebildung führt und siedeln auf abgestorbenen Korallen, auf Steinen und auf Zivilisationsmüll (Wracks). Häufig sieht man Garnelen verschiedener Gattungen als Symbiosepartner auf ihrer Oberfläche. Yuma-Scheibenanemonen sind an den Riffen im Indopazifik weit verbreitet.

Foto: Malaysia, Lankayan

Scheibenanemone *(Metarhodactis sp.)*

Scheibenanemonen sind Tiere des Flachwassers. Sie kommen an den Riffen im Roten Meer und im gesamten Indopazifik vor. Auch diese Scheibenanemone lebt in kleineren Kolonien und siedelt auf verschiedenen Hartsubstraten im Flachwasser der Riffe. In der Regel breiten die Anemonen ihre Mundscheiben flach auf dem Boden aus, doch sie leben auch an senkrechten Wänden von abgestorbenen Korallenformationen und schaffen es auch hier die Mundscheibe voll expandiert dem einfallenden Sonnenlicht entgegenzustrecken. Die relativ große Mundscheibe, die einen Durchmesser von über 10cm besitzt, ist vollständig von kurzen und blaugrünen Tentakeln bedeckt, die bei der Anemone auf dem Bild eingezogen sind. Die Farbe der Anemonen ist verschieden und richtet sich nach der Farbe der Zooxanthellen, mit denen sie in einer Symbiose leben. Von ihren Produkten ernähren sie sich auch weitgehend und nutzen noch andere Energiequellen. Das Bild zeigt eine Anemone mit 2 Mundöffnungen. Sie kommen an den Riffen im Roten Meer und im gesamten Indopazifik vor.

Foto: Philippinen, Cabilao

Yuma-Scheibenanemone (Ricordea yuma), Malaysia

Scheibenanemone (Metarhodactis sp.), Philippinen

Kleine Krustenanemone *(Zoanthus sociatus)*

Krustenanemonen der Gattung *Zoanthus* kommen an den Riffen im gesamten Indopazifik vor und bilden auf den Substraten eine dünne Bodenschicht, aus der heraus die einzelnen Polypen sprießen. Diese bestehen aus einer Körpersäule, die sich nach oben erweitert und letztlich eine Mundscheibe bildet. Außen wird der Mundscheibenrand mit Tentakeln besetzt, die in einen oder in zwei Kreisen angeordnet sind. Im Gegensatz zu den anderen Gattungen der Krustenanemonen enden die Tentakel der Gattung *Zoanthus* immer rundlich und niemals spitz. Der Durchmesser der Mundscheibe ist relativ klein und liegt fast immer unterhalb von 10mm. Kleine Krustenanemonen sind sehr robust und überleben sogar im Gezeitenbereich, wo Wellen sich brechen. Sie ernähren sich von den Produkten ihrer Zooxanthellen, nehmen aber auch noch gelöste organische Verbindungen aus dem Meerwasser auf.

Foto: Australien, Großes Barriereriff

Große Krustenanemone *(Protopalythoa sp.)*

Krustenanemonen der Gattung *Protopalythoa* leben solitär und bedingt durch eine asexuelle Fortpflanzung ausschließlich kolonial. Die einzelnen Polypen, die kleinen Anemonen gleichen, erheben sich auf einem kurzen Stiel, der eine flache und nur 1-2cm große Mundscheibe trägt. Diese ist radiär gestreift und mit kurzen und randständigen Tentakeln ausgestattet. Die Farbe der Polypen kommt von den einzelligen Algen, den Zooxanthellen, die im Gewebe der Polypen symbiotisch leben. Es ist bis jetzt noch nicht geklärt, ob sie sich ausschließlich von deren Assimilationsprodukten ernähren oder auch noch andere Nahrungsquellen nutzen. Krustenanemonen sind raschwüchsige Sekundärsiedler, die Riffdächer, Riffkanten, Riffhänge und Lagunen besetzen. Ihre Polypen sind extrem giftig, was dazu führt, dass sie fast keine Fressfeinde besitzen. Krustenanemonen dieser Gattung leben sowohl an den Riffen im Roten Meer als auch in gesamten Indopazifik.

Foto: Indonesien, Wakatobi

Kleine Krustenanemone (Zoanthus soziatus), Australien

Große Krustenanemone (Protopalythoa sp.), Indonesien

Kronen-Krustenanemone *(Palythoa caesia)*

Kronen-Krustenanemonen, auch Sandkorallen genannt, sind koloniale Krustenanemonen, die im Bereich des Flachwassers auf Hartsubstrat derbe und polsterförmige Kolonien bilden, die Korallen ähneln. Die einzelnen Polypen der Kolonie sind über eine Gewebeschicht (Coenenchym), in die Sandkörnchen eingelagert sind, miteinander verbunden. Die zahlreichen, im Durchschnitt nur 1-2cm großen, Polypen sind randständig und nur stiftförmig ausgebildet. Sandkorallen leben mit Zooxanthellen in einer Symbiose, von deren Assimilationsprodukten sie sich auch teilweise ernähren. Zudem fressen sie Plankton. Ihre Polypen enthalten als Fraßschutz Palytoxin, eines der wohl stärksten Naturgifte überhaupt. Sandkorallen sind hauptsächlich im Westpazifik verbreitet und kommen von Thailand und Indonesien bis zu den Philippinen, Papua Neuguinea und Samoa vor.

Foto: Papua Neuguinea, Milne Bay

Waben-Krustenanemone *(Palythoa tuberculosa)*

Waben-Krustenanemonen sind im Roten Meer und im Indopazifik von Ostafrika bis nach Polynesien und Australien weit verbreitet. Ihre Kolonien bilden im Flachwasser der Riffe und hier besonders im Brandungsbereich ausgedehnte und polsterförmige Matten aus. Sie bevorzugen Siedlungsorte mit kräftigen Wasserbewegungen. Die einzelnen Polypen einer Kolonie sind über eine dicke Gewebeschicht miteinander verbunden, so dass ihre Körpersäulen frei und nicht eingebettet sind. Ihre kurzen Tentakel befinden sich am Mundscheibenrand. Krustenanemonen dieser Art sind die wohl häufigsten in ihrem Verbreitungsgebiet. Sie ernähren sich weitgehend von den Produkten ihrer Zooxanthellen, die in ihrem Gewebe symbiotisch leben. Ihre Polypen enthalten das Fraßgift Palytoxin, das wohl zu den stärksten Giften im Tierreich gehört und eine Eiweiß zerstörende und aus diesem Grund eine Zellen auflösende Wirkung hat.

Foto: Malediven, Male Atoll

Kronen-Krustenanemone (Palythoa caesia), Papua Neuguinea

Waben-Krustenanemone (Palythoa tuberculosa), Malediven

Solitäre Krustenanemone *(Sphenopus sp.)*

Krustenanemonen dieser Gattung leben solitär und frei liegend auf verschiedenen weichen Sedimenten und auf Korallenbruch. Sie sind erst unterhalb einer Wassertiefe von 15m an den Riffen im Indopazifik außerordentlich spärlich verbreitet. Der etwa 6cm große Polyp ist becherförmig und besitzt ein langes und zugespitztes Ende, das noch einen sehr langen und schnurförmigen Fortsatz tragen kann. Dieser dient der Verankerung im weichen Sediment und verhindert, dass die Tiere durch die Strömung des Wassers verdriftet werden. Tagsüber sind die Mundscheiben der Krustenanemonen geschlossen, ihre Mundscheiben kontrahiert und die daran ansetzenden und randständigen Tentakeln eingezogen. Das deutet zumindest darauf hin, dass die Polypen möglicherweise nachtaktive Planktonfänger sind. Die Oberfläche des Polypen ist grau bis graubraun, stark gefurcht und erinnert an die Haut eines Elefanten. Nichts ist über die Biologie dieser Krustenanemonen bekannt, da sie selbst von aufmerksamen Tauchern übersehen werden. Man weiß aus gelegentlichen Funden, dass Wendeltreppenschnecken der Gattung *Epitonium* als Parasiten im Magenraum dieser Polypen leben.

Foto: Indonesien, Nord Sulawesi

Solitäre Krustenanemone (Sphenopus sp.), Indonesien

Solitäre Krustenanemone (Sphenopus sp.), Indonesien

Hellgelbe Krustenanemone *(Parazoanthus sp.)*

Hellgelbe Krustenanemonen leben in einer Gemeinschaft mit Schwämmen. Sind ihre Polypen voll entfaltet, dann erkennt man ihren schlanken Rumpf und die langen und zarten Fangarme, die entlang des Mundscheibenrandes aufgereiht sind. Sind die Krustenanemonen hingegen geschlossen und nicht mehr sichtbar, dann ist nur noch der Schwamm zu sehen und nichts weist mehr auf die Anwesenheit der Krustenanemonen hin. Möglicherweise handelt es sich beim Zusammenleben zwischen Schwamm und Polypen der Krsutenanemonen um eine Schutzgemeinschaft zu beiderseitigem Nutzen. Krustenanemonen der Gattung *Parazoanthus* sind in allen tropischen und subtropischen Meeren verbreitet.

Foto: Indonesien, Lombock

Rostige Krustenanemone *(Parazoanthus sp.)*

Der rote Krustenschwamm, der die Oberfläche einer abgestorbenen Fächerhydroide der Gattung *Solanderia* überzogen hat, bildet das Siedlungssubstrat für die Polypen der Krustenanemonen. Hier leben die kleinen Krustenanemonen als Kommensalen auf ihren Schwamm. Der Standort ist insoweit gut gewählt, da der Fächer der Hydroide weit in das freie Wasser ragt, wo die Wasserströmung den kleinen Krustenanemonen die notwendige Nahrung zuträgt. Diese besteht aus feinem und tierischem Plankton und aus organischen Schwebe- und Sinkstoffen. Die einzelnen Polypen sind klein und haben einen Durchmesser von 5 Millimeter. Ihre zahlreichen Tentakel umstehen den Mundscheibenrand. Krustenanemonen dieser Gattung sind in allen tropischen und subtropischen Meeren verbreitet.

Foto: Malaysia, Sabah

Hellgelbe Krustenanemone (Parazoanthus sp.), Indonesien

Rostige Krustenanemone (Parazoanthus sp.), Malaysia

Gänseblümchen-Krustenanemone *(Parazoanthus sp)*

Die abgebildeten Krustenanemonen sind Kommensalen auf Schwämmen, Gorgonien, auf Zweigröhrenkorallen und auf anderen organischen Substraten. Sie bevorzugen als Siedlungssubstrat nicht nur eine einzige Schwammart, sondern sie kommen auf verschiedenen Schwämmen vor. Wie die Partnerschaft zwischen den Krustenanemonen und den Schwämmen letztlich funktioniert, ist leider noch nicht erforscht. Fest steht, dass die Krustenanemonen die Schwämme als Substrat nutzen und durch ihre große Giftigkeit Freßfeinde davon abhalten, sie zu fressen. Die Polypen vermehren sich durch Knospung, wodurch umfangreiche Kolonien mit dichtem Individuenbesatz entstehen. Die Polypen besitzen eine relativ große und radiär gestreifte Mundscheibe und randständige, spitze Tentakel. Krustenanemonen lieben schattige Standorte unter Überhängen und Unterhöhlungen und kommen an den Riffen im Roten Meer und im gesamten Indopazifik vor. Leider gibt es in der Literatur noch keine Artdifferenzierung dieser Gattung, was eine Identifizierung außerordentlich erschwert.

Foto: Indonesien, Komodo

Gänseblümchen-Krustenanemone (Parazoanthus sp.), Indonesien

Schwarze Krustenanemone *(Parazoanthus sp.)*

Schwarze Krustenanemone leben auf abgestorbenen Hornkorallen, auf Schwämmen oder den verlassenen Röhren von Kalkröhrenwürmern. Die Polypen der Krustenanemonen sind klein. Ihre Mundscheiben messen gerade einmal einen halben bis einen Millimeter im Durchmesser. Schwarze Krustenanemonen leben ohne Symbiosealgen in ihrem Gewebe und sind aus diesem Grund tag- und nachtaktiv, um mit stets geöffneten und fangbereiten Polypen die für die Kolonie erforderliche Nahrung aus dem vorbeiströmenden Wasser zu fischen, die aus Planktonpartikeln besteht. Kleine und umfangreichere Kolonien dieser Krustenanemonen findet man gelegentlich auf Korallengeröll in tiefer gelegenen Riffbereichen, zwischen 35m und 40m Wassertiefen.

Foto: Indonesien, Ambon

Seefedern sind wenig bekannte Nesseltiere, obwohl sie schon seit über 60 Millionen von Jahren auf dieser Erde leben, wie Fossilfunde es belegen. Auch Abbildungen von diesen Tieren muss man in der Literatur lange suchen, so selten werden sie fotografiert. Der Grund dafür ist, dass Seefedern überwiegend nachtaktive Tiere sind, die sich tagsüber im Boden verstecken oder zusammengesunken darauf liegen. Hinzu kommt, dass viele Arten in grossen Meerestiefen leben, die der Mensch nur mit aufwendigen technischen Mitteln erreichen kann. Selbst in 5000m Wassertiefe haben Forschungsroboter Seefedern fotografiert.

Was sind das nun für Tiere, die so selten und dazu auch noch so einzigartig sind? Sind es Einzeltiere oder vielleicht sogar Tiergemeinschaften? Aus Aquarienbeobachtungen weiß man, dass Seefedern in ihrem Körperbau und in ihren Leistungen viele Merkmale besitzen, die nur von hoch organisierten Tieren erbracht werden. So sind zum Beispiel die Magenräume aller Polypen miteinander verbunden und die Längs- und Quermuskulatur ist so ausgelegt, dass koordinierte Bewegungen möglich sind. Ein „hydrostatisches Skelett" ist für den Wassertransport und für das An- und Abschwellen der Tiergemeinschaft verantwortlich und alle diese Aktivitäten werden über ein vernetztes Nervensystem gesteuert und koordiniert. So kommt man letztlich zu dem Schluss, dass Seefedern Tierkolonien sein müssen!

Seefedern leben in allen Weltmeeren. Schätzungsweise 300 Arten kommen vom Flachwasser bis in die Tiefsee vor und sie alle gehören zu den achtstrahligen Korallen (Octocorallia), deren Polypen 8 gefiederte Tentakel besitzen. Von allen ihren Verwandten, den Orgelkorallen, den Weich- und Lederkorallen und den Wurzel- und Pumpkorallen unterscheiden sie sich hauptsächlich dadurch, dass sie nicht auf harten Substraten festgewachsen sind, sondern lose in weichen Sedimenten (Sand, Schlamm) stecken. Diese hemisessile Lebensweise befähigt sie, ihren Standort bei sich verschlechternden Lebensbedingungen aktiv zu verlassen, um sich einen neuen Platz zu suchen, der bessere Voraussetzungen für das Überleben der Kolonie bietet.

Das äußere Erscheinungsbild der meisten Seefedern ähnelt tatsächlich einer Feder, die mit ihrem Kiel im Boden steckt. Einige Seefedern haben das Aussehen von Farnen und andere stehen wie Peitschen im Wasser. Doch sie alle besitzen einen weichen, fleischigen, biegsamen und stark dehnbaren Körper, der die Fähigkeit besitzt, sich durch Wasseraufnahme um ein Vielfaches zu vergrössern und durch Wasserabgabe stark zu schrumpfen. Verantwortlich dafür sind Schlauchpolypen (Siphonozooide), die keine Fangarme (Tentakeln) mehr besitzen und die besonders in der nächtlichen Aktivitätsphase der Tiere, wenn die Fresspolypen sich ausstrecken, um kleine organische Partikel und Mikroplankton für die Ernährung der Kolonie zu fangen, Wasser aufnehmen und damit die Tiergemeinschaft aufblähen und strecken.

Doch nicht alleine der innere Wasserdruck, den man in diesem Fall als „hydrostatisches Skelett" bezeichnet, hält die Seefedern aufrecht im Wasser und in der Strömung. Auch hornige und stark verkalkte Stäbe im Stielbereich der Seefedern sorgen für eine ausreichende Stabilität. Zusätzlich liegen oft noch farbige Kalknadeln (Spiculae) aus Kalziumkarbonat im Stützgewebe verteilt, die zusätzlich für eine gewisse Festigkeit und Stabilität der Seefedern sorgen. Morphologisch unterscheiden sich Seefedern von allen anderen achtstrahligen Korallen dadurch, dass sie neben ihren Fresspolypen (Autozooide) und den schon erwähnten Schlauchpolypen (Siphonozooide) noch einen Primär- oder Axialpolypen (Oozooid) besitzen. Dieser besteht in der Regel aus zwei Körperabschnitten: einem im Boden eingegrabenen „Fuss", der zwiebelartig verdickt sein kann und der die Funktion eines Ankers im weichen Sediment erfüllt; und in einer frei im Wasser schwankenden, dehnbaren und in einem gewissen Winkel um die eigene Achse drehbaren „Feder", die die Fress-und Schlauchpolypen trägt.

Besonders in der Nacht sind bei den ausgestreckten Seefedern die zahlreichen langen, schlauchförmigen und überwiegend transparenten bis semitransparenten Fresspolypen sichtbar und auffallend. Sie sind bei den peitschenförmigen Arten um die Achse der Kolonie angeordnet und stehen hier zum Teil in Reihen. Bei den federförmigen Seefedern liegen sie in „Etagen" übereinander. Da die Magenräume aller Polypen miteinander verbunden sind, ist gewährleistet, dass auch die Polypen ernährt werden, die in der Nacht keine Nahrung fangen konnten.

Seefedern sind Kleinpartikelfresser. Ihre nächtliche Aktivität ist gekoppelt an die vertikale Wanderung des Planktons, das in der Nacht aus der Tiefe des Meeres an die Wasseroberfläche steigt, um bei Tagesbeginn wieder in Richtung Tiefsee abzuwandern.

Bei sich verschlechternden Lebensbedingungen, wenn das Nahrungsangebot knapp wird oder ausbleibt, wenn die Wasserqualität sich verschlechtert oder wenn die Strömungsverhältnisse des Wassers sich ändern, dann können Seefedern sich ausgraben und mit Hilfe rhythmischer oder peristaltischer Kontraktionen des Körpers und des „Fußes" langsam und spannerartig kriechend einen Ortswechsel vornehmen. Haben sie einen geeigneten Standort gefunden, dann graben sie sich wieder ein und verankern mit ihrem „Fuß" die Kolonie im Boden.

Seefedern sind getrenntgeschlechtlich. Entweder ist eine Kolonie männlich oder sie ist weiblich. Zur Zeit der Fortpflanzung werden die Geschlechtszellen in das freie Wasser entlassen, wo auch die Befruchtung der Gameten stattfindet. Nur wenige Arten, die in den kalten arktischen und antarktischen Gewässern leben, sind lebendgebärend. Über ein Larvenstadium (Planula) werden Seefedern im Meer verbreitet. Aus diesen entwickeln sich über eine Gestaltumwandlung (Metamorphose) Primärpolypen, die zu Boden sinken und eine neue Seefeder gründen.

Seefedern kommen in einer breiten Farbpalette vor, die von pastellfarben, gelb, orange, rot, violett und purpurn bis hin zu braun reicht.

Viele Seefedern besitzen die Fähigkeit des Leuchtens. Einige Arten leuchten ständig, andere nur in der Nacht oder bei Berührung. Das Leuchten erfolgt sowohl auf mechanische und chemische als auch auf thermische Reize. Eine örtliche Reizung bewirkt häufig nur einen kurzen Lichtblitz. Starke Reize können Lichtwellen hervorrufen. Um überhaupt leuchten zu können, produzieren Seefedern einen Schleim mit einer Substanz, die erst bei Berührung mit dem Meerwasser luminisziert. Das überwiegende Leuchen erfolgt jedoch nach dem Luciferin-Luciferase-System. Dabei wird Luciferin durch Sauerstoff mit Hilfe des Ferments Luciferase oxidiert, wobei freiwerdende Energie als sichtbares Licht abgegeben wird.

Seefedern leben häufig mit anderen Tieren in einer Gemeinschaft. Es sind überwiegend kleine Schlangensterne, Garnelen, Krabben oder Nacktschnecken, die sich in ihren „Etagen" verstecken und an der gefangenen Nahrung der Seefeder partizipieren. Man bezeichnet sie daher als Kommensalen.

Feinde haben Seefedern kaum, zumindest ist darüber wenig bekannt. Man weiss lediglich, dass Nacktschnecken der Gattung *Arminia* zu ihren Fressfeinden gehören. Diese graben sich durch das Sediment, bis sie den „Fuß" der Seefeder erreicht haben und beginnen dort mit ihrer Mahlzeit. Gerade in der Nacht sieht man sie zielstrebig dorthin marschieren, wo Seefedern im Wasser stehen. Eine wirtschaftliche Bedeutung haben Seefedern nicht.

Seefeder (Pteroeides sp.), Indonesien, Molukken

Violette Seefeder *(Virgularia gustaviana)*

Violette Seefedern sind nachtaktiv und ve
rstecken sich tagsüber in weichen Sedimenten. Erst bei Anbruch der Dämmerung wird Wasser mit Hilfe der Schlauchpolypen in die Kolonie gepumpt, worauf sich die Kolonie aufrichtet und streckt. Im Zentrum gelegen befindet sich ein Stützstab, der die Seefeder aufrecht stehen lässt. Ausgewachsene Kolonien können 25cm messen. In sich zusammengesunken sind sie nur 5cm groß. Die Farbe der Kolonien ist verschieden. Sie reicht von gelb und violett bis hin zu rotviolett. Zahlreiche Kommensalen, überwiegend kleine Krebse, leben mit Seefedern vergesellschaftet. Violette Seefedern kommen im Indopazifik von Ostafrika bis Japan, China und Australien vor.

Foto: Indonesien, Nusakode

Lange Seefeder *(Cavernularia sp.)*

Lange Seefedern leben ohne Symbiosealgen in ihrem Gewebe. Sie leben in Seegraswiesen und in Schlamm- und Sandböden, in denen sie sich tagsüber verbergen. Ihr Primärpolyp besitzt einen schlanken, fleischigen und schlauchförmigen Körper, der ausgestreckt bis zu 25cm groß werden kann. Die schlauchförmigen Polypen umstehen einen fleischigen Autozooiden und werden weit in das Umgebungswasser ausgestreckt. Auch mit eingezogenen Polypen ragt der fleischige Primärpolyp weit aus dem Untergrund hervor. Die Polypen fehlen an der Basis der Kolonie, da, wo sich der „Fuß" befindet, der im Sediment verankert ist. Lange Seefedern können verschieden gefärbt sein. Die zahlreichen Polypen fangen aus dem vorbeiströmenden Wasser ausreichend Plankton und Detritus, um die Kolonie zu ernähren. Lange Seefedern kommen im Roten Meer vor und sind im Indopazifik von Ostafrika bis in den Westpazifik weit verbreitet.

Foto: Indonesien, Derawan

Lange Seefeder (Cavernularia sp.), Indonesien, Moyo

Walzen-Seefeder *(Sclerobelemnon sp.)*

Walzen-Seefedern, auch Steife Seefedern genannt, leben tagsüber eingegraben in weichen Sedimenten und kommen erst in der Nacht an die Oberfläche. Dann werden die langen und schlauchförmigen Polypen ausgestreckt, um Plankton für die Ernährung der Kolonie aus dem vorbeiströmenden Wasser zu fangen. Ihre Primärpolypen sind relativ klein, erreichen ausgewachsen eine Größe von 15cm und siedeln in Wassertiefen zwischen 20-30m. Betrachtet man die fast transparenten Seefedern genau, dann erkennt man im unteren Drittel der Kolonie eine hell durchscheinende Kalkachse, die die Seefeder versteift und im Wasser aufrecht hält. Der Kalkstab ist ein Festigungselement. Auffällig sind die langen Polypen, die zahlenmäßg gering sind. Sie sind in Reihen entlang der Längsachse des Primärpolypen orientiert. Seefedern dieser Gattung kommen vom Flachwasser bis in Tiefen von 30m vor und sind vom Roten Meer bis in den Westpazifik und Westatlantik verbreitet

Foto: Indonesien, Nord Sulawesi

Walzen-Seefeder (Sclerobelemnon sp.), Indonesien, Rinca

Seefeder (Pteroeides sp.), Indonesien, Komodo

Seefeder *(Pteroeides sp.)*

Seefedern der Gattung *Pteroeides* sind sowohl in Europäischen Meeren als auch im Indopazifik von Ostafrika bis Australien und Japan weit verbreitet. Da sich die Seefedern durch Streckung und Zusammenziehen ihres Kriechfußes frei bewegen können sind sie, im Gegensatz zu den festsitzenden Arten, an keinem Standort gebunden und können sich bei verschlechternden Umweltbedingungen durch ein spannerartiges Kriechen entziehen. Ihr Lebensraum sind mobile Böden, in die sie sich mit ihrem fleischigen Fuß verankern. Die Achse der Polypen ist polypenlos und wird durch Binnendruck stabilisiert. Zahlreiche gegenständige Verzweigungen, die wie Federn auf einem Federkiel angeordnet sind, tragen eine Vielzahl zarter und feingliedriger Polypen. Seefedern sind generell Tiere des tieferen Wassers. Tagsüber leben sie völlig verborgen im Boden. Erst in der Nacht strecken und entfalten sich die Kolonien und die „Feder" wird zur Strömungsrichtung des Wassers ausgerichtet und bildet so einen effektiven Fächer zum Planktonfang.

Fotos: Indonesien, Komodo

Walzen-Seefeder *(Cavernularia obesa)*

Walzen-Seefedern leben auf und in mobilen Böden und kommen vom flachen Wasser bis in große Tiefen vor. Man findet sie besonders häufig in stillen Buchten, am Riffgrund, im Vorriff und in Hafenanlagen. Offensichtlich haben sie auch in stark verschmutzen Gewässern eine Überlebenschance. Ihr zylindrischer Polyp ist fast so breit wie hoch und wird wo zahlreichen Polypen (Autozooiden) umstanden. Diese können verschiedenfarbig sein und leben mit symbiotischen Algen, den Zooxanthellen, in einer Symbiose. Da die einzelligen Algen zur Aufrechterhaltung ihrer Fotosynthese ausreichend Sonnenlicht benötigen, siedeln Walzen-Seefedern bevorzugt in flacheren Gewässern. Daher findet man diese Tiere auch tagsüber voll expandiert in ihren Habitaten. Walzen-Seedern werden bis zu 40cm groß und sind vom Indischen Ozean bis zu den Marquesas im westlichen Pazifik weit verbreitet.

Foto: Indonesien, Manado Tua

Schlanke Seefeder *(Virgularia sp.)*

Schlanke Seefedern sind überwiegend nächtlich Planktonfänger, die sich tagsüber in mobilen Sedimenten verstecken. Sie leben einzeln und weit verstreut auf unterseeischen Sandflächen, kommen aber auch in einer relativ großen Individuendichte an manchen Riffen im Indopazifik vor. Das Bild zeigt eine relativ dicht gestaffelte Kolonie von Einzeltieren, die sich in der Nacht zum Planktonfang aufgerichtet haben. Auf der Insel Sabolan in Indonesien, wo das Bild dieser umfangreichen Kolonie entstand, siedeln dicht gedrängt hunderte Einzelindividuen in einer Wassertiefe von 18m. Es kommt sehr selten vor, derartig umfangreiche Kolonien in der Nacht bei einem Tauchgang anzutreffen. Es ist durchaus möglich, dass die Strömungsverhältnisse des Wassers die erforderliche Nahrung an Planktonorganismen der Seefederkolonie zuträgt, was eine so dichte Besiedlung begünstigt.

Foto: Indonesien, Sabolan

Gestauchte Seefeder *(Scytalium sp.)*

Gestauchte Seefedern leben tagsüber in mobilen Böden verborgen und kommen erst in der Nacht an die Oberfläche, um Mikroplankton und Detritus für die Ernährung der Kolonie aus dem vorbeiströmenden Wasser zu fangen. Gegenüber ähnlichen Seefedern der Gattung *Virgularia* besitzen sie wesentlich enger zusammenstehende Polypen. Bei den blattförmigen Verzweigungen zu beiden Seiten der zentralen Achse sind die Etagen näher zusammengerückt. Bei Berührung fluoreszieren ihre Polypen in der Nacht. Gestauchte Seefedern kommen in verschiedenen Farben vor. Sie sind nur in der Nacht zu bewundern. Viele kleine Krebse und junge Schlangensterne leben in den verschiedenen Etagen der Seefedern und partizipieren als Kommensalen von deren Filterleistung. Seefedern die Gattung *Scytalium* sind im Roten Meer und im Indopazifik von Ostafrika bis nach Australien und den Westpazifik weit verbreitet, doch selten zu sehen.

Foto: Malaysia, Mantanani

Mit nur 50 bekannten Arten sind Zylinderrosen eine kleine, jedoch stammesgeschichtlich deutlich hervorgehobene Gruppe. Trotz ihrer Zugehörigkeit zu den sechsstrahligen Korallentieren (Hexacorallia), bilden Zylinderrosen kein festes Kalkskelett aus. Stattdessen bauen sie sich eine lederartige, pergamentähnliche, innen mit Schleim ausgekleidete und zylindrische Wohnröhre aus Sandkörnchen, abgeschossenen Nesselkapseln und anderen Materialien, die sie mit Schleim verfestigen. In diesen Wohnröhren leben sie und können sich darin frei bewegen. Bei Störungen und bei Gefahr ziehen sie sich darin schnell zurück.

Der lang gestreckte und wurmförmige Körper der Tiere ist am unteren Ende abgerundet oder zugespitzt. Er trägt keine Saugscheibe, kann aber durch den inneren Flüssigkeitsdruck (Turgor) kolbig erweitert werden und dient so zum Eingraben und zur Verankerung der Tiere im Boden. An seiner Basis befindet sich eine kleine Öffnung, durch die die Zylinderrosen durch Kontraktion des Körpers das vorher aufgenommene Wasser ausspritzen. Eine kräftige Längsmuskulatur in der Körperwand sorgt für ein rasches Zusammenziehen und Strecken der Tiere. Bei den Zylinderrosen fallen besonders die unterschiedlich langen und sehr zahlreichen Fangarme auf. Sie befinden sich in mehreren Kreisen um die Mund-After-Öffnung und um den Mundscheibenrand, wobei die inneren Fangarme (Labialtentakel) wesentlich kürzer sind als jene, die um den Mundscheibenrand angeordnet sind. Sie werden als Marginaltentakel bezeichnet. Beide Tentakelformen sind so angeordnet, dass jeweils ein labialer und ein marginaler Tentakel einander zugeordnet sind.

Die langen Marginaltentakel sind nicht kontrahierbar. Sie werden „springbrunnenähnlich" über den Rand der Wohnröhre nach allen Seiten ausgestreckt und dienen der Nahrungssuche, dem Nahrungserwerb und sind mit zahlreichen Nesselkapseln bewehrt. Mit den Tentakelspitzen tupfen die Zylinderrosen die Umgebung ihrer Wohnröhre nach verwertbarer Nahrung ab und fangen kleine Planktonorganismen, kleine Hydromedusen, Krebschen und auch kleine Fische aus ihrer Umgebung, wobei die Beute mit den Fangarmen umklammert und mit Hilfe des Giftes ihrer Nesselkapseln gelähmt und getötet wird. Erst jetzt, nachdem die Beute gefangen und getötet ist, werden die kurzen Mundarme eingesetzt, die die Beutetiere übernehmen und sie in die zentral gelegene Mundöffnung stopfen. Verdaut wird die Nahrung in einem geräumigen Magen und alles das, was nicht verwertbar ist, wird über die Mund-After-Öffnung wieder ausgestossen.

Zylinderrosen sind sehr schreckhafte Tiere. Bei der Flucht in ihre sie schützende Wohnröhre werden die vielen Fangarme über der Mundöffnung zusammengelegt und in die Wohnröhre beim Zurückziehen des Körpers mit eingezogen. Meist schauen dann nur noch einige Tentakelspitzen aus der Wohnröhre heraus.

Untersuchungen haben gezeigt, dass Zylinderrosen überwiegend Zwitter sind. Sie erzeugen teils kleine und dotterarme, teils grosse und dotterreiche Eizellen. Aus ihnen entwickeln sich nach der Befruchtung freischwimmende Planula-Larven, die bereits während ihrer planktischen Lebensphase kleine Fangarme ausbilden. Eine ungeschlechtliche Vermehrung durch Knospung konnte nachgewiesen werden. Sie scheint jedoch die Ausnahme zu sein.

Zylinderrosen leben in allen Weltmeeren und hier in allen Tiefen. Die Mehrzahl der Arten kommt in den tropischen und subtropischen Meeren vor. Sie siedeln mit ihren Wohnröhren in mobilen Böden wie im Sand, in schlickvermischten Habitaten, im Corallinengrund, in Seegraswiesen und in weichen Sedimenten zwischen Felsspalten und Korallen.

Langzeituntersuchungen haben gezeigt, dass Zylinderrosen in der Lage sind, selbst in stark verschmutzten Gewässern, wie in Hafenbecken, viele Jahre zu überleben. Von Aquarienbeobachtungen weiss man, dass Zylinderrosen über 100 Jahre alt werden können.

Zylinderrosen haben selbstverständlich auch Feinde. An den Korallenriffen im Indopazifik und an der Pazifikküste von Kalifornien ist es vor allem eine große Baumschnecke, *Dendrodoris isis*, die sich auf Zylinderrosen als Beute spezialisiert hat. Wenn sie eine Zylinderrose gefunden hat, dann richtet sie sich in voller Länge auf, und stößt, ähnlich einer Schlange, ihren Kopf in die Öffnung der zylindrischen Wohnröhre und packt die Zylinderrose bei ihren Tentakeln. Langsam, aber stetig wird diese dann verspeist.

Große Zylinderrose *(Cerianthus sp.)*

Zylinderrosen sind Tiere sandiger und schlammiger Böden, die sich eine zylindrische Wohnröhre bauen und diese in den Untergrund einbuddeln. Innerhalb dieser Wohnröhre sind die Tiere frei beweglich und nur die unterschiedlich langen Fangarme ragen aus der Wohnröhre in das freie Wasser heraus. Zwei verschieden lange Tentakelkränze kann man bei den Zylinderrosen unterscheiden: Zum einen sind es die kurzen Tentakel, die die Mundöffnung umstehen (Labialtentakel), zum anderen die außerordentlich langen Tentakel (Marginaltentakel), die springbrunnenartig über den Rand der Wohnröhre fallen und sich in der Strömung des Wassers krümmen. Während die langen Tentakel das Umgebungswasser der Wohnröhre nach Beute abfischen und fangen, übernehmen die kurzen Tentakel die Beute und stopfen diese in die zentral gelegene Mundöffnung. Zylinderrosen sind schreckhafte Tiere, die sich bei der geringsten Störung und Schattenfall blitzschnell in ihre Wohnröhre zurückziehen. Große Zylinderrosen siedeln in tieferen Gewässern und sind im gesamten Indopazifik und im Roten Meer verbreitet.

Foto: Malaysia, Manukan

Fadenförmige Zylinderrrose *(Cerianthus filiformis)*

Die pergamentförmigen Wohnröhren der Fadenförmigen Zylinderrosen sind tief im Sediment verankert, so dass nur die beiden unterschiedlich langen Tentakelkränze aus dem Untergrund herausragen. Die langen Tentakel werden in das freie Wasser ausgestreckt, um Plankton und organische Sinkstoffe für die Ernährung zu fangen. Die selbstgefertigten Wohnröhren der Tiere sind ein Meisterwerk, das aus großen und abgeschossenen Nematozysten-Kapseln besteht, die mit Schleim verfestigt werden. In ihr können sich die Tiere frei bewegen. Fadenförmige Zylinderrosen sind kleine Tiere, die überwiegend in Seegraswiesen, in Riffnischen, in Korallensanden und in Korallenbruchfeldern siedeln. Sie kommen in einer großen Farbpalette vor.

Foto: Indonesien, Nusakode

Fadenförmige Zylinderrose (Cerianthus filiformis), Indonesien, Nusakode

Fadenförmige Zylinderrose (Cerianthus filiformis), Indonesien, Komodo

Mana-Zylinderrose *(Cerianthus mana)*

Mana-Zylinderrosen besitzen einen langgestreckten Körper ohne Fußscheibe, der sich in einer flexiblen, selbst gefertigten und annähernd 40cm langen und pergamentähnlichen Wohnröhre bewegt, die das Tier aus Schleim, Sand und abgeschossenen Nesselkapseln baut. Man findet sie in verschiedenen mobilen Böden und in unterschiedlichen Wassertiefen, so auch in Seegraswiesen, in Mangrovesümpfen und in Hafenanlagen. Auffallend an den sehr langen Marginaltentakeln ist die braun-weiße Bänderung, die bei anderen Zylinderrosen nicht vorhanden ist. Mana-Zylinderrosen können sehr alt werden und überleben auch in verschmutzen Gewässern, die von fast allen anderen Tieren nicht mehr toleriert werden. Sie kommen im Roten Meer vor und sind im Indopazifik von Ostafrika bis in den Westpazifik verbreitet.

Foto: Indonesien, Rinca

Banda-Zylinderrose *(Isarachnanthus bandanensis)*

Banda-Zylinderrosen sind Tiere des flachen Wassers, die mit ihren flexiblen Wohnröhren in feinen bis groben Sedimenten stecken und bis in Wassertiefen von 25m vorkommen. Ihr Artname bezieht sich auf die Insel Banda in Indonesien, wo sie offensichtlich erstmals gefunden wurde. Die sehr kurzen Mundtentakel der Zylinderrose stehen in Zentrum der Mundscheibe aufrecht zusammen, während die Randtentakeln weit über den Rand der Wohnröhre hinausragen. Alle Tentakel sind weitgehend transparent bis semitransparent und die langen Tentakel sind dunkel gebändert. Banda-Zylinderrosen sind nachtaktive Tiere, die sich vom Plankton und von Detritus ernähren. Bei einem Schattenfall und anderen Störungen sind die recht scheuen Tiere blitzschnell in ihren Wohnröhren verschwunden. Verbreitet sind die Tiere im gesamten Indopazifik und kommen bis in die Gewässer von Hawaii vor.

Foto: Malaysia, Mantanani

Mana-Zylinderrose (Cerianthus mana), Indonesien

Banda-Zylinderose (Isarachnanthus bandanensis), Malaysia

Zylinderrosen *(Cerianthus sp.)*

Zylinderrosen kommen in einer großen Vielfalt und Farbenpracht vor und sind bis heute von der Wissenschaft etwas vernachlässigt worden, denn sie zu bestimmen und einer Familie, Gattung oder sogar einer Art zuzuordnen, bereitet offensichtlich große Schwierigkeiten. Daher findet man in der Literatur kaum abgebildete Arten, so dass nur die Gattungen ausgewiesen sind, zu denen die untersuchten Tiere zählen können. Aus diesem Grund stellen wir hier drei Zylinderrosen vor, die nur bis zur Gattung bestimmt sind. Sie alle unterscheiden sich in der Färbung, in der Anzahl der langen Marginaltentakel und in ihren Habitaten, die von Grobsand, Vulkansand und feinem Sand variiert. Die Unterschiede sind deutlich erkannbar.

Foto: Malaysia, Mantanani

Zylinderrose (Cerianthus sp.), Indonesien, Nord Sulawesi

Zylinderrose (Cerianthus sp.), Philippinen, Cabilao

Einkranz-Zylinderrose *(Cerianthus sp)*

Diese kleine Zylinderrose, deren Mundscheibendurchmesser 3cm beträgt, lebt in einer selbstgefertigten und pergamentähnlichen Wohnröhre, die im Korallensand vergraben ist. Zum Nahrungserwerb werden die unterschiedlich langen Fangarme ausgestreckt, die den Mundscheibenrand in nur einer Kreislage umstehen. Das ist selten, denn normalerweise befinden sich bei den Zylinderrosen mehrere Tentakelkränze an den Mundscheibenrändern. Die Tentakel sind lang, laufen spitz aus und haben zwei, manchmal sogar drei helle Flecken auf ihren Oberflächen. Im zentralen Teil der Mundscheibe befindet sich die Mundöffnung, die von zahlreichen kurzen Tentakeln umstanden wird. Diese befördern die gefangene Nahrung in die Mundöffnung. Zylinderrosen sind sehr scheue und schreckhafte Tiere, die bei Störungen in ihre Wohnröhre flüchten. Bisher ist diese kleine Einkranz-Zylinderrose das einzige Exemplar, das auf einer ausgedehnten Sandfläche in Malaysia der Insel Mantanani in 35m Wassertiefe gesehen wurde.

Foto: Malaysia, Mantanani

Kurztentakel-Zylinderrose *(Arachnanthus sp.)*

Zylinderrosen aus dieser Gattung leben an den Riffen im Roten Meer und im gesamten Indopazifik. Die relativ kleinen Anemonen, die einen Mundscheibendurchmesser von 4-6cm haben, leben einzeln und tagsüber versteckt in weichen Sedimenten und kommen erst in der Nacht an die Oberfläche. Dann strecken sie zum Nahrungserwerb ihre zahlreichen Tentakel in das freie Umgebungswasser, um Planktonorganismen und Detritus zu fangen. Trifft sie bei dieser Tätigkeit das Licht einer Unterwasserlampe, dann beginnen die Anemonen sofort ihre langen Tentakel einzurollen, um sie dann über die Mundscheibe zu legen und nachfolgend sofort in ihre Wohnröhre im Boden zu verschwinden. Eine Fluchtreaktion, die man von allen anderen Zylinderrosen auch kennt. Zylinderrosen aus dieser Gattung sind im Roten Meer und im gesamten Indopazifik verbreitet.

Foto: Indonesien, Komodo

Einkranz-Zylinderrose (Cerianthus sp.), Malaysia

Kurztentakel-Zylinderrose (Arachnanthus sp.), Indonesien

Bunte Zylinderrose (Cerianthus sp.), Indonesien, Nord Sulawesi

Helle Zylinderrose (Cerianthus sp.), Indonesien, Banta

Blaue Korallen sich echte Relikte aus lang vergangener Zeit. Versteinerungen belegen, dass sie bereits vor über 100 Millionen von Jahren auf dieser Erde lebten. Sie sind die einzigen riffbildenden Oktokorallen und in ihrem natürlichen Biotop von der Farbe her nicht als „Blaue Korallen" zu erkennen. Sie ähneln eher den Feuerkorallen, mit denen sie häufig das gleiche Habitat teilen.

Die Kolonien der Blauen Korallen variieren in Größe, Form und Farbe. Ihre plattenförmigen Verzweigungen können bei gestrecktem Wachstum eine Länge von über 10m erreichen und ihre räumliche Ausdehnung kann Bestand bildend sein und mehrere 100 Quadratmeter der Riffoberfläche bedecken. In manchen Flachwasserzonen an den Korallenriffen im Indopazifik sind sie dominant.

Das Kalkskelett besteht aus Kalziumkarbonat und wird in Form des Aragonits ausgebildet, ähnlich den Stein- und Feuerkorallen. Es ist sehr kräftig und wird durch die zylindrischen Wohnröhren der Polypen durchlöchert. In diesen Röhren springen Kalksepten in das Innere vor, die denen der Steinkorallen aber nicht entsprechen. Man bezeichnet sie daher auch als „Falsche Septen". In unregelmäßigen Abständen werden in die Wohnröhren Querböden eingebaut, so dass es zu einem Etagenwachstum kommt.

Die Polypen der Blauen Korallen sind klein, dicht stehend und braun bis hellbraun gefärbt je nach der Farbe, die ihre Zooxanthellen besitzen, mit denen sie in einer Symbiose leben. Alle Polypen über ein fein verzweigtes Kanalsystem miteinander verbunden. Ihre 8 Fangarme sind grob gefiedert und ähneln denen der Weichkorallen. Wie eine filzige Lage umgeben sie alle Verzweigungen. Sie ernähren sich weitgehend von den Assimilationsprodukten ihrer einzelligen Algen, den Zooxanthellen. Daher sind sie vom Licht abhängig und auf das sonnendurchflutete Flachwasser beschränkt, wo Wassertemperaturen vorherrschen, die im Jahresmittel 22 °C nicht unterschreiten. Bei einem Kontakt mit den Polypen wird die menschliche Haut nicht genesselt.

Blaue Korallen erkennt man erst dann so richtig, wenn man eine der vielen Verzweigungen abbricht. Die Skelettsubstanz an der Bruchstelle ist lichtblau gefärbt. Die Farbe entsteht durch den Einbau von verschiedenen Eisensalzen und von Geweberesten bei der Konstruktion der Querböden, die absterben und zu dieser Farbgebung beitragen.

Blaue Korallen sind Tierkolonien des flachen Wassers. Sie bevorzugen ruhiges, warmes und von Sonnenlicht durchflutetes Wasser und siedeln bevorzugt auf Riffdächer, in Lagunen und am oberen Riffhang bis in eine maximale Tiefe von 18 m. Auch als Mikroatolle sind sie im Riffwatt präsent, nämlich dort, wo bei Niedrigwasser das Riffdach und die Lagunen teilweise trocken fallen.

Vor über 100 Millionen von Jahren waren Blaue Korallen noch zahlreich in unseren Meeren vertreten. Möglicherweise hat ihre geringe Toleranz gegenüber kaltem Wasser ihren Rückgang beschleunigt, weil sie dort, wo die Wassertemperatur 22°C und weniger beträgt, nicht mehr vorkommen. So existiert heute nur noch eine einzige Art, *Heliopora coerulea*, die an den Riffen des Roten Meeres und im Indopazifik von Ostafrika bis nach Samoa verbreitet ist.

Blaue Koralle (Heliopora coerulaea), Philippinen, Cebu

Blaue Koralle (Heliopora coerulaea), Malediven, Ari-Atoll

Blaue Koralle *(Heliopora coerulaea)*

Blaue Korallen sind lebende Fossilien. Man kannte sie nur aus geologischen Ablagerungen, die mehr als 100 Millionen Jahre alt sind. Heute ist sie die einzige rezente Art, die im Indopazifik im ruhigen und sonnendurchfluteten Wasser nahe der Oberfläche lebt und in der Lage ist, ausgedehnte Riffstrukturen zu bilden. Ihre großen und umfangreichen Kolonien besitzen unterschiedliche Habitusformen, die von fingerförmigen und lappig gedrehten Fortsätzen, bis hin zu Säulen, Krusten und Platten reichen, die von kleinen Poren durchzogen werden. In ihnen leben winzig kleine und helle Polypen, die 8 gefiederte Tentakel tragen. Alle Polypen sind über ein Kanalsystem miteinander verbunden und tagsüber eingezogen. Sie leben mit Zooxanthellen in einer Symbiose. Das lichtblaue Kalkskelett sieht man erst, wenn man eine der Verzweigungen abbricht. Zwischen den Verzweigungen der Blauen Koralle lebt eine umfangreiche Infauna.

Foto: Indonesien, Moyo

Blaue Koralle (Heliopora coerulaea), Philippinen, Cebu

Blaue Koralle (Heliopora coerulaea), Querschnitt, Philippinen

Blaue Koralle (Heliopora coerulaea), Philippinen, Cabilao

Blaue Koralle (Heliopora coerulaea)), Indonesien, Rinca

Orgelkorallen, die früher systematisch zu den Lederkorallen zugeordnet waren, werden heute in einer eigenen Ordnung geführt. Als herausragendes Merkmal gilt, dass ihre Polypen einzeln stehen und nicht in einen gemeinsamen Weichkörper eingebettet sind. Zudem sind die Orgelkorallen für einen Vertreter der achtstrahligen Korallen eigentümlich konstruiert. Eine Kolonie besteht nämlich aus einer Vielzahl dicht nebeneinanderstehender, kleiner und leuchtend roter Kalkröhren, die wie Orgelpfeifen (Name!) angeordnet sind und die durch waagerechte Verbindungsplatten etagenförmig zusammengehalten werden. Die einzelnen Kalkröhren haben einen Durchmesser von 2-3 mm. Ihre leuchtend rote Farbe wird durch eingelagerte organische Farbstoffe erzielt.

In der Stützlamelle ihres Gewebes (Mesogloea) werden die Kalknadeln (Sklerite) produziert, die miteinander zu diesen roten Wohnröhren verbacken. Nur in der obersten Etage der Kolonie leben die Polypen, die die Kalkröhren mit einer Innen-und Außenhaut überziehen, so dass das rote Kalkskelett verborgen bleibt. In den Verbindungplatten verläuft ein umfangreiches Kanalsystem, durch das die einzelnen Polypen miteinander verbunden sind.
Die langen Polypen sind verschieden gestaltet. Zum einen können ihre Tentakeln abgeflacht und die Mundscheibe gegenüber den Tentakeln farblich abgesetzt sein; zum anderen hat die Mundscheibe die gleiche Farbe der Tentakel, die sehr schlank und rund sind. Die daran befindlichen Fiederchen sind kaum erkennbar.

Orgelkorallen leben in einer Symbiose mit Zooxanthellen, von deren Produkten sie sich auch weitgehend ernähren. Ihre großen und massiven Kolonien leben an gut belichteten Stellen im Riff und kommen auf dem Riffdach, am Riffhang und in Lagunen vor. Verbreitet sind sie im Roten Meer und im Indopazifik von Ostafrika bis in den Westpazifik. Leider werden diese Korallen wegen ihres attraktiven Skeletts für den Aquarienhandel intensiv gesammelt, so dass sie vom Aussterben bedroht sind.

Polypen der Röhrenkoralle (Clavularia sp.), Indonesien, Molukken

Polypen der Röhrenkoralle (Clavularia sp.), Indonesien, Zentral Sulawesi

Röhrenkoralle *(Clavularia sp.)*

Die Familie der Röhrenkorallen ist zurzeit noch unzureichend bearbeitet, so dass es für den Laien fast unmöglich ist, Arten zu unterscheiden, geschweige denn, sie zu bestimmen. Sie alle besitzen aufrecht wachsende, große und zylindrische Calyces, die aus einem hornartigen Material bestehen und die sich aus einem Stolonengeflecht, das auf abgestorbenen Unterlagen siedelt, erheben und in die sich die relativ großen Polypen vollständig zurückziehen können. Durch eine ungeschlechtliche Fortpflanzung, bei der neue Polypen aus dem Stolonenverband sprossen, entstehen umfangreiche Kolonien, die wie Polster der Untergrund bedecken. Die einzelnen Polypen sind groß, ihre Tentakel gefiedert und die Fiederchen (Pinnulae) an den Tentakeln lang. Die Farbe der Polypen ist variabel. Röhrenkorallen leben mit Zooxanthellen in einer Symbiose. Aus diesem Grund sind sie auf Licht durchflutete Standorte im Flachwasser angewiesen. Sie ernähren sich weitgehend von den Produkten ihrer Zooxanthellen, nehmen jedoch auch gelöste organische Verbindungen auf. Tierkolonien aus dieser Gattung sind im Roten Meer und im gesamten Indopazifik weit verbreitet.

Foto: Papua Neuguinea, Milne Bay

Buschige Zweigröhrenkoralle *(Carijoa sp.)*

Zweigröhrenkorallen sind Kosmopoliten in allen tropischen und subtropischen Meeren. Ihre Kolonien wachsen strauchförmig bis buschartig und bevorzugen als Standorte schattige Stellen im Riff. Häufig findet man sie unter Hafenanlagen, in Höhlen, unter weiträumigen Überhängen, an versunkenen Schiffen und an Bojen. Ihre Kolonien sind auch noch in der Lage in stark verschmutzten und suspensionsreichen Gewässern zu überleben. Die Farbe der Kolonien ist sehr variabel. Ihre Verzweigungen sind häufig von krustenförmig wachsenden Schwämmen bedeckt. Die langen und teilweise an Ruten erinnernden Verzweigungen zeigen ein Spitzenwachstum und entspringen einer gemeinsamen Basis. Alle sind über wurzelähnliche Ausläufer (Stolone) miteinander verbunden. An den Verzweigungen befinden sich die relativ großen, hellen und achtarmigen Polypen, deren Tentakel gefiedert sind. Sie sind tag- und nachtaktiv und fangen Plankton zur Ernährung der Kolonie. Zweigröhrenkorallen leben vom flachen Wasser bis in Tiefen von 50 m.

Foto: Philippinen, Cebu

Röhrenkoralle (Clavularia sp.), Papua Neuguinea

Buschige Zweigröhrenkoralle (Carijoa sp.), Philippinen

Rote Zweigkoralle *(Paratelesto rubra)*

Die Kolonien der Roten Zweigkoralle wachsen strauchförmig, mit langen zylindrischen Verzweigungen, die einem Stolonengeflecht entspringen. Sie sind rundum mit hellen Polypen besetzt, die komplett einziehbar sind. Die Chitinhülle der Kolonien ist in der Regel mit roten Schwämmen bewachsen. Rote Zweigkorallen lieben schattige Standorte und siedeln unter weiträumigen Überhängen, an Höhlenrändern, an Wracks und unter Hafenanlagen. Im Indopazifik sind sie von den Riffen Indonesiens, den Philippinen, Malaysia und Borneo bis nach Mikronesien, Samoa und Australien weit verbreitet.

Foto: Indonesien, Moyo

Wurzelkoralle *(Paratelesto sp.)*

Wurzelkorallen gehören zu der Familie der Röhrenkorallen. Die aufrecht wachsenden und bis zu 20cm großen Kolonien sind Flachswassertiere, die bis in Tiefen von 15 cm vorkommen. Ihre buschige Wuchsform setzt sich aus vielen Hauptverzweigungen und kurzen Seitenverzweigungen zusammen, die am Boden über ein Netzwerk von Stolonen miteinander verbunden sind. Die Farbe der Kolonien ist überwiegend rot. Die Polypen, die sehr lang sind und die von kleineren Tochterpolypen begleitet werden, sind tagsüber eingezogen. Das weist darauf hin, dass die Polypen nachtaktive Planktonfänger sind. Arten der Gattung *Paratelesto* sind an den Riffen im Indopazifik weit verbreitet, jedoch nicht häufig.

Foto: Indonesien, Komodo

Rote Zweigkoralle (Paratelesto rubra), Indonesien

Wurzelkoralle (Paratelesto sp.), Indonesien

Zweigröhrenkoralle *(Coelogorgia palmosa)*

Die Kolonien dieser Zweigröhrenkoralle ähneln sehr kräftigen Hydroidkolonien oder strauchförmig wachsenden Hornkorallen. Stets siedeln sie auf festen Unterlagen und wachsen buschig und reich verzweigt. Die Verzweigungen der Kolonien beinhalten Kalkeinlagerungen, die die Verzweigungen bis zu einem gewissen Grad verfestigen. Sie bleiben aber auch immer noch so flexibel, dass sie auch in starken Strömungen überleben können und nicht abbrechen. Die Polypen sind groß und seitlich entlang der rutenförmigen Verzweigungen angeordnet. Tagsüber sind sie eingezogen und nicht sichtbar. Zweigröhrenkorallen siedeln bevorzugt an schattigen Standorten und sind in manchen Höhlen bestandbildend. Ihre Verbreitung reicht im Indopazifik von Ostafrika bis in den Westpazifik.

Foto: Malediven, Ari-Atoll

Zweigröhrenkoralle *(Coelogorgia sp)*

Röhrenkorallen dieser Gattung wachsen in der Regel buschig, mit vielen Haupt- und Seitenzweigen, an denen die großen Polypen aufgereiht sind. Aus ihnen können neue Polypen sprossen. Alle Hauptverzweigungen entspringen einem basalen Stolonengeflecht und können bis zu einer Maximallänge von 1000cm heranwachsen. Sie lieben schattige Standorte und sind Tierkolonien des Flachwassers. Selbst in stark belasteten Gewässern, wo andere Tiergemeinschaften nicht mehr leben können, sind sie in der Lage, sich zu behaupten. Arten der Gattung *Coelogorgia* kommen in allen tropischen Meeren vor.

Foto: Philippinen, Cabilao

Zweigröhrenkoralle (Coelogorgia palmosa), Malediven

Zweigröhrenkoralle (Coelogorgia sp.), Philippinen

Orgelpfeifenkoralle *(Tubipora musica)*

Orgelpfeifenkorallen gehören zu den achtstrahligen Korallen. Sie wachsen massiv, plan oder hemisphärisch. Ihr Skelett besteht aus parallel in Reihen angeordneter, senkrechter Kalkröhren, die durch waagerechte Verbindungsplatten zusammengehalten werden. Sie erinnern an Orgelpfeifen. Ihre Polypen besitzen 8 gefiederte Tentakel, die so dicht beieinander stehen, dass sie das Skelett der Kolonie vollständig bedecken. Alle Polypen sind über Ausläufer miteinander verbunden. Eingelagerte Farbstoffe in das Kalkskelett der Kolonie färben es purpurrot bis dunkelrot. Auch nach dem Absterben einer Kolonie bleibt die Farbe im Kalkskelett erhalten. Lebende Orgelkorallen sind weniger attraktiv. Ihre Polypen, die mit Zooxanthellen in einer Symbiose leben, sind unscheinbar moosgrün bis graugrün gefärbt. Sie ernähren sich weitgehend von den Assimilationsprodukten ihrer Zooxanthellen. Orgelkorallen siedeln an gut belichteten Stellen des Flachwassers. Die Art ist im Roten Meer und im gesamten Indopazifik weit verbreitet.

Foto: Indonesien, Komodo

LEDER- UND WEICHKORALLEN (ALCYONARIA)

Farbige Stehaufmännchen

Lederkorallen, auch als Weichkorallen bezeichnet, sind auf harten Substraten festgewachsene, fleischige bis lederartige Tiergemeinschaften mit einer dicken und derben Haut. Sie wachsen lappig, baumartig, verzweigt oder fingerförmig und sind in allen Meeren verbreitet. Ihre größte Arten- und Formenvielfalt erreichen sie in den tropischen und subtropischen Meeren, wo sie vom Gezeitenbereich bis in 200m Wassertiefe leben. Nur ganz wenige Arten kommen in der Tiefsee vor. An vielen Korallenriffen im Indopazifik sind sie weit häufiger vertreten als die riffbildenden Steinkorallen, mit denen sie einen stetigen Kampf um Siedlungsfläche ausfechten.

Trotz ihrer Formenvielfalt sind alle Leder- und Weichkorallen nach dem gleichen Bauprinzip konstruiert. Die Nährpolypen (Autozooide) einer jeden Kolonie sind über die gesamte Oberfläche verteilt. Sie sind relativ klein und besitzen 8 gefiederte Fangarme. Ihr Magenraum wird durch 8 Längswände (Mesenterien) in 8 gleich große Fächer aufgeteilt. Sie alle stehen über ein weitmaschiges Kanalsystem miteinander in Verbindung. Ihre Aufgabe ist es, die Nahrung aus dem Wasser zu fangen, um die Tierkolonie zu ernähren. Mit Hilfe ihrer gefiederten Fangarme und den darin enthaltenen Nematocysten betäuben und fangen sie kleine Planktonorganismen, die sie dem Mund zuführen. Weichkorallen sind überwiegend Planktonfänger, während die meisten Lederkorallen in einer Symbiose mit einzelligen Algen, den Zooxanthellen, leben, von deren Assimilationsprodukten sie sich auch weitgehend ernähren. Daneben gibt es in der Tierkolonie Polypen, deren Fangarme verkümmert oder zurückgebildet sind und denen auch die Fächerung des Magenraumes fehlt. Dafür ist ihr Schlundrohr mit kräftig schlagenden Wimperepithelien ausgekleidet, die Wasser in die Kolonie pumpen und den Tierstock mit sauerstoffreichem Wasser versorgen. Diese modifizierten Polypen werden auch Schlauchpolypen (Siphonozooide) genannt, weil sie dafür verantwortlich sind, die Tierkolonie ab- und anschwellen zu lassen. In diesen Zusammenhang spricht man auch von einem Hydroskelett. Das An-und Abschwellen der Kolonie erfolgt in der Regel zweimal am Tag. Warum das so ist, kann nur spekuliert werden, da bei einigen Arten das An- und Abschwellen der Kolonie völlig unregelmäßig erfolgt. Zudem haben die Schlauchpolypen noch die Aufgabe der Vermehrung. Mit der Ausbildung unterschiedlich gestalteter Polypen, die innerhalb der Kolonie auch unterschiedliche Aufgaben zu erfüllen haben, erfolgt bereits hier eine einfache Arbeitsteilung.

Leder- und Weichkorallen bilden kein festes Skelett aus. Als Festigungselemente besitzen sie isolierte Kalkkörper (Sklerite) von rauer und unregelmäßiger Oberfläche und Gestalt, die lose verteilt in einer Stützlamelle (Mesogloea) liegen und die für die Bestimmung der Arten herangezogen werden. Diese Stützlamelle ist bei einigen Arten fast transparent, so dass die Kalkkörperchen sehr deutlich darin zu erkennen sind. Manchen Arten fehlen die Sklerite.
In der Regel gelten Lederkorallen als nachtaktive Tiere, die tagsüber zusammengesunken auf dem Substrat liegen. Erst dann, wenn in der Nacht über die Schlauchpolypen Wasser in die Kolonie gepumpt wird, richten sie sich auf und entfalten sich zu voller Schönheit. Zu diesem

Zeitpunkt beginnen auch die Nährpolypen Plankton aus dem Wasser zu fangen, um für die Ernährung der Kolonie zu sorgen. Offensichtlich ist aber der Wechsel zwischen Tag und Nacht nicht das einzige Kriterium für den Nahrungserwerb der Tierkolonien, da man auch tagsüber viele Arten, die sich nicht vom Plankton ernähren, voll entfaltet antrifft.

Gegenüber ihren Fressfeinden und im Kampf um Lebensraum haben Lederkorallen Giftstoffe entwickelt. Es sind vorallemTerpenverbindungen, die in beträchtlichen Konzentrationen vorkommen können und Fische davon abhalten, sie zu fressen. Hinzu kommt, dass sie Schleim produzierende Zellen besitzen, die für die Reinigung der Kolonieoberfläche verantwortlich sind. Von Zeit zu Zeit wird eine Kolonie „abgeschleimt", um so von Auflagerungen und Bewuchs zu gereinigt zu werden.

Lederkorallen sind oftmals sehr farbenprächtige Organismen, die ein großes Farbspektrum nutzen. So findet man sie in Gelb, Orange, Rot, Oliv, Rostrot, Blau, grünlich, Violett, oder in einem Farbenmix.

In den sehr frühen Perioden unserer Erdgeschichte war die Arten- und Formenvielfalt an Lederkorallen außerordentlich groß. Heute kennt man annähernd 800 Arten. Die meisten von ihnen leben an abgedunkelten Stellen im Riff, überwiegend in Höhlen und in großräumigen Unterhöhlungen. Damit sind sie in der Lage Standorte zu besetzen, die für riffbildende Korallen, die ausreichend Sonnenlicht für ihr Wachstum benötigen, als Nahrungs-und Raumkonkurrenten ausscheiden. Dennoch: Wenig ist bisher über die Biologie und die Systematik dieser Tiergruppe bekannt, so dass es vieler neuer Erkenntnisse bedarf, bekannte Lücken zu schließen.

Dolden-Weichkoralle (*Umbellulifera* sp.), Papua Neuguinea, Milne Bay

Gelappte Lederkorallen *(Sinularia dura)*

Gelappte Lederkorallen bilden kleine bis umfangreiche Tierkolonien auf festen Substraten aus und besiedeln bevorzugt steil abfallende Riffabschnitte. Obwohl sie mit Zooxanthellen in einer Symbiose vergesellschaftet leben, bevorzugen sie leicht abgeschattete Standorte im Riff und meiden offensichtlich Lebensräume im exponierten Sonnenlicht. Oft siedeln die einzelnen Korallen so dicht, dass sie sich gegenseitig überlappen und so ausgedehnte Rasen bilden können. Die relativ kleinen Korallen wachsen geduckt und lappig, mit eingekerbten und undulierenden Kolonierändern. Sie alle erheben sich über das Substrat auf einer stielähnlichen Basis. Viele helle Strichmuster verlaufen von der Koloniemitte zu den Randlappen. Es handelt sich dabei um spindelförmige Sklerite, die als Festigungselemente anzusehen sind. Gelappte Lederkorallen „häuten" sich regelmäßig durch Abschleimen. Dabei befreien sie ihre Kolonie von Detritus und von anderen Auflagerungen. Die Ruderkrebse Paramolgus ostentus und Paramolgus enewetokensis leben mit diesen Lederkorallen vergesellschaftet. Acht verschiedene Arten aus dieser Gattung sind aus dem Roten Meer und dem Indopazifik bekannt.

Foto: Indonesien, Tatawa

Flexible Lederkoralle *(Sinularia flexibilis)*

Schleimige Lederkorallen sind Tierkolonien des flachen Wassers. Dicht unterhalb der Wasseroberfläche bilden sie häufig große und monospezifische Bestände. Mit einem breiten Stamm sitzt jede Kolonie fest verankert am Boden und lange, schlanke und fingerförmige Verzweigungen verteilen sich nach allen Seiten. Sie alle sind dicht mit Polypen besetzt. Diese haben die gleiche Farbe, wie die Kolonie selbst. Sie sind kontrahierbar, tragen kleine Tentakel und sondern viel Schleim ab. Aufgrund ihrer Lebensweise sind Lederkorallen dieser Art gut an kräftige Strömungen angepasst. Sie sind ausreichen flexibel (=flexibilis), um auch in stürmischem und von hohen Wellen gepeitschtem Wasser zu überleben. Im Indopazifik sind Lederkorallen dieser Art von Ostafrika bis nach Melanesien, Polynesien und Australien weit verbreitet.

Foto: Indonesien, Bali

Gelappte Lederkoralle (Sinularia dura), Indonesien

Flexible Lederkoralle (Sinularia flexibilis), Indonesien

Matten-Lederkoralle *(Sinularia gibberosa)*

Matten-Lederkorallen sind Tierkolonien des Flachwassers. Sie siedeln auf festen Substraten und überwachsen den Untergrund großflächig und mattenförmig. Die Farbe der Kolonien ist variabel. Sie richtet sich nach der Farbe der winzig kleinen Algen (Zooxanthellen), die als Symbionten in ihrem Gewebe leben. Von ihren Assimilationsprodukten ernähren sich die Polypen auch weitgehend. Die Kolonieoberfläche zeigt eine Vielzahl von stift- bis fingerförmigen Projektionen, die im kontrahierten Zustand ein klumpiges Aussehen annehmen. Die Polypen der Kolonien sind klein und tagsüber meist eingezogen. Matten-Lederkorallen sind an den Riffen im Indopazifik weit verbreitet.

Foto: Indonesien, Banta

Blatt-Lederkoralle *(Sinularia lamellata)*

Blatt-Lederkorallen sind selten. Sie siedeln im tiefen Wasser und bilden nur kleine, gelappte und blattförmige Kolonien aus. Die breiten und fleischigen Verzweigungen sind peripher gelappt und ähneln großen Blättern. Sie entspringen einem kurzen und fleischigen Stiel. Viele helle Kalknadeln auf den Verzweigungen sind deutlich sichtbar. Die kleinen Polypen, die tagsüber eingezogen sind, leben mit Zooxanthellen in einer Symbiose, von deren Assimilationsprodukten sie sich auch ernähren. Blatt-Lederkorallen kommen an indopazifischen Riffen vor, sind jedoch selten zu entdecken.

Foto: Indonesien, Bali, Tulamben

Matten-Lederkoralle (Sinularia gibberosa), Indonesien

Blatt-Lederkoralle (Sinularia lamellata), Indonesien

Vielfingrige Lederkoralle *(Sinularia polydactyla)*

Die Kolonien dieser Laderkorallen erheben sich auf einem kräftigen Stamm in das freie Wasser. Apikal entspringt ihrer Basis eine Vielzahl schlanker, fingerförmiger und sehr beweglicher Verzweigungen, die ausgestreckt und kontrahiert werden können. Sie sind ringsum dicht mit kleinen Polypen besetzt. Bei starker Wasserbewegung sieht man die ausgestreckten Verzweigungen kräftig in der Strömung flottieren. Alle Kolonien sind starken Wasserbewegungen angepasst und siedeln auch bevorzugt im Bereich des Tidenhubs. Sie können an manchen Riffen große und monospezifische Bestände von beträchtlichen Ausmaßen bilden. Die Farbe der Kolonien ist variabel und reicht von grau und grün bis hin zu graugrün und bräunlich. Auch diese Korallen leben in einer Symbiose mit Zooxanthellen, von deren Produkten sie sich auch weitgehend ernähren. Sie nutzen aber auch noch andere Nahrungsquellen im Meer. An den Korallenriffen im Indopazifik sind Vielfingrige Lederkorallen weit verbreitet.

Foto: Philippinen, Apo-Island

Buschige Lederkoralle *(Sinularia notanda)*

Lederkorallen dieser Art wachsen in kleinen bis mittelgroßen Kolonien, die selten eine Höhe von 30cm erreichen. Von einem zentralen und polypenfreien Stamm aus verzweigen sich viele Seitenverzweigungen zu einer buschigen Kolonie. Die feingliedrigen Verzweigungen zeigen feine Längsrillen und sie sind relativ fest in ihrer Konsistenz. Alle Verzweigungen sind von kleinen Polypen besetzt, die in einer Symbiose mit Zooxanthellen leben, von deren Assimilationsprodukten sie sich auch weitgehend ernähren. Die Farbe der Kolonien ist variabel. Buschige Lederkorallen leben und siedeln nahe der Wasseroberfläche am mittleren und unteren Riffhang. Ihre Verbreitung reicht im Indopazifik von Ostafrika bis nach Papua Neuguinea und Australien.

Foto: Papua Neuguinea, Milne Bay

Vielfingrige Lederkoralle (Sinularia polydactyla), Philippinen

Buschige Lederkoralle (Sinularia notanda), Papua Neuguinea

Schwefelkoralle *(Rhytisma fulvum)*

Schwefelkorallen bilden im flachen Wasser auf abgestorbenen Korallen und auf anderen festen Substraten großflächige Überzüge, die mehrere Quadratmeter des Untergrundes bedecken können. Diese Matten sind nur wenige Millimeter dick. Als schnelle Sekundärsiedler lieben sie seichte Lagunen und siedeln an strömungsabgewandten Seiten von Inseln, wo sich auslaufende Wellen nicht brechen. Die goldgelben Polypen sind klein, stehen dicht, sind außerordentlich zahlreich und auch tagsüber ausgestreckt. Sie leben mit Zooxanthellen in einer Symbiose, von deren Assimilationsprodukten sie sich auch weitgehend ernähren. Ruderfußkrebse der Art *Monomolgus* unihastatus leben als Parasiten auf den Matten von Schwefelkorallen. Verbreitet ist die Art im gesamten Indopazifik.

Foto: Australien, Großes Berriereriff

Gelbe Krustenkoralle *(Rhytisma sp.)*

Gelbe Krustenkorallen überziehen im Flachwasser der Riffe abgestorbenen Untergrund großflächig. Ihre 2-4mm dicken Matten machen in ihrer Aggression auch vor lebenden Organismen nicht Halt, sondern sie überziehen sie zuerst netzförmig, kreisen die freibleibenden Areale ein und schließen sie schließlich. Die kleinen Polypen sind auch tagsüber expandiert und leben mit Zooxanthellen in einer Symbiose, von deren Assimilationsprodukten sie sich auch weitgehend ernähren. In der Systematik ist diese Gattung noch unzureichend bearbeitet, so dass es schwer fällt, Arten gegeneinander abzugrenzen. Schwefelkorallen, wie sie auch genannt werden, sind an den Riffen im gesamten Indopazifik weit verbreitet.

Foto: Philippinen, Cebu

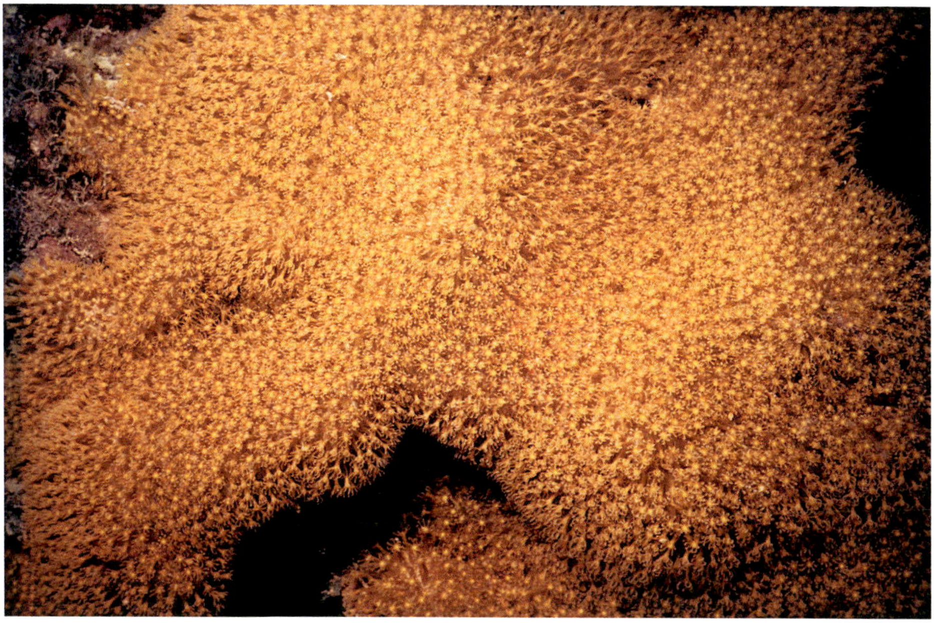

Schwefelkoralle (Rhystima fulvum), Australien

Gelbe Krustenkoralle (Rhystima sp.), Philippinen

Pilz-Lederkoralle *(Sarcophyton glaucum)*

Pilz-Lederkorallen wachsen, wie der Name es andeutet, in Form eines Pilzes. Auf einem dicken und polypenlosen Hauptstamm wächst ein fester und ledriger „Hut“, der auf seiner Oberfläche lange, schlanke und röhrenförmige Polypen trägt, die vollständig kontrahierbar sind. Die Ruhephase einer Kolonie ist immer dann angezeigt, wenn sich die Polypen vollständig in die lederartige Kolonie zurückgezogen haben. Zwei Polypenformen kann man bei dieser Lederkoralle unterscheiden: Zum einen die Fresspolypen (Autozoide), die dem Planktonfang dienen und zum anderen Schlauchpolypen (Siphonozoide), die als porenartige Vertiefungen auf der Kolonieoberfläche zu erkennen sind und die für die Regulierung des Wasserinnendruckes der Kolonie verantwortlich sind. Pilz-Lederkorallen leben auf festen Substraten der Riffdächer, im Vorriff, in Lagunen und am Riffhang. An guten Standorten bedecken ihre Kolonien große Areale der Unterwasserlandschaft, so dass regelrechte „Lederkorallenriffe“ entstehen können. Die Farbe der Kolonien ist weitgehend von der Farbe der Zooxanthellen abhängig, mit denen die Lederkorallen in einer Symbiose leben. Pilz-Lederkorallen sind im Roten Meer und im gesamten Indopazifik weit verbreitet.

Foto: Philippinen, Panglao

Hufeisen-Lederkoralle *(Sarcophyton crassocaule)*

Hufeisen-Lederkorallen erheben sich auf einem kurzen, fleischigen und polypenlosen Stiel über ihr Siedlungssubstrat und bilden einen Hut in der Form eines Pilzes oder eines Hufeisens. Dieser ist dicht mit langen und schlauchförmigen Polypen besetzt, die sich vollständig kontrahieren können. Eine ungeschlechtliche Vermehrung durch Teilung eines Hutes führt zu einer Rasenbildung der Kolonien, die an manchen Riffen Südostasiens im Flachwasser Areale von mehreren hundert Quadratmetern bedecken können. Hufeisen-Lederkorallen leben in einer Symbiose mit Zooxanthellen, von deren Assimitationsprodukten sie sich auch weitgehend ernähren. Sie nutzen möglicherweise auch andere Nahrungsquellen im Meer. Verbreitet sind sie von Indonesien und Australien bis in den Westpazifik.

Foto: Indonesien, Banta

Pilz-Lederkoralle (Sarcophyton glaucum), Philippinen

Hufeisen-Lederkoralle (Sarcophyton crassocaule), Indonesien

Zierliche Lederkoralle *(Sarcophyton elegans)*

Zierliche Lederkorallen, auch Elegante Lederkorallen genannt, sind an den Riffen im Roten Meer und im östlichen Indopazifik recht selten. An den Riffen von Melanesien, Mikronesien, Vanuatu und Neukaledonien jedoch kommen sie häufiger vor. Ihre relativ kleinen Kolonien, die einen maximalen Durchmesser von 30cm erreichen können, siedeln auf festen Gründen. Der Koloniesaum erscheint stark unduliert und gefaltet. Die Polypen sind klein und tagsüber eingezogen und leben mit Zooxanthellen in einer Symbiose, von deren Assimilationsprodukten sie sich auch weitgehend ernähren.

Foto: Vanuatu, Espiritu Santo

Lappige Lederkoralle *(Sarcophyton mililatensis)*

Die gesamte Kolonie dieser Lederkoralle besteht aus lappigen Projektionen, die tiefe Einkerbungen der Kolonieränder darstellen. Die Kolonieoberfläche ist von schlanken und röhrenförmigen Polypen bestanden, die sich strecken und kontrahieren können. Die Unterseite der Kolonie ist polypenfrei. Tagsüber sieht man, dass sich die lappigen Projektionen mit ihren Spitzen dem Sonnenlicht entgegenstrecken und die Polypen im Zentrum der Kolonie abgedunkelt werden. Das könnte eine Reaktion auf eine zu starke Sonneneinstrahlung sein, denn Lappige Lederkorallen sind Tierkolonien des flachen Wassers und daher stets exponiert dem Sonnenlicht ausgesetzt. Ihre Polypen leben mit Zooxanthellen in einer Symbiose, von deren Assimilationsprodukten sie sich auch weitgehend ernähren. Lederkorallen dieser Art sind im gesamten Indopazifik weit verbreitet.

Foto: Papua Neuguinea, Milne Bay

Zierliche Lederkoralle (Sarcophyton elegans), Vanuatu

Lappige Lederkoralle (Sarcophyton mililatensis), Papua Neuguinea

Trog-Lederkoralle *(Sarcophyton trochiliophorum)*

Trog-Lederkorallen bilden dicke und fleischige Kolonien von lederartiger Konsistenz aus. Sie sind die größten Lederkorallen innerhalb dieser Gattung, wobei ihre Kolonien bis zu 50cm im Durchmesser wachsen können. Die Kolonieränder sind in der Regel unduliert und ihre Oberfläche wird in der Regel von langen und schlauchförmigen Polypen bestanden, die sich vollständig kontrahieren und in ihre Kolonie einziehen können. Sie leben mit Zooxanthellen in einer Symbiose, von deren Assimilationsprodukten sie sich auch weitgehend ernähren. Da Trog-Lederkorallen kein Skelett ausbilden können, besitzen sie Skelettnadeln als Festigungselemente ich ihrem Gewebe. Ihr Siedlungsraum reicht vom extremen Flachwasser der Riffdächer und Ebbetümpel bis hinab in den mittleren Riffhang. Hier können sie bei einem guten Standort regelrechte Lederkorallen-Felder ausbilden. Ihre Anpassungsfähigkeit gegenüber hohen Temperaturen, Salzgehaltsschwankungen und Sonneneinstrahlung sind außerordentlich groß. Von Zeit zu Zeit befreien sich die Lederkorallen von einer auflagernden Sedimentation durch Abschleimen. Der Ruderfußkrebs *Paramolgus spathophorus* und Rippenquallen der Gattung *Coeloplana* leben auf ihrer Kolonieoberfläche. Als Fressfeinde sind die Nacktschnecke *Phyllodesmium* magnum und die Eischnecken *Ovula ovum* und *Calpurnus lacteus* bekannt. Die Verbreitung der Art reicht vom Roten Meer bis in den westlichen Indopazifik.

Foto: Indonesien, Hoga

Finger-Lederkoralle *(Lobophytum compactum)*

Finger-Lederkorallen bilden weiträumige und geduckt wachsende Kolonien im Flachwasser der Riffe aus und überziehen abgestorbenes Korallengestein mit ihren fingerförmigen Lagen. Der Stamm der Kolonien ist gedrungen und polypenlos. Die aufrecht wachsenden und fingerförmigen Projektionen sind unterschiedlich lang, verschieden im Durchmesser und gelegentlich verzweigt. Sie sind dicht mit kleinen und hellen Polypen besetzt, die sich bei Störungen vollständig kontrahieren können. Finger-Lederkorallen siedeln in oberen Riffbereichen, wo viel Sonnenlicht die Kolonien erreicht. Ausreichend Licht wird auch benötigt, um die Photosynthese der Zooxanthellen aufrecht zu erhalten, die im Gewebe der Kolonien symbiotisch leben. Von ihren Assimilationsprodukten ernähren sich die Lederkorallen auch weitgehend. Zwischen den fingerförmigen Projektionen der Kolonien leben Ruderfußkrebse der Arten *Paradoriocola squaminger* und *Meringomolgus fasceatus.* Finger-Lederkorallen kommen im Roten Meer und im gesamten Indopazifik vor.

Foto: Indonesien, Komodo

Trog-Lederkoralle (Sarcophyton trochiliophorum), Indonesien, beim Abschleimen

Finger-Lederkoralle (Lobophytum compactum), Indonesien

Watt-Lederkoralle *(Lobophytum sp.)*

Watt-Lederkorallen liegen ihrem Siedlungssubstrat flach auf und besitzen ein stark gefaltetes Coenenchym. Da sie mit Zooxanthellen in einer Symbiose leben und sich von deren Assimilationsprodukten weitgehend ernähren, siedeln sie im lichtexponierten Flachwasser der Riffe und kommen vom Riffwatt bis in den oberen Riffhang vor. Besonders im Riffwatt fallen sie zur Zeit der Ebbe trocken, doch das restliche Wasser in ihrem Gewebe lässt sie trotz hoher Salzkonzentration, großer Hitze und intensiver Sonneneinstrahlung die Zeit zwischen Ebbe und Flut überleben. Ihre Koloniegröße schwankt im Durchmesser zwischen 30cm und 1000cm. Vor ihren Fressfeinden schützen sich Lappige Lederkorallen mit Hilfe von Terpenen, eine chemische Verbindung, die auch Raumkokurrenten abschreckt und fernhält. Etwa 50 Arten sind aus dem Indopazifik bekannt.

Foto: Indonesien

Finger-Lederkorallen *(Cladiella sp.)*

Lederkorallen aus dieser Gattung bestehen aus einer Vielzahl annähernd gleich lange und fingerförmige Projektionen, die alle einer gemeinsamen Basis entspringen. Alle Projektionen sind ringsum dicht mit kleinen Polypen besetzt, die mit Zooxanthellen in einer Symbiose leben und von deren Assimilationsprodukten sich die Polypen auch weitgehend ernähren. Finger-Lederkorallen siedeln auf verschiedenen Hartböden und lieben gut beleuchtete und gut durchströmte Standorte im Riff. Sie siedeln daher stets nahe der Wasseroberfläche. *Cladiella*-Arten sind an den Riffen des Roten Meeres und im gesamten Indopazifik verbreitet.

Foto: Philippinen, Cebu

Watt-Lederkoralle (Lobophyton sp.), Indonesien

Finger-Lederkoralle (Cladiella sp.), Philippinen

Alderslade Möhrenkoralle *(Paraminabea aldersladei)*

Möhrenkorallen wachsen an senkrechten und schattigen Standorten im Riff und sind ausschließlich nachtaktiv. Ihre fingerförmigen Kolonien erreichen eine Länge von 15cm und sind von zwei unterschiedlichen Arten von Polypen besetzt: Zum einen besitzen sie lange und schlauchförmige Fresspolypen, die Mikroplankton zur Ernährung der Kolonie fangen und zum anderen winzig kleine Schlauchpolypen, die den Innendruck der Kolonie durch Wasseraufnahme und Wasserabgabe regulieren. Tagsüber sind die Polypen eingezogen. Die orange bis gelben, fingerförmigen Kolonien liegen oder hängen dann geschrumpft auf ihren Unterlagen. Erst bei Einbruch der Dunkelheit strömt Wasser über die Schlauchpolypen in die Kolonie, die sich dann aufrichtet. Jetzt werden die langen und transparenten Polypen ausgestreckt, die dann mit ihren langen und gefiederten Tentakeln Mikroplankton aus der Strömung des Wassers fangen. Möhrenkorallen sind im gesamten Indopazifik weit verbreitet, siedeln aber versteckt.

Foto: Papua Neuguinea, Milne Bay

Möhrenkoralle *(Eleutherobia sp.)*

Die hier vorgestellte Möhrenkoralle ist nachtaktiv. Mit Wasser vollgepumpt erhebt sie sich über den Untergrund, auf dem sie tagsüber zusammengesunken ruht. Die ihre Kolonien ohne Zooxanthellen in ihrem Gewebe leben, sind sie darauf angewiesen, in der Nacht Planktonorganismen für die Ernährung der kleinen Kolonien zu fangen. Dann beginnen die Schlauchpolypen Wasser in die Kolonie zu pumpen, um sie aufzurichten. Die nur wenigen, doch kräftigen Verzweigungen der Kolonie erheben sich aus einer gemeinsamen Basis. Die Polypen sind klein, lang, konisch und semitransparent. Ihre Tentakel sind weiß, gefiedert und laufen spitz aus. Tierkolonien der Gattung *Eleutherobia* findet man an schattigen Standorten im Riff, so unter Überhängen und großen Nischen, die gut von der Strömung des Wassers durchspült werden. Verbreitet sind Möhrenkorallen an allen Riffen im Indopazifik.

Foto: Malaysia, Lankayan

Alderslade Möhrenkoralle (Paraminabea aldersladei), Papua Neuguinea

Möhrenkoralle (Eleutherobia sp.), Malaysia

Robuste Möhrenkoralle *(Eleutherobia sp.)*

Robusta Möhrenkorallen sind fingerförmige, unverzweigte und in ihrer Form zylindrische Kolonien, die mit einer verbreiterten Basis auf festen Gründen wachsen oder die von den Dächern weiträumiger Unterhöhlungen in das Lumen des freien Wassers herabhängen. Die schlanken Kolonien sind unterschiedlich lang, verschieden gefärbt und präsentieren sich tagsüber „nackt", mit eingezogenen Polypen. Die nachtaktiven Polypen werden erst in der Dunkelheit expandiert und zum Fang von Mikroplankton weit in das vorbeiströmende Wasser ausgestreckt. Möhrenkorallen sind im Roten Meer und im Indopazifik weit verbreitet.

Foto: Malaysia, Lankayan

Robuste Möhrenkoralle (Eleutherobia sp.), Indonesien, Hoga

Broccoli-Weichkoralle *(Litophyton arboreum)*

Die Kolonien dieser Broccoli-Weichkoralle wachsen aufrecht und bäumchen- bis buschartig. Die Basis der Kolonie bildet ein polypenloser Stamm, auf dem viele Seitenäste nach allen Richtungen abzweigen. Erst an den feinen Endverzweigungen befinden sich die kleinen Polypen, die zu kleinen Knoten zusammengefügt sich. Die einzelnen Polypen sind nicht kontrahierbar. Sie leben mit Zooxanthellen in einer Symbiose, von deren Assimilationsprodukten sie sich auch weitgehend ernähren. Die Verbreitung der Art reicht vom Roten Meer und Ostafrika bis nach Hawaii.

Foto: Ägypten, Golf von Aqaba

Stachelige Weichkoralle *(Stereonephthya sp.)*

Stachelige Weichkorallen wachsen entweder buschig oder bäumchenförmig und kommen in verschiedenen Farben vor, wobei der Stamm der Kolonie, die Hauptverzweigungen und die Polypen unterschiedlich gefärbt sein können. Die relativ kleinen Kolonien siedeln auf festen Substraten und lieben schattige Standorte und klares und kräftig strömendes Wasser. Ihre stachelige Oberfläche wird durch kräftige Bündel von Skleriten erreicht, die gebündelt wie Kaktusnadeln aussehen. Die Polypen leben mit einzelligen Algen, den Zooxanthellen, in einer Symbiose, von deren Stoffwechselendprodukten sie sich auch weitgehend ernähren. Verbreitet sind Stachelige Weichkorallen im Roten Meer und im gesamten Indopazifik.

Foto: Ägypten, Golf von Aqaba

Broccoli-Weichkoralle (Litophyton arboreum), Ägypten

Stachelige Weichkoralle (Stereonephthya sp.), Ägypten

Runzelige Weichkoralle *(Scleronephthya sp.)*

Runzelige Weichkorallen sind bäumchenartig verzweigte Tierkolonien von geringer Größe. Ihre Polypen besitzen keine Dornen. Die winzigen Skelettnadeln (Sclerite) sind in der Kolonie so dicht angeordnet, dass der Stamm und die Verzweigungen nicht mehr transparent erscheinen. Ihr Lebensraum sind schattige und dunkle Überhänge, Unterhöhlungen und Höhlen. Hier hängen sie überwiegend von den Höhlendächern in das freie Wasser hinein und pendeln im Rhythmus der Strömung. In manchen Unterhöhlungen siedeln sie so dicht, dass sie das gesamte Höhlendach bedecken. Tagsüber sind die Kolonien inaktiv und ziehen sich zu unförmigen und klumpigen Gebilden zusammen. Erst bei Einbruch der Dunkelheit, wenn über die Schlauchpolypen Wasser in die Kolonie strömt, richten sie sich auf und zeigen ihre filigrane Pracht. Runzelige Weichkorallen besitzen ein breites Farbspektrum. Viele Schlangensterne und andere kleine Tiere leben in ihren Verzweigungen. Ihr Verbreitungsgebiet reicht vom Roten Meer bin in den Westpazifik.

Foto: Papua Neuguinea, Milne Bay

Kugeliges Schleierbäumchen *(Dendronephthya mucronata)*

Die Gattung *Dendronephthya* ist mit annähernd 250 Arten im Roten Meer und im gesamten Indopazifik und Westpazifik verbreitet. Daher ist es außerordentlich schwierig die Arten voneinander zu unterscheiden, so dass man eigentlich nur den Gattungsnamen der Tiere kennt. Das Kugelige Schleierbäumchen bildet schirmförmige Polypenträger aus, die auf einer Seite geschlossen sind. Auf der gegenüberliegenden Seite sind sie dann zu sehen. Der Stamm der Kolonie ist nahezu polypenlos. Nur im oberen Bereich befinden sich die kurzen und kräftigen Verzweigungen, die sich mehrfach aufspalten. Die Polypen stehen in Gruppen zusammen und werden von langen Kalknadeln umstanden. Schleierbäumchen sind überwiegend nachtaktive Tiere, die sich vom pflanzlichen und tierischen Plankton ernähren.

Foto: Papua Neuguinea, Milne Bay

Runzelige Weichkoralle (Scleronephthya sp.), Papua Neuguinea

Kugeliges Schleierbäumchen (Dendronephthya mucronata), PNG

Stachelige Prachtkoralle *(Dendronephthya sp.)*

Tierkolonien der Gattung Dendronephthya sind mit sehr vielen Arten im Roten Meer, im Indopazifik und im Westpazifik bis Japan, Hawaii und Australien weit verbreitet. Es ist außerordentlich schwer, auch für den Fachmann, die einzelnen Arten voneinander zu unterscheiden und das schon gar nicht anhand von Bildern. Fest steht, dass die Tierkolonien aus dieser Gattung zu den schönsten und farbenprächtigsten Tierkolonien an tropischen Korallenriffen zählen und in vielen unterseeischen Rifflandschaften typische Faunenelemente sind. Sie lieben abgeschattete Standorte im Riff und sind in vielen Unterhöhlungen dominant vertreten. Die Gestalt ihrer Kolonien kann durch Wasseraufnahme- und Abgabe sehr stark verändert werden, wobei die Polypen an den Endverzweigungen die Funktion von Steuerventilen zur Regulierung des Innendruckes erfüllen. Durch Wasseraufnahme wird sauerstoffreiches Wasser in die Kolonie gepumpt und Wasser, das mit Stoffwechselabbauprodukten angereichert ist, aus ihr entlassen. Der nahezu polypenlose Stamm der Kolonie besitzt nur im oberen Bereich relativ kurze und kräftige Seitenverzweigungen, die sich noch mehrfach aufspalten. Die Polypen stehen in kleinen Gruppen und werden von langen Kalknadeln umstanden, die ihnen einen gewissen Schutz gegen Fressfeinde gewähren. Ganz besonders im Bereich des polypenlosen Stammes sieht man die vielen eingelagerten Kalkkörperchen, die als helle Nadeln erkennbar sind. Eine Vielzahl kleiner wirbelloser Tiere leben entweder als Kommensalen oder als Parasiten in den Verzweigungen dieser Weichkorallen. Stachelige Prachtkorallen sind überwiegend nachtaktiv, die sich von feinem Mikroplankton ernähren.

Foto: Ägypten, Safaga

Dolden-Weichkoralle *(Umbellulifera sp.)*

Dolden-Weichkorallen sind nachtaktive Tiergemeinschaften, die tagsüber an ihren Standorten zusammengesunken auf ihrem Substrat liegen oder teilweise darin eingegraben sind. Sie sind Weichbodenbewohner. Erst in der Nacht richten sie sich auf, wenn über die Schlauchpolypen Wasser in die Kolonie gepumpt wird. Auf einem langen, schlanken und polypenlosen Stamm, der keine Festigungselemente (Spiculae) enthält, befinden sich Kopfverzweigungen, die sich zu Dolden formieren. Hier befinden sich auch die dicht stehenden Fresspolypen. Dolden-Weichkorallen leben bevorzugt in seichten und strömungsarmen Buchten stets fest im Sediment verankert. Bei einem guten Standort können ihre Kolonien eine Größe von über 1000cm erreichen. Eine Vielzahl von kleinen Wirbellosen besiedelt sowohl den Stamm, als auch die Verzweigungen der Kolonie. Dolden-Weichkorallen sind an den Riffen im Indopazifik weit verbreitet.

Foto: Philippinen, Cabilao

Stachelige Prachtkoralle (Dendronephthya sp.), Ägypten

Dolden-Weichkoralle (Umbellulifera sp.), Philippinen

Finger-Weichkoralle *(Paralemnalia sp.)*

Weichkorallen dieser Art sind im Roten Meer und im gesamten Indopazifik weit verbreitet. Sie sind Tierkolonien des flachen Wassers und siedeln bevorzugt in Lagunen und am oberen Riffhang. Ihre fingerförmigen und zylindrischen Projektionen entspringen einer gemeinsamen Basis und verteilen sich nach allen Richtungen. Die mattenförmigen Lagen, auf denen sie siedeln, sind frei von Polypen. Nur die zahlreichen fingerförmigen Projektionen sind dicht mit kleinen Polypen besetzt. Diese leben mit Zooxanthellen in einer Symbiose, von deren Assimilationsprodukten sie sich auch weitgehend ernähren.

Foto: Thailand, Burma Banks

Kenia-Bäumchen *(Capnella sp.)*

Weichkorallen dieser Gattung kommen mit mehreren Arten an den Riffen im Indopazifik vor. Sie bilden nur kleine Kolonien aus, die in gut belichteten und gut durchströmten Lagunen, am Riffhang und auf Riffterassen siedeln. Ihre Polypen, die von scharfen und gebündelten Kalknadeln (Spiculae) umstanden werden, können sich nicht mehr vollständig kontrahieren. Sie leben mit Zooxanthellen in einer Symbiose, von deren Assimilationsprodukten sie sich auch weitgehend ernähren. Die Form der Kolonie kann stark verändert werden, je nachdem, wie viel Wasser die Schlauchpolypen in die Kolonie pumpen. Die Bestimmung der Arten ist nur mit Hilfe einer mikroskopischen Analyse möglich.

Foto: Ostafrika, Pemba

Finger-Weichkoralle (Paralemnalia sp.), Thailand

Kenia-Bäumchen (Capnella sp.), Ostafrika

Simpsons Weichkoralle *(Nidalia simpsoni)*

Simpsons Weichkorallen bilden kleine und keulenförmige Kolonien aus, die auf einem relativ langen Stiel sitzen, der auf festen Substraten befestigt ist. Die Kolonien sind unterschiedlich in der Farbe und besitzen keine Zooxanthellen. Die nachtaktiven Polypen sind lang, transparent und tagsüber eingezogen. Erst in der Nacht werden sie zum Planktonfang ausgestreckt. Simpsons Weichkorallen siedeln an schattigen Stellen von Überhängen, Unterhöhlungen und sind von Indonesien und den Philippinen bis nach Mikronesien verbreitet.

Foto: Indonesien, Rinca

Runzeliges Nadelbäumchen *(Chironephthya sp.)* im Zentrum

Runzelige Nadelbäumchen zeigen verschiedene Wuchsformen und kommen in einem breiten Farbspektrum vor. Sie können aufrecht, buschförmig und reich verzweigt wachsen aber auch in einer großen Individuendichte wie knotenreiche Schnüre von den Decken schattigen Unterhöhlungen herabhängen. Ein inneres Kanalsystem ist dafür verantwortlich, dass sich bei Wasseraufnahme die Kolonien vom Untergrund erheben und strecken und bei Wasserabgabe in sich zusammensinken. Runzelige Nadelbäumchen beherbergen eine reiche Epifauna, die sich aus verschiedenen Schlangensternen, kleinen Krebsen und vielen anderen kleinen Wirbellosen zusammensetzt. Im Roten Meer sind sie vereinzelt, doch im Indopazifik sehr häufig anzutreffen.

Foto: Indonesien, Menjangan

Simpsons Weichkoralle (Nidalia simpsoni), Indonesien

Runzliges Nadelbäumchen (Chironephthya sp.), Indonesien

Godeffroyis Weichkoralle *(Siphonogorgia godeffroyi)*

Godeffroyis Weichkorallen besitzen einen glatten Stamm und stachelige Polypen, die von kurzen und spitzen Kalknadeln (Skleriten) umstanden werden. Ihr Kanalsystem ist schwach entwickelt und reicht nicht aus, um die Kolonie vollständig aufzupumpen. Aus diesem Grund wird die Festigkeit der Kolonie durch dicht gepackte Sklerite erreicht. Weichkorallen dieser Art sind Planktonfänger, die sich von Mikroplankton ernähren. Ihre bevorzugten Standorte im Riff sind gut durchströmte Riffhänge, wo sie ihre fächerförmigen und weit in das Wasser ragenden Kolonien quer zur Strömungsrichtung des Wassers positionieren. Große Kolonien können eine Ausdehnung von fast 2000cm im Durchmesser erreichen. Godeffroyis Weichkorallen sind im Roten Meer und im gesamten Indopazifik verbreitet.

Foto: Indonesien, Mollukken

Godeffroyis Weichkoralle (Siphonogorgia godeffroyi), Papua Neuguinea

Godeffroyis Weichkoralle (Siphonogorgia godeffroyi), Papua Neuguinea

Falsche Weichkoralle *(Studeriotes sp.)*

Weichkorallen dieser Art leben in mobilen Böden und sind mit einem verbreiterten Fuß darin verankert. Sie wachsen aufrecht und bäumchenförmig mit langen und seitlichen Verzweigungen, die einem kräftigen Hauptstamm entspringen. Die Polypen sind relativ groß und leben ohne Symbionten. Die Polypen selbst und die Verzweigungen, an denen sie sich befinden, können sich vollständig in den Hauptstamm kontrahieren. Der Stamm und die Verzweigungen besitzen keine Festigungselemente. Der Innendruck der Kolonie, auch Turgor genannt, wird über die Schlauchpolypen geregelt, die Wasser aufnehmen oder abgeben. Falsche Weichkorallen sind nachtaktive Plantonfänger. Tagsüber leben sie im Boden versteckt und sind so gut wie nicht auffindbar. Man muß schon sehr tief tauchen, um diese Tierkolonien in der Nacht zu sehen und zu beobachten. Falsche Weichkorallen sind im gesamten Indopazifik verbreitet.

Foto: Philippinen, Cabilao

Langpolypen-Pumpkoralle *(Xenia actuosa)*

Langpolypen-Pumpkorallen bilden pilzförmige Kolonien mit sehr langen Autozoiden aus, deren gefiederte Tentakel stetig pulsieren. Diese rhythmischen Bewegungen dienen möglicherweise der Sauerstoffversorgung und nicht dem Planktonfang. Die hellen Polypen besitzen braune Fiederchen. Die Mundöffnung der Polypen ist verschlossen, so dass sie nicht mehr in der Lage sind, feste Nahrung in Form von Mikroplankton aufzunehmen. Sie besitzen Zooxanthellen in ihrem Gewebe, von deren Assimilationsprodukten sie sich auch weitgehend ernähren. Zusätzlich nehmen sie noch im Meerwasser gelöste organische Substanzen über die Polypenoberfläche auf. Die einzelnen Pilzkolonien sind klein. Doch wenn viele von ihnen nebeneinander siedeln, können sie mehrere Quadratmeter Riffboden bedecken. Langpolypen-Pumpkorallen sind an den Riffen im gesamten Indopazifik verbreitet und kommen dort in Tiefen von 5-20m vor.

Foto: Philippinen, Cabilao

Falsche Weichkoralle (Studeriotes sp.), Philippinen

Langpolypen-Pumpkoralle (Xenia actuosa), Philippinen

Blaue Weichkoralle *(Efflatounaria sp.)*

Weichkorallen dieser Gattung wachsen in dünnen und mattenförmigen Lagen und überziehen totes Korallengestein. Das Foto zeigt deutlich und eindrucksvoll die Eroberung von Lebensraum durch das Aussenden von Kolonieausläufern. Diese pseudopodenähnliche Stolone formieren sich zu einem Geflecht, wobei die leeren Zwischenräume nach und nach ausgefüllt werden. Aus diesen mattenähnlichen Lagen erheben sich die Polypen, die in der Lage sind, sich vollständig in das Coenenchym zurückzuziehen. Sie besitzen stets die gleiche Farbe wie die Kolonie selbst und leben mit Zooxanthellen in einer Symbiose, von deren Assimilationsprodukten sie sich aus weitgehend ernähren. Ihr Lebensraum sind Außenriffe und Riffterrassen, die gut durchströmt werden. Weichkorallen der Gattung *Efflatounaria* sind im Roten Meer und im gesamten Indopazifik verbreitet.

Foto: Indonesien, Moyo

Lappige Weichkoralle *(Cespitularia sp.)*

Lappige Weichkorallen bilden vom Flachwasser bis in Tiefen von 15m fleischige, unregelmäßig gestaltete, flache, lappige bis bäumchenförmige Kolonien aus, die auf festen Substraten siedeln. Sie besitzen lange und schlauchförmige Polypen mit gefiederten Tentakeln, die einer gemeinsamen Basis entspringen. Die Polypen sind nicht kontrahierbar. Sie leben mit Zooxanthellen in einer Symbiose, von deren Assimilationsprodukten sie sich auch weitgehend ernähren. 15 Arten sind aus dieser Gattung im Roten Meer und dem Indopazifik bekannt. Einige Arten fluoreszieren, die meisten jedoch nicht. Die überwiegende Anzahl der Kolonien bleiben klein und erreichen selten einen Durchmesser von 30cm.

Foto: Indonesien, Komodo

Blaue Weichkoralle (Efflatounaria sp.), Indonesien

Lappige Weichkoralle (Cespitularia sp.), Indonesien

Zarte Feder-Weichkoralle *(Anthelia glauca)*

Weichkorallen dieser Art wachsen bevorzugt im oberen Riffbereich und sind sehr erfolgreiche Sekundärsiedler. Die langen und schlauchförmigen Polypen einer Kolonie verzweigen sich von einer flachen und kaum sichtbaren Bodenplatte nach allen Seiten aus. Sie besitzen 8 zarte und gefiederte Tentakel, die keine Pumpbewegungen mehr ausführen. Eine Kolonie zarter Feder-Weichkorallen bleibt stets klein und bedeckt nur wenige Quadratzentimeter Hartsubstrat. Im flachen Wasser sind die Kolonien robust und wachsen geduckt mit nur kleinen Polypen. Im tieferen Wasser dagegen, wo Strömungsturbulenzen weitgehend fehlen, entfalten sie sich zu filigranen Gebilden. Die Abhängigkeit der Polypenlänge von der Stärke der Wasserbewegung wird dabei offensichtlich. Zarte Feder-Weichkorallen kommen im Roten Meer und im gesamten Indopazifik vor.

Foto: Indonesien, Komodo

Knotige Weichkoralle *(Nephthea sp.)*

Knotige Weichkorallen wachsen bäumchenförmig auf festen Substraten und erheben ihre reich verzweigten Kolonien über ihr Siedlungssubstrat. Ihre Siedlungsräume sind sowohl schattige als auch lichtexponierte Stellen im Riff. Der Basis der Kolonie folgen ein polypenloser Stamm und daran anschließend polypenlose Hauptverzweigungen. Erst an den Endverzweigungen befinden sich die Polypen. Diese leben mit Zooxanthellen in einer Symbiose, von deren Assimilationsprodukten sie sich auch weitgehend ernähren. Die Farbe der Kolonien variiert zwischen weiß, beige, gelb, grün oder violett und richtet sich weitgehend nach der Farbe der Zooxanthellen. *Nephthea*-Arten sind leider anhand von Fotos nicht oder nur ganz schwer zu bestimmen. Vertreter aus dieser Gattung kommen im Roten Meer und im Indopazifik sehr häufig vor.

Foto: Indonesien, Bitung

Zarte Feder-Weichkoralle (Anthelia glauca), Indonesien

Knotige Weichkoralle (Nephthea sp.), Indonesien

Hängende Weichkoralle *(Stereonephthya imbricans)*

Weichkorallen dieser Art hängen vom Dach tiefer, schattiger, geräumiger und gut durchströmter Unterhöhlungen in das Lumen des freien Wassers herab, wo sie wie ausgefranste Seile dicht nebeneinander siedeln und in der Strömung pendeln. Sie können, je nach Höhlengröße, fast 2000cm lang wachsen. Der Stamm einer herabhängenden Weichkoralle ist in seiner Form zylindrisch und im Querschnitt annähernd rund. Viele seitliche Verzweigungen unterschiedlicher Länge strahlen nach allen Seiten ab. Hängende Weichkorallen sind nächtliche Planktonfänger. Ihre Kolonien werden häufig von lichtscheuen Schlangensternen besiedelt. Weichkorallen dieser Art kennt man nur aus den Gewässern von Indonesien. Man muß entlang ihrer Küsten schon viele Unterhöhlungen betauchen, um sie zu finden.

Foto: Indonesien, Salayar

Die medizinische Forschung hat sich in den letzten Jahren sehr intensiv mit der Chemie verschiedener Rindenkorallen beschäftigt und dabei Stoffe aus ihnen isoliert, die heute wichtig für vielerlei Anwendungsgebiete im Bereich der Medizin sind.

Gerade Meerestiere, die am Untergrund festsitzen und die sich nicht durch eine schnelle Flucht einer Gefahr oder ihren Feinden entziehen können, haben unterschiedliche Strategien entwickelt, um Fressfeinde abzuschrecken und abzuwehren, um so ihr Territorium abzugrenzen. Das geschieht in der Natur mit viel Einfallsreichtum, mit Aggressivität, mit Nesselzellen und mit artspezifischen Giften.

So haben Wissenschaftler aus Rindenkorallen Toxine isoliert, die in ihrer Wirkung mit dem Pfeilgift Curare vergleichbar sind und die in der Medizin bei der Blockade neuromuskulärer Erregungsübertragungen eingesetzt werden. Die Karibische Rindenkoralle, *Plexaura homomala*, besitzt z.B. Stoffe in sehr hohen Konzentrationen, die beim Menschen eine ganze Reihe physiologischer Abläufe steuern können. Zum einen die Erweiterung und Kontraktion von Blutgefässen, zum anderen die Bronchialmuskulatur. Die chemischen Extraktionen aus Rindenkorallen finden aber auch Anwendungen bei der Beeinflussung des Blutzuckerspiegels, bei Magenschleimhauterkrankungen, bei Allergien, Entzündungen und bei der Schmerzempfindlichkeit. Die Liste der Anwendungsmöglichkeiten kann in beliebiger Länge fortgesetzt werden und die Forschung an den Rindenkorallen ist noch lange nicht beendet. Zudem ist die Publikationsliste der bisher gefundenen chemischen Verbindungen der der veröffentlichten Anwendungsbereiche weit voraus. Man kann aber sicher sein, dass viele der bereits gefundenen Stoffe, die weltweit in den Labors getestet werden, ihren Weg in die medizinische Anwendung finden werden.

Jetzt, da man weiß, wie wichtig Rindenkorallen auch für uns Menschen sind, stellt sich die Frage: Was sind das für Meerestiere, die uns die Stoffe liefern, die in der Medizin ihre heilende Wirkung für den Menschen finden?

Fächerkorallen sind Tiergemeinschaften, die ausschliesslich im Meer leben und die man auch Rinden- oder Hornkorallen nennt. In den warmen und tropischen Meeren entfalten sie ihre grösste Arten- und Formenvielfalt. Die meisten von ihnen leben in küstennahen Gewässern bis in Tiefen von 300m. Nur wenige Arten siedeln bis hinab in die Regionen der Tiefsee. Fächerkorallen gehören zu den achtstrahligen Korallen (Octocorallia), was besagt, dass ihre Polypen 8 gefiederte Arme besitzen und der Körper eines jeden Polypen durch 8 Septen in 8 gleiche Fächer unterteilt ist. Die Polypen scheiden ein inneres Skelett aus, das von einer lebenden Rinde überzogen ist. In ihr leben alle Polypen der Tierkolonie.

Das Achsenskelett der Fächerkorallen besteht aus einer jodhaltigen und hornähnlichen Fasersubstanz, dem Gorgonin. Dieses kann durch Kalkeinlagerungen verfestigt und versteift sein. Der prozentuale Anteil von Kalk im Achsenskelett entscheidet über die Flexibilität und Geschmeidigkeit einer Kolonie. Damit werden die Kalkeinlagerungen zu einem wichtigen

Kriterium für ein Siedeln und Überleben vieler Fächerkorallen im stark bewegten Wasser der Küstenregionen, denn nur geschmeidige Arten sind in der Lage, der angreifenden Wucht der Wellen in den oberflächennahen Gewässern auszuweichen und standzuhalten.

Viele Arten, die in sehr tiefen Wasserschichten leben, wo die Kraft der Wasserbewegung sehr gering ist, fehlt das Gorgonin im Achsenskelett völlig. Bei ihnen werden viele der Kalknadeln zusammengekittet, wodurch die Tierkolonien eine steife, ja geradezu starre Form erhalten. Dadurch sind die Kolonien sehr spröde und ihre Verzweigungen brechen leicht ab.

Die Kalknadeln befinden sich nicht nur im Achsenskelett, sondern sie liegen auch, wohl geordnet, in der Rindenschicht. Hier wirken sie verfestigend und sind, losgelöst mit Hilfe einer Mazerierflüssigkeit im Labor, ein wichtiges Kriterium für die Bestimmung der Art.

Fächerkorallen wachsen oft mit einer breiten Basis, dem „Fuss", auf harten Substraten. Arten jedoch, die in sehr grossen Tiefen leben und die keine festen Substrate als Siedlungsunterlage vorfinden, verankern sich mit wurzelähnlichen Ausläufern im weichen Sediment. Fächerkorallen zeigen verschiedene Wuchsformen. Diese reichen von feder-, strauch-, baum-, fächer-, peitschen- und bürstenartigen Gebilden bis hin zu Formen mit langen, biegsamen, steifen, kurzen oder dickem Hauptstamm. Verzweigen sich z.B. die Äste an einem Hauptstamm beiderseits in einer Ebene, dann sehen die Kolonien wie eine Feder aus. Verwachsen aber die Verzweigungen zu einem Maschenwerk, dann haben die Kolonien das Aussehen von Fächern. Diese werden meist quer zur vorherrschenden Strömung des Wassers ausgerichtet. Damit bilden sie einen optimal ausgerichteten Filter für den Nahrungserwerb der Kolonie, denn alles, was an tierischem Plankton mit der Strömung herangetragen wird, muss durch das Maschenwerk des Koloniefächers hindurch und wird von den achtarmigen Polypen gefangen und gefressen.

Auffällig ist, dass das Farbspektrum der Fächerkorallen außerordentlich groß ist. Das wird durch die Einlagerung von Karotinoiden in die Rindenschicht erreicht, so dass uns bevorzugt gelbe, orange und rote Kolonien unter Wasser begegnen. Einige Rindenkorallen leben in einer Symbiose mit winzigen kleinen Algen, die dann dem Tierstock die Farbe verleihen.

Fächerkorallen sind in der Regel bevorzugte Siedlungsorte für eine grosse Anzahl wirbelloser Tiere. Besonders Moostierchen, Schwämme, Feuerkorallen, Muscheln, Schnecken und koloniebildende Röhrenwürmer nutzen sie als Siedlungssubstrat. Aber auch Schlangen- und Haarsterne sowie Gorgonenhäupter nutzen die optimal in der Strömung des Wassers ausgerichteten Fächer für den eigenen Nahrungserwerb, den nächtlichen Planktonfang.

Bedingt durch das Vorhandensein giftiger Stoffe in der Rindenschicht haben Fächerkorallen sehr wenige Feinde. Lediglich einige Schnecken, Nacktschnecken und nur ganz wenige Fische haben sie im Laufe der Evolution auf ihren Speiseplan gesetzt.

Peitschengorgonie (Ellisella sp.), Papua Neuguinea, Kimbe Bay

Riesenfächer *(Annella mollis)*

Riesenfächer können wahrhaft gigantische Ausmaße erreichen: Bis zu 200cm Höhe und 300cm Breite. Damit sind sie die wohl größten Fächerkorallen an indopazifischen Korallenriffen. Ihr feinmaschiges Skelett, das aus verbackenen Skleriten mit Gorgonin besteht, ist außerordentlich flexibel und damit ausgezeichnet an kräftige Wasserbewegungen angepasst. Die Farbe der Kolonien ist variabel. Eine bemerkenswerte Epifauna- und flora besiedelt häufig das riesige Netzgebilde, wobei Fadenalgen, Muscheln und Moostierchen die häufigsten Siedler sind. Riesenfächer kommen nie im Flachwasser der Lagunen vor. Sie wählen ihren Standort erst ab einer Wassertiefe von 10m und siedeln bevorzugt an Steilwänden und auf Riffplateaus. Ihr Tiefenlimit liegt bei 35m. Früher wurde diese Art unter dem Gattungsnamen *Subergorgia* geführt.

Foto: Indonesien, Komodo

Netzgorgonie *(Annella reticulata)*

Junge und ausgewachsene Netzgorgonien unterschieden sich in ihrer Netzstruktur grundsätzlich voneinander. Bei den jungen Gorgonien ist das Maschenwerk weitgehend in der Längsachse der Kolonie orientiert, wobei nur wenige kurze Stege die länglichen Verzweigungen miteinander verbinden. Bei den ausgewachsenen Fächern ist das polygonale Netzwerk wesentlich dichter ausgeprägt. Auch in der Farbe der Rindenschicht unterscheiden sich junge und alte Netzgorgonien voneinander. Ausgewachsene Fächer können eine Höhe und Breite von über 80cm erreichen. Im Roten Meer und im Indopazifik sind Netzgorgonien weit verbreitet.

Foto: Indonesien, Molukken

Bild 181: Riesenfächer (Annella mollis), Indonesien

Netzgorgonie (Annella reticulata), Indonesien

Rote Gorgonie *(Subergorgia rubra)*

Rote Gorgonien sind Tierkolonien das tiefen Wassers, die erst unterhalb von 20m Wassertiefe siedeln. Sie bilden große bis mittelgroße und reich verzweigte Fächer aus, deren Stamm und Verzweigungen Längsrillen ausgebildet haben. Die kleinen und hellen Polypen, die tagsüber in der Rindenschicht eingezogen sind, betätigen sich erst in der Nacht voll expandiert als Planktonfänger. Sie ernähren sich vom Mikroplankton. Muscheln der Gattung *Pteria* und Schlangensterne der Gattung *Ophiothela* leben häufig auf und zwischen ihren Verzweigungen. Rote Gorgonien werden bis zu 80cm groß und sind im Roten Meer und im Indopazifik von Ceylon bis Neukaledonien, Guam und dem Zentralpazifik weit verbreitet.

Foto: Indonesien, Zentral Sulawesi, Palu

Schlanke Riffgorgonie *(Subergorgia apressa)*

Schlanke Riffgorgonien können bis zu 100cm in die Höhe wachsen. Aus einem kräftigen Hauptstamm heraus verzweigen sich schlanke und peitschenförmige Verzweigungen, die bis zur Peripherie hin immer kürzer werden. Alle Verzweigungen wachsen buschförmig. Die kleinen Polypen der Kolonie sind tagsüber eingezogen. Erst bei Anbruch der Dämmerung werden sie aktiv und fangen Mikroplankton für die Ernährung der Kolonie aus dem vorbeiströmenden Wasser. Schlanke Riffgorgonien leben sowohl im klaren Wasser der Außenriffe, als auch in den suspensionsreichen Gewässern flacher Lagunen. Die Farbe der Kolonien ist variabel.

Foto: Indonesien, Nord Sulawesi

Rote Gorgonie (Subergorgia rubra), Indonesien

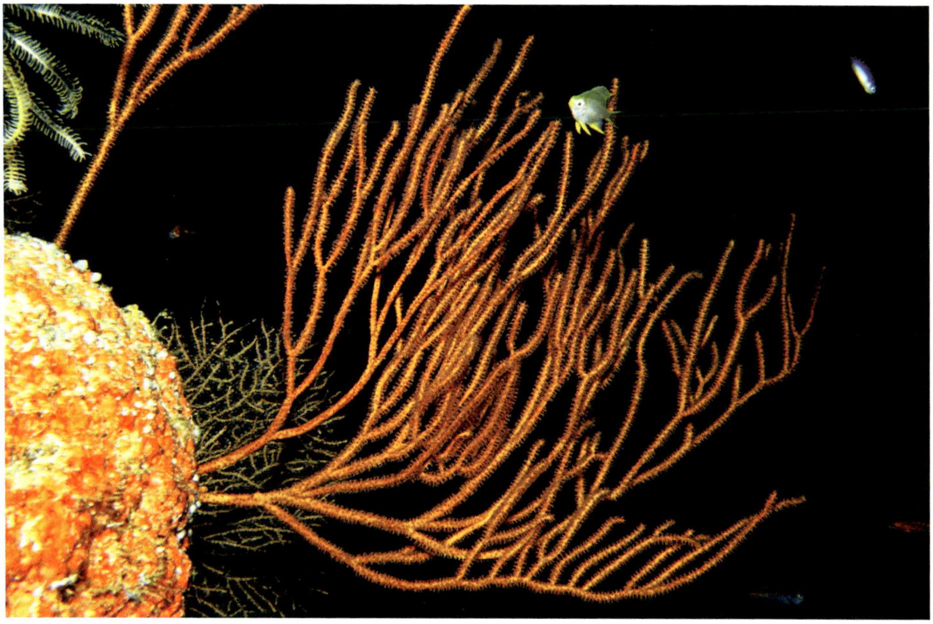

Schlanke Riffgorgonie (Subergorgia apressa), Indonesien

Orange Fächerkoralle *(Subergorgia suberosa)*

Fächerkorallen dieser Art sind Tierkolonien sowohl des flachen als auch des tieferen Wassers. Ihre filigranen Verzweigungen sind lang, dichotom verzweigt, etwas zusammengedrückt, oval im Querschnitt und entspringen einer gemeinsamen Basis. Sie alle siedeln auf festem Korallengestein und kommen an den unterschiedlichsten Standorten vor. So findet man sie im klaren Wasser steiler Abhänge aber auch im suspensionsreichen Wasser flacher Lagunen. Die Farbe ihrer Rindenschicht ist variabel. Sie kann rot, orange, rotbraun oder braun sein. Große Fächer erreichen bei einem guten Standort eine Höhe von 80cm. Verbreitet sind sie im Roten Meer und kommen im Indopazifik von Ostafrika bis nach Mikronesien, Japan, Taiwan und Australien vor. *Subergorgia appressa* ist ein Synonym.

Foto: Indonesien, Manado

Zweig-Netzfächer *(Acabaria delicata)*

Diese Art bildet nur kleine und wenig verzweigte Kolonien aus, die im tiefen Wasser an schattigen Stellen im Riff siedeln. Man findet sie oft in dunklen Höhlen und schattigen Unterhöhlungen. Ihre zarten und relativ wenigen Verzweigungen sind in einer Ebene ausgerichtet, wobei man jedoch von einer fächerförmigen Wuchsform nicht unbedingt sprechen kann. Die Farbe der Rindenschicht kann variabel sein. Die kleinen Polypen sind lateral entlang der Verzweigungen positioniert. Zweig-Netzfächer kommen im Roten Meer von Elat bis nach Ras Muhamed und der Straße von Tiran vor.

Foto: Israel, Sinai

Orange Fächerkoralle (Subergorgia suberosa), Indonesien

Zweig-Netzfächer (Acabaria delicata), Israel

Zarter Riff-Fächer *(Acabaria quinquemiglia)*

Zarte Riff-Fächer sind variabel in ihrer Wuchsform und in ihrer Farbe. Zum einen formieren sich die zarten Verzweigungen zu einem Fächer, zum anderen bilden sie kleine Büsche. Die Farbe ihrer Rindenschicht reicht von orangerot und rosa bis hin zu gelb und weiß. Die kleinen Polypen, die um die zarten Verzweigungen angeordnet sind, sind in der Regel farblos. Als nächtliche Planktonfänger ernähren sie sich von feinem Mikroplankton. Zarte Riff-Fächer sind Tierkolonien des tieferen Wassers. Sie lieben schattige Stellen im Riff und sind im Indopazifik von Indonesien bis nach Neukaledonien und Australien verbreitet.

Foto: Indonesien, Molukken

Breiter Knotenfächer *(Acabaria kuea)*

Breite Knotenfächer wachsen reich verzweigt mit roten Nodien und gelben bis orange Internodien. Die Nodien sind stets verdickt und erscheinen dem Betrachter wie Knoten. Die kleinen Polypen der Kolonie leben tagsüber fast immer versteckt in der Rindenschicht. Sie expandieren sich immer erst in der Nacht zum Planktonfang. Breite Knotenfächer dehnen ihre Fächer in der Breite stets weiter aus als in der Höhe. Sie siedeln an Küsten- und Außenriffen auf festen Substraten und kommen bis in Tiefen von 35m vor. Verbreitet sind sie von Indonesien bis nach Neukaledonien und Papua Neuguinea.

Foto: Indonesien, Nusakode

Zarter Riff-Fächer (Acabaria quinquemiglia), Indonesien

Breiter Knotenfächer (Acabaria kuea), Indonesien

Sinai-Knotenfächer *(Acabaria sinaica)*

Sinai-Knotenfächer leben bevorzugt an schattigen Stellen im Riff. Man findet sie unter Überhängen, in unterseeischen Tunneln und an den schattigen Wänden von großräumigen Höhlen. Viele der Knotenfächer hängen von der Decke in das Lumen des freien Wassers herab. Die Verzweigungen der Fächer sind zart und die jeweilige Wuchsform verschieden. So kommen sie in Form von Fächer oder kleinen Büschen vor. Auch die Farbe der Rindenschicht ist variabel. Die kleinen und weißen Polypen der Kolonie sind lateral der Verzweigungen angeordnet und auch tagsüber meist geöffnet. Sinai-Kontenfächer sind Tierkolonien des Roten Meeres.

Foto: Israel, Golf von Aqaba

Variabler Netzfächer *(Acabaria variabilis)*

Die Kolonien Variabler Netzfächer sind dichotom verzweigt, was bedeutet, dass ein jeder Ast sich in zwei weitere Äste aufspaltet. Die kleinen Polypen befinden sich an den lateralen Seiten der Verzweigungen und sind befähigt, sich vollständig in die Rindenschicht zurückzuziehen. Die Verzweigungen sind stets in einer Ebene ausgerichtet. Variable Netzfächer sind nachtaktive Planktonfänger. Häufig bilden mehre Fächer, die unterschiedlich ausgerichtet sind, eine buschige Kolonie. Deren Rindenschicht kann variabel (siehe Artname) gefärbt sein. Variable Netzfächer sind im Roten Meer und im gesamten Indopazifik weit verbreitet.

Foto: Malaysia, Lankayan

Sinai-Knotenfächer (Acabaria sinaica), Israel

Variabler Netzfächer (Acabaria variabilis), Malaysia

Pracht-Netzfächer *(Acabaria splendens)*

Pracht-Netzfächer leben endemisch im Roten Meer. Sie wachsen zu großen Fächern von über 60cm im Durchmesser heran und siedeln bevorzugt in gut strömendem Wasser der Riffhänge. Die planen Fächer zeigen ein recht engmaschiges Netz von Verzweigungen, wobei die Hohlräume dazwischen durch die expandierten Polypen ausgefüllt werden. So entsteht ein optimal ausgerichtetes Netz zum Planktonfang. Die Polypen sind klein und in das Coenenchym einziehbar. Die Rindenschicht kann violett-rot, rotorange oder gelb gefärbt sein. Beobachtungen haben gezeigt, dass die violett-roten Fächer mehr im Norden und die rotorangenfarbenen Fächer mehr im Süden des Roten Meeres vorkommen. *Acabaria crosslandi* ist ein Synonym.

Foto: Israel, Golf von Aqaba

Malediven-Knotenkoralle *(Clathraria maldivensis)*

Malediven-Knotenkorallen wachsen zartgliedrig, filigran und streng dichotom verzweigt. Die ziegelroten bis orangeroten Verzweigungen entspringen gelben oder weißen, knotiger Nodien. Die Endverzweigungen sind stets gegabelt. Der Lebensraum dieser farbigen Fächer sind Riffhänge mit stark strömendem Wasser und schattige Stellen unter geräumigen Überhängen. Die kleinen und hellen Polypen sind rings um die Achse der Verzweigungen verteilt. Im Geflecht dieser Tierkolonien lebt eine bemerkenswerte Epifauna kleiner, wirbelloser Tiere. Es sind winzige Krebse, Schlangensterne und Haarsterne, die als nächtliche Besucher den exponierten Standort der Knotenkorallen für ihren Planktonfang nutzen. Malediven-Knotenkorallen leben an den Riffen der Malediven und der Lakkadiven und sind in moderaten Wassertiefen doch recht häufig zu sehen.

Foto: Malediven, Baa-Atoll

Pracht-Netzfächer (Acabaria splendens), Israel

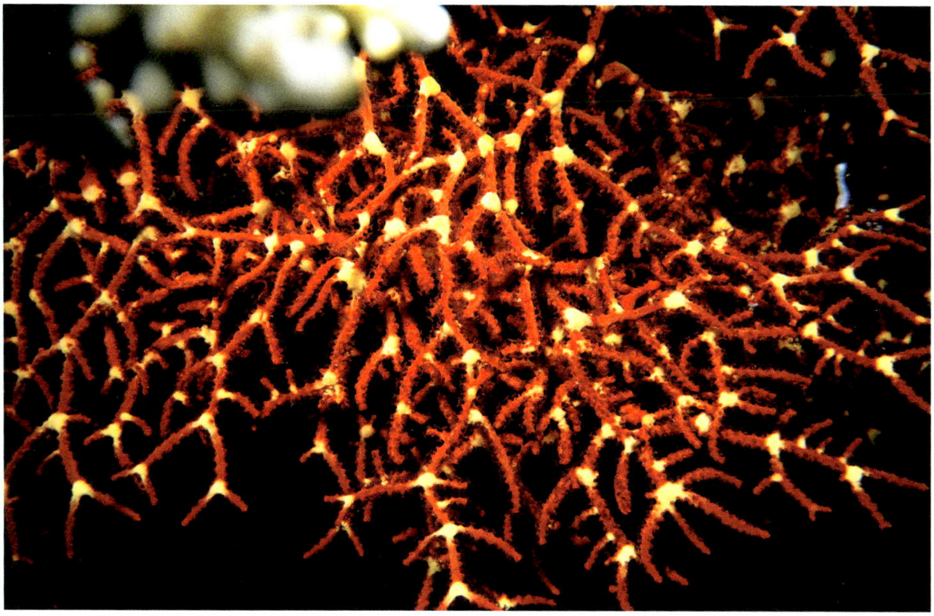

Malediven-Knotenkoralle (Clathraria maldivensis), Malediven

Riesen-Knotenfächer *(Melithaea sp.)*

Knotenfächer der Gattung *Melithaea* sind an indopazifischen Korallenriffen mit vielen Arten vertreten. Es ist daher sehr schwierig, sie gegeneinander abzugrenzen, da eine einzige Art noch durch regionale Wuchsformen erweitert wird. Stets jedoch siedeln sie auf festen Gründen in weit ausladenden Fächern, die sie in Breitseite der Strömung entgegenstellen. Dadurch ist gewährleistet, dass ausreichend Wasser durch die Verzweigungen des Fächers gedrückt wird und Mikroplankton in ausreichender Menge zur Ernährung der Kolonie von den kleinen Polypen gefangen werden kann. Die einzelnen Verzweigungen sind durch hornige Gelenkknoten (Nodien) stets verdickt, die der Flexibilität der Kolonie dienen. Die Farbe der Rindenschicht ist sehr variabel und reicht von weiß und gelb bis hin zu rot und orange. Eine reiche Epifauna, die sich aus Schwämmen, Muscheln, Seescheiden und Haarsternen zusammensetzen kann, lebt auf diesen Kontenfächern. Tierkolonien der Gattung *Melithaea* sind an den Korallenriffen im Roten Meer und im gesamten Indopazifik vertreten.

Foto: Papua Neuguinea, Milne Bay

Riesen-Knotenfächer (Melithaea sp.), Malaysia, Tioman

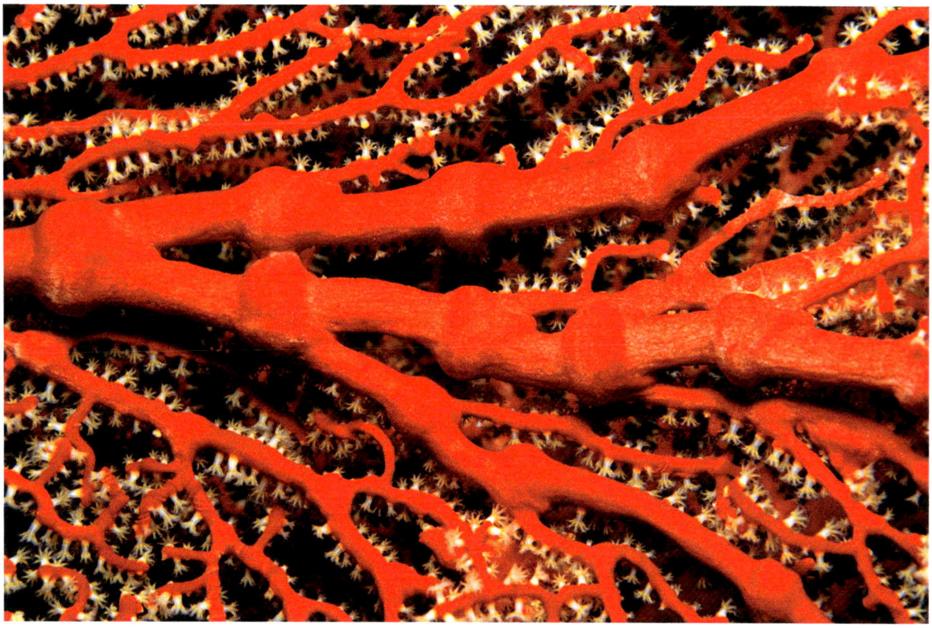

Knoten im Riesenfächer (Melithaea sp), Malaysia, Tioman

Kaledonien-Knotenfächer *(Melithaea caledonica)*

Kaledonien-Knotenfächer können sehr groß werden und über 100cm in die Höhe und Breite wachsen. Sie bilden einen dichten und fein verzweigten Fächer. In der Mitte der Fächer sind die Verzweigungen besonders fein ausgebildet, was dem nächtlichen Planktonfang der Polypen erleichtert. Alles, was in der Nacht an Mikroplankton durch den Knotenfächer strömt, wird abgefischt. Die Polypen der Kolonie sind klein, hell und tagsüber in der Rindenschicht eingezogen. Kaledonien-Knotenfächer sind Tierkolonien des tieferen Wassers. Sie kommen im Indopazifik von Indonesien und der Philippinen bis nach Vanuatu, den Salomonen, Neukaledonien und Australien vor.

Foto: Vanuatu, Pilotin

Roter Riesen-Knotenfächer *(Melithaea ochracea)*

Rote Riesen-Knotenfächer können bei einem guten Standort wahrhaft große Ausmaße erreichen und 200cm in die Höhe und 300cm in die Breite wachsen. Sie siedeln mit breiter Basis auf festem Riffgestein und erheben sich als majestätische Fächer in das freie Wasser. Das feinmaschige Netzwerk ihrer Fächer besteht aus einer Vielzahl von Verzweigungen, die sich alle von kräftigen Hauptverzweigungen ableiten. Die Rindenschicht dieser Gorgonien ist überwiegend rot. Die kleinen Polypen, die tagsüber darin zurückgezogen leben, betätigen sich erst bei Anbruch der Dunkelheit als nachtaktive Planktonfänger. Riesen-Knotenfächer sind im zentralen Indopazifik besonders häufig. Sie leben vom Flachwasser bis in Tiefen von über 50m und besiedeln besonders Riffhänge von Küsten- und Außenriffen.

Foto: Salomonen, Santa Maria

Kaledonien-Knotenfächer (Melithaea caledonica), Vanuatu

Roter Riesen-Knotenfächer (Melithaea ochracea), Salomonen

Knollige Krustenkoralle *(Briareum excavatum)*

Die Polypen von Krustenkorallen leben in einer Symbiose mit Zooxanthellen, von deren Assimilationsprodukten sie sich auch weitgehend ernähren. Ihre Kolonien überziehen Hartsubstrat mit einer krustigen Lage, die sich den Unebenheiten des Untergrundes anpasst. So können sie mehrere Quadratmeter des Untergrundes bedecken. Das Bild zeigt eine Kolonie, deren Polypen eingezogen sind. Mit ihren knotigen Erhebungen erscheint sie dem Betrachter wie eine Lage aufgeschütteter Kartoffeln. Klumpen-Krustenkorallen, wie sie auch genannt werden, sind Tierkolonien des flachen Wassers. Sie sind an den Riffen im Indopazifik weit verbreitet und werden als Korallen nicht wahrgenommen.

Foto: Indonesien, Bandasee

Zweig-Krustenkoralle *(Briareum sp.)*

Zweig-Krustenkorallen wachsen in geduckten und dicht verzweigten Lagen auf festem Gestein und bilden regelrecht Rasen mit mehreren Quadratmetern Ausdehnung. Ihre Verzweigungen bestehen aus einem Achsenskelett mit lose darin eingelagerten Skleriten, die weder mit Kalk noch mit Gorgonin verstärkt sind. Das Achsenskelett wird von einem Coenenchym umgeben, das die Polypen beherbergt. Diese sind monomorph, groß und besitzen lange und grüne Tentakel. Sie können sich vollständig in das Coenenchym zurückziehen. Zweig-Krustenkorallen ernähren sich überwiegend von den Assimilationsprodukten ihrer Zooxanthellen und nutzen wohl auch noch andere Nahrungsquellen. An den Riffen im Indopazifik ist die Gattung *Briareum* mit mehreren Arten vertreten.

Foto: Indonesien, Tomia

Knollige Krustenkoralle (Briareum excavatum), Indonesien

Zweig-Krustenkoralle (Briareum sp.), Indonesien

Wechselrote Fächerkoralle *(Mopsella sp.)*

Wechselrote Fächerkorallen wachsen mit sehr dichten Verzweigungen in Form eines relativ großen Fächers am Riffgrund und bevorzugen den mittleren und unteren Riffhang als Lebensraum. Ihre Fächer kommen in verschiedenen Rottönen vor, doch man findet auch gelbe und orange Fächer aus dieser Gattung an den Korallenriffen im Roten Meer und im Indopazifik. Die Artbestimmung gestaltet sich sehr schwierig, wenn es darum geht, die Tierkolonien nur anhand von Bildern zu bestimmen.

Foto: Papua Neuguinea, Milne Bay

Alabaster- Riffgorgonie *(Iciligorgia querciformis)*

Alabaster-Riffgorgonien sind Tierkolonien des tieferen Wassers. Sie kommen noch unterhalb von 50m Wassertiefe vor. Häufig findet man sie am Riffgrund, wo sie auch auf sandigen und schlammigen Arealen siedeln. Die Gorgonien erheben sich auf kräftigen Verzweigungen, die alle in einer Ebene ausgerichtet sind. Die Haupt-, Seiten- und Endverzweigungen sind alabasterfarben bis cremig weiß und glänzen, wenn sie mit Hilfe einer Unterwasserlampe angestrahlt werden. Ihre Endverzweigungen sind weder verdickt noch aufgerollt. Sie sind jedoch abgeflacht und tragen eine mittlere Fuge. Die kleinen Polypen sind tagsüber eingezogen. Gorgonien dieser Art sind selten und kommen von Indonesien bis nach Neukaledonien vor.

Foto: Philippinen, Bohol

Wechselrote Fächerkoralle (Mopsella sp.), Papua Neuguinea

Alabaster-Riffgorgonie (Isiligorgia querciformis), Philippinen

Riffgorgonie *(Iciligorgia sp.)*

Gorgonien aus dieser Gattung sind selten an indopazifischen Riffen zu finden. Ihre Kolonien können bei einem guten Standort zu stattlicher Größe heranwachsen, wobei die einzelnen Verzweigungen mehr oder weniger in einer Ebene ausgerichtet sind. Die Enden der einzelnen Verzweigungen sind stets verdickt, gekrümmt und aufgespalten. In der Regel sind Gorgonien der Gattung *Iciligorgia* Tierkolonien des tiefen Wassers. Sie siedeln bevorzugt am unteren Riffhang, auf tiefen Sand-, Geröll- und Schlammflächen und sind mit einer kräftigen Basis auf festen Gründen zementiert. Ihr Vorkommen reicht vom Indischen Ozean bis in den Westpazifik.

Foto: Papua Neuguinea, Milne Bay

Offenästige Fächerkoralle *(Solenocaulon akalyx)*

Fächerkorallen dieser Art sind auch unter Wasser relativ leicht zu identifizieren. Ihre Wachstumsenden sind offen, aufgespalten und kolbig erweitert. Die Rindenschicht kann rot, rotorange oder orange gefärbt sein. Die kleinen Polypen sind weiß, tag- und nachtaktiv und fangen Mikroplankton für die Ernährung der Kolonie aus dem vorbeidriftenden Wasser. Offenästige Fächerkorallen siedeln auf verschiedenen Gründen, sie wachsen aufrecht, fächerförmig und lieben Standorte mit stark strömenden Wasser. Die können eine Fächergröße von 80cm erreichen. Ihre Verbreitung reicht im Indopazifik vom Indischen Ozean bis nach Mikronesien, Melanesien und Australien.

Foto: Papua Neuguinea, Milne Bay

Riffgorgonie (Iciligorgia sp.), Papua Neuguinea

Offenästige Fächerkoralle (Solenocaulon akalyx), Papua Neuguinea

Orientalische Hornkoralle *(Alertigorgia orientalis)*

Orientalische Hornkorallen bilden keine Fächer aus, sondern wachsen mit senkrechten Ausläufern in das freie Wasser. Die einzelnen Verzweigungen erheben sich aus einer gemeinsamen Basis und verzweigen sich danach nur noch geringfügig. Erkennbar ist, dass die einzelnen Verzweigungen gedreht und im Querschnitt dreieckig sind. Die kleinen Polypen sind entlang der lateralen Kanten angeordnet. Orientalische Hornkorallen sind entweder hellbraun oder dunkelbraun in der Farbe. Sie siedeln auf tiefem Riffgrund unterhalb von 30m Wassertiefe und sind an den Riffen im gesamten Indopazifik verbreitet.

Foto: Indonesien, Zentral Sulawesi

Hoeksemas Blattgorgonie *(Alertigorgia hoecksemei)*

Hoeksemas Blattgorgonien sind selten an indopazifischen Riffen. Sie besitzen breite, unterschiedlich große und blattförmige Verzweigungen, die kleine und buschige Bestände bilden können. Die Verzweigungen brechen leicht ab, da ihre innere Achse nur aus miteinander verbackenen Kalknadeln (Skleriten) besteht. Blattgorgonien lieben Standorte mit mäßig strömendem Wasser und kommen auch in küstennahen und suspensionsreichen Gewässern vor. Ihre Polypen leben in einer Symbiose mit Zooxanthellen, von deren Assimilationsprodukten sie sich auch weitgehend ernähren. Verbreitet sind sie von Indonesien bis nach Papua Neuguinea und Australien.

Foto: Indonesien, Nord Sulawesi

Orientalische Hornkoralle (Alertigorgia orientalis), Indonesien

Hoeksemas Blattgorgonie (Alertigorgia hoeksemei), Indonesien

Gelbe Riffgorgonie *(Acanthogorgia breviflora)*

Gelbe Riffgorgonien sind Tierkolonien des tiefen Wassers, die erst ab einer Wassertiefe von 20m siedeln. Ihre zarten Fächer findet man am unteren Riffhang unter tiefen und schattigen Unterhöhlungen, wo sie häufig auch von der Decke in das freie Wasser herabhängen. Die Polypen sind klein und in der Regel genauso gefärbt wie die gelbe Rindenschicht. Sie sind tag- und nachtaktiv und ernähren sich vom feinen Mikroplankton, das die Strömung des Wassers ihnen zuträgt. Gelbe Riffgorgonien kommen im Roten Meer und im gesamten Indopazifik vor.

Foto: Mauritius, Flick en Flack

Wechselfarbige Gorgonie *(Acanthogorgia isoxya)*

Wechselfarbige Gorgonien leben am tiefen Riffhang und stellen hier ihre großen Fächer quer zur Strömung des Wassers. Die Fächer sind sehr engmaschig und zeigen keine offenen Lumina in ihrem Geflecht. Sie können bis zu über 100cm in Höhe und Breite heranwachsen. Ihre Verzweigungen sind dicht mit kronenförmigen Polypen besetzt, deren Farbe sehr variabel ist. Sie richtet sich nach der Farbe der Rindenschicht. Die Farbe reicht von gelb, orange und rot bis hin zu blau und violett. Viele der Fächer sind mehrfarbig, wobei eine Farbe fließend in die andere übergeht. Die Verbreitung der Art reicht von Indonesien bis nach Neukaledonien, Australien und Papua Neuguinea.

Foto: Indonesien, Molukken

Gelbe Riffgorgonie (Acanthogorgia breviflora), Mauritius

Wechselfarbige Gorgonie (Acanthogorgia isoxya), Indonesien

Violette Gorgonie (Acanthogorgia sp.), Indonesien, Banta

Gelbe Gorgonie (Acanthogorgia sp.), Inbdonesien, Banta

Blaue Gorgonie (Acanthogorgia sp.), Indonesien, Komodo

Orange Gorgonie (Acanthogorgia sp.), Malaysia, Mantanani

Flecht-Gorgonie *(Muricella plectana)*

Flecht-Gorgonien sind Tierkolonien des tieferen Wassers. Sie siedeln in den Tiefenbereichen zwischen 20m und 40m und lieben als Standorte Außenriffe und tiefe, gut durchströmte Lagunen und siedeln auch in den Strömungskanälen zwischen den Inseln. Ihre Fächer sind fast so breit wie hoch und erheben sich auf einem zentralen Stamm. Sie werden maximal 150cm groß. Während die Verzweigungen der jungen Kolonien noch locker arrangiert sind, sind sie bei den älteren Kolonien zu dichten Netzen verflochten. Auch die Farbe der Kolonien variiert. Junge Kolonien kommen in verschiedenen Rottönen vor, während die älteren Kolonien unscheinbar grau bis fliederfarben erscheinen. Zwischen den Verzweigungen der Kolonien findet man gelegentlich verschiedene Seepferdchen der Gattung *Hippocampus.* Flecht-Gorgonien sind von Neukaledonien bis nach Papua Neuguinea, Vanuatu und Australien verbreitet.

Foto: Papua Neuguinea, Milne Bay

Raue Fächerkoralle *(Muricella sp.)*

Fächerkorallen aus dieser Gattung bilden große und engmaschige Kolonien aus, die sich in einer Ebene ausrichten. Bei älteren Kolonien wachsen kleinere Fächer aus der Kolonieebene heraus, die sich in ihrer Gesamtheit zu einem kleinen Busch formieren können. Man kennt gelbe, rosafarbene, weiße, fliederfarbene, graue, blaugraue und auch weiße Kolonien, deren Polypen häufig anders gefärbt sind als die Rindenschicht, in der sie leben. Alle *Muricella*-Arten lieben als Standorte gut durchströmte Riffhänge, tiefe Kanäle und unterseeische Plattformen. Im Roten Meer und im Indopazifik sind Tierkolonien aus dieser Gattung mit mehreren Arten vertreten.

Foto: Indonesien, Zentral Sulawesi, Palu

Raue Fächerkoralle (Muricella plectana), Papua Neuguinea

Raue Fächerkoralle (Muricella sp.), Indonesien

Erythraea-Fächer *(Keroeides erythraea)*

Erythraea-Fächer siedeln erst ab einer Wassertiefe von 30m an den Korallenriffen des Roten Meeres. Sie wachsen aufrecht mit zarten und nur wenigen Verzweigungen, die von einer zentralen Achse nach beiden Seiten abstrahlen. Ihre offenen Fächer erreichen eine Größe von maximal 30cm. Die kleinen und konischen Polypen sind entlang der Verzweigungen biserial arrangiert und können sich bei Störungen in die Rindenschicht zurückziehen. Sie leben ohne Zooxanthellen und betätigen sich als nachtaktive Planktonfänger. Die Farbe der Kolonien ist variabel und reicht von rot und orange bis hin zu gelb und weiß.

Foto: Israel, Golf von Aqaba

Schwefel-Gorgonie *(Bebryce sulfurea)*

Schwefel-Gorgonien sind im Roten Meer, im Golf von Suez und im Golf von Elat relativ häufig. Man findet sie an abgedunkelten Stellen der Saumriffe vom Flachwasser bis in Tiefen von 30m. Die reich verzweigten und in einer Ebene ausgerichteten Verzweigungen der Kolonie sind schwefelgelb gefärbt. Alle Verzweigungen sind dicht mit Polypen besetzt. Diese sind relativ groß und besitzen etwa 1mm hohe Polypenkelche (Calyces), in die sie sich zurückziehen können. Die Polypen haben die gleiche Farbe, wie die Rindenschicht. Ausgenommen ist nur die helle Mundscheibe. Schwefel-Gorgonien werden bis zu 60cm groß. Sie sind tags- und nachtaktive Planktonfänger. Flügelaustern der Gattung *Pteria* sind häufig als Epibionten auf ihnen anzutreffen.

Foto: Ägypten, Safaga

Erythraea-Fächer (Keroeides erythraea), Israel

Schwefel-Gorgonie (Bebryce sulfurea), Ägypten

Sirenen-Hornkoralle *(Bebryce sirene)*

Sirenen-Hornkorallen bilden überwiegend buschförmige Bestände in mittleren Wassertiefen und siedeln bevorzugt in tiefen Riffpassagen und Außenrifflagunen, wo kräftige Wasserströmungen vorherrschen. Die meisten Kolonien sind gelb bis rötlichbraun gefärbt, wobei ihre Verzweigungen von kleinen und hellen Polypen umstanden werden. Ihre Tiefenverbreitung reicht von 25-40m. Im Indopazifik sind sie von Indonesien bis Neukaledonien und Australien verbreitet.

Foto: Indonesien, Rinca

Nuttings Seefächer *(Euplexaura nuttingi)*

Nuttings Seefächer wachsen sowohl fächerförmig als auch buschig, wobei die Wuchsform und auch die Farbe kein Kriterium für die Bestimmung der Art ist. Viele der Kolonien werden von Krustenschwämmen besiedelt, die dann die Farbe der Rindenschicht überdecken. Die kleinen Polypen der Kolonien sind nachtaktive Planktonfänger, die sich tagsüber in der Rindenschicht verstecken. Nuttings Seefächer siedeln häufig im mittleren Riffhang und auf Riffplattformen und bevorzugen klares und kräftig strömendes Wasser als Standorte. Sie kommen aber auch in suspensionsreichen Gewässern vor. Die Verbreitung der Art reicht vom Roten Meer bis in den Westpazifik.

Foto: Indonesien, Komodo

Sirenen-Hornkoralle (Bebryce sirene), Indonesien

Nuttings Seefächer (Euplexaura nuttingi), Indonesien

Oranger Seefächer (Euplexaura sp.), Ägypten, Safaga

Blauer Seefächer (Euplexaura sp.), Indonesien, Komodo

Wechselfarbiger Seefächer (Euplexaura sp.), Malaysia, Lankayan

Zarter Seefächer (Euplexaura sp.), Indonesien, Komodo

Riff-Fächer *(Echinomuricea sp.)*

Riff-Fächer der Gattung Echinimuricea kommen in verschiednen Wuchsformen vor und sind mit mehreren Arten im Roten Meer und im Indopazifik vertreten. Ihre Fächer sind relativ klein, erreichen selten eine Größe von 50cm und kommen in den unterschiedlichsten Farben vor. Die Polypen sind lang, stehen dicht und sind tag- und nachtaktiv. Da sie ohne Zooxanthellen in ihrem Gewebe leben, betätigen sie sich als nachtaktive Planktonfänger. *Echinomuricea*-Arten kommen vom Flachwasser bis in Tiefen von über 60m vor und lieben klares und gut strömendes Wasser als Standorte.

Foto: Malaysia, Lankayan

Rotwein-Gorgonie *(Trimuricea sp.)*

Rotwein-Gorgonien sind reicht verzweigte Tierkolonien, deren Verzweigungen in ihrer Gesamtheit ein dichtes Netzwerk bilden. Alle Verzweigungen sind in einer Ebene ausgerichtet und so positioniert, dass sie quer zur Strömungsrichtung des Wassers siedeln. Damit ist gewährleistet, dass das Wasser die Gorgonie in vollem Umfang durchströmen muß, so dass die Polypen in der Lage sind, das von der Strömung mitgeführte Mikroplankton für ihre Ernährung zu fangen. Mehrere Arten aus dieser Gattung sind an den Riffen im Roten Meer und im Indopazifik verbreitet.

Foto: Malaysia, Lankayan

Riff-Fächer (Echinomuricea sp.), Malaysia

Rotwein-Gorgonie (Trimuricea sp.), Malaysia

Cäcilias Grottenfächer *(Paracis caecilia)*

Große Gorgonien dieser Art sind mit einem breiten „Fuß" auf Korallengestein festgewachsen. Ihre Fächer sind reich verzweigt, die einzelnen Verzweigungen häufig zu kleinen Büschen arrangiert, wobei die Anordnung der einzelnen Fächer in verschiedenen Ebenen die buschige Wuchsform bedingt. Die Rindenschicht der Kolonien zeigt ein plakatives Rot. Die kleinen Polypen, die lateral an den Verzweigungen sitzen, sind gelb. Diese können vollständig in die Rindenschicht eingezogen werden. Cäcilias Grottenfächer lieben abgedunkelte Standorte unter tiefen und weiträumigen Unterhöhlungen. Sie sind von Indonesien, Neukaledonien und von Vanuatu bekannt.

Foto: Indonesien, Zentral Sulawesi, Palu

Nozzole-Seefächer *(Villogorgia nozzolea)*

Nozzole-Seefächer wachsen in Form reicht verzweigter Fächer, die sich in einer Ebene zu einem umfangreichen und feinmaschigen Fächer formieren. Die kleinen Polypen besitzen weiße oder gelbe Tentakel und sind in der Lage, sich vollständig in die dunkelrote Rindenschicht einzuziehen. Bei einem guten Standort kann ein Fächer dieser Art eine Größe von 60-80cm erreichen, wobei die Korallen abgeschattete Standorte unter weiträumigen Unterhöhlungen bevorzugen, die stetig gut durchströmt werden. Nozzole-Seefächer leben an den Riffen des Roten Meeres und kommen im Indopazifik von Ostafrika bis nach Neukaledonien vor.

Foto: Indonesien, Nord-Sulawesi

Cäcilias Grottenfächer (*Paracis caecilia*), Indonesien

Nozzole-Seefächer (*Villogorgia nozzolea*), Indonesien

Zarter Seefächer *(Villogorgia sp.)*

Zarte Fächerkorallen sind relativ kleine, mit einem Hauptstamm am Riffdach befestigte Tierkolonien, die unter schattigen Unterhöhlungen leben und ihre filigranen und zartwüchsigen Fächer in das Lumen des freien Wassers herabhängen lassen oder am Riffgrund aufrecht stehen. Die nur wenige Millimeter großen Polypen haben die gleiche Farbe wie die Rindenschicht der Kolonie. Sie sind lateral der Verzweigungen in Reihen angeordnet. Sie fangen Mikroplankton aus der Strömung, um sich davon zu ernähren. Ein optimales Fangergebnis wird immer dann erzielt, wenn die Kolonie quer zur Strömungsrichtung des Wassers ausgerichtet wird und dabei wie ein Sieb funktioniert. Die Art zu bestimmen ist außerordentlich schwierig, da die Gattung im Indopazifik noch unzureichend bearbeitet ist.

Foto: Papua Neuguinea, Milne Bay

Ruten-Gorgonie *(Menella sp.)*

Ruten-Gorgonien wachsen in langen und aufrechten Ruten, die sich nur wenig verzweigen. Sie erheben sich aus einer gemeinsamen Basis und strecken ihre Verzweigungen in das freie Wasser. Zahlreiche lange, tag- und nachtaktive Polypen umstehen diese Verzweigungen. Ruten-Gorgonien kommen in verschiedenen Farben vor, wobei entweder die Polypen und die Rindenschicht gleich oder verschieden gefärbt sein können. Kolonien, bei denen die Polypen und die Rindenschicht verschieden gefärbt sind, sehen besonders schön und attraktiv aus. Ruten-Gorgonien siedeln bevorzugt auf unterseeischen Riffplattformen und am Riffhang bis in Tiefen von 25m. Ihr Verbreitungsgebiet ist das Rote Meer und der gesamte Indopazifik.

Foto: Indonesien, Zentral Sulawesi, Palu

Zarter Seefächer (Villogorgia sp.), Papua Neuguinea

Ruten-Gorgonie (Menella sp.), Indonesien

Ruten-Gorgonie (Menella sp.), Malaysia, Lankayan

Ruten-Gorgonie (Menella sp.), Indonesien, Moyo

Ruten-Gorgonie (Menella sp.), Australien, Großes Barrierreriff

Ruten-Gorgonie (Menella sp.), Papua Neuguinea, Milne Bay

Dinas Seefächer *(Astrogorgia dina)*

Hornkorallen dieser Art kommen nur im Roten Meer bis in Tiefen von 15m vor. Sie bilden zartgliedrige und fein verzweigte Fächer mit vielen lateralen Seitenverzweigungen, wobei diese jedoch nie ein dichtmaschiges Netzwerk formen. Die Polypen sind relativ groß, wechselständig und können sich in das Coenenchym einziehen. Sie leben ohne Zooxanthellen in ihrem Gewebe. Polypen und Rindenschicht sind meist gleich gefärbt. Dinas Seefächer lieben schattige Standorte im Riff und klares, gut strömendes Wasser und werden bis zu 40cm groß.

Foto: Ägypten, Ras Muhamed

Dumbea-Seefächer *(Astrogorgia dumbea)*

Dumbea-Seefächer besitzen eine plakativ leuchtend rote Rindenschicht, die sehr schön im Kontrast zu den kleinen, weißen und lateral der Verzweigungen angeordneten Polypen passt. Diese können sich vollständig in die Rindenschicht zurückziehen und sind nachtaktive Planktonfänger. Seefächer dieser Art wachsen bis zu einer Größe von 60cm heran und siedeln an gut durchströmten Riffhängen, an Außenriffen, in Riffpassagen und in tiefen Lagunen ab einer Wassertiefe von 15m. Die reichen Verzweigungen der Kolonie formieren sich zu einem breiten Fächer, der stets quer zur Strömung des Wassers ausgerichtet ist. Dumbea-Seefächer sind aus dem Indopazifik von den Riffen von Indonesien und Neukaledonien bekannt.

Foto: Indonesien, Komodo

Dinas Seefächer (Astrogorgia dina), Ägypten

Dumbea-Seefächer (Astrogorgia dumbea), Indonesien

Busch-Gorgonie *(Rumphella aggregata)*

Die Kolonien dieser Art wachsen buschig mit vielen langen, doch wenig verzweigten, zylindrischen und nach unten hängenden Ruten, die außerordentlich flexibel und elastisch und etwa 2cm im Durchmesser dick sind. Die Polypen stehen dicht und sind vollständig in die Rindenschicht einziehbar. Mit ausgestreckten Polypen erscheinen die Verzweigungen dreimal so dick. Busch-Gorgonien siedeln vom flachen Wasser bis in Tiefen von 40m auf verschiedenen Hartböden. Sie lieben gut belichtete und durchströmte Standorte und vertragen auch kräftige Wasserbewegungen. Mit ihrer elastischen Achse als Skelett sind sie gerade diesen Bedingungen gut angepasst. Sie leben mit Zooxanthellen in einer Symbiose und ernähren sich auch weitgehend von deren Produkten. Busch-Gorgonien sind von Ostafrika bis zu den Solomonen weit verbreitet.

Foto: Papua Neuguinea, Kimbe Bay

Große Busch-Gorgonie *(Rumphella attenuata)*

Große Busch-Gorgonien wachsen buschig oder strauchförmig mit zahlreichen langen, rutenförmigen und sehr flexiblen Verzweigungen, die an ihren Endverzweigungen so schwer werden, dass sie herunterhängen. Das Bild zeigt eine Kolonie sowohl mit ausgestreckten als auch mit eingezogenen Polypen. Man erkennt deutlich, dass die Verzweigungen mit ausgestreckten Polypen etwa dreimal so dick sind wie die, deren Polypen in der Rindenschicht eingezogen sind. Buschgorgonien siedeln vom Flachwasser bis in Tiefen von 25m. Sie sind aufgrund ihrer Flexibilität und einer zentralen Achse aus Gorgonin gut an starke Strömungen angepasst und kommen daher auch in Lagunen und in flachen Außenriffen besonders häufig vor. Ihre Polypen leben mit Zooxanthellen in einer Symbiose, von deren Assimilationsprodukten sie sich auch weitgehend ernähren. Außerdem enthalten sie Schutzstoffe gegenüber Fressfeinden. Buschgorgonien werden bis zu 60cm groß und kommen im Roten Meer und im Indopazifik vom Indischen Ozean bis in die Korallensee vor.

Foto: Israel, Golf von Elat

Busch-Gorgonie (Rumphella aggregata), Papua Neuguinea

Große Busch-Gorgonie (Rumphella attenuata), Israel

Breite Blatt-Gorgonie *(Hicksonella expansa)*

Blatt-Gorgonien wachsen breit gefächert und sind aus mehreren, blattförmigen Verzweigungen zusammengesetzt. In der Regel sind sie breiter als hoch, wobei kleinere Verzweigungen stets quer zur Ausrichtung der Hauptachse der Gorgonien wachsen. Alle Verzweigungen sind flach, blattförmig, etwa 8-10mm dick und zeigen auch ein blattähnliches Oberflächenmuster. Die Farbe der Gorgonien reicht von hellbraun bis dunkelbraun. Blattgorgonien leben an der Basis festgewachsen auf Hartsubstrat. Sie siedeln bevorzugt in tiefen Lagunen und in stark strömenden Passagen und kommen von einer moderaten Wassertiefe von 8m bis in 45m vor. Viele Haarsterne leben auch tagsüber auf ihrer Oberfläche und nutzen den exponierten Standort zum Plankton- und Detritusfang. Breite Blatt-Gorgonien sind selten und kommen im Indopazifik von Australien bis nach Neukaledonien und Papua Neuguinea vor.

Foto: Papua Neuguinea, Milne Bay

Strauch-Gorgonie *(Pinnigorgia sp.)*

Die Kolonien dieser Strauch-Gorgonien wachsen in der Regel buschig mit vielen und nach allen Seiten abstrahlenden Verzweigungen, die von zahlreichen Seitenästen umstanden sind. An ihnen befinden sich die kleinen und cremefarbenen Polypen. Buschgorgonien dieser Gattung siedeln im moderat bis stark strömenden Wasser am Grund tiefer Lagunen und Riffplateaus, wo sie noch ausreichend Sonnenlicht erreicht und sie genügend Platz finden, um sich auszudehnen. Die hier abgebildete Strauch-Gorgonie konnte bisher nur an der Insel Banta in Indonesien gefunden werden. Ohne eine Probenahme ist eine Artbestimmung leider nicht möglich.

Foto: Indonesien, Banta

Breite Blatt-Gorgonien (Hicksonella expansa), Papua Neuguinea

Strauch-Gorgonie (Pinnigorgia sp.), Indonesien

Ruten-Gorgonie *(Ellisella ceratophyta)*

Die Gattung Ellisella zeigt typische Wuchsformen mit nur wenigen langen, zylindrischen und mehr oder weniger aufrechten Verzweigungen, die nach allen Seiten abstrahlen. Selten formieren sie sich zu einem Fächer, doch gelegentlich zu einem Busch. Die überwiegende Anzahl der Arten besitzt eine orange bis rote Rindenschicht. Selten ist sie gelb. Ruten-Gorgonien siedeln in tieferen Riffbereichen, häufig am Riffgrund und auf unterseeischen Plattformen. Ihre Polypen sind klein, weiß und sie umstehen irregulär verteilt die gesamten Verzweigungen. Zur Ernährung der Kolonie fangen sie Plankton aus der Strömung des Wassers. Tierkolonien aus dieser Gattung sind im Roten Meer und im gesamten Indopazifik verbreitet.

Foto: Philippinen, Cabilao

Dollfus-Rutengorgonie *(Ellisella dollfusi)*

Dollfus-Rutengorgonien sind Tiergemeinschaften des nördlichen Roten Meeres, die entlang der Sinaiküste von Eilat bis nach Sharm el Sheik in Tiefen von 20-30m vorkommen und besonders am unteren Riffhang am Rand großräumiger Unterhöhlungen siedeln. Ihre Kolonien sind wenig verzweigt und wachsen bis zu einer Größe von über 100cm heran. Die zum Teil recht langen Verzweigungen, die wie Ruten in der Strömung des Wassers flottieren, sind rot bis dunkelrot gefärbt. Die kleinen Polypen, die in der Regel die Farbe der Rindenschicht besitzen, sind in 2 Reihen angeordnet und vollständig in das Coenenchym einziehbar. Eine Farbvariante mit weißen Polypen kommt vor, ist aber selten zu finden. In der Nacht werden Dollfus-Rutengorgonien regelmäßig von Haarsternen besiedelt.

Foto: Ägypten, Sharm el Sheigk

Ruten-Gorgonie (Ellisella ceratophyta), Philippinen

Dollfus-Rutengorgonie (Ellisella dollfusi), Ägypten

Kammkoralle *(Ctenocella pectinata)*

Kammkorallen besitzen eine typische, kammartige Wuchsform, an der sie gut zu erkennen sind. Auf einem Hauptzweig als Basis erheben sich, wie die Zinken eines Kammes, viele parallel und aufrecht wachsende und unterschiedlich lange Verzweigungen. Die Farbe der Rindenschicht kann rot, rotorange, orange, gelb oder weiß sein. Die zahlreichen Polypen sind kurz und weiß und umstehen die aufrechten Verzweigungen. Kammkorallen leben im tiefen Wasser zwischen 20m und 30m Tiefe. Sie siedeln am Riffgrund, vielfach festgewachsen an großen Steinen und Korallenbrocken inmitten mobiler Böden strömungsarmer Riffabschnitte. Es ist daher anzunehmen, dass sie auch in suspensionsreichem Wasser gut überleben können. Verbreitet sind Kammkorallen von Thailand und Indonesien bis nach Australien.

Foto: Papua Neuguinea, Milne Bay

Schlanke Rutengorgonie *(Heliana spinescens)*

esteht aus feinen, schlanken und seitlichen Verzweigungen, die bevorzugt nur auf einer Seite der Hauptverzweigung entspringen. Die Rindenschicht besitzt in der Regel die gleiche Farbe, wie die an den Verzweigungen ansetzenden Polypen. Polypen und Rindenschicht können aber auch unterschiedliche Farben aufweisen. Das Farbspektrum der Tierkolonien innerhalb der Gattung *Heliana* reicht von rot bis orange und von orange-gelb bis hin zu weiß. Schlanke Gorgonien sind Tierkolonien des tieferen Wassers, die erst ab 25m Wassertiefe gelegentlich zu finden sind. Dann aber nur an abgedunkelten Standorten von großräumigen Überhängen. In der Regel jedoch siedeln sie in größeren Tiefen. Dredgematerial hat sie schon aus Wassertiefen bis zu 600 m an das Tageslicht gebracht. Die Verbreitung der Gattung reicht im Indopazifik vom Indischen Ozean bis nach Japan.

Foto: Philippinen, Cebu

Kammkoralle (Ctenocella pectinata), Papua Neuguinea

Schlanke Rutengorgonie (Heliana spinescens), Philippinen

Weiße Fächerkoralle *(Verrucella sp.)*

Weiße Fächerkorallen sind selten an tropischen Riffen. Ihre Farblosigkeit macht sie sehr auffallend auch für die Taucher. Sowohl die Rindenschicht als auch die Polypen dieser Fächerkoralle sind weiß. Die Verzweigungen der Kolonie sind in einer Ebene zu einem Fächer ausgerichtet und die kurzen Verzweigungen wechselständig angeordnet. Fächerkorallen sind Tiergemeinschaften, die sich vom Plankton ernähren. Ihre Polypen, die nicht in die Rindenschicht eingezogen werden können, sind tag- und nachtaktiv. Die reich verzweigten Kolonien können bis zu 50cm hochwachsen. An den Riffen im Roten Meer und im Indopazifik sind mehrere Arten aus dieser Gattung vertreten. Sie können entweder rot, orange, gelb oder braun gefärbt sein. Sie alle leben ohne Zooxanthellen.

Foto: Indonesien, Komodo

Tannenwedel-Fächerkoralle *(Nicella sp.)*

Fächerkorallen dieser Gattung bilden aufrechte Fächer, die keine Netzwerke ausbilden. Sie zeigen annähernd dichotome Verzweigungen, die alle in einer Ebene zu einem Fächer ausgerichtet sind. Die hellen Polypen sind tagsüber in der orangen Rindenschicht verborgen. Erst in der Nacht betätigen sie sich als Planktonfänger. Nicella-Arten sind selten. Sie sind Tierkolonien das tiefen Wassers, die gelegentlich in 40-45m Wassertiefe siedeln, generell doch erst ab 50m vorkommen. Sie können bis zu einer Größe von 60cm heranwachsen. Verbreitet sind sie in allen tropischen Meeren.

Foto: Indonesien, Molukken

Weiße Fächerkoralle (Verrucella sp.), Indonesien

Tannenwedel-Fächerkoralle (Nicella sp.), Indonesien

Helle Seepeitsche *(Junceella fragilis)*

Helle Seepeitschen bilden lange, aufrecht wachsende und unverzweigte Kolonien, die in ihrem oberen Drittel gebogen oder gedrillt sind. Sie können über 200cm lang werden. Ihre Rindenschicht kann schmutzig weiß bis bräunlich sein und ist von kleinen Polypen dicht bestanden. Diese leben mit Zooxanthellen in einer Symbiose, von deren Produkten sie sich auch weitgehend ernähren. Die unverzweigte Achse der Kolonie ist stark verkalkt. Seepeitschen dieser Art leben an stark durchströmten Riffabschnitten im tieferen Wasser und siedeln auf Riffplattformen, an Riffhängen und auf flachem Korallenfels. Sie vermehren sich ungeschlechtlich, indem sich das Ende einer Verzweigung abschnürt und eine neue „Peitsche" bildet. Das führt zu dichten Beständen, wo Tausende Seepeitschenkolonien dicht beieinander siedeln. Die Muschel *Pteria brevialata* und Grundeln der Gattung Bryanops leben mit ihnen vergesellschaftet. In der Nacht werden sie von vielen Haarsternen erklommen, die die exponierte Position im Riff für ihren nächtlichen Planktonfang nutzen. Helle Seepeitschen sind im östlichen Pazifik beheimatet. Eine andere Art, *Junceella juncea*, lebt im Roten Meer und im westlichen Pazifik und besitzt eine überwiegend rote Rindenschicht.

Foto: Papua Neuguinea, Kimbe Bay

Rote Seepeitsche *(Junceella juncea)*

Rote Seepeitschen wachsen aufrecht und unverzweigt in Form einer „Peitsche". Als relativ junge Kolonie wachsen sie mehr oder weniger gerade. Mit zunehmender Länge und durch das Eigengewicht der Rute wird die Kolonie verformt, so dass sie später in Form gebogener Ruten wachsen und sich apikal aufzurollen beginnen. Bedingt durch ihre Wuchsform, die dem Wasser wenig Widerstand entgegenzusetzen hat, sind sie gut an strömungsreiche Riffabschnitte angepasst, so dass sie bei starken Wasserbewegungen in der Strömung regelrecht zittern und flattern. Das Bild zeigt sie auf einem vorspringenden Riffplateau an einem Steilhang siedeln. Nachts werden Peitschengorgonien bevorzugt von Haarsternen erklommen und besiedelt, die den exponierten Standort im stark strömenden Wasser zum Planktonfang nutzen. Peitschengrundeln der Gattung *Bryaninops* leben ebenfalls auf ihren Peitschen und schmiegen sich zwischen ihren Polypen. Diese sind nur nachts zum Planktonfang ausgestreckt. Rote Seepeitschen dieser Art sind sowohl im Roten Meer als auch im gesamten Indopazifik verbreitet.

Foto: Papua Neuguinea, Milne Bay

Helle Seepeitsche (Junceella fragilis), Papua Neuguinea

Rote Seepeitsche (Junceella juncea), Papua Neuguinea

Goldener Seefächer *(Isis hippuris)*

Goldene Seefächer sind nur dann golden, wenn sie ihre goldgelben Polypen aus der Rindenschicht herausstrecken. Die Polypen sind tag- und nachtaktiv und ernähren sich weitgehend von den Stoffwechselendprodukten ihrer Zooxanthellen. Unter der lebenden Rindenschicht, die grau und braun bis olivgrün gefärbt sein kann, befindet sich ein hartes Achsenskelett, das wunderschön schwarz-weiß gerillt ist und hornige Gelenkverbindungen zwischen den kalkhaltigen Zwischenstücken besitzt. Goldene Seefächer wachsen aufrecht, im Brandungsbereich etwas „geduckt" und kandelaberartig verzweigt, um der Wasserbewegung wenig Widerstand entgegenzusetzen. Sie leben bevorzugt im Flachwasser von Lagunen, auf unterseeischen Plattformen und am oberen Riffhang, wo wechselnd starke Wasserbewegungen vorherrschen. Die Verzweigungen der Kolonien sind kräftig, flexibel und quer zur Strömungsrichtung des Wassers ausgerichtet. Eine kleine Garnele lebt als Kommensale zwischen ihren Verzweigungen. Auch ein kleiner Schleimfisch der Gattung *Pleurosicya* hat hier seinen Lebensraum. Goldene Seefächer sind im gesamten Indopazifik verbreitet.

Foto: Indonesien, Nord Sulawesi

Feinverzweigte Hornkoralle *(Stephanogorgia sp.)*

Hornkorallen aus dieser Gattung kommen an den Riffen im Indopazifik vor. Die hier vorgestellte Gorgonie ist von Bali bis zu den Solomonen, Palau und den Fiji-Inseln verbreitet. Während sie im westlichen Teil des Indopazifiks selten ist, kommt sie im östlichen Teil häufiger vor. Sie bildet kleine bis mittelgroße, weiße oder gelbe Kolonien aus, deren goldfarbene Achsen von einem dünnen Coenenchym überzogen werden. Die Hauptverzweigungen verlaufen in einer leicht angedeuteten oder gut sichtbaren Zickzackform, wobei sich an den Knickstellen weitere Verzweigungen abspalten. Die Sekundärverzweigungen sind sehr dünn und nicht mehr aufgespalten. Die Polypen der Gorgonien sind sehr klein und in Reihen entlang der Verzweigungen angeordnet. Feinverzweigte Hornkorallen sind Tierkolonien des tieferen Wassers, die erst unterhalb von 30m wachsen. Sie lieben klares Wasser und schattige Standorte, wo sie unter Überhängen und an Höhlenrändern siedeln.

Foto: Papua Neuguinea, Milne Bay

Goldener Seefächer (Isis hippuris), Indonesien

Feinverzweigte Hornkoralle (Stephanogorgia sp.), Papua Neuguinea

Peitschengorgonie (Ellisella sp.), Indonesien, Menjangan

Plattwürmer, auch Meeresstrudelwürmer genannt, sind ausschließlich marine Tiere, die in allen Meeren vom Flachwasser bis in Tiefen von über 100 m leben. Ihre größte Vielfalt und ihren größten Artenreichtum erreichen sie in den tropischen und subtropischen Meeren. Ihre unauffällige Lebensweise unter Steinen und in Ritzen und Spalten des Litorals bedingt, dass sie wenig bekannt sind. Nur gelegentlich sieht man einige der tag- und nachtaktiven Plattwürmer auf Steinen, Korallen, Sand, in Seegraswiesen und gelegentlich auch im freien Wasser schwimmen. Schnell ist man geneigt anzunehmen, dass es sich bei diesen Tieren um Nacktschnecken handelt, die ein ähnliches Aussehen besitzen. Bei einer genaueren Betrachtung der Tiere fällt jedoch auf, dass sie weder Kiemenbüschel auf ihren Körper tragen, noch einen kräftigen Fuß entwickelt haben. Stattdessen ist ihr Körper stark abgeflacht, länglich-oval in der Form, unsegmentiert und an den Körperseiten gelappt bis stark unduliert. Die Körperoberfläche kann glatt, warzig oder zottig sein. Sie trägt einen feinen Wimperbesatz, der bei der Fortbewegung hilfreich eingesetzt wird. Der Kopf trägt entweder paarige, einfach gelappte Fühler (Pseudotentakeln), oder sie fehlen den Tieren völlig. Augenflecken, sog. Ocellen, sind entweder paarig bis zahlreiche gehäuft am vorderen Bewegungspol angelegt oder sie sind in mehrreihigen Bändern entlang der Körperachse der Tiere positioniert. Sie sind für die Wahrnehmung von Lichtsinnesreizen verantwortlich.

Alle Meeresstrudelwürmer sind Hermaphrodithen. Sie besitzen sowohl weibliche als auch männliche Geschlechtsorgane in Form von Eierstöcken und Hodenbläschen, die in getrennten Gängen ausmünden. Dotterstöcke fehlen den Tieren. Die Vermehrung einer Art beginnt mit einer Kopulation. Die kleinen, dotterarmen und befruchteten Eier werden in Kapseln entweder einzeln oder in spiraligen Eikokons abgelegt und an das Substrat angeheftet. Die Entwicklung verläuft entweder direkt oder indirekt. Bei der direkten Entwicklung entsteht aus einem befruchteten Ei ein kleiner Strudelwurm. Die indirekten Entwicklung läuft über planktische Larven (Müllersche Larve, Protrochula), aus denen sich neue Tiere entwickeln. Paarung und Vermehrung sind nicht an bestimmte Jahreszeiten gebunden. Bei ungünstigen Umweltbedingungen können sich Strudelwürmer auch ungeschlechtlich durch Knospung fortpflanzen.

Besonders die tropischen und subtropischen Arten sind außerordentlich farbenprächtig. Sie warnen mit Hilfe ihres plakativen Farbkleides mögliche Räuber und zeigen so ihre Giftigkeit an. Im Gegensatz zu ihnen sind die Arten kalter Gewässer geradezu unauffällig und häufig transparent.
Alle Meeresstrudelwürmer sind Räuber, die sich von Eizellen, Schwämmen, Würmern, Seescheiden, Muscheln, kleinen Krebsen, von Aas und vielen anderen kleinen Wirbellosen ernähren. Gelegentlich fressen sie auch Kleinalgen. Oft kommt es vor, dass sie Beutetiere verschlingen, die größer sind als sie selbst. Die aufgenommene Nahrung erreicht über einen ausstülpbaren Schlund (Pharynx) das Darmsystem. Die Verdauung erfolgt in einem umfangreichen und mehrästigen Darm. Da allen Tieren ein After fehlt, wird die unverdaute Nahrung aus dem Schlund ausgestoßen. Viele Arten sind regelrechte Nahrungsspezialisten. Sie leben entweder kommensalisch auf Tieren oder auf Tierstöcken.

Die Größe von Meeresstrudelwürmern variiert beträchtlich. Es gibt Winzlinge unter ihnen, die nur wenige Millimeter groß sind, aber auch Riesen, die eine Länge von 15 cm erreichen können.

Die Fortbewegung der Tiere erfolgt in einer Kombination von Wimpernschlag, Muskelkontraktion und Schleimabsonderung. Die Längs- und Ringmuskulatur des Hautmuskelschlauches befähigt die Würmer sich zu strecken, zu verkürzen und sich einzurollen. Auffällig sind bei der Bewegung besonders die undulierenden und wellenförmigen Bewegungen der Seitenränder des Körpers, die das Tier beim Schwimmen vorantreiben. Viele kleine Arten, die planktisch leben, können mehr oder weniger gut schwimmen oder werden passiv umhergetrieben.

Meeresstrudelwürmer besitzen keine besonderen Atmungsorgane und auch kein Blutkreislaufsystem. Der Gasaustausch findet bei ihnen über die gesamte Körperoberfläche statt.

Die Haut von Meeresstrudelwürmern ist sehr drüsenreich. Die Drüsen produzieren Schleim, mit deren Hilfe die Tiere über Unterlagen gleiten. Der Schleim dient aber auch dazu, Beute einzukapseln, um eine Flucht zu verhindern.

Erstaunlich groß ist das Regenerationsvermögen der Meeresstrudelwürmer. Dadurch werden Verletzungen schnell ausgeheilt und aus Teilen eines Tieres können sich erneut komplette Organismen entwickeln.

Meeresstrudelwürmer zu bestimmen ist außerordentlich schwierig. Nur wenige Spezialisten auf dieser Welt sind dazu in der Lage. Obwohl zu vermuten ist, dass gerade tropische Arten anhand ihrer Farbe leicht zu identifizieren sind, sind die Anordnung und die Position der Augen und Tentakeln, die Lage der Geschlechtsöffnungen und des Pharynx unabdingliche Identifizierungsmerkmale, die man nur in einem Labor mit Hilfe eines Mikroskops untersuchen kann.

Zebra-Plattwurm (*Pseudoceros dimidiatus*), Indonesien, Salayar

Zebra-Plattwurm *(Pseudoceros dimidiatus)*

Zebra-Plattwürmer sind plakativ gefärbt und kommen in verschiedenen Farbmorphen vor. Der lang gestreckte Körper ist in der Grundfarbe samtschwarz gehalten und zeigt zwei durchgehende, gelbe Längsbänder, die auch miteinander verschmelzen können. Der Körpersaum trägt ein dünnes und oranges Band. Die Pseudotentakel sind einfache Einstülpungen des Körpersaumes. Zebra-Plattwürmer sind aufgrund ihrer Farbe sehr auffällige Tiere im Riff. Sie werden bis zu 8cm groß, leben tagsüber versteckt unter Korallen und Korallenbruch und weiden in der Nacht auf gut bewachsenen Hartböden. Sie ernähren sich überwiegend von Seescheiden. Ein Saugnapf befindet sich in der Mitte der Körperunterseite. Zebra-Plattwürmer sind im Roten Meer und im gesamten Indopazifik verbreitet.

Foto: Indonesien, Nord Sulawesi

Zebra-Plattwurm (Pseudoceros dimidiatus), Papua Neuguinea, Milne Bay

Zebra-Plattwurm (Pseudoceros dimidiatus), Malaysia, Lankayan

Bunter Plattwurm *(Pseudoceros bimarginatus)*

Der cremeweiße Körper dieser Plattwürmer ist besonders an seiner Peripherie bunt gefärbt, wobei drei verschiedenfarbige Bänder einander abwechseln. Ein inneres rotoranges, ein mittleres schwarzes und ein äußeres gelbes Band. Eine feine und weiße Mittellinie kennzeichnet die Symmetrie beider Körperhälften. Die beiden Pseudotentakel am Kopf sind einfache Einfaltungen des Körpersaumes und besitzen an ihrer Basis einen violetten Fleck. Die farbige Erscheinung der Strudelwürmer wird als Warnfarbe für mögliche Fressfeinde gedeutet. Bunte Plattwürmer werden bis zu 4cm groß und sind tag- und nachtaktiv. Wovon sie sich ernähren, ist unbekannt. Im Indopazifik sind sie von Somalia bis Indonesien, den Philippinen, Australien und den Marschall-Inseln verbreitet.

Foto: Indonesien, Sabolan

Variabler Plattwurm *(Pseudoceros bifurcus)*

Variable Plattwürmer kommen in einer Vielzahl von Farbkombinationen vor. Tagsüber leben sie versteckt im Riff unter Steinen, Korallen und zwischen Korallenbruch. Erst in der Nacht begeben sie sich auf Nahrungssuche, wobei sie sich als extreme Nahrungsspezialisten von Manteltieren der Gattung *Eudistoma* und hier von *Eudistoma laysani* (SLUITER, 1900) ernähren. Ihr schlanker und stark abgeflachter Körper zeigt stets ein helles und violett gesäumtes Band auf dem gebuckelten Rücken. Ein oranger Fleck am Ende des Bandes markiert den vorderen Bewegungspol mit den beiden einfach vom Körpersaum eingefalteten Pseudotentakeln. Erwachsene Tiere werden bis zu 6cm groß. Verbreitet sind Variable Plattwürmer im Indopazifik und kommen von den Küsten Ostafrikas bis nach Polynesien vor.

Foto: Malaysia, Mabul

Bunter Plattwurm (Pseudoceros bimarginatus), Indonesien

Variabler Plattwurm (Pseudoceros bifurcus), Malaysia

Rotvioletter Plattwurm *(Pseudoceros ferrugineus)*

Plattwürmer dieser Art besitzen ein plakatives Aussehen. Ihr grell gefärbter Körper warnt Fressfeinde und zeigt drei verschiedene Farbzonen: Eine zentrale rotviolette Lage mit weiß gepunkteter Struktur; ein zum Körpersaum hin breites, dunkelrotes Band, ohne weiße Punkte und einen schmalen, gelben bis orangen Körpersaum, der in der Regel unduliert verläuft. Auch die Jungtiere besitzen die gleiche Farbe und Farbschichtung wie die Erwachsenen. Den vorderen Bewegungspol, den Kopf, erkennt man nur an den ohrenförmigen Pseudotentakeln, die einfache Hautfaltungen des Körpersaumes darstellen. Rotviolette Strudelwürmer werden maximal 7cm groß und ernähren sich von kolonialen Seescheiden. Sie leben tagsüber bevorzugt unter Steinen und Korallen und nehmen erst in der Nacht einen Stellungswechsel zu einem neuen Freßsubstrat vor. Das ist auch die Zeit, in der ein Taucher sie beobachten kann. Sie sind an den Riffen im gesamten Indopazifik weit verbreitet doch sind sie selten zu sehen.

Foto: Malaysia, Lankayan

Lindas Plattwurm *(Pseudoceros lindae)*

Lindas Plattwürmer sind seltene Tiere im Riff, die in verschiedenen Farben vorkommen und von denen man immer noch nicht weiß, was sie fressen. Möglicherweise ernähren sie sich von Seescheiden, wie auch die anderen Tiere aus dieser Gattung. Der dicke, fleischige, lang gestreckte und braune bis purpurrote Körper der Strudelwürmer ist von über 100 ovalen bis runden und goldgelben Flecken bedeckt, die sofort dem Betrachter auffallen. Die Pseudotentakeln sind blauviolett gefärbt und einfache Einstülpungen des Körpersaumes. Der Körpersaum trägt zahlreiche große, ovale gelblichweiße Flecken. Lindas Plattwürmer sind nachtaktiv. Sie werden bis zu 6cm groß und leben tagsüber unter schattigen Überhängen vom Flachwasser bis in größere Tiefen. Ihre Verbreitung reicht von Südafrika bis nach Indonesien, Australien und den Westpazifik.

Foto: Indonesien, Komodo

Rotvioletter Plattwurm (Pseudoceros ferrugineus), Malaysia

Lindas Plattwurm (Pseudoceros lindae), Indonesien

Pustel-Plattwurm *(Pseudoceros imitatus)*

Plattwürmer dieser Art imitieren in Form und Farbe die Nacktschnecke Phylidiella pustulosa, die für ihre Fressfeinde giftig ist. Der abgeflachte Körper der Strudelwürmer ist mit hellen Pusteln besetzt, die von dunklen Bändern umrandet werden. Hier werden möglicherweise giftige Substanzen produziert und gelagert, die mögliche Fressfeinde abschrecken sollen. Pustel-Plattwürmer werden 4-6cm groß und ernähren sich von Moostierchen und kleinen, kolonialen Seescheiden. Ihr Verbreitungsgebiet reicht von Australien bis nach Papua Neuguinea.

Foto: Papua Neuguinea, Milne Bay

Kaiserlicher Plattwurm *(Pseudoceros imperator)*

Kaiserliche Plattwürmer sind recht kleine Tiere, die eine Größe von 3cm erreichen. Ihr Körper ist länglich oval, langgestreckt und abgeflacht, mit einem samtschwarzen Rücken, der von einem orangen Band gesäumt wird. Der vordere Bewegungspol trägt zwei einfach gefaltete Pseudotentakel. Auf dem Rücken der Tiere befindet sich ein dreifach gekreuztes Band, das im vorderen Teil Ausläufer in Richtung Pseudotentakel aussendet. Am Körperrand sind einfache, unterschiedlich lange und breite Bänder vorhanden. Diese Körperzeichnungen machen die kleinen Tiere recht auffällig im Riff. Kaiserliche Plattwürmer sind nachtaktive Tiere, die sich kriechend zu ihren Freßsubstraten bewegen. Sie ernähren sich von verschiedenen Manteltieren, wie es die meisten Plattwürmer aus dieser Gattung tun. Über ihre Biologie ist nichts bekannt, da sie als Art recht spät beschrieben wurden.

Foto: Papua Neuguinea, Loloata Island

Pustel-Plattwurm (Pseudoceros imitatus), Papua Neuguinea

Kaiserlicher Plattwurm (Pseudoceros imperator), Papua Neuguinea

Katos Plattwurm *(Pseudoceros katoi)*

Katos Plattwürmer sind auffallend plakativ rot bis rotorange gefärbt und ihre gesamte Körperoberfläche mit vielen kleinen und weißen Mikropunkten dicht bedeckt. Nur der stark undulierte Körpersaum ist davon ausgenommen. Die beiden Pseudotentakel, die einfache Einfaltungen des Körpersaumes sind, sind in diesem undulierten Gefüge des Körpersaumes kaum erkennbar. Die Körperunterseite der Tiere ist einfach rot gefärbt. Da Katos Plattwürmer sehr selten zu beobachten sind und aus diesem Grund möglicherweise auch sehr selten vorkommen, ist über ihre Biologie nichts bekannt. Da man sie in der Nacht auf kolonialen Manteltieren antrifft, ist anzunehmen, dass sie sich von diesen Tieren ernähren. Ihre Verbreitung reicht im Indopazifik von Malaysia bis nach Australien und den Philippinen.

Foto: Malaysia, Mantanani

Weissrücken-Plattwurm *(Pseudoceros paralaticlavus)*

Weissrücken-Plattwürmer sind durch ihre kontrastreiche Färbung auffallend im Riff. Der samtschwarze Körper trägt einen breiten und hellen Rücken und ein weißes und gelbes Marginalband. Die Pseudotentakel sind einfache Einstülpungen des Körpersaumes und besitzen einen goldenen Rand. Weißrücken-Plattwürmer werden bis zu 5cm groß und leben auf Sand und Korallenbruch. Ihr Freßsubstrat dürften gelbe, koloniale Seescheiden sein, auf denen sie fressend beobachtet wurden. Die Verbreitung der Tiere reicht im Indopazifik von Indonesien bis nach Papua Neuguinea und bis nach Australien.

Foto: Malaysia, Mantanani

Katos Plattwurm (Pseudoceros katoi), Malaysia

Weißrücken-Plattwurm (Pseudoceros paralaticlavus), Malaysia

Prudhoes Plattwurm *(Pseudoceros prudhoei)*

Prudhoes Plattwürmer sind selten an den Riffen im Indopazifik. Sie leben versteckt unter Steinen und Korallen und kommen gelegentlich auf Fadenalgen und auf verschiedenen möbilen Böden vor. Ihr dunkelbrauner bis schwarzer Körper ist am Saum unduliert und mit einem inneren weißen und einem außen liegenden, gelben Band versehen. Die Pseudotentakel sind einfache Einstülpungen des Körpersaumes. Über die Biologie dieser Strudelwürmer ist nichts bekannt. Man weiß noch nicht einmal, was sie fressen. Der abgebildete Strudelwurm ist etwa 4cm groß.

Foto: Philippinen, Panglao

Saphir-Plattwurm *(Pseudoceros saphirinus)*

Der stark abgeflachte Körper der Tiere ist samtschwarz gefärbt. Er trägt ein leuchtend blaues Band als Körpersaum, das auch die beiden Pseudopodien mit einbezieht. Ein feines bis hellgelbes Band begrenzt den Körper. Saphir-Plattwürmer werden bis zu 5 cm groß und sind überwiegend nachtaktiv. Aber auch tagsüber findet man sie gelegentlich auf tiefen Sandflächen und auf Korallenbruch. Bei Störungen entlassen die Tiere eine dunkelrote Flüssigkeit, die Fressfeinde abschrecken soll. Die Verbreitung der Art reicht im Indopazifik von Australien und Papua Neuguinea bis zu den Philippinen.

Foto: Papua Neuguinea, Milne Bay

Prudhoes Plattwurm (Pseudoceros prudoei), Philippinen

Saphir-Plattwurm (Pseudoceros saphirinus), Papua Neuguinea

Plattwurm *(Pseudoceros cf. scriptus)*

Die meisten Plattwürmer in unseren Meeren sind noch weitgehend unbekannt und noch nicht als Art beschrieben. So auch der hier vorgestellte Strudelwurm. Er ist relativ klein, etwa 2cm groß und von einer beeindruckenden Schönheit. Der violett-weiße Körper trägt schwarze Längsbänder, die an den lateralen Seiten unterbrochen sind. Ein breiter oranger Körpersaum umgibt das Tier. Die Fühler am Kopf sind einfache Einbuchtungen des Körpersaumes. Strudelwürmer dieser Art leben auf Sand, Geröll und auf Korallenbruch und sie sind nachtaktiv. Über ihre Fressgewohnheiten und über ihre Biologie ist nichts bekannt. Sie kommen an den Riffen der Komodo-Inseln in Indonesien vor. Möglicherweise handelt es sich um den Schrift-Plattwurm Pseudoceros scriptus.

Foto: Philippinen, Bohol

Susanes Plattwurm *(Pseudoceros susanae)*

Susanes Plattwürmer sind erst 1997 als Art beschrieben worden, obwohl sie zu den wohl häufigsten Plattwürmern an indopazifischen Riffen zu zählen sind. Ihre geringe Größe von 3cm macht sie dennoch unauffällig, wäre da nicht die plakative Körperfarbe, die sie auszeichnet. Ihr heller Rücken trägt zwei orange und parallel ausgerichtete Bänder, die sich an beiden Körperenden vereinen. Der blaue Körpersaum wird durch ein rotviolettes, marginales Band begrenzt, das auch die beiden Pseudotentakel umgibt. Susans Plattwürmer sind nachtaktive Tiere und ernähren sich möglicherweise von Manteltieren. Sie sind von den Malediven beschrieben und ihre Verbreitung reicht bis in den Indowest-Pazifik nach Mikronesien, Papua Neuguinea und den Philippinen.

Foto: Philippinen, Bohol

Schrift-Plattwurm (Pseudoceros scriptus), Philippinen

Susanes Plattwurm (Pseudoceros susanae), Philippinen

Prächtiger Plattwurm (Pseudoceros sp.), Philippinen, Cabilao

Laing Island-Plattwurm (Pseudoceros cf. laingensis), Indonesien, Raja Ampad

Weißer Plattwurm (Pseudoceros sp.), Indonesien, Rinca

Gelbpunkt-Plattwurm (Pseudoceros sp.), Papua Neuguinea, Milne Bay

Sonnen-Plattwurm *(Pseudobiceros aprinus)*

Sonnen-Plattwürmer sind unauffällig im Riff. Mit ihrem samtschwarzen bis schokoladenbraunen Körper heben sie sich vom vielfarbigen Untergrund der Riffe wenig ab. Auffallend sind nur die hellen Flecken und Striche, die der Rücken der Tiere trägt. Stellas Plattwürmer, wie sie auch genannt werden, werden maximal 3cm groß. Ihr ovaler Körper ist stark abgeflacht und trägt einen deutlichen Buckel in Körpermitte. Die Körperseiten sind in der Marschrichtung des Wurmes leicht unduliert. Die beiden Pseudopodien sind kurze und einfache Einfaltungen des Körpersaumes. Sonnen-Plattwürmer sind Einzelgänger und Schwammfresser, die sich tagsüber unter Steinen und Korallen verstecken und erst in der Nacht auf Nahrungssuche gehen. Sie sind sowohl im Roten Meer und im gesamten Indopazifik verbreitet.

Foto: Papua Neuguinea, Milne Bay

Bedfords Plattwurm *(Pseudobiceros bedfordi)*

Bedfords Plattwürmer sind so auffällig in der Farbmusterung ihres Körpers, dass sie selbst für den Laien unverwechselbar sind. Der ovale Körper der Würmer ist stark abgeflacht und entlang der Mittellinien etwas verdickt. Der Körpersaum ist stets stark unduliert und am vorderen Bewegungspol erscheinen zwei gefaltete „Tentakeln". Der dunkelbraune bis schwarzgrundige Körper ist übersät mit kleinen, weißen Punkten und gekrümmten, lilafarbenen Linien. 2 Saugnäpfe befinden sich auf der Bauchseite. Bedfords Plattwürmer werden bis zu 10cm groß. Sie ernähren sich von kolonialen Seescheiden und von kleinen Amphipoden, die sie mit Körperschleim umwickeln und komplett verschlingen. Als gute Schwimmer sind sie in der Lage, vom Boden abzuheben und über kurze Strecken zu schwimmen. Ihre Verbreitung reicht von Afrika bis nach Australien, Mikronesien und Vietnam.

Foto: Indonesien, Komodo

Sonnen-Plattwurm (Pseudobiceros aprinus), Papua Neuguinea

Bedfords Plattwurm (Pseudobiceros bedfordi), Indonesien

Grüner Plattwurm *(Pseudobiceros flowersi)*

Grüne Plattwürmer sind die Riesen unter den Strudelwürmern, denn sie werden bis zu 12cm groß. Ihr lang gestreckter und stark undulierter Körper ist einheitlich grün gefärbt. Nur eine weiße Mittellinie auf dem Körperbuckel teilt den Wurm in zwei Hälften und ein schwarz-weißer Körpersaum durchbricht die grüne Einheit. Die Körpermitte ist leicht verdickt und die Pseudotentakel am Kopf sind einfache Einfaltungen des Körpersaumes. Grüne Plattwürmer sind nachtaktiv und leben auf und in verschiedenen Weichböden. Sie ernähren sich möglicherweise von Lederkorallen, auf denen sie in der Nacht zu finden sind. Verbreitet sind sie an den Riffen von Indonesien und den Philippinen.

Foto: Indonesien, Nusakode

Weißstrichel-Plattwurm *(Pseudobiceros fulgor)*

Weißstrichel-Strudelwürmer besitzen auf ihrem braunen, rosaroten oder orangefarbenen Körper Bündel mit unterbrochenen weißen Linien und Streifen, die sich bis zum schwarzen Körpersaum erstrecken. Nur gelbe, cremefarbene oder braune Flecken durchbrechen diese Strichelzeichnungen. Die Unterseite ist hellbraun-orange und trägt einen schwarzen Randstreifen. Ohrenförmige Pseudotentakeln markieren die Kopfregion. Sie werden durch Einfaltungen des Körpersaumes gebildet. Strudelwürmer dieser Art werden etwa 7cm groß. Sie sind sehr beweglich und agil und schwimmen mit stark undulierenden Bewegungen ihres Körpersaumes. Etwa 60 relativ kleine Augenflecke befinden sich auf der Kopfregion. Werden die Tiere angefasst oder gefangen, dann scheiden sie außerordentlich viel Schleim ab. Ihr Verbreitungsgebiet reicht von Indonesien, den Philippinen und Mikronesien bis zu den Marschall-Inseln und Australien, wo man sie zwischen Korallenbruch und auch an Steilwänden des Flachwassers antreffen kann. Die Art ist erst sehr spät beschrieben worden und nicht häufig unter Wasser zu sehen.

Foto: Indonesien, Komodo

Grüner Plattwurm (Pseudobiceros flowersi), Indonesien

Weißstrichel-Plattwurm (Pseudobiceros fulgor), Indonesien

Hyman-Plattwurm *(Pseudobiceros hymanae)*

Plattwürmer dieser Art besitzen einen samtschwarzen und platt gedrückten Körper mit einem stark undulierten Körpersaum. Mit Hilfe kräftiger undulierender Bewegungen können die Tiere über beachtliche Strecken schwimmen. Drei unterschiedliche Marginalbänder zeigt ihr Körpersaum: ein inneres breites und oranges, einen mittleres rosafarbenes und ein äußeres schwarzes Band. Strudelwürmer sind nachtaktive Tiere, die sich tagsüber im Schatten von Überhängen, unter Korallen und in Blockfeldern verstecken. Große Tiere werden bis zu 9cm groß, fressen möglicherweise Manteltiere und sind im Indopazifik von Malaysia bis nach Melanesien und Australien verbreitet. Über ihre Biologie ist fast nichts bekannt.

Foto: Indonesien, Hoga

Sharrons-Plattwurm *(Pseudobiceros sharroni)*

Sharrons-Plattwürmer sind so selten, dass sie als Art sehr spät beschrieben wurden. Ihr schlanker Körper ist stark abgeflacht, der Saum unduliert und mit einem inneren weißen und einem äußeren gelben Band gekennzeichnet. Der samtschwarze Körper trägt 3 helle Längsbänder. Die Pseudotentakel am Kopf sind einfache Einstülpungen des Mantelsaumes. Sharrons-Plattwürmer sind überwiegend nachtaktiv und ernähren sich möglicherweise von kolonialen Manteltieren. Sie sind an den Riffen im Indopazifik verbreitet, doch gibt es keine konkreten Daten über Fundorte.

Foto: Philippinen, Cabilao

Hyman-Plattwurm (Pseudobiceros hymanae), Indonesien

Sharrons-Plattwurm (Pseudobiceros sharroni), Philippinen

One Three Island-Plattwurm *(Pseudobiceros uniarborensens)*

Der Name dieser Plattwürmer bezieht sich auf die meeresbiologische Forschungsstation der Insel One Three Island am Grossen Barriereriff in Australien. Der Körper der Strudelwürmer kann samtschwarz oder dunkelbraun sein. Er trägt 3 verschiedenfarbige Marginalbänder, wobei das innere Band orange, das mittlere grau und das äußere weiß ist. Die ohrenförmigen Pseudotentakel sind schwarz und tragen weiße Spitzen. Der Körperrand ist stark unduliert. Plattwürmer dieser Art werden bis zu 8cm groß und ernähren sich von sessilen Wirbellosen, wie von Schwämmen und Seescheiden. Sie sind nachtaktiv und verstecken sich tagsüber unter Steinen und Korallen. Da nur wenige Tiere bisher gefunden wurden, ist die Verbreitung der Tiere an den Riffen im Indopazifik noch nicht ganz geklärt.

Foto: Papua Neuguinea, Milne Bay

Prächtiger Plattwurm *(Pseudobiceros gloriosus)*

Prächtige Plattwürmer besitzen einen samtschwarzen und platt gedrückten Körper mit einem stark undulierten Körpersaum. Mit Hilfe kräftiger undulierender Bewegungen des Körpersaumes können diese kleinen Tiere beachtliche Strecken schwimmen, wenn sie sich vom Boden abheben und im Freiwasser einen Stellungswechsel vornehmen oder sich auf der Flucht vor Feinden in Sicherheit bringen wollen. Drei unterschiedlich kolorierte Marginalbänder zeigt ihr Körpersaum: Ein inneres breites und oranges, ein mittleres weißes und ein äußeres schwarzes Band. Plattwürmer sind überwiegend nachtaktive Tiere, die sich tagsüber im Riff verstecken. Große und ausgewachsene Tiere dieser Art können bis zu 9cm groß werden, ernähren sich möglicherweise von Manteltieren und sind im Indopazifik von Malaysia bis nach Australien und Melanesien verbreitet. Ihre Biologie ist weitestgehend unbekannt.

Foto: Papua Neuguinea, Milne Bay

One Three Island-Plattwurm (Pseudobiceros uniarborescens), PNG

Prächtiger Plattwurm (Pseudobiceros gloriosus), Papua Neuguinea

Graubrauner Plattwurm (Pseudobiceros sp.), Papua Neuguinea, Milne Bay

Brauner Plattwurm (Pseudobiceros sp.), Papua Neuguinea, Milne Bay

Korallen-Plattwurm *(Waminoa sp.)*

Korallen-Plattwürmer sind kleine, maximal 0,5cm im Durchmesser große Tiere, mit einem stark abgeflachten und annähernd kreisrunden Körper, der rotbraun bis olivgrün gefärbt sein kann. Die Farbe der Tiere wird von winzig kleinen Algen aus der Familie der Dinoflagellaten (Zooxanthellen) bestimmt, mit denen sie in einer Symbiose leben und von deren Assimilationsprodukten sie sich auch weitgehend ernähren. Zudem nehmen sie noch weitere gelöste organische Substanzen über ihre Haut vom Korallenschleim der Korallen auf, auf denen sie leben. Dabei besiedeln sie in einer bemerkenswerten Individuendichte bevorzugt verschiedene Hart-, Weich- und Lederkorallen, deren Oberfläche sie komplett bedecken können. Das Bild zeigt eine Ansammlung dieser Tiere auf den Tentakeln der Steinkoralle *Plerogyra sinuosa*. Korallen-Plattwürmer sind im Roten Meer und an den Riffen im gesamten Indopazifik und Westpazifik weit verbreitet.

Foto: Philippinen, Cebu

Korallen-Plattwurm (Waminoa sp.), Philippinen

Goldpapillen-Plattwurm *(Acanthozoon sp.)*

Goldpapillen-Plattwürmer tragen auf ihrer aschgrauen bis schwarzgrauen Körperoberfläche tausende kleiner und goldgelber Papillen, die unterschiedlich dicht verteilt sind. Der gebuckelte Rücken und die marginalen Körperränder sind dichter mit Goldpapillen besetzt. Der länglich-ovale Körper der Plattwürmer besitzt einen hellen Saum, der nur leicht unduliert erscheint. Zwei kleine Pseudotentakel befinden sich am vorderen Bewegungspol, die einfache Einfaltungen des Körpersaumes darstellen. Weiße Flecken unterschiedlicher Ausdehnung sind über die gesamte Körperoberfläche verteilt. Goldpapillen-Plattwürmer werden bis zu 6cm groß und leben auf verschiedenen Gründen. Sie sind nachtaktive Aufwuchsfresser, die sich von kleinen Wirbellosen ernähren. Im Indopazifik sind sie von Ostafrika bis in den Westpazifik verbreitet.

Foto: Indonesien, Rinca

Porzellan-Plattwurm *(Bulaceros porcellanus)*

Meeresplattwürmer sind bis heute eine unzureichend bearbeitete Tiergruppe. Nur wenige Spezialisten kennen sich da aus. Auch der abgebildete Strudelwurm, der von Papua Neuguinea beschrieben wurde, hat erst sehr spät einen Artnamen erhalten. Der schlanke und stark abgeplattete Körper der Würmer zeigt eine erhöht stehende Rückenfalte, die vom Kopf bis in das hintere Drittel des Körpers reicht. Der olivbraune Körper trägt eine Vielzahl weißer Flecke. Der Körpersaum ist unduliert und setzt sich aus einer weißen äußeren und einer rotbraunen, inneren Lage zusammen. Meerestrudelwürmer aus dieser Gattung sind selten. Sie werden maximal 2cm groß, leben auf und zwischen Korallenbruch und kommen gelegentlich auch schon einmal am Riffhang vor. Über ihre Biologie ist nichts bekannt. Die Verbreitung der Art reicht von Malaysia, den Philippinen und Papua Neuguinea bis nach Australien.

Foto: Malaysia, Lankayan

Goldpapillen-Plattwurm (Acanthozoon sp.), Indonesien

Porzellan-Plattwurm (Bulaceros porcellanus), Malaysia

Hellblauer Plattwurm *(Cycloporus venetus)*

Die abgebildeten Plattwürmer weiden auf dem Kolben der Seescheidenkolonie *Nephtheis fascicularis*, von deren Einzeltieren (=Zooiden) sie sich ernähren. Es ist bekannt, dass sich Meeresplattwürner der Gattungen *Pseudoceros* und *Pseudobiceros* vorwiegend von koloniebildenden Seescheiden ernähren, doch in den meisten Fällen sind weder die Plattwürmer noch die Seescheidenkolonien, auf denen sie weiden, bekannt. Der hellblaue und platt gedrückte Körper der Plattwürmer ist länglich-oval in der Form und orange gesäumt. Der Körpersaum ist unduliert. Die beiden Pseudotentakeln am vorderen Bewegungspol sind einfache Einfaltungen des Körpersaumes und auffallend orange gefärbt. Über Meeresplattwürmer ist wenig bekannt und nur wenige Wissenschaftler arbeiten an dieser so schwierigen Tiergruppe. Auch über die regionalen Verbreitungen dieser Plattwürmer an den Riffen im Indopazifik ist in der uns zur Verfügung stehenden Literatur wenig bekannt, so dass man sie eigentlich nur aus Indonesien, Australien und Japan kennt.

Foto: Indonesien, Nusakode

Weißflecken-Plattwurm *(Pseudoceros scintillatus)*

Die Grundfarbe des Körpers der nur 2-3cm großen Plattwürmer ist samtschwarz. Darauf tragen die Tiere unterschiedlich große, weiße, hellgelbe oder gelbgrüne Flecken unterschiedlicher Größe und Ausdehnung, die teilweise miteinander fusionieren. Der schlanke und stark abgeplattete Körper der Plattwürmer wird von einem orangen Saum eingefasst. Die Pseudotentakel am vorderen Bewegungspol sind einfache Einstülpungen des Körpersaumes. Weißflecken-Plattwürmer sind Einzelgänger und dämmerungs- und nachtaktiv. Tagsüber leben sie versteckt im Riff. Sie ernähren sich möglicherweise von kolonialen Seescheiden und sind im Roten Meer und im Indopazifik von Ostafrika und Australien bis in den Westpazifik verbreitet.

Foto: Malaysia, Mantanani

Hellblauer Plattwurm (Cycloporus venetus), Indonesien

Weißflecken-Plattwurm (Pseudoceros scintillatus), Malaysia

Nachtschwarzer Plattwurm *(Tytthoceros nocturnus)*

Nur wenige Tiere dieser Art sind bisher an den Riffen im Indopazifik gefunden worden. Ihr dunkelbrauner bis schwarzer Körper ist stark abgeplattet und mit einem deutlich undulierenden Körpersaum versehen. Etwa 60 Augenflecken am Kopf, die in Form eines Hufeisens angeordnet sind, können nur mit Hilfe eines Mikroskops begutachtet werden. Die nachtaktiven Plattwürmer leben tagsüber unter Steinen und Korallen. Sie sind extreme Nahrungsspezialisten, wobei man bis heute weiß, dass sie sich von kolonialen Manteltieren ernähren, wie viele andere Strudelwürmer aus dieser Gattung auch. Die nur 3-4cm großen Tiere sind im Indopazifik von Malaysia und Indonesien bis nach Australien verbreitet.

Foto: Malaysia, Mantanani

Goldbrauner Plattwurm *(Thytthoceros sp.)*

Die goldbraune Grundfarbe des Körpers der Tiere ist mit feinen weißen und braunen Flecken und Streifen durchsetzt. Der breite und stark undulierte Körpersaum geht von einem hellen Braun innen in ein dunkles Braun außen über. Ein ganz feiner, weißer Saum begrenzt den undulierten Körpersaum nach außen. Der Rücken der Tiere ist stark gebuckelt und teilt sie in zwei gleiche Hälften. Die kurzen Pseudotentakel sind einfache Einstülpungen des Mantelsaumes. Plattwürmer aus dieser Gattung werden bis zu 4cm groß. Sie ernähren sich möglicherweise von Manteltieren, Diatomeen, Detritus und Krebsen, wie kleine Kopffüßler (Copepoden). Magenuntersuchungen gibt es jedoch nicht. Die Vermutung beruht darauf, dass man sie in der Nacht auf ihren möglichen Freßsubstraten angetroffen hat. Thytthoceros-Arten sind im Indopazifik und im Westpazifik verbreitet und werden nur selten gesehen.

Foto: Philippinen, Cebu

Nachtschwarzer Plattwurm (Tytthoceros nocturnus), Malaysia

Goldbrauner Plattwurm (Thytthoceros sp.), Philippinen

Orsakis Plattwurm *(Maiazoon orsaki)*

Orsakis Plattwürmer besitzen einen lang gestreckten und milchig weißen bis transparenten Körper, in dessen Mitte eine feine und weiße Linie verläuft, die am Kopf mit einem Augenfleck beginnt. Der Körpersaum ist stark unduliert und zeigt zwei farbig verschiedene Marginalbänder: Das innere Band ist breit und orangebraun, das äußere Band ist dagegen schmal und schwarz. Plattwürmer sind überwiegend nachtaktive Tiere, die sich tagsüber unter Korallenbruch, in Ritzen und Spalten im Riff und zwischen den Verzweigungen von Kalkrotalgen verstecken. Sie werden bis zu 5cm groß und ernähren sich möglicherweise von kolonialen Seescheiden. Ihre Verbreitung reicht von den Malediven bis nach Fiji und Mikronesien.

Foto: Indonesien, Wakatobi

Goldgelber Plattwurm *(Phricoceros baybaie)*

Goldgelbe Plattwürmer sind nachtaktive Tiere, die sich tagsüber im Riff verstecken und erst in der späten Abenddämmerung ihre Verstecke verlassen, um im Riff auf Nahrungssuche zu gehen. Man sieht sie dann in der Nacht auf unterschiedlichen Böden herumkriechen. Wenn sie das Licht einer Unterwasserlampe trifft, dann egreifen sie schnell die Flucht, heben dann mit stark undulierenden Körpersäumen vom Boden ab und schwimmen davon. Diese Schwimmaktivitäten dauern nur kurze Zeit an, so dass sie sich schon nach wenigen Metern zu Boden sinken lassen. Ihr schlanker und leicht gebuckelter Körper ist einheitlich gelb gefärbt und mit hunderten kleiner und weißer Pünktchen und Flecken besetzt. Zwei kleine Pseudotentakel am vorderen Bewegungspol sind einfache Einfaltungen des Körpersaumes und dienen der Orientierung im Raum. Gelbe Plattwürmer werden bis zu 4cm groß und sind an den Riffen im gesamten Indopazifk und Pazifik bis nach Singapur und Hawaii verbreitet.

Foto: Indonesien, Menjangan, Secret Bay

Orsakis Plattwurm (Maiazoon orsaki), Indonesien

Goldgelber Plattwurm (Phricoceros baybaie), Indonesien

Gelbpunkt-Plattwurm *(Thysanozoon flavomaculatum)*

Gelbpunkt-Plattwürmer besitzen einen länglich-ovalen Körper, der von einem weißen und undulierenden Saum umgeben ist. Der Schwarze Oberkörper trägt zahlreiche runde und unterschiedlich große und gelbe Papillen, die Noppen ähnlich sehen. Zahlreiche Kopfaugen sind in Gruben angeordnet und die Pseudotentakel sind Einfaltungen des Körpersaumes. Die hier vorgestellte Art ist die häufigste aus dieser Gattung an den Riffen im Roten Meer und im Indopazifik. Die Plattwürmer ernähren sich von Moostierchen und von kolonialen Seescheiden. Sie alle sind Hermaphroditen und mit einer außerordentlich großen Regenerationsfähigkeit ausgestattet, wobei aus Teilen eines Tieres wieder eine neuer und kompletter Organismus entstehen kann.

Foto: Indonesien, Sabolan

Goldpapillen-Plattwurm *(Thysanozoon nigropapillosum)*

Goldpapillen-Plattwürmer tragen auf ihrer aschgrauen bis schwarzen Körperoberfläche tausende kleiner und goldgelber Papillen, die mehr oder weniger sporadisch verteilt und unterschiedlich dicht angeordnet sind. Der länglich-ovale Körper der Tiere besitzt einen hellen Saum, der stark unduliert ist. Zwei kleine Pseudotentakel befinden sich am Kopf, die einfache Einfaltungen des Körpersaumes darstellen. Weiße Flecken unterschiedlicher Ausdehnung befinden sich auf dem Rücken der Tiere. Goldpapillen-Plattwürmer werden bis zu 6cm groß und leben auf Sand, zwischen Korallenbruch und auf verschiedenen Hartsubstraten. Sie sind Aufwuchsfresser, die sich von kleinen Wirbellosen ernähren. Vom Indischen Ozean bis in den Westpazifik sind sie weit verbreitet.

Foto: Indonesien, Nusakode

Gelbpunkt-Plattwurm (Thysanozoon flavomaculatum), Indonesien

Goldpapillen-Plattwurm (Thysanozoon nigropapillosum), Indonesien

Seitenstreifen- Plattwurm *(Maritigrella virgulata)*

Seitenstreifen-Plattwürmer besitzen einen länglich-oval gestreckten Körper, der maximal 7cm groß werden kann. Ihr cremig-weißer Körper trägt entlang der Körpersäume schwarze Streifen unterschiedlicher Breite und Länge, die vom leicht gebuckelten Rücken zur Peripherie der Körpersäume überlaufen. Bei den Jungtieren befindet sich in Körpermitte ein feines, rotes Band, das den länglichen Körper praktisch in zwei Hälften aufteilt. Die beiden Pseudotentakel sind schwarz. Gestreifte Plattwürmer bewegen sich in der Nacht auf verschiedenen Gründen und werden auf Schwämmen angetroffen, von denen sie sich möglicherweise ernähren. Ihre Verbreitung im Indopazifik ist begrenzt und erstreckt sich von Indonesien und Australien bis nach Papua Neuguinea.

Foto: Indonesien, Raja Ampad

Gefleckter Plattwurm *(Maritigrella fuscopunctata)*

Gefleckte Plattwürmer tragen auf dem weißen Grund ihres Körpers eine Vielzahl graubrauner Flecken, die sich zu einem bestimmten Muster formieren. Der leicht undulierte Körpersaum trägt schwarze Bänder, Flecken und Punkte. Die Pseudotentakel sind einfache Einfaltungen des Körpersaumes. Über die Biologie dieser Art weiß man so gut wie nichts, nicht einmal was sie fressen. Sie sind bekannt von Tasmanien, den Philippinen und von Malaysia, wo man sie auf bewachsenen Hartböden findet.

Foto: Malaysia, Mantanani

Seitenstreifen-Plattwurm (Maritigrella virgulata), Indonesien

Gefleckter Plattwurm (Maritigrella fuscopunctata), Malaysia

Gefährlicher Plattwurm (Pseudoceros periculosus), Australien, GBR

Meeresborstenwürmer, auch Vielborster genannt, die mit über 13 000 Arten überwiegend im Meer leben, gehören zum Stamm der Ringelwürmer. Sie kommen von der Spritzwasserzone bis in die Tiefsee vor und sind von Unterseebooten sogar in Wassertiefen zwischen 2000-3000 Meter in der Nähe heißer, vulkanischer Quellen gesichtet worden. Allen gemeinsam ist, dass ihr Körper aus gleichen oder ähnlichen Segmenten aufgebaut ist, in denen die Organe regelmäßig paarig angelegt sind. Die Anzahl der Segmenten ist nur selten konstant und schwankt sogar innerhalb einer Art. Sie korreliert mit der Länge der Tiere.

An jedem Segment sitzen seitliche, paarige Stummelfüße (Parapodien). Sie sind zweiästig ausgebildet: Der dorsale Ast ist das Notopodium, der ventrale das Neuropodium. Nur bei wenigen Arten sind die Stummelfüße zurückgebildet, so dass die Borsten direkt an der Körperwand stehen. Die vielgestaltigen Borsten sind entweder gezahnt, nadelförmig oder kamm- und schaufelartig in der Form. Sie dienen der Fortbewegung und werden zum Graben und Rudern eingesetzt.

Bei den freilebenden Borstenwürmern sind die Stummelfüße am Kopf zu Zirren, Palpen oder Antennen umgebildet. Der Kopf ist zudem Träger wichtiger Sinnesorgane wie Augen und Chemorezeptoren, die hier als Nuchalorgane bezeichnet werden. Die Haut der Tiere trägt eine Vielzahl von Sinneszellen, wobei der Tastsinn naturgemäß an den Palpen, Antennen und an den Stummelfüßen ausgebildet ist. Statische Organe, wie Statozysten, kommen nur bei wenigen Arten vor. Lichtsinnesorgane kommen in den unterschiedlichsten Entwicklungsstufen von lichtempfindlichen Pigmentflecken bis hin zu Gruben-, Blasen- und Linsenaugen vor. Viele Borstenwürmer können nicht nur Licht wahrnehmen. Sie besitzen auch die Fähigkeit des Leuchtens. Dabei sind sie nicht, wie viele Vertreter im Tierreich, auf symbiotische Bakterien angewiesen, sondern sie vermögen ein Eigenleuchten zu erzeugen. Das erzeugte Licht erfüllt verschiedene Aufgaben: Zum einen dient es der Abwehr von Feinden, zum anderen dem Zusammenfinden der Geschlechter. Experimente haben gezeigt, dass beim Durchtrennen eines Tieres nur das Hinterende zu leuchten beginnt, um damit dem lebenswichtigerem Vorderende die Möglichkeit zur Flucht zu geben, sobald ein Fressfeind zugepackt hat. Das leuchtende Hinterende wird dem Räuber geopfert. Ein intelligenter Trick in der Natur, um die Art zu erhalten.

Meeresborstenwürmer besitzen ein geschlossenes Blutgefäßsystem. Da sich viele Gefäßabschnitte rhythmisch kontrahieren können, bewirken sie einen Blutumlauf im Rücken- und Bauchgefäß. Ein richtiges Herz haben Borstenwürmer noch nicht ausgebildet.

Die meisten Tiere sind getrennt geschlechtlich. Die Geschlechtsorgane liegen häufig paarig in allen Segmenten. Bei einigen Arten werden Eier und Spermien durch Bruch der Körperwand in das freie Wasser entlassen. Manchmal dienen auch die Nierengänge zum Ableiten der Geschlechtsprodukte. Arten, bei denen sich die Gonaden im hinteren Abschnitt des Körpers befinden, schnüren diese Körperpartie zur Zeit der Geschlechtsreife ganz einfach ab. Um die Wahrscheinlichkeit der Befruchtung der Eier zu erhöhen, verlassen einige bodenbewohnende Tiere zum Zweck der Befruchtung ihre Lebensräume und steigen in das freie Wasser auf. Hier versammeln sich die Würmer beiderlei Geschlechts, um ihre Geschlechtsprodukte gleichzeitig in das Wasser abzugeben. In den meisten Fällen ist das Ablaichen an bestimmte Mondphasen gekoppelt.

Aus den befruchteten Eiern entwickeln sich die für viele Ringelwürmer charakteristischen Trochophora-Larven die zuerst planktisch leben, um sich dann über eine sehr komplizierte Gestaltsumwandlung (Metamorphose) zu kleinen Meeresborstenwürmern zu entwickeln.

Die Ernährungsweise der Borstenwürmer ist recht unterschiedlich. Die meisten von ihnen sind Kleintierfresser, die kleine Lebewesen oder organische und mineralische Sinkstoffe (Detritus) vom Boden aufnehmen oder aus dem Wasser sieben. Die bodenbewohnenden Arten sind oft Substratfresser, die Schlamm und Sand verschlingen, um die darin enthaltenen organischen Substanzen zu verwerten. Diejenigen Arten, die einen Tentakelkranz als Fangapparat entwickelt haben, erbeuten als Strudler kleine Nahrungspartikel, die im Wasser schweben. Eine Art Fließbandmechanismus sorgt dafür, dass die Nahrung den Schlund erreicht. Daneben gibt es aber auch Räuber, die ihre Beute mit Hilfe ihrer kräftigen Kiefer ergreifen und in den Schlund stopfen.

Meeresborstnwürmer atmen über die gesamte Haut. Viele Arten besitzen darüber hinaus an jedem Körpersegment paarige Kiemenanhänge.

Die Systematik dieser Tierklasse ist bis heute recht umstritten. Ungeachtet dessen unterschiedet man grob die freilebenden (Errantia) von den festsitzenden (Sedentaria) Borstenwürmern. Zwischen beiden Formen gibt es viele Variationen und Anpassungen. Charakteristisch für die Gruppe der freilebenden Arten ist die gleichförmige Gliederung des gesamten Körpers (homonome Segmentierung). Sie besitzen einen gut entwickelten Kopflappen (Prostomium) mit Sinnesorganen (Augen, Tentakeln). Alle Körpersegmente sind gleichmäßig mit Stummelfüßen ausgestattet, an denen sich oft dünnhäutige Kiemen befinden. Die festsitzenden Borstenwürmer leben dagegen in selbst gefertigten Gängen oder Röhren, die sie mittels Hautabscheidungen bauen und verfestigen. Ihr Körper ist ungleichmäßig gegliedert (heteronome Segmentierung). Der Kopflappen ist bei ihnen kaum noch als solcher erkennbar. Besonders die Röhren bauenden Arten besitzen wunderschöne Tentakelkronen, die sie bei Gefahr blitzschnell einziehen können.

Der überwiegende Teil der Meeresborstenwürmer lebt in den küstennahen Regionen der Meere. Als rein marine Tiere vertragen sie nur wenige Salinitätsschwankungen. Dennoch hat es im Verlaufe der Evolution eine geringe Anzahl von Arten geschafft, sich dem Leben im Brackwasser und sogar ein Leben an Land anzupassen. Besonders in den Tropen sind sie über Mangrovensümpfe in salzarme Gewässer eingedrungen und bevölkern hier auch zum Teil feuchte, terrestrische Lebensräume. Auch in der Gezeitenzone, im Bereich zwischen Ebbe und Flut, leben viele dem Wechsel des Wasserstandes angepasste Arten. Als Bodenbewohner stellen sie neben den Krebsen und den Weichtieren eine der Hauptnahrungsquellen für viele Fische dar und sind daher wirtschaftlich sehr bedeutsam.

Die Biologie der Borstenwürmer ist oft sehr kompliziert, je nachdem zu welchen Ordnungen und Familien sie gehören. Hier näher darauf einzugehen, würde den Rahmen allgemeiner und kurzer Informationen sprengen.

Haarstern-Wurm *(Hypomyzostomus sp.)*

Das Bild zeigt einen Wurm der Ordnung Myzostomida, einen in der Gattung zwar bekannten, doch bis zur Art nicht zu bestimmenden Meereswurm, der auf den Verzweigungen der federartigen Arme von Haarsternen lebt und sich dabei so adaptiert hat, dass er auf den ersten Blick nicht zu entdecken ist. Er hat im morphologischen Aufbau seines Körpers die Gliederung der Haarsternarme nachvollzogen, so dass seine Körperoberfläche diese imitiert. Auf den zweiten Blick ist der Wurm nur aufgrund seiner Größe von den gegliederten Armen des Haarsterns zu unterscheiden. Er ist breiter in seinem Habitus. Auch in der Körperfarbe hat er sich ausgezeichnet seinem Wirt angepasst. Haarsterne sind bekannt dafür, dass zwischen und auf ihren Armen zahlreiche Untermieter leben. Die Mehrzahl von ihnen sind Kommensalen. Einige von ihnen suchen hier nur Schutz vor ihren Feinden. Meist sind es kleine Krebse der Gattungen Periclimenes und Galathaea, die hier leben, aber auch kleine Saugfische, Borstenwürmer und kleine Schlangensterne halten sich zwischen den Armen von Haarsternen auf.

Foto: Indonesien, Bali

Weihnachtsbaum-Röhrenwurm *(Spirobranchus giganteus)*

Bereits die Larven der Weihnachtsbaum-Röhrenwürmer lösen mit etwas Säure die Korallenoberfläche auf, um sich mit einer selbst gefertigten Kalkröhre darauf festzusetzen. Sie lassen sich von ihren Wirtskorallen umwachsen, so dass nur noch ihre doppelten und spiralig gewundenen Tentakelkronen aus der Kalkröhre hervorschauen. Die Wohnröhre kann mit einem Kalkdeckel verschlossen werden. Die Röhre wird entsprechend dem Wachstum der Koralle stetig verlängert. Die Färbung der Tiere ist extrem variabel. Dicht nebeneinander siedelnde Tiere können verschieden einfarbig oder verschieden gemustert sein. Weihnachtsbaum-Röhrenwürmer leben bevorzugt an Standorten mit guten Strömungsbedingungen. Fast immer befallen sie kleinpolypige Korallen der Gattungen *Acropora, Porites* und Feuerkorallen der Gattung *Millepora*. Hier siedeln sie zuweilen massenhaft. Die Tiere sind sehr schreckhaft und verschwinden bei der geringsten Störung in ihren Kalkröhren. *Spirobranchus*-Röhrenwürmer fressen Mikroplankton und sind Kosmopoliten in allen tropischen Meeren.

Foto: Indonesien, Raja Ampad

Weihnachtsbaum-Röhrenwurm (*Spirobranchus giganteus*), Indonesien

Weihnachtsbaum-Röhrenwurm (*Spirobranchus giganteus*), Philippinen

Goldborsten-Feuerwurm *(Chloeia flava)*

Goldborsten-Feuerwürmer sind auffällig durch ihre goldgelben Borsten, die jedes Körpersegment trägt und die dunklen Fleckenmarkierungen, die sich, ähnlich wie Augenflecken, in der Mitte eines jeden Segmentes befinden. Feuerwürmer dieser Art sind nachtaktive Tiere, die in vielen Habitaten beheimatet sind. So leben sie auf Sandflächen und auf Schlamm, auf Korallenbruch und in Seegraswiesen und ernähren sich als Allesfresser von Algen und tierischem Aufwuchs. Speziell in der Nacht, wenn sie auf Nahrungssuche sind, stört sie oft das grelle Licht der Unterwasserlampen so mancher Taucher. Dann flüchten sie mit undulierenden Bewegungen schwimmend im Freiwasser und versuchen so der Belästigung zu entkommen. Goldborstenwürmer werden bis zu 10cm groß und 3-4cm breit. Ihre zahlreichen und nadelspitzen Borsten können in der menschlichen Haut ein schmerzhaftes Brennen verursachen. Sie sind im Roten Meer und im Indopazifik von Ostafrika bis Indonesien, den Philippinen und Australien verbreitet.

Foto: Indonesien, Rinca

Kleiner Feuerwurm *(Chloeia parva)*

Kleine Feuerwürmer kommen bevorzugt im Indo-Westpazifik vor. Als nachtaktive Tiere leben sie tagsüber versteckt im Riff und betätigen sich in der Nacht als Aufwuchsfresser. Ihr schlanker Körper ist segmentiert. Jedes Segment trägt ein Borstenbüschel feiner Kalknadeln, die der Lokomotion und der Verteidigung dienen und Kiemen, die entlang beider Körperseiten angeordnet sind. Jede einzelne Kalkborste hat an ihrer Basis eine kleine Giftdrüse, die sich entleert, wenn die Borste in die Haut eines Angreifers eindringt. Bei uns Menschen verursacht das Eindringen der Borste und die Entleerung des Giftes in der Haut ein schmerzhaftes und tagelanges Brennen. Der Kopf der Tiere ist mit Augen, Antennen und einem Riechorgan ausgestattet. Ausgewachsene Tiere werden 4cm groß.

Foto: Indonesien, Rinca

Goldborsten-Feuerwurm (*Chloeia flava*), Indonesien

Kleiner Feuerwurm (*Chloeia parva*), Indonesien

Schuppenwurm *(Iphione sp.)*

Schuppenwürmer leben versteckt unter Steinen und Korallen und sind nur wenige Zentimeter groß. Ihr Rücken trägt große, meist 13 Paar sich überlagernde Schuppen (Elytren), die jedem Körpersegment zugeordnet sind. Ihre Farbe kann recht unterschiedlich sein. Am Kopf fallen paarige Antennen auf. Der Schlund ist ausstülpbar und trägt kräftige Kiefer. Mit ihrer Hilfe wird die Beute, die aus kleinen Krebsen und Borstenwürmern besteht, zerkleinert und in den Schlund gewürgt. Bei Gefahr können sich Schuppenwürmer kugelig zusammenrollen und Lichtblitze erzeugen. Die Gattung *Iphione* ist in allen tropischen und subtropischen Meeren verbreitet. Bei dem hier vorgestellten Tier könnte es sich um *Iphione muricata* (SAVIGNY,1818) handeln.

Foto: Malaysia, Mantanani

Seestern-Borstenwurm *(Asterophilia carlae)*

Seestern-Borstenwürmer leben als Kommensalen auf verschiedenen Seesternen der Gattungen *Linckia* und *Echinaster* und ernähren sich von dem, was die Seesterne erbeuten. Hier passen sie sich auch weitgehend der Farbe ihrer Wirte an. Auch die Struktur ihres Körpers wird der Struktur der Körperoberfläche ihres Wirtes angepasst. So trägt der Borstenwurm auf seinem Körper eine Vielzahl langer, zylindrischer und apikal etwas keulenförmig aufgetriebener Fortsätze, die die tubulären Saugfüßchen der Seesterne imitieren sollen. Seestern-Borstenwürmer sind selten. Man muss schon fast jeden Seestern umdrehen, um sie zu finden, denn sie leben überwiegend auf der dem Substrat zugewandten Mundseite der Seesterne. Das Vorkommen der Würmer ist an das Vorkommen der Seesterne gekoppelt, die an den Riffen im Indopazifik weit verbreitet doch selten zu finden sind.

Foto: Malaysia, Lankayan

Schuppenwurm (Iphione sp.), Malaysia

Seestern-Borstenwurm (Asterophilia carlae)

Seewalzen-Schuppenwurm *(Gastrolepedia clavigera)*

Seewalzen-Schuppenwürmer leben als Kommensalen mit 30 verschiedenen Seewalzen vergesellschaftet, wobei sie am häufigsten auf der Haut der Seewalzen-Gattungen *Bohadschia, Thelenota, Stichopus* und *Holothuria* zu finden sind. Entweder leben sie einzeln oder paarweise auf der Unterseite der Seewalzen und klammern sich mit Borsten und Häkchen an ihren Wirt. Durch Farbanpassung sind sie auf ihren Wirten kaum sichtbar. Ein Regulativ, um nicht erkannt und gefressen zu werden. Der Körper der Tiere trägt große und sich überlappende Schuppen auf jedem Segment, die den Rücken bedecken. Schuppenwürmer dieser Art ernähren sich entweder von Mikroorganismen, die sie sich unter ihrer Seewalze suchen, oder sie „stehlen" von den Tentakeln der Seewalzen das, was diese für ihre eigene Ernährung brauchen. Seewalzen-Schuppenwürmer werden bis zu 3cm groß und sind im Indopazifik von Ostafrika und den Philippinen bis nach Australien verbreitet. Der Schuppenwurm auf dem Bild lebt als Kommensale auf der Augen-Seewalze, *Bohadschia argus*.

Foto: Indonesien, Rinca

Kammförmiger Schuppenwurm *(Lepidonotus cristatus)*

Kammförmige Schuppenwürmer sind nur wenige Zentimeter groß. Sie führen eine versteckte Lebensweise und leben unter Korallenbrocken, unter Steinen und zwischen Korllenbruch. Von der Küste Südafrikas bis in den Westpazifik sind sie sehr weit verbreitet und werden nur gesehen, wenn man gezielt nach ihnen sucht. Dafür braucht man Zeit, viel Gedult und muß viele Korallenbrocken und Steine umdrehen, um sie darunter zu finden. Ihr stark abgeflachter und gegliederter Körper trägt sich überlappende Schuppen, an deren Enden sich paarige Anhänge befinden, die an ihren Enden bläschenförmig erweitert sind. Der Kopf hat einen ausstülpbaren Schlund und einen Rüssel, der mit 4 Kiefern bewehrt ist. Die Farbe der Tiere ist sehr variabel und reicht von farblos bis hellgrün, grün und orange.

Foto: Papua Neuguinea, Milne Bay

Seewalzen-Schuppenwurm (Gastrolepidia clavigara), Indonesien

Kammförmiger Schuppenwurm (Lepidonotus cristatus), PNG

Stachelwurm *(Hyalinoecia tubicola)*

Stachelwürmer leben in selbst gefertigten, transparenten und hornartigen Wohnröhren, die sie ständig mit sich herumschleppen. Diese besitzen Ventilklappen an beiden Enden, die Fressfeinde am Eindringen hindern sollen. In ihrer etwa 12cm langen Wohnröhre sind die Tiere frei beweglich. Das Lumen der Röhre ist so groß, dass sie sich darin auch umdrehen können. Eine Fortbewegung wird durch das Herausstrecken des Vorderkörpers und die Verankerung des 1.Parapodienpaares in den Untergrund erreicht. Durch ein Nachziehen des Körpers mitsamt der Röhre erfolgt eine gerichtete Bewegung. Zerstörte oder verloren gegangene Wohnröhren werden innerhalb von 24 Stunden neu gebildet und ersetzt. Stachelwürmer sind nachtaktive Tiere, die sich tagsüber im Sand, in Schlamm und im Korallensand verstecken. Sie sind Detritus- und Mikrophagenfresser und kommen nachts auf Weichböden in einer bemerkenswerten Individuendichte vor. Verbreitet sind sie im Atlantik und im Indopazifik.

Foto: Indonesien, Nusakode

Feuerwurm *(Eurythoe complanata)*

Feuerwürmer leben tagsüber einzeln oder in kleineren Gruppen versteckt unter Steinen und Korallen. Erst in der Nacht kommen sie aus ihren Verstecken und begeben sich auf Nahrungssuche. Sie ernähren sich von Korallenpolypen, Schnecken, Würmern und von Aas. Ihr Riechvermögen muss sehr gut ausgebildet sein, denn gerade auf Aas, das sich häufig in beköderten Fischreusen befindet, findet man große Ansammlungen dieser Tiere vor. Der Körper der Würmer ist schlank, dorsoventral abgeplattet und segmentiert. Ein jedes Segment trägt Kiemen und weiße, haarfeine Borstenbüschel, die an ihrer Basis mit Giftdrüsen in Verbindung stehen. Bei Berührung und Gefahr werden sie aufgestellt und dem Gegner präsentiert. Eindringende Borsten in die Haut eines Menschen können heftige Schmerzen hervorrufen. Borstenwürmer können grünlich, gelblich, rosa oder orangefarben sein. Gelegentlich kann ihr Körper irisieren. Ihr Regenerationsvermögen ist groß, denn abgefressene Körperteile werden sehr schnell ersetzt. Verbreitet sind im gesamten indopazifischen und pazifischen Raum.

Foto: Indonesien, Rinca

Stachelwurm (Hyalinoecia tubicola), Indonesien

Feuerwurm (Eurythoe complanata), Indonesien

Igelwurm *(Bonellia sp.)*

Tiere der Gattung Bonellia kommen in allen tropischen und subtropischen Meeren vor. Ihre Vertreter führen eine versteckte Lebensweise und halten sich in Löchern, Ritzen und Spalten verborgen. Nur der lange Rüssel, der bis zu einer Länge von 150cm ausgestreckt werden kann, verlässt das Versteck und fegt mit seinem zweilappigen Ende den Untergrund nach verwertbarer Nahrung ab, die dann über eine mit Cilien besetzte Rinne dem Mund zugeführt wird. Igelwürmer der Gattung *Bonellia* zeichnen sich durch einen extremen Sexualdimorphismus und der Ausbildung von Zwergmännchen aus. Diese sind nur 1-2mm groß und leben als Parasiten auf dem Körper der Weibchen. Ihr Körper ist praktisch bis auf ein paar Hoden reduziert, die der Fortpflanzung dienen. Die Tiere, die man unter Wasser sieht, sind stets Weibchen. Das Geschlecht entscheidet sich bereits im Larvenstadium. Fällt nämlich die Larve auf ein weibliches Tier, dann entwickelt es sich zum Zwergmännchen. Fällt es aber auf dem Boden, dann entwickelt sich aus der Larve ein Weibchen.

Foto: Indonesien, Raja Ampad

Medusenwurm, Spaghettiwurm *(Loimia medusa)*

Spaghettiwürmer leben in ihren selbstgefertigten, aus feinen Sandkörnchen bestehenden und mit Schleim verfestigten u-förmigen Wohnröhren unter Steinen und Korallen, in Spalten und Ritzen. Das, was man von den relativ kleinen Würmern sieht, sind die langen, milchig weißen, klebrigen und etwa 120cm langen und spaghettiähnlichen Mundtentakeln, die ausgestreckt die unmittelbare Umgebung des Standortes nach verwertbarem organischem Material abtasten. Über eine feine Wimperrinne wird die Nahrung zum Mund transportiert. Bei Störungen werden die langen Mundfäden ruckartig und relativ schnell eingezogen und es dauert sehr lange, bis sich der Wurm entschließt, sie wieder auszustrecken. Spaghettiwürmer leben in allen tropischen Meeren. Man kann sie leicht mit den Würmern ähnlicher Gattungen, wie *Eupolymia* und *Reterebella*, verwechseln.

Foto: Indonesien, Moyo

Igelwurm (Bonellia sp.), Indonesien

Medusenwurm, Spaghettiwurm (Loimia medusa), Indonesien

Kieferwurm, Raubwurm *(Eunice aphroditotis)*

Kieferwürmer leben einzeln und versteckt in ihren Wohnröhren und kommen in verschiedenen mobilen Böden, zwischen Korallenbruch und in Seegraswiesen vor. Sie sind überwiegend nachtaktiv. Ihr lang gestreckter und teilweiser irisierender Körper ist abgeflacht und segmentiert. Alle Segmente tragen Stummelfüße und Kiemen. Der Kopf, der aus dem Sediment herausgestreckt wird, trägt 5 lange, spitz auslaufende und gebänderte Fühler, paarige Augen, einen kräftigen Kieferapparat und einen ausstülpbaren Rüssel. Beide, der kräftige Kieferapparat und der Rüssel, dienen dem Beutefang. Grosse Kieferwürmer, die eine Länge bis zu 300cm erreichen können, machen in der Nacht auch Jagd auf schlafende Fische. Selbst Taucher sind von ihnen belästigt worden. In der Regel ernähren sich die kleineren Würmer von verschiedenen Wirbellosen und von Algen. Etwa 300 Arten sind in unseren Meeren bekannt und viele davon sind noch nicht beschrieben.

Foto: Papua Neuguinea, Milne Bay

Röhrenwurm *(? Diopatra sp.)*

Selbst die Gattung dieser Röhrenwürmer anhand von Bildern zu bestimmen ist schwer und gelingt selten. Aus diesem Grund steht hier vor dem Gattungsnamen auch das Fragezeichen. Diese sehr schwer zu findenden Röhrenwürmer bauen sich eine glatte und pergamentähnliche Wohnröhre in weichen Sedimenten und verfestigen diese mit verschiedenen Fremdkörpern. In ihr sind die Tiere frei beweglich. Der schanke Körper der Würmer ist annähernd 12cm lang. Er besteht aus verschiedenen Segmenten. Ein jedes Segment besitzt einästige Parapodien und fadenförmige Kiemen. Wie auf dem Bild zu sehen, trägt das Prostomium lange Fühler. Röhrenwürmer sind generell sehr schreckhafte Tiere, die bei der geringsten Störung sofort in ihre Wohnröhren verschwinden. Aus diesem Grund ist es auch schwierig, sie zu finden, denn schon der kleinste Schattenfall zwingt die Tiere zur Flucht in ihre Behausungen. Röhrenwürmer aus dieser Gattung sind in allen Meeren verbreitet.

Foto: Papua Neuguinea, Milne Bay

Kieferwurm, Raubwurm (Eunice aphroditotis), Papua Neuguin

Röhrenwurm (?Diopatra sp.), Papua Neuguinea

Filigraner Kalkröhrenwurm *(Salmacina sp.)*

Kalkröhrenwürmer sind kleine und fast fadenförmige Tiere, die sich filigrane, leicht zerbrechliche und dünnen Kalkröhren bauen, in denen sie leben. Nur ein winzig kleiner Tentakelkranz schaut aus den Kalkröhren heraus. Mit Hilfe ihrer winzigen Mundwerkzeuge versuchen die kleinen Würmer feines Mikroplankton für ihre Ernährung aus dem vorbeiströmenden Wasser zu fischen. Filigrane Kalkröhrenwürmer siedeln auf festen Substraten. Man findet sie an Steinen, Felsen, an den Wänden von Schiffwracks, an Hafenmolen, Schwimmbojen und, wie im Bild gezeigt, auf der Oberfläche einer großen Steckmuschel der Gattung Pinna. Durch eine ungeschlechtliche Vermehrung durch Teilung können große und umfangreiche Kolonien dieser Kalkwürmer entstehen, die sich stetig großflächig ausdehnen. Kalkröhren aus dieser Gattung sind in allen tropischen und subtropischen Meeren verbreitet.

Foto: Philippinen, Gato

Schwammwurm *(Haplosyllis spongicola)*

Schwammwürmer sind Kosmopoliten in tropischen und subtropischen Meeren. Sie leben auf allen nur möglichen Unterlagen, kommen jedoch am häufigsten auf Schwämmen vor. Hier leben sie in einer großen Individuendichte, so dass die Schwammoberfläche oftmals wie gepudert erscheint. Die Nahrung der kleinen Tiere, die nur wenige Millimeter groß sind, besteht aus feinem Detritus, das der Schwamm mit Hilfe seiner außerordentlich großen Filtrierleistung herbeistrudelt und das sich an den Poren der Schwämme absetzt. Von diesem Detritussediment ernähren sich dann die kleinen Würmer. Schwammwürmer wurden erstmals als *Syllis spongicola* aus dem Mittelmeer beschrieben. Doch mittlerweile sind die Systematiker der Auffassung, dass alle bekannten Schwammwurmarten der Gattung *Haplosyllis* zuzuordnen sind.

Foto: Indonesien, Molukken

Filigraner Kalkröhrenwurm (Salmacina sp.), Philippinen

Schwammwurm (Haplosyllis spongicola), Indonesien

Sandröhrenwurm *(Lanice conchilega)*

Sandröhrenwürmer sind sehr schwer zu finden, da das Vorderende ihrer Wohnröhre mit den zahlreichen dünnen Fadententakeln nur wenige Zentimeter über den Boden ragt. Die Wohnröhre selbst, in der die Tiere leben, steckt verborgen in weichen Sedimenten und wird aus verfestigtem Schleim gefertigt. Außen wird sie mit Sand und Muschelbruch besetzt und verfestigt. Diese Wohnröhre kann einfach oder u-förmig gebogen sein. Auffallend ist das Röhrenende, das in das freie Wasser ragt. Es ist bäumchenartig ausgefranst und dient zur Stütze der Fadententakeln, die im Dienste des Nahrungserwerbs stehen. Sie fangen Kleinstlebewesen aus dem Wasser. Der Röhrenwurm selbst ist in der Regel 15-30cm groß. Sein Körper ist segmentiert und kann aus bis zu 300 Körpersegmenten bestehen. Er bleibt zeitlebens in seiner Wohnröhre und im Sediment verborgen. Im Mittelmeer, im Atlantik und in der Nordsee lebt die Muschelsammlerin *Lanice conchilega* (PALLAS), die einzeln, in kleineren Gruppen oder Rasend bildend in weichen Sedimenten vorkommt.

Foto: Philippinen, Panglao

Röhrenwurm *(Phoronopsis sp.)*

Das, was man von den Röhrenwürmern sieht, sind zwei voneinander getrennte und spiralig gewundene Tentakelkränze, die sehr feine Borsten tragen. Sie sind nur wenige Zentimeter groß und ragen über das Niveau des Untergrundes heraus. Sie stellen die Mundwerkzeuge der Röhrenwürmer dar, mit deren Hilfe sie Plankton und Detritus für ihre Ernährung aus dem vorbeiströmenden Wasser filtern. Der Wurm selbst lebt in seiner selbst gefertigten und pergementartigen Röhre, die tief im weichen Sediment verankert ist. Bei Störungen und Gefahr kann sich das Tier sehr schnell darin zurückziehen. Ein Operculum, das die Wohnröhre verschließen könnte, fehlt aber. Röhrenwürmer diese Art leben in mobilen Sedimenten, in denen sie ihre Röhren bauen. Sie sind im Indopazifik verbreitet, werden aber selten gesehen, da sie im tiefen Wasser siedeln, die für Taucher ofmals nicht erreichbar sind und weil sie sehr schreckhaft sind und bei Störungen sofort im Boden verschwinden.

Foto: Malaysia, Lankayan

Sandröhrenwurm (Lanice conchilega), Philippinen

Röhrenwurm (Phoronopsis sp.), Malaysia

Sankt-Joseph-Röhrenwurm *(Sabellastarte sanctijosephi)*

Diese Wurmart lebt in einer selbstgefertigten, pergamentartigen Röhre, die im Untergrund verankert ist und die in der Regel nur wenige Zentimeter über den Untergrund herausragt. Das Bild zeigt ein Tier mit einer außergewöhnlich langen Wohnröhre, die nicht senkrecht im Sediment steckt, sondern mehr oder weniger horizontal in das Riffgefüge hineinragt. Das, was aus der Röhre herausragt, sind zwei gewundene Tentakelkronen mit vielen feinen Verzweigungen, die bis zu 10cm im Durchmesser wachsen können. Mit ihrer Hilfe fangen die Röhrenwürmer Plankton aus dem Wasser, von dem sie sich ernähren. Röhrenwürmer dieser Art kommen im Roten Meer und im Indopazifik von Südafrika bis nach Japan und Australien vor. Der Artenkomplex Sabellastarte sanctijosephi, Sabellastarte indica und Sabellastarte magnifica ist in der Fachliteratur noch nicht restlos geklärt.

Foto: Indonesien, Komodo

Pracht-Federwurm *(Sabellastarte sp.)*

Pracht-Federwürmer leben in selbst gefertigten und pergamentähnlichen Wohnröhren, die sie aus feinen organischen und anorganischen Partikeln zusammenkleben, um darin zu wohnen. Ihre Wohnröhren bauen sie in weichen Sedimenten, zwischen Korallenbruch und in Sandlücken zwischen den Korallen. Die große Federkrone, die aus der Wohnröhre herausragt, ist wirtelig organisiert und trägt eine Vielzahl langer und fein gefiederter Tentakel. Mit ihrer Hilfe wird Plankton und Detritus aus dem Wasser gefischt und gefressen. Pracht-Federwürmer leben sowohl im klaren Wasser, kommen aber auch in suspensionsreichen Gewässern von Hafenanlagen und Ästuaren vor.

Foto: Papua Neuguinea

Sankt-Joseph-Röhrenwurm (Sabellastarte sanctijosephi), Indonesien

Pracht-Federwurm (Sabellastarte sp.), Papua Neuguinea

Prächtiger Kalkröhrenwurm *(Filogranella elatensis)*

Prächtige Kalkröhrenwürmer leben kolonial in filigranen, sehr zerbrechlichen und selbst gefertigten Kalkröhren, die nicht mit Hilfe eines Deckels verschlossen werden können. Nur die rötlichen Tentakelkroten der Röhrenwürmer schauen aus ihren Kalkröhren heraus. Sie sind die Mundwerkzeuge der Tiere, mit deren Hilfe sie Plankton und Detritus aus dem Wasser filtern, um sich zu ernähren. Kalkröhrenwürmer dieser Art bilden umfangreiche Kolonien und siedeln bevorzugt an gut durchströmten Riffarealen, wo das Wasser ihnen ausreichend Nahrung zuträgt. Man findet sie an Weichkorallen, an Hornkorallen, an Schwämmen und vielen anderen Stellen im Riff. Auch abgedunkelte und dunkle Orte im Riff sind für sie attraktive Siedlungsorte. Verbreitet sind sie im Roten Meer und kommen im Indopazifik von Ostafrika und Australien bis nach Japan vor.

Foto: Mikronesien, Palau

Prächtiger Kalkröhrenwurm (Filogranella elatensis), Indonesien

Prächtiger Kalkröhrenwurm (Filogranella elatensis), Malaysia

Filigraner Kalkröhrenwurm *(Filograna implexa)*

Tiere aus dieser Gattung sind kosmopolitisch. Sie bauen sich feine, helle, dünne, zerbrechliche, reich verzweigte und ineinander verschachtelte Wohnröhren, die in ihrem Gesamtverband bei einem guten Standort im Riff relativ groß werden können. 30-40cm im Durchmesser sind dabei keine Seltenheit. Die einzelnen Röhrenwürmer vermehren sich durch Teilung, was zwangsweise zu einer Koloniebildung führt. Die Einzeltiere sind dünn und fadenförmig. Sie leben in ihren selbstgefertigten Kalkröhren und strecken nur zum Fang von Mikroplankton ihren gefiederten Tentakelkranz in das freie Wasser. Als schnelle Siedler besetzen sie freie Flächen auf Gorgonien, auf Schwarzen Korallen, auf Steinen, Schneckenschalen und Korallen. Verbreitet sind sie im Roten Meer und kommen im gesamten Indopazifik vor.

Foto: Indonesien, Sabolan

Röhrenwurm *(Myxicola sp.)*

Röhrenwürmer aus dieser Gattung leben in Sand- und Schlammböden und in den Ritzen im Korallenriff, wo durch Sedimentation kleine und sandige Areale entstanden sind. Die bis zu 20cm großen Würmer leben in selbstgefertigen Wohnröhren, die sie im Untergrund eingraben, so dass nur noch die entfaltete Tentakelkrone in das freie Wasser ausgestreckt wird. Diese besteht aus einem Kranz langer, feiner und gefiederter Tentakel, die springbrunnenförmig arrangiert sind. Die Tentakel sind mit einer feinen Membran verbunden. Röhrenwürmer aus dieser Gattung leben entweder einzeln oder sie kommen in größeren Ansammlungen vor. Sie sind außerordentlich schreckhaft und kommen vom Flachwasser bis in größere Tiefen vor. Sie ernähren sich von Detritus. Ihre Tentakelkronen sind einfarbig weiß oder gelb und zeigen nie ein Gemisch aus verschiedenen Farben. Bei sich verschlechternden Lebensbedingungen am gegenwärtigen Standort können die Würmer ihre Wohnröhre verlassen und sich an einem anderen und besseren Standort eine neue bauen. Tiere aus dieser Gattung kommen in allen Meeren vor.

Foto: Indonesien, Komodo

Filigraner Kalkröhrenwurm (Filograna implexa), Indonesien

Röhrenwurm (Myxicola sp.), Indonesien

Fächerwurm *(Bispira sp.)*

Fächerwürmer leben in selbst gefertigten und pergamentähnlichen Wohnröhren, die tief im Sediment verankert sind. In ihnen können sie sich frei bewegen. Das, was man von den Tieren sieht, sind die oft außerordentlich schönen und spiralig gedrehten Tentakelkronen mit ihren feinen und gefiederten Verzweigungen. Sie sind ihre Mundwerkzeuge, die zum Planktonfang in das freie Wasser gestreckt werden. Fächerwürmer leben einzeln oder in kleineren Gruppen. Es sind sehr schreckhafte Tiere, die beim geringsten Schattenfall und kleinsten Erschütterungen blitzschnell in ihren Wohnröhren verschwinden. Tiere aus dieser Gattung sind in allen tropischen Meeren verbreitet. Die Art konnte leider nicht bestimmt werden.

Foto: Indonesien, Menjagan

Fächerwurm (Bispira sp.), Indonesien, Raja Ampad

Fächerwurm (Bispira sp.), Papua Neuguinea, Milne Bay

Blauer Röhrenwurm *(Megalomma sp.)*

Röhrenwürmer der Gattung Megalomma sind mit mehreren Arten an den Riffen im Roten Meer, im Indopazifik, im tropischen Atlantik und im Mittelmeer vertreten. Die einzelnen Tiere leben in selbst gefertigten Wohnröhren, die mit Sandkörnern bedeckt und verfestigt sind. Nur die Tentakelkrone aus versteiften, gefiederten und aufrechtstehenden Verzweigungen ragt in das freie Wasser, um Mikroplankton und Detritus für die Ernährung aus dem freien Wasser zu fangen. Primitive Lichtsinnesorgane, die ein Hell-Dunkel-Sehen erlauben, befinden sich an den gefiederten Tentakeln. Sehr wenig ist über die Biologie dieser Würmer bekannt, da sie einzeln in Riffnischen, in Unterhöhlungen und in kleinen Sandinseln im Riff siedeln und außerordentlich schreckhaft sind. Bei der geringsten Erschütterung oder bei Schattenfall verschwinden sie blitzschnell in ihren Wohnröhren. Das Bild zeigt möglicherweise die Art *Megalomma vesiculosum lanigera*.

Foro: Indonesien, Zentral Sulawesi

Pracht-Röhrenwurm *(Protula magnifica)*

Pracht-Röhrenwürmer leben am Untergrund festzementiert in selbstgefertigten, gewundenen und im Querschnitt kreisrunden Kalkröhren, die kein Operculum zum Verschließen der Röhre besitzen. Nur die beiden spiralig gedrehten, weiß und orange gebänderten und gefiederten Tentakelkränze ragen in das freie Wasser, um Plankton für ihre Ernährung zu filtern. Verbreitet sind sie im Roten Meer und im gesamten Indopazifik und kommen von der Küste von Ostafrika bis nach Japan und Australien vor. Wie fast alle Röhrenwürmer so sind auch sie schreckhafte Tiere, die bei Erschütterung und Schattenfall sofort und blitzschnell in ihren Wohnröhren verschwinden. Die Systematik bei den festsitzenden Röhrenwürmern ist im Moment noch sehr verworren. In der Literatur erscheint die hier vorgestellte Art auch als *Protula bispiralis.*

Foto: Indonesien, Bali

Blauer Röhrenwurm (Megalomma sp.), Indonesien

Pracht-Röhrenwurm (Protula magnifica), Indonesien

Feuerwurm *(Chloeia fusca)*

Feuerwürmer sind frei bewegliche Meeresborstenwürmer (Ordnung: Errantia) mit einem langgestreckten, segmentierten und abgeflachten Körper. Ein jedes Körpersegment trägt paarige Kalkborstenbüschel, die in Taschen einziehbar sind. Sie dienen der Fortbewegung und der Verteidigung. Vorsicht im Umgang mit diesen Tieren: Abgebrochene Kalkborsten in der menschlichen Haut verursachen ein starkes Brennen, das tagelang anhalten kann. In Körpermitte verlaufen zwei parallele, dunkelrote Linien. Feuerwürmer sind nachtaktive Räuber, die sich von verschiedenen Wirbellosen und von Aas ernähren. Sie leben auf verschiedenen Substraten und verstecken sich tagsüber im Riff. Ausgewachsene Tiere werden bis zu 8cm groß. Häufig findet man große Ansammlungen dieser Tiere in beköderten Fischreusen, wo sie sich von der Ködermasse, meist Fischreste, ernähren. Sie sind im Roten Meer verbreitet und kommen im Indopazifik von Ostafrika bis nach Australien und Japan vor.

Foto: Indonesien, Rinca

Saugwurm *(Myzostomum sp.)*

Saugwürmer sind Kommensalen auf Haarsternen (Crinoidea). Das Bild zeigt einen dieser kleinen Saugwürmer auf der Analpapille eines Haarsterns aus der Familie der Comasteridae. Der kleine Wurm ist kreisrund in seiner Form und trägt aufrechte Faltungen auf seiner Körperoberseite. Diese dienen der Vergrößerung der respiratorischen Oberfläche der Tiere. Ihr scheibenförmiger Körper ist abgeflacht. Borstige Haken auf der Mundseite, die modifizierte Parapodien sind, krallen sich an ihren Wirtstieren fest und partizipieren von dem, was die Haarsterne an Nahrung fangen, einschleimen und über Ambulakralfurchen dem Mund zuführen, indem sie ihren Rüssel in diese Furchen oder direkt in die Mundöffnungen der Haarsterne stecken und hier ein Teil der eingeschleimten Nahrung absaugen. Ausgewachsene Saugwürmer werden bis zu 3cm im Durchmesser groß und sind im Indopazifik überall dort zu finden, wo Harsterne ihre Verbreitung haben. Saugwürmer werden selten gesehen, so dass es einer langwierigen Suche bedarf, bis man sie findet.

Foto: Indonesien, Komodo

Feuerwurm (*Chloeia fusca*), Indonesien

Saugwurm (*Myzostomum sp.*), Indonesien

Bunter Federwurm (Sabella sp.), Indonesien, Raja Ampad

Moostierchen gehören zum Stamm der Tentakelträger (Tentaculata). Sie leben sowohl im Meer als auch im Süsswasser. Die meisten der über 4000 rezenten Arten sind Kosmopoliten, die vom Flachwasser der Küsten bis im Tiefen von 6000m leben. Bis auf nur wenige Arten bilden Moostierchen festsitzende Tiergemeinschaften (Zoarien), die auf Steinen und an Felswänden haften, auf Muschel- und Schneckenschalen siedeln, Schiffswände, Piers und andere Hafenanlagen bevölkern, sich grossflächig auf Seegras und Seetang ausbreiten, Sand, Mudd und Schlick als Lebensraum erschliessen und sich auch chemisch in die Panzer so mancher Krebse bohren. Nur ganz wenige Arten sind in der Lage, sich langsam fortzubewegen.

Jede Moostierchenkolonie setzt sich aus Tausenden von winzig kleinen Einzelindividuen zusammen, die unterschiedlich gestaltet sein können, da sie im Dienst der Kolonie auch verschiedene Aufgaben zu erfüllen haben. So kommt es zu einer Arbeitsteilung der Tiere innerhalb dieser Gemeinschaft, die in der Regel auch mit einer Gestaltsumwandlung (Polymorphismus) verbunden ist.

Die Einzeltiere der meisten Arten lassen 2 Körperabschnitte erkennen. Zum einen ist es der weichhäutige und tentakeltragende Vorderkörper (Polypid), zum anderen der meist von einem aus Chitin oder Kalk bestehenden Skelett geschützte Hinterkörper (Cystid). Der Vorderkörper, der entweder eine geschlossene oder eine halbkreisförmige Tentakelkrone trägt, kann mit Hilfe kräftiger Muskelstränge in das Skelettkästchen eingezogen werden, wobei feine, hydraulische Einrichtungen Hilfestellung leisten. Viele marine Arten können zudem nach ihrem Rückzug in das Aussenskelett dieses mit einem festen Deckel (Operculum) verschliessen.

Die Aufgabe der „normal" gestalteten Tiere innerhalb einer Kolonie ist es, die notwendige Nahrung zu beschaffen, sie zu verdauen und zu verteilen. Sie werden zur klaren Abgrenzung zu den anders gestalteten Tieren innerhalb der Kolonie als Autozoide bezeichnet. Alle anderen Individuen, die für ihre unterschiedlichsten Aufgaben umgestaltet wurden, werden Heterozoide genannt. Charakteristisch für die ist es, dass sie ihre Tentakelkronen zurückgebildet oder zumindest modifiziert haben.

So gibt es z.B. innerhalb dieser Heterozoide die sog. Avicularien, die einen ausgedehnten und schnabelartigen Zangenapparat besitzen, der alles ergreift und von der Oberfläche der Kolonie entfernt, was darauf landet oder sich festsetzen will. Ihre einzige Aufgabe besteht also darin, ein Überwuchern der zierlichen Kolonie durch einen Fremdbesatz zu verhindern. Eine ähnliche Aufgabe erfüllen auch die Vibracularien, die mit einem langen und beweglichen Stachel ausgestattet sind. Auch sie sorgen dafür, dass die Oberfläche der Moostierchenkolonie nicht durch organische oder mineralische Sinkstoffe zusedimentiert wird. Ausserdem sind sog. Kenozoide für die Befestigung der Tiere an das Substrat verantwortlich, während sog. Gonozoide im Dienst der Fortpflanzung stehen. Sie bilden die Geschlechtszellen aus, um sie in speziellen Eikammern reifen zu lassen. Sie werden von den „normalen" Zoiden über winzige Öffnungen in der Wand der benachbarten Gehäuse mit Nahrung versorgt.

Moostierchen sind Strudler. Mit Hilfe ihrer ständig schlagenden Tentakelkronen, die mit Flimmerzellen besetzt sind, werden Nahrungspartikel aus dem Umgebungswasser herbeigestrudelt und der Mundöffnung zugeführt. Über einen u-förmigen Darm erreicht die aufgenommene Nahrung den Magenraum, wo sie verdaut wird.

Die überwiegende Anzahl der im Meer lebenden Moostierchen sind Zwitter. Nur wenige Arten betreiben Brutpflege. Die Verbreitung der Art erfolgt über eine frei schwimmende und bewimperte Larve (Cyphonautes), die sich nach einer kurzen und planktischen Lebensphase festsetzt und mit Hilfe einer fortgesetzten Knospung eine neue Moostierchenkolonie gründet. Süsswasser-Moostierchen vermögen sich zudem durch Dauerformen (Statoblasten) zu verbreiten, die immer dann gebildet werden, wenn die Mutterkolonie durch ungünstige Umweltbedingungen, wie z.B. durch einen plötzlichen Wintereinbruch, abzusterben droht.

Die Lebensdauer vieler Moostierchen variiert sehr stark. Die meisten Einzeltiere leben nur wenige Wochen. Einige schaffen es, ein Jahr zu überleben, was für Arten charakteristisch ist, die auf Algen und Tangen leben. Nur ganz wenige Arten leben 2 Jahre und länger, wobei sie bei Unwetterperioden oder im Winter ihr Wachstum drastisch reduzieren.

Die Konsistenz der Kolonien ist unterschiedlich, So können sie biegsam, gallertig oder auch sehr brüchig sein. Das hängt vom Anteil der Kalk-und Chitineinlagerungen im Aussenskelett der Tiere ab.

Moostierchen bilden viele Wuchsformen aus, wobei einige an zarte Moose (Name) erinnern. Meist ist ihre äussere Erscheinungsform reich verzweigt, netzartig verwoben, krusten-, klumpen, blatt-, geweih-oder korallenförmig. An manchen der sehr typischen Wuchsformen kann man bereits die Tierart erkennen. Oft jedoch werden Moostierchen für Hydroidkolonien gehalten oder sie werden mit feingliedrigen Korallen verwechselt.

Krustiges Moostierchen (Celleporaria sibogae), Papua Neuguinea

Krustiges Moostierchen *(Celleporaria sibogae)*

Die Zooide dieser Moostierchenart bilden braune bis schwarze, stets krustige und mattenförmige Beläge auf flachen und abgestorbenen Korallengestein, auf Steinen und auf Schwämmen aus und kommen in Wassertiefen von 10-30 m vor. Sie lieben schattige Standorte und stark durchströmte Riffabschnitte, wo das Wasser ihnen ausreichend Mikroplankton für die Ernährung ihrer Kolonie zuträgt. Auffallend ist der dichte Besatz von hellen, schlanken und stiftförmigen Polypen auf der Kolonie, die nicht zu der Moostierchenkolonie gehören und die nur die Oberfläche der Moostierchenkolonie besiedeln. Sie werden von den Zooiden umwachsen und sind entweder nur Tischgenossen (Kommensalen) oder sogar Schmarotzer auf der Kolonie. Sie gehen keine innige Beziehung mit den Moostierchen ein. Krustige Moostierchen kommen im Indopazifik an den Riffen von Malaysia, Indonesien und den Philippinen bis nach Nordaustralien vor.

Foto: Indonesien, Molukken

Unbekanntes Blattmoostierchen

Das Bild zeigt die blattförmige Kolonie einer Moostierchenart, die noch nicht beschrieben ist. Auf einem zentralen Stiel, der im weichen Boden verankert ist, erhebt sich die Moostierchenkolonie etwa 5cm hoch in das feie Wasser. Die Höhe der Kolonie entspricht in etwa auch ihrer Breite. Die einzelnen blattförmigen Verzweigungen sind breit und enden abgerundet. Das „Blatt" der Kolonie ist beiderseits von Zooiden besetzt. Blatt-Moostierchen sind Tiergemeinschaften tiefer, mobiler Böden. Häufig findet man sie in strömungsreichen Passagen zwischen Inseln, wo der Gezeitenstrom sowohl bei Flut als auch bei Ebbe dafür sorgt, dass ausreichend Nahrung die Moostierchenkolonie erreicht. Als Strudler ernähren sie sich von Mikroplankton und von Detritus. Blatt-Moostierchen sind bisher nur von den Riffen in Papua Neuguinea bekannt.

Foto: Papua Neuguinea, Milne Bay

Krustiges Moostierchen (Celleporaria sibogae), Indonesien

Unbekanntes Blattmoostierchen, Papua Neuguinea

Zacken-Moostierchen *(Bugula dentata)*

Zacken-Moostierchen bilden spiralig angeordnete, reich verzweigte, buschige und flaschengrüne Kolonien, die in der Regel an schattigen und senkrechten Wänden von Überhängen und in Höhlen siedeln. Feine Zacken befinden sich entlang ihrer Verzweigungen, deren Enden häufig zweigeteilt sind. Eine Kolonie erreicht selten einen Durchmesser von 10cm, so dass sie leicht übersehen werden. Nur einige Nacktschnecken wissen sie zu finden, denn sie dienen ihnen als Nahrungssubstrat. Zacken-Moostierchen sind im Indopazifik von Südafrika bis nach Japan, Australien und im Atlantik verbreitet.

Foto: Indonesien, Rinca

Busch-Moostierchen *(Bugula sp.)*

Moostierchen aus dieser Gattung sind Kosmopoliten in allen tropischen und subtropischen Meeren. Sie siedeln auf festen Substraten, so an Felsen, an Hafenanlagen, auf Steinen, abgestorbenen Hart- und Fächerkorallen, an Schnecken-und Muschelschalen und bilden buschige Kolonien von 3-12cm Höhe aus. Die einzelnen Zooide sind winzig klein und mit dem unbewaffneten Auge nicht zu erkennen. Sie alle sind Hermaphroditen, die ihre Geschlechtsprodukte in das Wasser entlassen, wo auch die Befruchtung der Gameten erfolgt. Die Larven schwimmen mit Hilfe von Cilien relativ schnell durch das Wasser, suchen sich nach etwa 10 Stunden ein geeignetes Substrat und beginnen mit der Metamorphose. Das Suchen und Finden eines geeigneten Substrates ist abhängig von Temperatur, Licht, Strömung und des Materials des Untergrundes. Die Zooide wachsen recht schnell und können innerhalb eines Jahres 3-4 Generationen hervorbringen. Bei der hier vorgestellten Art könnte es sich um *Bugula neritina* (LINNAEUS,1758) handeln.

Foto: Philippinen, Gato

Zacken-Moostierchen (Bugula dentata), Indonesien

Busch-Moostierchen (Bugula sp.), Philippinen

Strauch-Moostierchen *(Caulibugula cf. intermis)*

Strauch-Moostierchen leben mit wurzelähnlichen Ausläufern im Untergrund verankert. Sie wachsen aufrecht auf langen und verzweigten Stielen, die aus zusammengesetzten Kenozooiden bestehen. Die Zooide sind hier kranzförmig arrangiert und sehen aus, wie zarte Blüten und erinnern an die ausgestreckten Mundwerkzeuge strudelnder Meeresborstenwürmer. Die buschartigen Kolonien siedeln im tiefen Wasser, meist am unteren Riffhang, wo die Korallenformationen allmählich in den Sandgrund übergehen. An einigen Riffen von Palau in Mikronesien sind Strauch-Moostierchen außerordentlich häufig. Sie sind an pazifischen Riffen überall dort verbreitet, wo ausgedehnte Sandflächen und Korallenbruch vorhanden sind und moderaten Wasserströmungen vorherrschen. Bei dem hier vorgestellten Strauch-Moostierchen könnte es sich um die Art *Caulibugula intermis* handeln.

Foto: Papua Neuguinea, Milne Bay

Gezahntes Moostierchen *(Reteporallina denticulata)*

Gezahnte Moostierchen bilden nur kleine Kolonien aus, die nur wenige Quadratzentimeter Untergrund bedecken. Ihre kurzen und kräftigen Verzweigungen werden von einem zentralen Ansatzpunkt über den Untergrund geschoben, die in ihrer Gesamtheit dann einen kleinen Fächer bilden. Dabei sind die Endverzweigungen stets gegabelt. Die Fächer sind recht spröde und zerbrechen leicht bei nur mäßigem Druck. Aus diesem Grund siedeln sie in Riffbereichen, wo moderate Strömungen vorherrschen. Die einzelnen Zooide befinden sich auf beiden Seiten der Verzweigungen. Gezahnte Moostierchenkolonien leben bevorzugt an abgeschatteten Standorten im Riff, so an den Wänden großräumiger Unterhöhlungen und an Höhlenrändern. Ihre Verbreitung reicht im Indopazifik von Ostafrika und Australien bis zu den Tonga-Inseln im Westpazifik.

Foto: Indonesien, Zentral Sulawesi, Palu

Strauch-Moostierchen (Caulibugula cf. intermis), Papua Neuguinea

Gezahntes Moostierchen (Reteporallina dentata), Indonesien

Zartgliedriges Moostierchen *(Canda sp.)*

Zartgliedrige Moostierchen bilden nur sehr kleine und außerordentliche reich verzweigte Kolonien, wobei die Längsverzweigungen durch kurze Querverbindungen stabilisiert werden. Das Siedlungssubstrat dieser kleinen Kolonien ist recht unterschiedlich. Meist sind es Schwämme, die sie bevorzugen, doch auch andere Substrate sind denkbar, wie Fächerkorallen, Weichkorallen oder die filigranen Verzweigungen mancher Schwarzer Korallen (Gattung: *Cirripathes*). Die Kolonien sind zwittrig. Die kleinen Tiere sind Strudler und ernähren sich vom Mikroplankton und von Detritus, das sie aus dem vorbeiströmenden Wasser fischen. Ihr Lebensraum sind tiefe und dunkle Nischen, Unterhöhlungen und Höhlen, wo Strömungen sich brechen und nur leiche Wasserbewegungen die zerbrechlichen Kolonien erreichen.

Foto: Indonesien, Gili Lava

Busch-Moostierchen *(Flustra sp.)*

Busch-Moostierchen wachsen in blattförmigen zarten, zerbrechlichen, breiten und gewundenen Verzweigungen, deren Enden abgerundet und farbig abgesetzt sind. Die winzig kleinen, geschachtelten und in Reihen angeordneten Zooide befinden sich beiderseits der Verzweigungen. Busch-Moostierchen lieben schattige Standorte im Riff mit moderater Wasserbewegung, die ihnen das notwendige Mikroplankton für die Ernährung zutreibt. Die Kolonien wachsen bis zu 30cm im Durchmesser heran und siedeln auch an vertikalen Wänden von Höhlen und weiträumigen Überhängen. Verbreitet sind sie an den Riffen im gesamten Indopazifik. Eine Artbestimmung ist anhand von Bildern absolut nicht möglich, da der Taxonom das Skelett für eine Determination unbedingt benötigt.

Foto: Malaysia, Mabul

Zartgliedriges Moostierchen (Canda sp.), Indonesien

Busch-Moostierchen (Flustra sp.), Malaysia

Geweih-Moostierchen *(Hornera ramosa)*

Geweih-Moostierchen leben unter Steinen und toten Korallen. Das Zentrum ihrer Kolonie ist an den Untergrund festzementiert. Von hier aus zweigen feingliedrige Äste geweihähnlich nach allen Seiten ab und bilden so kleine Fächer. Die einzelnen Zooide sind entlang der Verzweigungen angeordnet. Moostierchen sind Strudler, die sich von feinstem Plankton und organischen Sinkstoffen ernähren. Ihre kleinen Kolonien erreichen einen maximalen Durchmesser von 5cm. Verbreitet sind sie sowohl im Roten Meer als auch im gesamten Indopazifik.

Foto: Papua Neuguinea, Milne Bay

Falten-Moostierchen *(Hippodiplosia sp.)*

Falten-Moostierchehn wachsen in aufrechten, flachen, mäandrisch gewundenen und teilweise spiralig gedrehten Lagen auf festem Korallengrund. Die dünnen und blattförmigen Lagen sind beiderseits mit Zooiden besetzt. Die bevorzugte Siedlungsorte dieser Moostierchenkolonien sind seicht abfallende Riffhänge in mittleren Wassertiefen, die gut durchströmt sind und nährstoffreiches Wasser heranführen. Die Lebenserwartungen dieser Moostierchenkolonien sind gering und betragen nur einige Wochen oder Monate. Sie sterben schnell ab und machen Platz für andere schnelle Sekundärsiedler. Es sind besonders Algen, die die freien Flächen im Riff schnell besetzen. Falten-Moostierchen sind Strudler, die sich vom Plankton ernähren. Sie sind im Indopazifik weit verbreitet und kommen in verschiedenen Farben vor.

Foro: Indonesien, Komodo

Geweih-Moostierchen (Hornera ramosa), Papua Neuguinea

Falten-Moostierchen (Hippodiplosia sp.), Indonesien

Rotes Seemoos *(Iodictyum phoeniceum)*

Rotes Seemoos ist allein schon durch seine plakative Farbe auffällig im Riff. Die filigrane, zarte und leicht zerbrechliche Kolonie besitzt eine offene, fast schüsselförmige Wuchsform mit leicht gewellten Rändern in Form eines feinmaschigen Netzes. Ausgehend von einem zentralen Fixpunkt, wo die Moostierchenkolonie am Untergrund festgewachsen ist, breitet sie sich nach allen Seiten aus. Die Kolonie auf dem Bild besitzt einen Durchmesser von etwa 7cm. Die Farbe ist weitgehend einheitlich rotorange. Gelegentlich zeigen andere Kolonien der gleichen Art gelbliche Aufhellungen an den Rändern. Die Zooide befinden sich nur auf der Oberseite der Kolonie. Rotes Seemoos ist im Indopazifik von Indonesien und den Philippinen bis nach Australien und dem südlichen China verbreitet.

Foto: Papua Neuguinea, Milne Bay

Seemoos *(Idmidronea sp.)*

Diese kleine, filigrane, zarte und leicht zerbrechliche Moostierchenkolonie besitzt eine offene, annähernd runde, fast trichterförmige und feinmaschige Wuchsform mit stacheligen Rändern, die sich an der Steilwand einer Unterhöhlung ihren Standort gewählt hat. Ausgehend von einem zentralen Fixpunkt, wo die Kolonie am Untergrund festgewachsen ist, breitet sie sich nach allen Seiten aus. Die Farbe der Kolonie ist einheitlich. Die Zooide befinden sich nur an der Oberseite der Kolonie. Es ist anzunehmen, dass es sich um eine noch junge Kolonie handelt, die sich stetig vergrößern wird, bis dann nach Monaten ihre Zooide absterben und die Kolonie von anderen Siedlern überwuchert wird. Moostierchen der Gattung *Idmidronea* sind im Roten Meer und im gesamten Indopazifik verbreitet.

Foto: Indonesien, Raja Ampad

Rotes Seemoos (Iodictyum phoeniceum), Papua Neuguinea

Seemoos (Idmidronea sp.), Indonesien

Stacheliges Moostierchen *(Idmidronea sp.)*

Stachelige Moostierchen leben häufig in einer Gemeinschaft mit verschiedenen Schwämmen, und siedeln auf Korallen und Gorgonien. Ihre kleinen und bäumchenförmigen Kolonien wachsen in feinen und filigranen Verzweigungen mit gegabelten Fortsätzen, die triangulär im Querschnitt sind. Die lateralen und in Reihen angeordneten Zooidröhrchen sehen im ersten Moment wie Stacheln aus und verleihen der Kolonie ein raues und stacheliges Aussehen. Moostierchen dieser Gattung leben bevorzugt an schattigen Stellen im Riff und bilden nur kleine Kolonien von maximal 20cm im Durchmesser aus. Sie sind an den Riffen im Indopazifik weit verbreitet.

Foto: Australien, Großes Barriereriff

Filigranes Seemoos *(Membranipora savarti)*

Filigranes Seemoos wächst in zarten, filigranen und sehr zerbrechlichen Verzweigungen und siedelt aus diesem Grund bevorzugt an strömungsarmen Stellen im Riff, wo die Bewegung des Wassers es nicht zerstören kann aber noch ausreichend Plankton und organische Sinkstoffe für die Ernährung der Kolonie herangespült wird. Schnell ist man geneigt, diese zarten Kolonien für Kalkalgen zu halten. Bei der genauen Betrachtung jedoch stellt man fest, dass sich viele feine Fangarme an den Verzweigungen befinden, die die Tiere aus ihren Kästchen zum Nahrungsfang in das freie Umgebungswasser gestreckt haben. Filigranes Seemoos kommt erst ab einer Wassertiefe von 15m vor, wo die Strömung des Wassers moderat ist. Verbreitet sind sie an den Riffen im gesamten Indopazifik.

Foto: Mikronesien, Palau

Stacheliges Moostierchen (Idmidronea sp.), Australien

Filigranes Seemoos (Membranipora savarti), Mikronesien

Gelbes Fächermoos *(Reteporella graeffei)*

Moostierchen dieser Art wachsen in kleinen und filigranen Fächern, die ineinander verschachtelt sind. Dadurch erhalten sie ein buschiges Aussehen. Alle Fächer entspringen einer gemeinsamen Basis und siedeln an allen möglichen Gegenständen. Ihr bevorzugter Lebensraum sind schattige Stellen im Riff, die eine moderate Strömung aufweisen. Ihre leuchtend gelbe Farbe macht sie schon auf weite Distanzen sichtbar. Einige Meeresstrudelwürmer der Gattung *Pseudoceros* ernähren sich von ihren Zooiden. Gelbe Moostierchen sind im gesamten Indopazifik verbreitet.

Foto: Papua Neuguinea, Milne Bay

Horniges Moostierchen *(Retiflustra cornea)*

Hornige Moostierchen bilden seltsame Kolonien aus, die wie kleine Raumschiffchen aussehen und die auf Sand- und Schlammböden leben. Ihre Kolonien werden mit Hilfe von vielen, feinen „Füßchen" in die Höhe gestemmt und erheben so die Kolonie über den Boden. Das hornige Material ihrer Kolonien wird in mehreren Lagen übereinandergelegt, wobei die oberste Lage immer mit feinem Sand bedeckt ist. Die Kolonien haben einen Durchmesser von 8-12cm. Auffallen sind die vielen großen und ovalen Löcher in den Kolonielagen, deren Funktion nicht bekannt ist. Hornige Moostierchen sind selten. Sie bevorzugen als Lebensraum stark strömende Passagen zwischen Riffen und Inseln und sind, weil sie stets mit Sand bedeckt sind, schwer zu entdecken. Die einzelnen Zooide befinden sich auf der oberen Seite der gedrehten Lagen. Die winzig kleinen Tiere darin ernähren sich von Microplankton und von Detritus. Verbreitet sind Hornige Moostierchen im Indo-West-Pazifik.

Foto: Papua Neuguinea, Milne Bay

Gelbes Fächermoos (Reteporella graeffei), Papua Neuguinea

Horniges Moostierchen (Retiflustra cornea), Papua Neuguinea

Lafontes Moostierchen *(Savignyella lafonti)*

Moostierchen dieser Art sind auch im allgemeinen Sprachgebrauch als „Seemoos" bekannt. Man findet sie in tropischen und subtropischen Meeren, wo sie unter Überhängen, in Höhlen und Höhlenrändern und an Hafenanlagen recht umfangreiche Kolonien bilden, deren Verzweigungen sehr flexibel sind und mit filigranen gekrümmten Verzweigungen enden. Die einzelnen Zooide sind klein, messen maximal 1-1,5mm und sind trompetenförmig gestaltet. Als Suspensionsfresser ernähren sie sich von feinem Detritus und Phytoplankton. Lafontes Moostierchen sind Kosmopoliten in allen warmen Meeren.

Foto: Malaysia, Mabul

Strauch-Moostierchen *(Scrupocellaria sp.)*

Strauch-Moostierchen bilden buschige Kolonien auf verschiedenen Unterlagen aus, so auch, wie zu sehen, auf der Oberfläche von Schwämmen, um hier möglichwerweise von der Strudelwirkung der Schwammzellen zu provitieren. Ihre kleinen Kolonien sind zart gegliedert, mit einem Haupstamm, an dem viele seitliche Verzweigungen ansetzen. Die Verkalkung der einzelnen Kalkkammern ist weniger stark ausgeprägt, so dass die Verzweigungen recht biegsam sind, um auch in stärkeren Strömungen des Wassers zu überleben und nicht auseinanderzubrechen. Strauch-Moostierchen siedeln im tieferen Wasser. Ab 20m Wassertiefe findet man sie an strömungsberuhigten Plätzen, so bevorzugt unter Überhängen und an den Wänden großräumiger Höhlen.

Foto: Indonesien, Molukken

Lafontes Moostierchen (Savignyella lafonti), Malaysia

Strauch-Moostierchen (Scrupocellaria sp.), Indonesien

Krusten-Moostierchen *(Steginoporella sp.)*

Krusten-Moostierchen bilden dünne und kalkige Lagen auf abgestorbenen Korallen, auf Steinen und auf Weichtierschalen. Die dünnen Lagen passen sich den Unebenheiten der Unterlagen weitgehend an. Winzig kleine Kalkkammern (Zoecium), in denen die Moostierchen leben, sind nebeneinander dicht gepackt und bilden eine einheitliche Lage. Das Bild lässt deutlich die feinen, transparenten und weit ausgestreckten Fangarme (Lophophor) der Tiere erkennen, die der Kolonie ein samtähnliches Aussehen verleihen. Mit ihrer Hilfe wird Mikroplankton für die Ernährung der Tiere herbeigestrudelt. Krusten-Moostierchen lieben schattige Standorte unter Überhängen und in Kleinhöhlen. Sie sind an den Riffen im Indopazifik weit verbreitet, werden aber als Tierkolonien kaum beachtet.

Foto: Indonesien, Nusakode

Netz-Moostierchen *(Triphyllozoon sp.)*

Netz-Moostierchen wachsen in flachen und in mäandrischen Lagen und bilden zarte, sehr zerbrechliche und netzförmige Kolonien aus, die einen Durchmesser von 5cm erreichen können. Die einzelnen Zooide befinden sich beiderseits der kalkigen Lagen. Die einzelnen Tiere werden nur wenige Monate alt, dann sterben sie. Sehr schnell wird das Kalkskelett von Algen erobert, die die Netzstruktur der Kolonie grün färben. Netz-Moostierchen leben an schattigen Standorten im Riff. Man findet sie unter Steinen und Korallen und unter schattigen Überhängen und in Höhlen. Sie sind im Roten Meer und im gesamten Indopazifik weit verbreitet.

Foto: Papua Neuguinea, Milne Bay

Krusten-Moostierchen (Steginoporella sp.), Indonesien

Netz-Moostierchen (Triphyllozoon sp.), Papua Neuguinea

Netz-Moostierchen *(Triphyllozoon inornatum)*

Netz-Moostierchen wachsen in mäandrischen Lagen, die stark gewellt und gefaltet sind. Ihre Kolonien sind zart, zerbrechlich und netzartig durchbrochen, wobei die einzelnen Zooide beide Kalklagen bedecken. Sie ernähren sich von Mikroplankton, das die Strömung des Wassers ihnen zuträgt. Zur Abwehr von Siedlern und zur Säuberung der Kolonie sind schnabelähnliche Einzeltiere verantwortlich. Netz-Moostierchen werden nur wenige Monate alt. Sie lieben schattige und gut durchströmte Standorte im Riff und kommen in gesamten Indopazifik vom Indischen Ozean bis in den Zentralpazifik und Australien vor.

Foto: Indonesien, Molukken

Orangerotes Strauchmoostierchen *(Tropidozoon cellariiforme)*

Moostierchen dieser Art leben an schattigen Standorten und kommen von der Riffkante bis in größere Tiefen vor. An steil abfallenden und gut durchströmten „Drop Offs" sind sie besonders häufig anzutreffen. Ihre Kolonien wachsen in Form eines zarten und viel verzweigten Busches, der mit nur wenigen Verzweigungen beginnt und sich weiter dichotom verzweigend vergrößert. Die zarten Verzweigungen sind dicht mit kleinen Zooiden besetzt, die ihre zarten Fangarme zum Planktonfang ausstrecken. Aufgrund ihrer feuerroten Farbe sind die kleinen Kolonien sehr auffallend im Riff. Die Nacktschnecken *Okenia kondoi* und *Okenia nakamotoensis* ernähren sich von diesen Moostierchen. Man findet sie gelegentlich auf ihren Kolonien. Orangerote Strauchmoostierchen sind im Indopazifik von Indonesien und den Philippinen bis nach Australien und den Marschall-Inseln verbreitet.

Foto: Philippinen, Cabilao

Netz-Moostierchen (Triphyllozoon inornatum), Indonesien

Orangerotes Strauchmoostierchen (Tropiodozoon cellariforme), Philippinen

Strauch-Moostierchen (Caulibugula intermis), Mikronesien, Palau

Krebse gehören zum Stamm der Gliedertiere (Arthropoden). Innerhalb dieses Stammes sind sie die einzigen Tiere, die durch Kiemen atmen. Durch sie sind sie weitgehend dem Leben im Wasser angepasst, denn auch die amphibisch und auf dem Land lebenden Krebse haben weitgehend ihre kiemenähnlichen Atmungsorgane beibehalten und nur die Kleinstformen unter ihnen, die planktisch oder parasitisch leben, atmen mit ihrer gesamten Körperoberfläche.

Ein weiteres und sehr wichtiges Merkmal der Krebse ist, dass sie stets mehr als vier Beinpaare besitzen. Damit kann man sie leicht von den sechsbeinigen Insekten und den achtbeinigen Spinnen unterscheiden.

Auch der Bau der Gliedmaßen ist besonders kennzeichnend für die Krebse. Mit Ausnahme der ersten Antennen sind sie alle dem einheitlichen Typus des Spaltfußes zuzuordnen. Da bedeutet, dass die einzelnen Glieder der Gliedmaßen nicht in einer Zeile stehen, sondern sich in zwei Äste gabeln, sich praktisch aufspalten. So wird der innere Ast des Spaltfußes als Endopodit und der äußere Ast als Exopodit bezeichnet. Selbst bei den Sinnes- und Kauwerkzeugen bleibt der Spaltfußcharakter erhalten, was darauf hinweist, dass sie umgewandelte Gliedmaßen sind.

In der Regel stehen bei den Krebsen 5 umgewandelte Gliedmaßen im Dienst der Orientierung und Ernährung und haben somit ihre ursprüngliche lokomotorische Funktion verloren. Diese sind von den Gangbeinen übernommen worden, die, je nach ihrer Funktion zu Schreit-, Schwimm- und Sprungbeinen umgewandelt wurden.

Die Klasse der Krebse umfasst eine große Anzahl von Arten und Formen, dass es unmöglich ist, eine klare und eindeutige Definition zu geben, die alle abweichenden Formen mit einbezieht. Speziell die festsitzenden und parasitischen Krebse haben zumindest in ihrem äußeren Erscheinungsbild wenig gemeinsam mit den uns bekannten „klassischen" Krebsen, den Hummern und Langusten. Denn erst bei der Betrachtung der jeweiligen Larvenstadien und der bei der Entwicklung der Tiere auftretenden Gestaltsumwandlung (Metamorphose) wird erkennbar, dass es sich wirklich um Krebse handelt.

Krebse sind gepanzerte Tiere. Ihr Körper ist von einer festen und chitinigen Hülle umschlossen, die durch Kalkeinlagerungen verstärkt wird. Sie wird von der Außenhaut abgeschieden. Der Panzer bietet den Tieren Schutz, Stütze und dient zu Befestigung der Muskulatur.

Die Kalkeinlagerungen im chitinigen Panzer, der praktisch ein Außenskelett darstellt, verhindern bei den Krebsen ein gleichmäßig fortschreitendes Wachstum. Daher sind Krebse bei fortschreitendem Wachstum stets gezwungen, sich wiederholt zu häuten und immer wieder einen neuen Panzer auszubilden.

Die Häutung wird bei den Krebsen hormonell gesteuert. Von der Mitteldarmdrüse wird ein Hormon gebildet, das den alten Panzer von innen nach außen zu lösen beginnt. Gleichzeitig werden die Kalksalzeinlagerungen in den alten Panzer gelöst, wobei es gerade in der Häutungsphase zu einer erhöhten Kalziumkonzentration im Blut der Krebse kommt. Während der alte Panzer gelöst wird, sondert sie Haut eine Grenzlamelle ab, die zum neuen Panzer wird. Um den Häutungsprozess zu erleichtern, verbleibt zwischen dem alten und den neuen Panzer ein schleimiger Rest, der als Gleitmittel bei der Häutung eine wichtige Rolle spielt. Gesprengt wird der alte Panzer durch Wasseraufnahme an genau vorgegebenen Stellen. Der alte und nun abgestreifte Panzer wird als Exuvie bezeichnet.

Bis zum Aushärten des neu gebildeten Panzers muss der Krebs seinen Körper durch Wasseraufnahme blähen, um dadurch einen gewissen Spielraum für den Längen- und Gewichtzuwachs zu bekommen. Die bei der Häutung abgeworfenen oder verstümmeltem Beine und Gliedmaßen werden vollständig ersetzt.

Krebse besitzen einen segmentierten Körper. Eindeutig erkennbar werden diese Segmente jedoch nur am Hinterleib (Abdomen). Die Segmente des Kopfes und der Brust sind dagegen in den meisten Fällen miteinander verwachsen.

Der Kopf besteht aus einem Kopflappen (Acron), zwei Antennensegmenten und drei Mundgliedmaßsegmenten, die alle nahtlos miteinander verwachsen sind. An den Kopf schließt sich die Brust (Thorax) an, die aus mehreren Brustsegmenten besteht und die alle mit dem Kopf zu einer Einheit, der Kopfbrust (Cephalothorax), verschmolzen sind.

Der Kopf trägt 2 Paar Antennen und 3 Paar Mundgliedmaßen. Die Brust dagegen hat 4 Schreitbeinpaare, die der Fortbewegung dienen. 5 Hinterleibsbeinpaare folgen, die zu Schwimmbeinen umgewandelt sind. Am Ende des Hinterleibs befinden sich sie Uropoden, die zusammen mit dem Telson einen Schwanzfächer bilden.

rebse atmen, wie schon erwähnt, durch Kiemen. Diese entspringen am Grunde der Brustbeine und sind in Kammern untergebracht.

Den verschiedenen Lebensweisen der Krebse haben sich auch die Sinnesorgane angepasst. Am auffallendsten sind die Augen. Bei den Larven sind sie als einfache Pigmentbecheraugen (Naupliusaugen) und bei den erwachsenen Tieren als Komplexaugen ausgebildet. Bei vielen Krebsen können diese Augen, die oft auf Stielen stehen, aus mehr als 30 000 Einzelaugen zusammengesetzt sein und, was wohl am Erstaunlichsten ist, ein Gesamtfeld von 360 ° überblicken. Egal aus welcher Richtung ein Freund oder Feind auch kommen mag, sie werden immer wahrgenommen. Die Augen der Krebs ähneln denen der Insekten und sind ihnen weitgehend homolog.

Neben den optischen Sinnesorganen besitzen Krebse Tasthaare, Chemorezeptoren, Geruchs- und Geschmacksorgane und statische Organe (Statocysten), die als Grübchen an der Basis der 1. Antennen sitzen und den Tieren ihre jeweilige Lage und Position im Wasser übermitteln.

Die meisten Krebse sind getrennt geschlechtlich. Die Geschlechtsorgane münden an der Bauchseite. Nicht selten findet eine Parthenogenese ohne Beteiligung männlicher Tiere statt, wobei sich die Nachkommen aus unbefruchteten Eiern entwickeln. In den überwiegenden Fällen jedoch verläuft die Entwicklung der Krebse über eine Gestaltsumwandlung, wobei die aus den Eiern schlüpfenden Tiere wesentlich anders aussehen als die erwachsenen Krebse. Manche Arten betreiben Brutpflege, indem sie die Eier in Form von Eiballen an ihre Gliedmaßen heften oder sie in besonderen Bruträumen unterbringen.

Die Entwicklung verläuft in der Regel über verschiedene Larvenstadien. Ganz wenige Arten entwickeln sich direkt. Die bekanntesten Larven bei den Krebsen sind der Nauplius, der Metanauplius, die Zypris- und die Zoea-Larve.

Aufgrund ihrer verschiedenen Lebensweisen sind Krebse entweder Räuber, Filtrierer, Sandlecker, Taster, Schlick-, Pflanzen- oder Assfresser oder saugende Parasiten. Sie alle sind eindeutig in ihrem Nahrungserwerb spezialisiert.

Die wirtschaftliche Bedeutung der Krebse ist sehr groß. Besonders die planktisch lebenden Arten, die als Nahrung für viele Fische, niedere Tiere oder Meeressäuger (Wale) dienen, stehen neben den einzelligen Algen im ersten Glied der Nahrungspyramide im Meer.

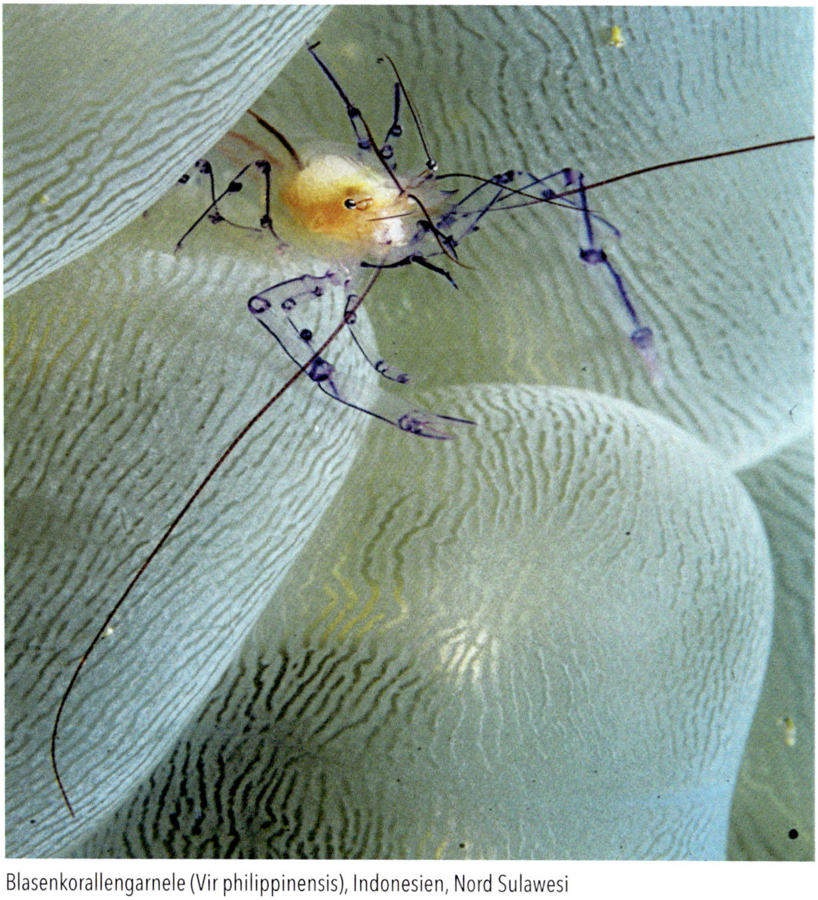

Blasenkorallengarnele (Vir philippinensis), Indonesien, Nord Sulawesi

De Mans Knallkrebs *(Synalpheus demani)*

Knallkrebse dieser Art sieht man nur, wenn man die vielen Arme von Haarsternen der Gattungen *Comanthina* und *Oxycomanthus* vorsichtig zur Seite schiebt. Auf ihren Körperscheiben halten sich dieser Krebse einzeln oder paarweise als Kommensalen verborgen und ernähren sich von dem, was die Haarsterne für ihre Ernährung fangen. Das Bild zeigt einen großen, schwarzen und darüber einen kleinen, hellbraun gestreiften Krebs. Der große Krebs ist das Weibchen, der kleinere das Männchen. Knallkrebse dieser Art sind möglicherweise nicht in der Lage, die Farbe ihres Körpers der Farbe des Wirtes anzupassen, wie es viele andere Kommensalen tun, um nicht entdeckt zu werden. De Man´s Knallkrebse werden 2-3cm groß und sind vom Roten Meer bis nach Japan und Australien weit verbreitet, doch werden sie selten gesehen.

Foto: Philippinen, Cebu

Randalls Knallkrebs *(Alpheus randalli)*

Randalls Knallkrebse leben paarweise in einer symbioseähnlichen Gemeinschaft mit verschiedenen Grundeln der Gattungen *Amblyeleotris, Stenogobius, Flabelligobius* und *Tomiyamichthys*. Die Krebse graben Wohnröhren in Korallensand in Korallenbruch, unter Steinen und bewohnen diese gemeinsam mit den Grundeln. Nur eine der beiden Knallkrebse sieht man außerhalb der Höhle den Hohleneingang freibaggern, der andere Krebs verlässt sel ten den Unterstand. Über ihre langen Antennen stehen die Krebse mit der Grundel stets in Körperkontakt. Signalisiert die Grundel Gefahr, dann verschwinden beide blitzschnell in der Höhle. Randalls Knallkrebse werden nur 3-4cm groß und sind auffällig durch die rot-weiße Bänderung des Körpers. Der Carapax ist klein, das Abdomen lang gestreckt und das 1. Beinpaar ist auf einer Seite mit einer vergrößerten Schere ausgestattet. Damit werden Knackgeräusche erzeugt. Knallkrebse ernähren sich von Kleintieren und vom Detritus. Sie sind im Indopazifik von Indonesien bis nach Japan und Französisch Polynesien verbreitet.

Foto: Indonesien, Nord Sulawesi, Lembeh

De Mans Knallkrebs (Synalpheus demani), Philippinen

Randalls Knallkrebs (Alpheus randalli), Indonesien

Korallengarnele *(Tozeuma armatum)*

Korallengarnelen sind skurril aussehende und in ihrer natürlichen Umgebung kaum wahrnehmbare Krebse, die einzeln oder in kleinen Gruppen in den Verzweigungen Schwarzer Korallen der Gattung *Antipathes* leben, deren Farbe und Struktur sie imitieren. Nur wenn sie in Bewegung sind, kann man sie zu erkennen. Der lang gestreckte Körper der Garnelen trägt ein außerordentlich langes und spitzes Rostrum, das in seiner Länge etwa ein Drittel der Gesamtlänge der Krebse ausmacht. Carapax und Abdomen sind fast transparent und gebändert. Korallengarnelen dieser Art sind Kommensalen auf ihren Wirten und fressen den von den Schwarzen Korallen gefangenen und eingeschleimten Planktonbrei. Verbreitet sind sie im Roten Meer und kommen im Indopazifik von den Malediven bis nach Japan und Australien vor.

Foto: Indonesien, Nord Sulawesi

Sägeblatt-Garnele *(Tozeuma sp.)*

Sägeblatt-Garnelen sind kleine, nur wenige Zentimeter große Garnelen, die mit einem schlanken und beinahe nadelförmigen Körper, der semitransparent ist und verschieden gefärbt sein kann. Die Farbe der Garnelen richtet sich weitestgehend nach der Farbe ihrer Wirte, auf denen sie leben. Sägeblatt-Garnelen leben einzeln oder in kleinen Gruppen auf Algen, Schwarzen Korallen, auf Gorgonien und anderen kolonialen Wirbellosen. Ihr Rostrum ist sehr lang, spitz ausgezogen und trägt an der Basis zahlreiche kleine Zähne, die in ihrer Anordnung an die Zähne eines Sägeblattes erinnern. Der Übergang vom Carapax zur Schwanzregion wird durch einen Buckel angezeigt. Die meisten Sägeblatt-Garnelen ernähren sich als Kommensalen von dem, was ihre Wirte an Plankton und Detritus fangen und einschleimen, um es dann zum Mund zu führen. Was jedoch diese Tiere fressen, die auf Algen sitzen, weiß man nicht. Garnelen aus dieser Gattung leben in allen tropischen Meeren.

Foto: Papua Neuguinea, Milne Bay

Korallengarnele (Tozeuma armatum), Indonesien

Sägeblatt-Garnele (Tozeuma sp.), Papua Neuguinea

Schlanke Sägeblatt-Garnele *(Tozeuma cf.pavoninum)*

Schlanke Sägeblatt-Garnelen leben einzeln, paarweise oder in kleineren Gruppen in Algenbeständen, in Seegraswiesen und auf tiefen Sandflächen in Algenflecken, wo sie sich gut getarnt auf Seegrasblättern verstecken. Auffallend sind der schlanke Körper und das verlängerte und an der Unterseite stark gezahnte Rostrum, das etwa ein Drittel der Gesamtlänge der Garnele ausmacht. Ein wichtiges Merkmal für die Artbestimmung ist ein schwarzer Fleck am 5. Abdominalsegment der Garnelen. Sägeblatt-Garnelen dieser Art sind sehr selten. Weit häufiger und bekannter ist die andere Art, *Tozeuma armatum* (PAULSON,1875), die als Kommensale in den Verzweigungen Schwarzer Korallen (Antipatharia) lebt. Über die Biologie beider Arten ist sehr wenig bekannt, weil die Garnelen sehr schwer zu finden sind und außerdem eine versteckte Lebensweise führen. Beide Arten sind an den Riffen im Indopazifik verbreitet.

Foto: Malaysia, Lankayan

Schlanke Sägeblatt-Garnele (Tozeuma cf.pavoninum), Malaysia

Schlanke Sägeblatt-Garnele (Tozeuma cf.pavoninum), Philippinen, Gato

Weißband-Putzergarnele *(Lysmata amboinensis)*

Weißband-Putzergarnelen, auch Ambon-Putzergarnelen genannt, leben einzeln, paarweise oder in kleineren Gruppen und bieten Fischen und anderen Riffbewohnern ihre Dienste als Putzer an. Sie bewegen ständig ihre langen und weißen Antennen, um Fische und andere Organismen darauf aufmerksam zu machen, dass sie putzbereit sind. Ihr orange gefärbter Körper trägt auf dem Rücken ein breites und rotes Längsband, das von einem feinen und weißen Längsstreifen geteilt wird. Ein langes Rostrum trägt auf seiner Oberseite 5-6 scharfe Zacken. Weißband-Putzergarnelen unterhalten besonders an Fleckenriffen ihre Putzerstationen, um hier bevorzugt Fische von ihren Hautparasiten zu befreien. Sie kommen vom Flachwasser bis in moderate Tiefen vor und sind im Roten Meer und im gesamten Indopazifik verbreitet.

Foto: Papua Neuguinea, Milne Bay

Gestreifte Putzergarnele *(Lysmatella prima)*

Gestreifte Putzergarnelen ernähren sich als Putzer von den Parasiten auf der Haut ihrer „Kunden" und von den Hautfetzen ihrer Wirtsfische. Sie nehmen aber auch Detritus vom Boden auf. Die 3-5cm großen Garnelen besitzen einen langen Carapax und ein noch längeres Abdomen. Der gelb gefärbte Körper trägt schmale und rote Längsbänder, die vom Kopf bis zum Schwanzfächer reichen. Dic Laufbeine und die Antennen sind gelb. Die langen Scherenbeine tragen kleine Scheren. Gestreifte Putzergarnelen sieht man nicht so oft an den Riffen im Indopazifik. Sie leben von 10-80m Wassertiefe überwiegend auf Sand- und Schlammflächen und nur gelegentlich sieht man sie auf Schwämmen.

Foto: Malaysia, Lankayan

Weißband-Putzergarnele (Lysmata amboinensis), Papua Neuguinea

Gestreifte Putzergarnele (Lymatella prima), Malaysia

Colemans Garnele *(Periclimenes colemani)*

Die nur 2cm großen Colemans Garnelen leben in der Regel paarweise versteckt zwischen den bunten und giftigen Stacheln von Lederseeigeln der Gattung *Asthenosoma*. Sie sind Kommensalen, die sich von Makroplankton und Resten der Seeigelmahlzeit ernähren und die sich auf der Seeigelschale einen Freiraum schaffen, indem sie die Saugfüßchen und die Pedicellarien der Seeigel so lange mit ihren Scherenbeinen bearbeiten, bis diese sie einziehen. So entsteht ein Ruhefeld für die Krebse. Die weiblichen Tiere sind in der Regel etwas größer als die Männchen. Entweder sitzen sie parallel zueinander, meist jedoch verkehrt herum oder ein Tier befindet sich auf der Oberseite des Seeigels, während das andere Tier sich an der Basis aufhält. Colemans Garnelen sind wunderschön gefärbte Krebse. Der helle Körper trägt braune bis leuchtend rotorange Flecken und Streifen, wobei alle Scheren- und Schreitbeine gebändert sind. Colemans Garnelen leben vom Indischen Ozean bis in der Westpazifik oder besser gesagt: Überall dort, wo Seeigel der Gattung *Asthenosoma* vorkommen. Die wunderschönen Krebschen sind nach ihrem Entdecker, den australischen Unterwasserfotografen und Naturforscher Neville Coleman, benannt.

Foto: Philippinen, Gato

Haarstern-Garnele *(Laomenes amboinensis)*

Haarstern-Garnelen leben als Untermieter zwischen den Armen verschiedener Haarsterne aus der Familie der Comasteridae. Ihr schlanker Körper passt sich weitgehend der Farbe der Haarsterne an, so dass es außerordentlich schwierig ist, diese kleinen Garnelen zwischen den Armen der Haarsterne zu entdecken. Ihre Augen sitzen auf seitlichen Stielen und das 2. Beinpaar ist mit kleinen Scheren besetzt. Es ist zu vermuten, dass sich die kleinen Garnelen von dem ernähren, was ihre Wirte an Plankton fangen, einschleimen und über bewimperte Nahrungsrinnen ihrem Mund zuführen. Haarstern-Garnelen sind im Indopazifik weit verbreitet und kommen von Indonesien und den Philippinen bis nach Papua Neuguinea und Australien vor. Früher wurden die kleinen Krebse unter dem wissenschaftlichen Namen *Periclimenes commensalis* geführt.

Foto: Indonesien, Nord Sulawesi

Colemans Garnele (Periclimenes colemani), Philippinen

Haarstern-Garnele (Laomenes amboinensis), Indonesien

Koror-Garnele *(Periclimenes kororensis)*

Koror-Garnelen zu entdecken, ist dann besonders schwierig, wenn man nicht weiß, wo sie leben. In der Regel sind sie Kommensalen zwischen den Tentakeln der Pilzkoralle *Heliofungia actiniformis*, doch kommen sie auch zwischen den langen Tentakeln anderer Seeanemonen vor. Der Körper der Garnelen ist fast transparent und nur der Vorderkörper ist orange eingefärbt. Der Kopf ist weiß. Das Hinterteil bleibt stets verborgen und wird als Anker um eine der vielen Fangarme des Wirtes geschlungen. Die bis zu 4cm großen Garnelen besitzen sehr lange Scherenbeine, die ebenfalls transparent und damit kaum zu sehen sind. Überall da, wo Pilzkorallen vorkommen, können auch Koror-Garnelen leben, doch nicht jede Pilzkoralle wird von ihnen besetzt. Die Verbreitung der Art ist damit zwangsläufig mit der geographischen Verbreitung der Pilzkoralle verbunden, die im Indopazifik von Indonesien und den Philippinen bis nach Australien und Französisch Polynesien vorkommt.

Foto: Indonesien, Nord Sulawesi

Gorgonenhaupt-Garnele *(Periclimenes lanipes)*

Gorgonenhaupt-Garnelen leben als Kommensalen zwischen den Tausenden von Armen eines Gorgonenhauptes der Art *Astroboa nuda*. Da die Garnelen nur bis zu 2cm groß sind, ist es außerordentlich schwer, sie zu entdecken. Und noch schwieriger ist es, sie zu fotografieren, da in der Nacht, im Licht der Unterwasserlampe, die Arme des Gorgonenhauptes beginnen sich einzurollen und damit auch die Garnele ruckartig zu bewegen. Gebunden an ihren Wirt ist auch die Garnele zwangsläufig zu einer nächtlichen Lebensweise übergegangen. Sie partizipiert vom gefangenen und eingeschleimten Plankton, das das Gorgonenhaupt in der Nacht mit weit ausgestreckten Armen erbeutet. Der Körper der Garnelen kann rotbraun, rostrot oder orangefarben sein, immer verbunden mit einer hellen Querbänderung. Die Verbreitung der Art reicht im Indopazifik von Madagaskar bis nach Indonesien, Australien und dem Chinesischem Meer.

Foto: Indonesien, Komodo

Koror-Garnelen (Periclimenes kororensis), Indonesien

Gorgonenhaupt-Garnele (Periclimenes lanipes), Indonesien

Imperator-Garnele *(Periclimenes imperator)*

Imperator-Garnelen leben einzeln oder paarweise auf verschiedenen Wirtstieren, wo sie sich denen farblich perfekt anpassen. Aus diesem Grund variieren sie in ihrer Färbung auch sehr stark. So findet man sie auf verschiedenen Nacktschnecken (*Hexabranchus sanguineus* und verschiedenen *Chromodoris*-Arten), auf Seewalzen der Gattungen *Stichopus* und *Synapta* und auf verschiedenen Seesternen. Hier ernähren sie sich vom Schleim ihrer Wirte und vom Detritus. Die nur 2cm großen Garnelen tragen auf ihren Carapax ein kurzes, gezahntes und nach vorne gebogenes Rostrum. Das 1. Beinpaar trägt kleine, das 2. Beinpaar große und kräftige Scheren. Eine rotweiße Musterung des Körpers ist stets der jeweilige und momentan besetzte Wirt angepasst und bei einem Wirtswechsel auch veränderbar. Untersuchungen haben gezeigt, dass die Bindung der Tiere an ihre Wirte unterschiedlich stark ist. Besonders ausgeprägt scheint die enge Beziehung der Garnelen zu der Spanischen Tänzerin *(Hexabranchus sanguineus)* zu sein, von der sie sich ganz schwer lösen lassen. Weitaus leichter trennen sie sich schon von Seewalzen, Seesternen und von Nacktschnecken. Imperator-Garnelen sind im Roten Meer und im gesamten Indopazifik weit verbreitet.

Foto: Papua Neuguinea, Milne Bay

Prächtige Partnergarnele *(Periclimenes magnificus)*

Prächtige Partnergarnelen sind Symbiosegarnelen, die mit Korallen der Gattung *Catalaphyllia* und mit Sandanemonen der Art *Dofleina armata* und *Actinostephanus haeckeli* vergesellschaftet leben. Das, was die Garnelen so prachtvoll erscheinen lässt, sind die zarten lila Tupfer auf ihren Scherenbeinen und auf dem Rostrum. Der Körper der nur 2-3cm großen Garnelen ist nahezu transparent. Der Carapax ist schlank und das Abdomen mit einem Höcker auf dem 3. Glied versehen, der einen weißen Fleck trägt. Der Schwanzfächer besitzt violette Punkte an den Außengliedern. Die ersten beiden Beinpaare sind mit kleinen Scheren bewehrt, wobei die des 2. Beinpaares länger und größer sind und auch größere Scheren tragen. Die Scherenspitzen sind violett abgesetzt. Wovon sich die Tiere ernähren, ist unbekannt. Die Verbreitung der Art reicht von Ostafrika bis in die südchinesische See und nach Australien.

Foto: Papua Neuguinea, Milne Bay

Imperator-Garnele (Periclimenes imperator), Papua Neuguinea

Prächtige Partnergarnele (Periclimenes magnificus), Papua Neuguinea

Seestern-Garnele *(Periclimenes soror)*

Seestern-Garnelen leben als Kommensalsymbionten auf Seesternen der Gattungen *Acanthaster, Asteropsis, Culcita, Choriaster, Echinaster, Haltyle* und *Linckia*. Sie ernähren sich weitgehend vom Schleim, den die Seesterne produzieren. Diese kleinen Garnelen, die nur wenige Zentrimeter groß werden, kommen in verschiedenen Farben und Farbkompositionen vor, und können oliv, grün, gelb, blau, rot oder burgund gefärbt sein und tragen häufig einen breiten und weißen Streifen auf ihrem Rücken. Einige von ihnen sind in der Lage die Farbe ihrer Wirte zu kopieren, um so unerkannt zu bleiben. Während die meisten der Garnelen sich auf der Mundseite der Seesterne aufhalten, findet man sie bei den Seesternen der Dornenkronen *(Acanthaster planci)* zwischen den langen und giftigen Stacheln. Sie sind im Roten Meer verbreitet und kommen im Indopazifik von Madagaskar und Australien bis nach Japan und Hawaii vor.

Foto: Papua Neuguinea, Milne Bay

Partnergarnele *(Periclimenes tosaensis)*

Partnergarnelen dieser Art leben einzeln oder in Gruppen auf verschiedenen Anemonen, Blasenkorallen, auf Pilzkorallen und auf der Mangrovenqualle Cassiopeia. Sie sind gegen das Gift der Nesseltiere, auf denen sie leben, geschützt und es ist anzunehmen, dass dieser Schutz artspezifisch ist. Die hier vorgestellte Art wird in der Regel mit *Periclimenes holthuisi* verwechselt. Beide Garnelen unterscheiden sich aber in den verschiedenen Farbzeichnungen auf Körper, Höcker und Abdomen voneinander. Der Körper der Tiere ist transparent, das 2. Beinpaar verlängert und mit großen Scheren ausgestattet und das Abdomen mit einem Höcker versehen. Was die nur 2-3cm großen Tiere fressen, ist nicht bekannt. Ihr Verbreitungsgebiet reicht von Sri Lanka und den Malediven bis nach Japan und Australien.

Foto: Indonesien, Zentral Sulawesi

Seestern-Garnele (Periclimenes soror), Papua Neuguinea

Partnergarnele (Periclimenes tosaensis), Indonesien

Anmutige Partnergarnele *(Periclimenes venustus)*

Anmutige Partnergarnelen leben als Kommensalen zwischen den Tentakeln von Anemonen und zwischen den Tentakeln der Pilzkoralle Heliofungia actiniformis, der Blasenkoralle *Plerogyra sinuosa* und der Hammerkoralle *Euphyllia ancora*. Der 2-3cm lange Körper der Tiere ist durchscheinend, variabel in der Farbe und zeigt häufig eine weiße Bänderung. Die Scherenbeine sind lang und enden in kleinen Zangen. Sie sind mit blauen Chromatophoren besetzt. Die Verbreitung der Art reicht von Indonesien bis nach Japan und Australien.

Foto: Indonesien, Komodo

Blasenkorallen-Garnele *(Vir philippinensis)*

Blasenkorallen-Garnelen führen ein verstecktes Dasein zwischen den Blasen der Koralle *Plerogyra sinuosa*. Aus diesem Grund sind sie auch sehr spät beschrieben worden. Der Körper der Garnelen ist weitgehend transparent. Nur die leuchtend blauvioletten Antennen und die violetten Zeichnungen an den Scherenbeinen und Mundwerkzeugen zeigen dem Beobachter an, dass hier ein Krebs zwischen den Blasen der Koralle sitzt. Die nur 1-2cm großen Krebschen sind außerordentlich scheu und verstecken sich immer tiefer im Blasendickicht, je näher der Fotograf mit seiner Kamera kommt. Über die Biologie dieser Tiere ist nichts bekannt. Verbreitet sind sie überall dort, wo Blasenkorallen vorkommen: Im Roten Meer und im gesamten Indopazifik. Der Name *Periclimenes philippinensis* ist ein Synonym.

Foto: Indonesien, Komodo

Anmutige Partnergarnele (Periclimenes venestus), Indonesien

Blasenkorallen-Garnele (Vir philippinensis), Indonesien

Drahtkorallen-Garnele *(Dasycaris zanzibarica)*

Drahtkorallen-Garnelen, auch Sansibar-Garnelen genannt, leben einzeln oder paarweise auf Schwarzen Korallen der Gattung Cirripathes. Die Weibchen sind doppelt so groß wie die Männchen. Beide bewegen sich auf der unverzweigten Rute der Koralle auf und ab und imitieren in der Farbe ihres Körpers die Farbe der Polypen der Koralle, auf der sie leben. Ihr kleiner Körper, der nur 12-15mm lang wird, ist fast transparent und trägt große Buckel am Thorax und weiße Querbänder. Die ersten beiden Beinpaare tragen Scheren, die fast immer zum Bauch eingeklappt sind. Drahtkorallen-Garnelen sind Kommensalen auf ihren Wirten. Sie leben von dem, was die Polypen der Koralle fangen. Verbreitet sind sie im Roten Meer und im gesamten Indopazifik, wo immer es Schwarze Korallen der Gattung *Cirripathes* gibt.

Foto: Papua Neuguinea, Milne Bay

Westliche Harlekin-Garnele *(Hymenocera elegans)*

Harlekin-Garnelen sind wunderschöne Tiere, die auf ihrem cremefarbenen Körper eine Vielzahl brauner Flecken tragen, die blau umrandet sind. Ihre Scheren sind in Relation zu ihrer Körperlänge außerordentlich groß und wuchtig. Ihre enorme Kraft wird für die Nahrungszerkleinerung gebraucht, denn sie sind Nahrungsspezialisten, die sich ausschließlich von verschiedenen Stachelhäutern ernähren. So bevorzugen sie Seesterne der Gattungen *Linckia, Fromia, Nardao* und *Acanthaster* als Nahrung. Ihre Beutetiere drehen sie auf den Rücken, schneiden ihnen die Arme ab, schleifen sie in ihre Verstecke und fressen die Ambulakralfüßchen und die Eingeweide. Harlekin-Garnelen leben paarweise, wobei die Männchen etwas kleiner sind als die Weibchen. Sie werden bis zu 5cm groß und sind im Roten Meer und im Indopazifik verbreitet. Es ist sehr schwierig, sie zu finden, denn sie führen eine sehr versteckte Lebensweise.

Foto: Papua Neuguinea, Milne Bay

MUCK/GÜNTHER

Drahtkorallen-Garnele (Dasycaris zanzibarica), Papua Neuguinea

Westliche Harlekin-Garnele (Hymenocera elegans), Papua Neuguinea

Gemeine Tanzgarnele *(Rhynchocinites durbanensis)*

Gemeine Tanzgarnelen leben in einer großen Individuendichte in schattigen Nischen, in Kleinhöhlen und in Spalten der Riffe. Ihr roter bis rostroter Körper trägt prächtige Zeichnungen aus weißen Linien und Punkten, die ein ganz bestimmtes Muster bilden. Das spitz auslaufende Abdomen besitzt einen Höcker, der auffallend ist. Das Rostrum der Tiere ist lang und mit Zähnen bewehrt. Das erste Beinpaar trägt kleine Scheren, die bei den Männchen dicker und länger als bei den Weibchen sind. Ihre großen und kugeligen Augen sitzen auf Stielen. Die ruckartigen ist stolzierenden Bewegungen sollen die Tiere an Tänzer erinnern. Gemeine Tanzgarnelen leben häufig mit anderen Garnelen der gleichen Gattung vergesellschaftet. Sie alle werden bis zu 7cm groß und sind im Indopazifik von Ostafrika bis nach Neukaledonien, Australien, Japan und Papua Neuguinea verbreitet.

Foto: Indonesien, Menjangan

Netzförmige Tanzgarnele *(Cinetorhynchus reticulatus)*

Netzförmige Tanzgarnelen sind nachtaktive Krebse, die sich tagsüber im Riff verstecken. Die Dunkelheit bestimmt ihre Aktivität. So sind sie bei Anbruch der Dämmerung einzeln oder in kleineren Gruppen überall im Riff auf Nahrungssuche, wobei sie sich von Detritus ernähren. Ihr Körper trägt einen kurzen Carapax mit einem langen und gezähnten Rostrum, das 4 Zähne auf der Oberseite und 8 Zähne auf der Unterseite hat. Das schlanke Abdomen läuft konisch aus und trägt einen deutlichen Höcker. Die Augen sind groß, graugrün gefärbt und sitzen auf kurzen Stielen. Das 1. und 2. Beinpaar ist dünn und mit kleinen Scheren bewehrt. Tanzgarnelen dieser Art werden bis zu 4cm groß und besitzen einen hellroten und semitransparenten Körper, der orangerote Bänder und Flecken trägt. Tanzgarnelen aus dieser Gattung sind an den Riffen im Roten Meer und im Indopazifik mit mehreren Arten vertreten.

Foto: Philippinen, Balilasac

Gemeine Tanzgarnele (Rhynchocinites durbanensis), Indonesien

Netzförmige Tanzgarnele (Cinetorhynchus reticulatus), Philippinen

Rote Tanzgarnele *(Rhynchocinites sp.)*

Rote Tanzgarnelen leben tagsüber versteckt im Riff und kommen erst bei Anbruch der Dunkelheit aus ihren Verstecken. Sie leben einzeln oder in kleineren Gruppen und sind überall im Riff zu finden. Ihre großen und runden Augen, die ein dunkles Querband tragen, leuchten, wenn der Strahl einer Unterwasserlampe sie trifft. Nur so wird man auf sie aufmerksam. Ihr Körper trägt einen kurzen Carapax und der Kopf ein gezähntes Rostrum mit 4 Zähnen auf der Oberseite und 8 Zähnen auf der Unterseite. Das Abdomen ist schlank und besitzt einen kräftigen Höcker. Alles am Körper der Tanzgarnele ist feuerrot gefärbt und durchsetzt mit gelblichen Flecken. Tanzgarnelen aus dieser Gattung sind im Roten Meer und im gesamten Indopazifik weit verbreitet.

Foto: Philippinen, Cabilao

Gebänderte Scherengarnele *(Stenopus hispidus)*

Gebänderte Scherengarnelen leben in allen tropischen Meeren. Sie betätigen sich als Putzer und ernähren sich überwiegend von den Hautparasiten der Fische, die sie putzen. Sie leben auf verschiedenen Substraten und meist im Verborgenen. Nur Teile ihren langen und weißen Antennen sieht man aus Spalten, Ritzen, Höhlen oder aus Schwämmen herausragen. In der Regel leben die Garnelen paarweise, wobei die Weibchen stets etwas größer sind als die Männchen. Ihr Körper trägt einen rot-weiß gebänderten, kurzen und stacheligen Carapax mit einem kleinen und gezahnten Rostrum und ein langes, schlankes, rot-weiß gebändertes und dornenreiches Abdomen, das in einem breiten Schwanzfächer endet. Während die ersten beiden Beinpaare dünn und mit kleinen Scheren bewehrt sind, ist das dritte Beinpaar weitaus kräftiger und mit größeren Scheren ausgestattet. Auch sie zeigen eine rot-weiße Bänderung. Die restlichen Beinpaare sind dünn. Alle Extremitäten sind an ihrer Basis blau. Ausgewachsene Scherengarnelen sind zwischen 5 und 7cm groß.

Foto: Indonesien, Zentral Sulawesi, Palu

Rote Tanzgarnele (Rhynchocinites sp.), Philippinen

Gebänderte Scherengarnele (Stenopus hispidus), Indonesien

Ägyptische Garnele *(Metapaenopsis aegyptiaca)*

Ägyptische Garnelen besitzen einen schlanken und fast transparenten Körper mit einem rot-weiß marmorierten Carapax und Abdomen, sehr langen rot-weiss gebänderten Antennen und großen, linsenförmigen Augen. Die nachtaktiven Garnelen leben entweder tagsüber vorborgen im Sediment, so dass nur noch die Augen daraus hervorschauen, oder sie verstecken sich in Spalten, Nischen und in Höhlen. Erst bei Anbruch der Dämmerung sind sie im Flachwasser der Riffe auf Nahrungssuche unterwegs. Sie fressen überwiegend organische Sinkstoffe, Algen und Fischlarven. Bei der abgebildeten Garnele handelt es sich möglicherweise um die Art *M. aegyptiaca*, die im Indopazifik und hier besonders häufig an den Riffen der Philippinen verbreitet ist.

Foto: Philippinen, Bohol

Marmor-Garnele *(Metapaenopsis cf. lamellata)*

Marmor-Garnelen sind benthische Krebse, die sich tagsüber bis zu den Augen eingegraben in mobilen Sedimenten verstecken. Erst in der Nacht verlassen sie ihre Tagesverstecke und begeben sich auf Nahrungssuche. Sie sind Allesfresser und ernähren sich von Detritus, kleinen Algen und von verschiedenen, kleinen wirbellosen Tieren. Der etwa 10cm lange Körper der Garnelen ist schlank. Ein kurzes und gezahntes Rostrum überragt die Augen. Diese sind groß, linsenförmig, verschieden in der Farbe und leuchten in der Nacht, wenn sie mit einer Lampe angestrahlt werden. Auch der Carapax und das Abdomen sind schlank. Nur der Schwanzfächer ist breit, wenn er bei der Flucht vor Feinden gespreizt und gegen den Bauch geschlagen wird. Die Männchen sind stets etwas größer als die Weibchen. Buckel-Garnelen leben einzeln, paarweise oder in einer größeren Individuendichte. Sie kommen vom Flachwasser bis in größere Tiefen vor und werden von Shrimp-Trawlern mit Grundschleppnetzen gefangen. Sie sind ein wichtiger Bestandteil für die Ernährung der Küstenbevölkerung und erzielen hohe Preise auf allen Märkten. Über 40 Arten sind aus dieser Gattung im Indopazifik beschrieben worden.

Foto: Indonesien, Nord Sulawesi, Lembeh

Ägyptische Garnele (Metapaenopsis aegyptiaca), Philippinen

Marmor-Garnele (Metapaenopsis cf. lamellata), Indonesien

Langbein-Garnele *(Heteropenaeus longimanus)*

Langbein-Garnelen sind nachtaktive Einzelgänger, die sich tagsüber eingraben und verstecken. Sie leben im Flachwasser von der Niedrigwasserzone bis in nur wenige Meter Wassertiefe und besiedeln Riffdächer, Lagunen und den oberen Riffhang. Ihr Carapax und Abdomen sind schlank, das ist Rostrum mit 6 spitzen Dornen bezahnt, die Antennen außerordentlich lang und die Augen, die auf Stielen sitzen, sind groß. Ihrem Aussehen nach müsste man diese Garnelen eigentlich Marmor-Garnelen nennen, da ihr graublauer Körper ähnlich gefleckt ist, wie die Musterbildungen beim Marmor. Langbein-Garnelen werden bis zu 8cm groß und sind möglicherweise Allesfresser. Eine wirtschaftliche Bedeutung erlangen sie nicht, trotz ihrer Häufigkeit im Vorkommen, aber in zu geringer Individuendichte. Verbreitet sind sie im Roten Meer und kommen an den Riffen im gesamten Indopazifik vor.

Foto: Philippinen, Cebu

Gestreifte Tanzgarnele *(Cinethorhynchus striatus)*

Gestreifte Tanzgarnelen sind nachaktive Tiere, die sich tagsüber in Ritzen, Nischen und in Kleinhöhlen verstecken und hier bewegungslos bis zum Einbruch der Dämmerung ausharren. Dann werden sie aktiv und gehen auf Nahrungssuche. Sie leben einzeln, paarweise oder in kleinen Gruppen und kommen vom Flachwasser bis in 20m Tiefe vor. Leider kann man die bis zu 7cm großen Krebse selten beobachten, da sie sehr scheu sind und bei der geringsten Störung in ihren Verstecken verschwinden. Auffallend an den Tieren ist die rote und weiße Bänderung des Carapax und Abdomens. Ansonsten ist der Körper semitransparent und lässt die Eingeweide erkennen. Die langen Laufbeine sind rot und tragen weiße Längsstreifen. Gestreifte Tanzgarnelen kommen im Indopazifik von den Philippinen bis nach Neukaledonien, Australien, Japan und den Fiji-Inseln vor.

Foto: Philippinen, Gato

Langbein-Garnele (Heteropenaeus longimanus), Philippinen

Gestreifte Tanzgarnele (Cinethorhynchus striatus), Philippinen

Schmucklanguste *(Panulirus ornatus)*

Schmucklangusten sind nachtaktiv und verstecken sich tagsüber in Ritzen, Spalten und in Höhlen. Hier sieht man sie dann einzeln, paarweise oder in einer größeren Anzahl den Tag verbringen. Sobald man sich ihrem Versteck nähert, setzt ein wildes Gefuchtel ihrer sehr langen Antennen ein, die aus ihren Verstecken herausragen. Die Körperfarbe der Tiere ist variabel. Wichtig für die Bestimmung der Art sind die weißen und schwarzen Querbänder an ihren Laufbeinen, helle Flecken beiderseits des Abdomens und die blauen Antennenglieder. Schmucklangusten bewohnen bevorzugt geschützte Riffgebiete im flachen Wasser. Sie werden bis zu 50cm groß und man fängt sie mir Reusen oder mit Dynamit. Ihr Fleisch ist sehr geschätzt und erreicht hohe Marktpreise. Sie sind im Roten Meer und im gesamten Indopazifik verbreitet. Einige Tiere sind vom Roten Meer in das Mittelmeer eingewandert und dort bereits nachgewiesen. Leider sind sie durch die intensive Befischung vom Aussterben bedroht.

Foto: Malaysia, Lankayan

Pinsel-Languste *(Panulirus penicillatus)*

Langusten bewohnen tagsüber Höhlen und Spalten im Riff. Gelegentlich sieht man eine große Anzahl von Tieren nur eine Felsspalte besetzen, weil offensichtlich andere Versteckmöglichkeiten in der näheren Umgebung fehlen. Dicht zusammengedrängt warten sie die Nacht ab, um auszuschwärmen und auf Nahrungssuche zu gehen. Dann sieht man sie über das Riff klettern bei der Suche nach Aas, Seesternen, Würmern und Schnecken, von denen sie sich ernähren. Bei Anbruch des Tages suchen sie wieder ihre Tagesverstecke auf. Der Carapax der Tiere ist kurz, breit und mit Dornen besetzt. Das Abdomen dagegen ist lang und breit und trägt am Ende einen breiten Schwanzfächer. Er ist das Antriebsorgan der Tiere bei der Flucht vor Feinden. Die außerordentlich langen Antennen, die wie Ruten nach allen Richtungen pendeln, werden zur Geschmacksfindung und als Tastorgane in das freie Wasser gestreckt. Werden sie von Tauchern abgebrochen, dann ist das Tier bis zur nächsten Häutung, die gewöhnlich einmal im Jahr stattfindet, stark in seiner Nahrungsfindung beeinträchtigt. Die Basis der Fühler ist rosafarben und mit schwarzen Stacheln und Dornen besetzt. Die langen Schreitbeine sind grün-schwarz-weiß gestreift. Langusten sind vom Menschen außerordentlich geschätzte Leckerbissen. Sie werden mit beköderten Reusen gefangen und hoch gehandelt. Verbreitet sind sie im Roten Meer und kommen an den Riffen im gesamten Indopazifik vor.

Foto: Indonesien, Zentral Sulawesi, Palu

Schmucklanguste (Panulirus ornatus), Malaysia

Pinsel-Languste (Panulirus penicillatus), Indonesien

Bunte Languste *(Panulirus versicolor)*

Bunte Langusten, auch Schmucklangusten genannt, sind die am häufigsten nach Europa importierten Langusten, die in ihrem Verbreitungsgebiet mit beköderten Reusen gefangen werden. Ausgewachsene Tiere sind 40cm lang und besitzen einen kurzen, breiten, mit Dornen besetzen und schwarz-weiß gemusterten Carapax, ein langes und breites Abdomen und am Körperende einen großen Schwanzfächer. Auffallend sind die langen und weißen 2. Antennen, die dornenbesetzte Anfangsglieder tragen. Sie werden tagsüber aus den Verstecken gestreckt und haben Tastfunktion. Nachts sind die Langusten im gesamten Riff auf Nahrungssuche unterwegs. Sie ernähren sich von Seesternen, Muscheln, Borstenwürmern und auch von Aas. Die juvenilen Tiere übertreffen in der Intensität ihrer leuchtenden Farben ihre erwachsenen Artgenossen. Besonders ihre plakativ violett gestreiften Schreitbeine fallen dabei auf. Schmucklangusten sind im Roten Meer und im Indopazifik von Südafrika bis nach Mikronesien und Australien weit verbreitet.

Foto: Papua Neuguinea, Milne Bay

Langarm-Languste *(Justicia longimanus)*

Langusten dieser Art sind selten zu sehen, da sie tagsüber versteckt in den Spalten tiefer und dunkler Höhlen leben. Um sie zu sehen, bedarf es eines ortskundigen Tauchers, der ihren Standort kennt. Langarm-Langusten sind relativ kleine Krebse, die als erwachsene Tiere gerade einmal 15cm messen. In der Regel sind sie jedoch kleiner. Was ihnen an Länge fehlt, machen sie mit ihrem schön gefärbten Körper wieder wett. Dieser ist eine gelungene Farbkomposition aus rot, orange, gold und weiß. Die Scherenbeine der männlichen Langusten sind besonders lang und kräftig ausgebildet und bis auf die Scheren feuerrot. Langarm-Langusten leben in allen tropischen Meeren und sind sowohl im Indopazifik, als auch im tropischen Atlantik bis nach Brasilien verbreitet. Sie leben vom Flachwasser bis in Tiefen von über 300m und werden nur gelegentlich in beköderten Reusen gefangen. Sie besitzen keine wirtschaftliche Bedeutung.

Foto: Mauritius, Flick en Flack

Bunte Languste (Panulirus versicolor), Papua Neuguinea

Langarm-Languste (Justicia longimanus), Mauritius

Roter Riffhummer *(Eneplometopus occidentalis)*

Rote Rifflangusten sind nachtaktive Krebse, die sich tagsüber in tiefen Riffspalten und in Höhlen verstecken. Die nur 12cm großen Tiere sind feuerrot gefärbt und tragen auf Carapax und Abdomen viele weiße Flecken und Tupfen. Der schlanke Körper und die Scheren sind mit feinen, langen und weißen Sinnesborsten besetzt. In der Regel leben sie paarweise. Die unterschiedlichen Geschlechter können rein äußerlich nicht voneinander unterschieden werden. Die scheuen Krebse betätigen sich in der Nacht als Detritusfresser, wobei sie sich auch von den organischen Resten toter Tiere ernähren. Sie kommen im Roten Meer vor und sind im Indopazifik von Ostafrika bis nach Hawaii und Australien weit verbreitet.

Foto: Indonesien, Komodo

Adams Zebrakrabbe *(Zebrida adamsii)*

Adams Zebrakrebse leben einzeln oder paarweise als Kommensalen mit Seeigeln verschiedener Gattungen vergesellschaftet. Im südlichen Indischen Ozean findet man sie auf dem Seeigel *Heliocidaris erythrogramma* und in den anderen Faunengebieten des tropischen Indopazifiks und Westpazifik auf den Feuer-Seeigeln *Asthenosoma varium* und *Asthenosoma ijimai*. Hier bewegen sich die nur 2cm großen Krebse im Stachelwald der Seeigel und klammern sich mit speziell an den Beinen ausgebildeten Haken daran fest. Der gezackte Capapax und die Beine sind zebraähnlich gebändert und weiß-dunkelbraun gestreift. Wovon sich die Krebse ernähren, ist nicht bekannt. Da sie den Seeigelwald von organischen Sinkstoffen reinigen, könnten diese Sinkstoffe ihre Nahrung sein.

Foto: Indonesien, Komodo

Roter Riffhummer (Eneplometopus occidentalis), Indonesien

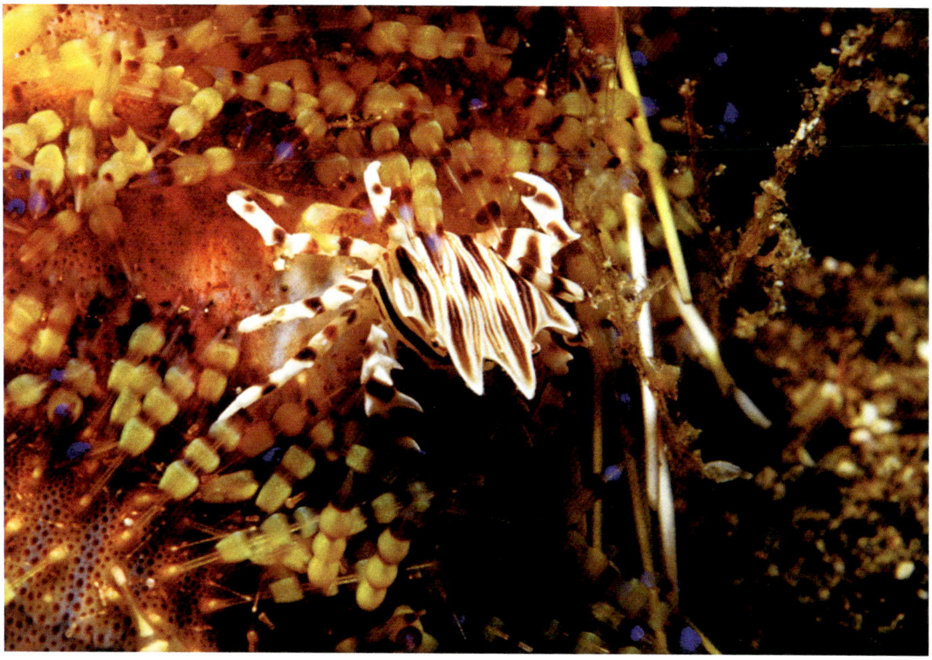

Adams Zebrakrabbe (Zebrida adamsii), Indonesien

Haans Bärenkrebs *(Scyllarides haanii)*

Bärenkrebse verstecken sich tagsüber in Ritzen, Spalten und in Höhlen der Riffe und hängen gelegentlich kopfüber und festgekrallt mit Hilfe ihrer kräftigen Klauen von Höhlendecken herab. Ihr Körper ist rostbraun gefleckt und übersät mit Warzen. Dem Carapax fehlen seitliche Stacheln. Auffallend sind zwei dunkelbraune Flecken am Abdomenansatz. Bärenkrebse leben einzeln, paarweise oder in kleineren Gruppen. Erst in der Nacht gehen sie auf Nahrungssuche und fressen Weichtiere und verschiedene Stachelhäuter. Ähnlich wie bei den Langusten so werden auch sie gegessen. Eine wirtschaftliche Bedeutung erlangen sie jedoch nicht. Bärenkrebse dieser Art werden bis zu 20cm groß und sind im Indopazifik von Indonesien bis nach Japan, Hawaii und Australien verbreitet.

Foto: Indonesien, Moyo

Orientalischer Bärenkrebs *(Thenus orientalis)*

Orientalische Bärenkrebse besitzen einen breiten und seitlich abgerundeten Carapax, der dorsoventral abgeflacht ist. Die 1. Antennen sind kurz, dünn und gegabelt, während die 2. Antennen zu großen, breiten und außen gezahnten Platten ausgebildet sind. Das Abdomen ist lang, kräftig und bestachelt und trägt einen breiten Schwanzfächer. Dieser dient als Antrieb beim Schwimmen, wenn die Krebse auf der Flucht vor ihren Feinden den Schwanzfächer bauchwärts schlagen. Der Krake ist ihr größter Feind. Tagsüber leben die etwa 30cm großen Krebse eingegraben im Sediment oder versteckt in dunklen Nischen und Höhlen. Erst in der Nacht sind sie aktiv und schreiten auf Beutefang. Sie fressen kleine Fische, Würmer, dünnschalige Weichtiere und Aas. Verbreitet sind Orientalische Bärenkrebse vor allem im westlichen Indopazifik und kommen hier bis nach Japan und Australien vor. Gemessen am Vorkommen anderer Bärenkrebse sind sie außerordentlich selten zu sehen.

Foto: Indonesien, Nord Sulawesi, Banta

Haans Bärenkrebs (Scyllarides haanii), Indonesien

Orientalischer Bärenkrebs (Thenus orientalis), Indonesien

Antarktischer Bärenkrebs *(Parribacus antarcticus)*

Antarktische Bärenkrebse sind nachtaktive Einzelgänger, die sich tagsüber im Riff verstecken. Ihr dorso-ventral abgeflachter Körper ist durch starke und scharfe Seitenstacheln bewehrt und das 2. Antennenpaar zu schaufelartigen Platten umgewandelt. Mit ihrer Hilfe graben sie im Sediment nach Weichtieren und Würmern, die sie fressen. Der gesamte Panzer ist von kleinen und warzenähnlichen Erhebungen und Borsten bedeckt und diese in einer Farbkomposition von gelb, braun und schwarz eingebunden. Das 1. Antennenpaar ist kurz, dünn und gegabelt. Das lange und kräftige Abdomen, das auch in Bewegung bauchwärts geschlagen ist, trägt bestachelte Seitenkanten und endet in einem Schwanzfächer. Antarktische Bärenkrebse kommen in allen tropischen Meeren vor und leben von der Niedrigwasserlinie bis in Tiefen von 25m. Sie flüchten bei Gefahr ruckartig rückwärts schwimmend durch Einschlagen des Schwanzfächers zur Bauchseite hin. Die etwa 20cm großen Bärenkrebse erlangen keine wirtschaftliche Bedeutung wie etwa die Langusten. Ihr Fleisch wird gegessen und ähnelt im Geschmack dem der Langusten.

Foto: Papua Neuguinea, Milne Bay

Großer Schuppeneinsiedler *(Aniculus maximus)*

Schuppen-Einsiedlerkrebse sind räuberische Tiere mit einem großen Ernährungsspektrum. Sie sind praktisch Allesfresser, die sogar schlafende Fische erbeuten, die sie mit ihren kräftigen Scheren zerkleinern und fressen. Alle Lauf- und Scherenbeine sind mit Schuppen besetzt, gelb und schwarz gebändert, an deren Rändern sich lange und dicht stehende Borsten befinden. Ausgewachsene Krebse werden bis zu 15cm groß. Häufig tragen sie ausgefressene Tritongehäuse huckepack und verstecken darin ihren weichhäutigen Hinterleib. Schuppeneinsiedler kommen vom Flachwasser bis in Tiefen von 35m vor und sind tag- und nachtaktiv. Im tropischen Indopazifik sind sie von den Seychellen bis nach Hawaii und Australien verbreitet.

Foto: Indonesien, Bata Ata

Antarktischer Bärenkrebs (Parribacus antarcticus), Papua Neuguinea

Großer Schuppeneinsiedler (Aniculus maximus), Indonesien

Roter Riffeinsiedlerkrebs *(Dardanus megistos)*

Rote Riffeinsiedlerkrebse sind die größten Riffeinsiedler, die man kennt. Sie können bis zu 15cm groß werden. Auffällig an den Tieren sind die weißen und schwarz umrandeten Punktzeichnungen, die den orangeroten Körper, die Scheren und die Laufbeine bedecken. Die Beine tragen lange Borsten. Lange und helle Antennen tasten die Umgebung ab. Die Scheren sind unterschiedlich groß, wobei nicht festgelegt ist, auf welcher Seite des Körpers die kleinere oder die größere zu liegen kommt. In der Regel ist die linke Schere größer als die rechte. Rote Riffeinsiedler sind überwiegend nachtaktive Krebse. Sie sind Fleischfresser, die auch Weichtiere mit ihren kräftigen Scheren knacken und fressen. Zudem sind sie Aasvertilger. Ihr weiches und leicht verletzbares Hinterteil verstecken sie in großen und leeren Schneckengehäusen. Bei fast jeder Häutung der Krebse wird auch das Schneckengehäuse gewechselt, weil es den größer werdenden und an Gewicht zunehmenden Krebsen darin zu eng wird. Rote Riffeinsiedler leben im Flachwasser der Lagunen, auf Riffdächern und in allen nur möglichen Riffhabitaten. Verbreitet sind sie im Roten Meer und kommen im Indopazifik von Ostafrika bis in den Westpazifik vor.

Foto: Papua Neuguinea, Milne Bay

Korallen-Einsiedlerkrebs *(Dardanus pedunculatus)*

Korallen-Einsiedlerkrebse sind nachtaktive Einzelgänger, die sich tagsüber unter Korallen, Steinen, in Ritzen und Spalten aufhalten. Ihren empfindlichen und weichen Hinterleib müssen sie in leeren Schneckenschalen verstecken, da dieser ein Leckerbissen für viele Tiere im Riff ist. Um sich gegen viele ihrer Freßfeinde, allen voran der Octopus, zu schützen, besetzen sie ihr Schneckengehäuse mit nesselnden Anemonen, die bei einem Gehäusewechsel stets umgesetzt werden. Leider erfolgt der Gehäuse- und Anemonenwechsel stets in der Nacht, so dass er selten zu beobachten ist. In der Regel handelt es sich bei der Anemone um die Art *Calliactis polypus*. Sie schützt den Krebs mit ihrem Nesselgift vor feindlichen Angriffen und profitiert von der unorthodoxen Freßweise des Krebses. Das, was man von dem Krebs sieht, sind die Scheren- und Laufbeine. Sie ragen aus dem Schneckengehäuse heraus und mit ihrer Hilfe marschiert er über das Riff. Die linke Schere ist stets größer als die rechte und die Intensität der Farbe kann verschieden sein. Einige Krebse sind heller, andere dunkler. Korallen-Einsiedlerkrebse sind Allesfresser und kommen im Roten Meer und im Indopazifik vom Flachwasser bis in größere Tiefen vor.

Foto: Indonesien, Nord Sulawesi, Lembeh

Roter Riffeinsiedlerkrebs (Dardanus megistos), Papua Neuguinea

Korallen-Einsiedlerkrebs (Dardanus pedunculatus), Indonesien

Haarstern-Springkrebs *(Allogalathea elegans)*

Haarstern-Springkrebse leben als Kommensalen zwischen den langen und gefiederten Armen von Haarsternen und ernähren sich vom gefangenen und eingeschleimten Plankton ihrer Wirte. Der ovale Carapax läuft in ein langes und konisches Rostrum aus. Die Carapax-Länge beträgt etwa 2cm. Das 1. Beinpaar ist kräftig und doppelt so lang wie der Carapax. Es trägt Scheren. Die Körperfarbe der Tiere passt sich weitgehend der Farbe ihrer Wirte an. Das grundsätzliche Muster mit den verschieden farbigen Längsbändern auf dem Carapax bleibt jedoch erhalten. Die Bein- und Scherenspitzen sind stets weiß. Sehr viel mehr ist über die Biologie dieser Krebse auch nicht bekannt. Man weiß nur, dass die Weibchen stets etwas größer sind als die Männchen. Haarstern-Springkrebse kommen an den Riffen im Roten Meer und im gesamten Indopazifik überall dort vor, wo Haarsterne das Riff bevölkern.

Foto: Philippinen, Balikasac

Violette Schwammkrabbe *(Lauriea siagiana)*

Violette Schwammkrabben leben einzeln oder paarweise in oder auf Schwämmen. Wenn man sie finden will, dann sucht man am besten die faltenreiche Architektur großer Vasenschwämme *(Xestospongia testudinaria)* nach ihnen ab, denn hier leben sie versteckt und ernähren sich vom Detritus, die der Schwamm herbeistrudelt. Der nur 3-4cm große und violettfarbene Körper der Krebse ist dicht mit langen, dünnen, spitzen und weißen Sinneshaaren besetzt, die auch die Scheren-und Laufbeine bedecken. Sie sollen Freßfeinde abschrecken, so die Interpretation in der wissenschaftlichen Literatur. Über die Biologie dieser seltenen Krebse ist wenig bekannt. Man hat sie erst 1992 entdeckt und zwei Jahre später als Art beschrieben. Der wissenschaftliche Artname trägt den Namen seines Entdeckers. Es war der Tauchlehrer Wally Siagian aus Bali, der diese Schwammkrabben zuerst entdeckte und seine Tauchschüler darauf aufmerksam machte. Violette Schwammkrabben sind an den Riffen im gesamten Indopazifik verbreitet, werden jedoch selten gesehen.
Foto: Malaysia, Lankayan

Haarstern-Springkrebs (Allogalathea elegans), Philippinen

Violette Schwammkrabbe (Lauriea siagiana), Malaysia

Langbeinige Spinnenkrabbe *(Chirostylus cf. dolichopus)*

Langbeinige Spinnenkrabben besitzen außerordentlich lange und dünne Beine, die von einem fast dreieckigen Carapax getragen werden. Körper und Beine sind leuchtend rot gefärbt und tragen hellgelbe Linien und Pünktchen. Das Abdomen ist weitgehend transparent. Die beiden Augen sind Steilaugen und überragen den vorderen Carapax. Spinnenkrabben findet man auf verschiedenen Gründen, so auf Schwämmen, Gorgonien, Weichkorallen und auf Schwarzen Korallen, wo sie sich von organischen Sinkstoffen ernähren, die sie mit den kleinen Zangen an der Spitze der sehr langen Scherenbeinen egreifen und zum Mund führen. Langbeinige Spinnenkrabben sind im Indopezifik von Indonesien und Australien bis nach Japan verbreitet. Die Größe der kleinen Krebse variiert zwischen 5cm und 7cm. Die Bestimmung der einzelnen Arten ist unsicher und in der Literatur nicht eindeutig.

Foto: Philippinen, Cabilao

Seeigelkrabbe *(Lissocarcinus arcati)*

Korallenkrabben leben nicht nur zwischen den Verzweigungen von Korallen, sondern sie kommen gelegentlich auch als Kommensalen auf verschiedenen Wirbellosen vor. Wie auf dem Bild gezeigt, lebt die kleine und nur 1cm große Krabbe zwischen den langen Stacheln des Diadem-Seeigels *Astropyga radiata*. Korallenkrabben der Gattungen *Tetralia* und *Trapezia* sind sich sehr ähnlich und lassen sich nur anhand der Struktur des vorderen Randes am Carapax unterscheiden: Die Gattung *Trapezia* besitzt 4 breite Bögen am Vorderende des Carapax; bei der Gattung *Tetralia* sind sie nicht vorhanden oder nur ganz undeutlich ausgeprägt. Der Carapax der hier vorgestellten Krabbe zeigt feine und dicht stehende Querrillen und ist farblich dem Seeigel angepasst. Die Scherenbeine sind vergrößert. Korallenkrabben ernähren sich vom Schleim des Seeigels und sammeln Detritus von seiner Oberfläche.

Foto: Indonesien, Nord Sulawesi, Lembeh

Langbeinige Spinnenkrabbe (Chirostylus cf. dolichopus), Philippinen

Seeigelkrabbe (Lissocarcinus arcati), Indonesien

Anemonenkrebs *(Neopetrolisthes maculata)*

Anemonenkrebse leben einzeln oder paarweise mit Seeanemonen der Gattungen *Cryptodendron, Entacmaea, Stichodactyla* und *Heteractis* in einer engen Partnerschaft. Dabei fällt auf, dass bei solitären Anemonen stets 2 Krebse eine Anemone besetzen, während bei den dicht beieinander siedelnden Anemonen jedoch überwiegend nur 1 Krebs in einer Anemone lebt. Die bis zu 4cm großen Krebse besitzen einen rundlichen Carapax und sehr große und kräftige Scheren. Beide, Carapax und Scheren, sind mit vielen kleinen und roten Punkten bedeckt. Anemonenkrebse sind Planktonfresser, die in rhythmischer Abfolge mit Hilfe einer Mundreuse Plankton und Detritus in sich hineinschaufeln. Interessant ist, dass die Krebse von der Anemone nicht gefressen werden, was jedem anderen, auch größeren Krebs, passieren würde. Überall dort, wo im Indopazifik und im Roten Meer die verschiedenen Gattungen der Anemonen verbreitet sind, dort kommen auch Anemonenkrebse vor.

Foto: Philippinen, Silquijor

Oshimas Anemonenkrabbe *(Neopetrolisthes oshimai)*

Oshimas Anemonenkrabben leben als Kommensalen mit Anemonen der Gattungen *Cryptodendron, Entacmaea* und *Stichodactyla* vergesellschaftet. Sie bewegen sich zwischen ihren Tentakeln und am Mantelrand der Seeanemonen und verstecken sich bei Gefahr unter den Mantelrand. Sie leben einzeln, paarweise oder in kleineren Gruppen auf ihren Anemonen. Der Körper der Krabben ist weiß. Carapax, Scheren und das 1. Glied der Schreitbeine tragen rotbraune runde bis quadratische Flecken und Punkte, die wesentlich größer sind als bei einer ähnlichen Art, des Anemonenkrebses *Neopetrolithes maculatus*. Anemonenkrabben werden bis zu 3cm groß. Mit Hilfe einer kaum sichtbaren Mundreuse fangen sie Mikroplankton und Detritus aus dem vorbeiströmenden Wasser und ernähren sich davon. Sie kommen im zentralen Indopazifik, im Westpazifik und an den Riffen der pazifischen Inseln vor.

Foto: Indonesien, Bali

Anamonenkrebs (Neopetrolisthes maculata), Philippinen

Oshimas Anemonenkrabbe (Neopetrolisthes oshimai), Indonesien

Anemonenkrabbe *(Lissocarcinus laevis)*

Anemonenkrabben leben einzeln oder paarweise mit verschiedenen Anemonen, Zylinderrosen und mit Weichkorallen in einer Art Partnerschaft. Sie suchen Schutz bei der Anemone und verteidigen sie gegen Angreifer. Die nur 4cm großen Krabben sind wunderschön gefärbt und zeigen eine weiße und rostrote Bänderung der Scherenbeine und weiße Flecken und Punkte auf dem rostroten Carapax. Die Laufbeine sind weiß und fast transparent. Die kleine Krabbe auf dem Bild ist ein Weibchen. Sie trägt einen großen Eiballen im umgeschlagenen Abdomen. Anemonenkrabben sind Allesfresser. Sie sind im Indopazifik von Ostafrika bis nach Japan, Hawaii und Australien weit verbreitet.

Foto: Indonesien, Bali

Seewalzen-Krabbe *(Lissocarcinus orbicularis)*

Seewalzen-Krabben leben gut getarnt als Kommensalen auf der Fußsohle verschiedener Seewalzen und kommen gelegentlich auch auf Seeanemonen vor. Um diese kleinen nur maximal 3cm großen Krebse zu finden, muss man Seewalzen umdrehen und ihre Fußsohle Zentimeter für Zentimeter nach ihnen absuchen. Sie flüchten nicht, sondern verharren festgekrallt mit den Endgliedern ihrer Laufbeine in der Haut der Seewalzen. Der Carapax der Krebse trägt viele weiße Flecken auf braunem Grund oder braune Flecken auf weißem Grund. Die Laufbeine sind gebändert. Auch eine rotbraune Farbvariante ist bekannt. Seewalzen-Krabben ernähren sich von verschiedenen kleinen Wirbellosen und dabei bevorzugt von winzigen Meeresborstenwürmern des Sandlückensystems. Möglicherweise fressen sie auch schleimige Anteile der Haut ihrer Wirte. Verbreitet sind sie im Roten Meer und kommen im Indopazifik von Ostafrika bis nach Japan, Hawaii und Australien vor.

Foto: Malaysia, Mabul

Anemonenkrabbe (Lissocarcinus laevis), Indonesien

Seewalzen-Krabbe (Lissocarcinus orbicularis), Malaysia

Rote Riffkrabbe *(Etisus splendidus)*

Rote Riffkrabben, auch Pracht-Riffkrabben genannt, sind Einzelgänger, die ausschließlich nachtaktiv sind. Tagsüber verstecken sie sich im Labyrinth der Korallenriffe. Sie ernähren sich von Algen, die sie mit ihren Scheren vom Untergrund abzupfen und in der Mund stopfen. Nur bei Vollmond wandern sie in offene Gewässer ein. Sonst leben sie riffgebunden. Pracht-Riffkrabben sind kräftig rot gefärbt. Der unregelmäßig gezahnte Carapax kann einen Durchmesser von 12cm erreichen. Die Spitzen der Scheren sind stets dunkelbraun bis schwarz gefärbt. Die standorttreuen Krabben bewegen sich sehr bedächtig und vorsichtig, stets auf Deckung achtend. Angegriffen oder in die Enge gedrängt, verteidigen sie sich mit aufgerichteten Scheren. Doch ihre Feinde sind gering, weil ihr Fleisch sehr giftig ist. Pracht-Riffkrabben leben an den Riffen des Indopazifiks und kommen von Ostafrika bis in den Westpazifik vor.

Foto: Indonesien, Komodo

Mosaik-Krabbe *(Lophozozymus pictor)*

Mosaik-Krabben sind nachtaktive Einzelgänger, die als Kleinpartikelfresser auf felsigen Substraten in der Nacht ihre Nahrung suchen. Sie ernähren sich von Algen und kleinen benthischen Wirbellosen. Tagsüber leben sie versteckt in Ritzen und Spaltes des Riffs. Der Carapax der Krabben ist länglich-oval und maximal 8cm breit. Er trägt ein außerordentlich dekoratives Muster rot umrandeter, weißer bis beiger Mosaikfelder, die von Tier zu Tier verschieden sind. Ein breites, rotes Band verläuft über den Rücken. Nur die Scherenfinger sind schwarz. Rote Schmuckkrabben sind im Indopazifik von Indonesien und den Philippinen bis nach Papua Neuguinea verbreitet. Ihr Fleisch ist nicht nur für den Menschen giftig. Das Gift wird mit der Algennahrung aufgenommen und im Körper der Krebse gespeichert.

Foto: Papua Neuguinea, Milne Bay

Rote Riffkrabbe (Etisus splendidus), Indonesien

Mosaik-Krabbe (Lophozozymus pictor), Papua Neuguinea

Gewölbte Riffkrabbe *(Carpilius convexus)*

Gewölbte Riffkrabben sind nachtaktive Krebse, die sich tagsüber in Ritzen und Spalten der Riffe oder zwischen Korallenästen verstecken. Ihr Carapax, der bis zu 7cm groß sein kann, ist in der Form oval und stets etwas breiter als lang. Die Oberfläche ist glatt. Auch ist der Carapax frei von Dornen und Zacken und besitzt in der Carapaxmitte einen kräftigen rotbraunen Fleck, der zwei helle Punkte in sich aufnimmt. Dieser Fleck kann auch fehlen und einer anderen Körperzeichnung Platz machen, denn im großen Verbreitungsgebiet dieser Krabbenart kommen zahlreiche Farbvarianten vor. Auffallend sind auch die kräftigen Scherenbeine, wobei die rechte stets etwas größer ist als die linke. Sie sind in ihrer Funktion Knackscheren, die Muscheln, Schnecken und auch Artgenossen aufbrechen und sie verspeisen. Riffkrabben sind weit verbreitet. Sie kommen im Roten Meer und im Indopazifik bis in den Westpazifik vor. Ihr Fleisch ist giftig.

Foto: Philippinen, Panglao

Augen-Steinkrabbe *(Carpilius maculatus)*

Augen-Steinkrabben, auch Gefleckte Korallenkrabben genannt, sind Einzelgänger und ausschließlich nachts unterwegs. Ihr rötlich brauner Carapax trägt typisch angeordnete rötliche bis dunkelbraune Flecken, die der Krabbe auch ihren Namen gaben. Die Scherenbeine der Tiere sind kräftig und gleich groß. Sie werden zum Öffnen festschaliger Beute eingesetzt. Auch junge „Mördermuscheln" der Gattung Tridacna gehören zu ihrer Beute. Trotz ihrer Größe von 14-18cm sind die Krebse scheu und flüchten sofort, wenn sie nachts mit einer Lampe angestrahlt werden. Ihr Fleisch ist giftig, wobei das Gift mit der Algennahrung aufgenommen und im ganzen Körper verteilt wird. Gefleckte Korallenkrabben sind im Roten Meer und im Indopazifik von Ostafrika bis zu den Marquesas und Australien weit verbreitet.

Foto: Philippinen, Silquijor

Gewölbte Riffkrabbe (Carpilius convexus), Philippinen

Augen-Steinkrabbe (Carpilius maculatus), Philippinen

Erzkrabbe *(Zosymus aeneus)*

Erzkrabben sind nachtaktive Einzelgänger in Lagunen und auf Riffdächern. Die bis zu 9cm großen Krabben besitzen einen auffällig bunt skulptierten Körper, der den Capapax und die Scheren-und Laufbeine einbezieht. Die Farbmuster sind von Tier zu Tier verschieden und nie identisch. Als Aufwuchsfresser ernähren sie sich von verschiedenen Algen und Wirbellosen. Ihr Fleisch kann so giftig sein, dass es für Mensch und Tier tödlich ist. Das Gift ähnelt in seiner Wirkung dem neurotoxischen Saxitoxin des Dinoflagellaten *Gonyaulax*. Wahrscheinlich gelangt das Gift über die Nahrungskette in die Krebse. Die Verbreitung der Art reicht vom Roten Meer bis Ostafrika, Japan, Hawaii und Australien. Relativ häufiger als im restlichen Verbreitungsgebiet kommen sie im Westpazifik vor.

Foto: Philippinen, Bohol

Blaugrüne Schwimmkrabbe *(Thalamita coeruleipes)*

Blaugrüne Schwimmkrabben sind Tiere des Flachwassers, die im Gezeitenbereich auf Sand, Korallenbruch und zwischen Seegras leben und sich überwiegend von kleinen wirbellosen Tieren ernähren. Sie sind nachtaktiv und verstecken sich tagsüber in ihrem Revier. Der Carapax hat eine Länge von annähernd 8cm und ist auf jeder Seite mit 5 Zähnen bewehrt. 2 dunkle Flecken befinden sich darauf. Das letzte, das 5. Fußpaar, ist paddelartig abgeflacht und wird zum Schwimmen eingesetzt. Die Scherenbeine sind lang, kräftig und tragen spitze Scheren. Danas Schwimmkrabben, wie sie auch genannt werden, kommen überwiegend in Braun-und Grüntönen vor und sind sowohl im Roten Meer als auch im gesamten Indopazifik weit verbreitet.

Foto: Philippinen, Panglao

Erzkrabbe (Zosymus aeneus), Philippinen

Blaugrüne Schwimmkrabbe (Thalamita coeruleipes), Philippinen

Wehrhafte Kugelkrabbe *(Leucosia pubescens)*

Wehrhafte Kugelkrabben besitzen einen annähernd runden und nach oben gewölbten Carapax, der wunderschön gekennzeichnet sein kann und verschiedene Muster trägt. Auffallend sind die langen und kräftigen Scherenbeine, die dunkelrote Warzen auf ihrem 1. Glied tragen. Die Scheren sind kräftig, spitz und durchaus in der Lage, größere Beute aufzuknacken. Die Laufbeine der Krabben sind röhrenförmig, dünn und gebändert. Männchen und Weibchen kann man nur an der Form ihres zum Bauch eingeschlagenen Abdomens erkennen: Bei den Weibchen ist es breit und abgerundet, bei den Männchen dreieckig. Wehrhafte Kugelkrabben sind nachtaktive Krebse, die sich von verschiedenen Wirbellosen und von Aas ernähren. Tagsüber leben sie eingegraben im Sediment. Sie kommen an den Riffen im Indopazifik vom Flachwasser bis in größere Tiefen vor.

Foto: Indonesien, Nord Sulawesi

Marmorierte Rundkrabbe *(Carcinoplax sp.)*

Anhand von Bildern lässt sich die abgebildete Krabbe leider nicht eindeutig bis zur Art bestimmen. Die Taxonomen gehen jedoch davon aus, dass es sich möglicherweise um einen Vertreter aus der Familie der Goneplacidae handelt und das Tier zur Gattung Carcinoplax gehört. Aber sicher ist man sich auch da nicht. Der Carapax der Krabbe ist annähernd rund. Er trägt auf jeder Seite drei kurze und spitze Stacheln. Die Scherenbeine sind groß und kräftig und die Scherenspitzen sind schwarz abgesetzt. Die Laufbeine sind lang, dünn und röhrenförmig, wobei das letzte Beinpaar kräftig behaart ist. Das vermittelt den Eindruck, dass es sich möglicherweise um eine Schwimmkrabbe handeln könnte, was aber nicht zutrifft. Der Carapax und die Scherenbeine sind wunderschön gelb und orangefarben marmoriert. Möglicherweise ernähren sich die nachtaktiven Krabben von Detritus und von Aufwuchs. Über ihre Biologie ist fast nichts bekannt. Verbreitet sind sie an den Riffen in Papua Neuguinea.

Foto: Papua Neuguinea, Milne Bay

Wehrhafte Kugelkrabbe (Leucosia pubescens), Indonesien

Marmorierte Rundkrabbe (Carcinoplax sp.), Papua Neuguinea

Große Schwimmkrabbe *(Portunus pelagicus)*

Große Schwimmkrabben leben einzeln. Sie sind sehr aktiv, streitsüchtig und kämpfen gegen alles, was sich ihnen in den Weg stellt. Auch Taucher werden attackiert. Sie leben auf und in verschiedenen Sedimenten und graben sich so tief ein, dass nur noch die gestielten Augen aus dem Untergrund hervorschauen. So warten sie auf vorbeilaufende oder schwimmende Beute, auf die sie sich stürzen. Sie ernähren sich von kleinen Fischen und vielen kleinen wirbellosen Tieren. Zudem sind sie auch Aasfresser. Die Männchen sind stets größer als die Weibchen. Zur Zeit der Fortpflanzung treffen sich die Tiere beider Geschlechter im Flachwasser zu Kopulationsgemeinschaften. Das erste Beinpaar trägt große, kräftige und spitze Scheren. Das 5. Beinpaar ist zu Schwimmbeinen verbreitert. Große Schwimmkrabben können bis zu 15cm groß werden. Die Verbreitung der Art reich im Indopazifik vom Ostafrika bis nach Japan und Australien.

Foto: Papua Neuguinea, Milne Bay

Rotrückenkrabbe *(Portunus petreus)*

Die Rotrückenkrabben, auch Felsenkrabben genannt, tragen in der Mitte ihres Carapax ein breites, weinrotes Band. Der Carapax ist seitlich weit ausgezogen und mit zahlreichen Stacheln bewehrt. Er trägt, wie auch alle Laufbeine, rote Flecken und feine, rote Punkte. Die beiden Scherenbeine sind groß und kräftig und mit spitzen Scheren bestückt. Das letzte Beinpaar ist zu Schwimmbeinen verbreitert und die beiden Paddel sind mit feinen Haaren gesäumt. Rotrückenkrabben sind nachtaktive Krebse, die sich tagsüber in weichen Sedimenten, in Spalten und in Ritzen verstecken. Sie leben in Lagunen, auf dem Riffdach und am Riffhang und werden 8-10cm groß. Sie ernähren sich als Allesfresser überwiegend von Krabben, Würmern und von verschiedenen Algen. An den Riffen im Indopazifik sind sie verbreitet, doch werden sie selten gesehen.

Foto: Philippinen, Panglao

Große Schwimmkrabbe (Portunus pelagicus), Papua Neuguinea

Rotrückenkrabbe (Portunus petreus), Philippinen

Schwimmkrabbe *(Charybdis acuta)*

Schwimmkrabben sind nachtaktive Räuber, die sich tagsüber in Sand, Schlamm, Korallenbruch, in Spalten und Ritzen, zwischen Korallen und Steinen verstecken. Sie fressen Würmer, Krebse und überwältigen in der Nacht auch kleine, schlafende Fische. Sie leben einzeln, jedoch die unterschiedlichen Geschlechter treffen sich nur zur Paarungszeit. Das 5. Beinpaar der Krebse ist zu Ruderfüßen verbreitert, mit deren Hilfe sie recht gut und schnell schwimmen können. Die Scherenbeine sind lang und kräftig und mit schlanken und spitzen Scheren bewehrt. Die Carapaxkanten zwischen den beiden Augen zeigen 6 stumpfe Dornen. Schwimmkrabben aus dieser Gattung sind kämpferisch und aggressiv und greifen schnell an, wenn sie Gefahr wittern. Sie leben im Roten Meer und sind im Indopazifik von Ostafrika bis nach Australien und dem Zentralpazifik verbreitet.

Foto: Philippinen, Silquijor

Schwimmkrabbe *(Charybdis natator)*

Schwimmkrabben erkennt man sofort an ihren abgeflachten und zu Schwimmpaddel verbreiterten letzten Beinpaaren, die bei der schnellen Flucht über kurze Strecken zum Schwimmen eingesetzt werden. Der helle und abgeflachte Carapax ist breiter als lang, zeigt dorsal orange Fleckenzeichnungen und spitze Dornen an den Kanten. Die stielartigen Augen stehen weit auseinander. Zwischen ihnen trägt der Carapax zahlreiche und abgerundete Dornen. Die Scherenbeine sind lang, kräftig und gezahnt. und die Laufbeine lilafarben geflammt. Schwimmkrabben sind Räuber und Aasfresser, die im Flachwasser der Riffe leben. Tiere aus dieser Gattung kommen an allen tropischen und subtropischen Riffen vor und werden, wenn die Tiere groß genug sind, als Nahrungsmittel verwendet.

Foto: Papua Neuguinea, Milne Bay

Schwimmkrabbe (Charybdis acuta), Philippinen

Schwimmkrabbe (Charybdis natator), Papua Neuguinea

Philippinen-Schwimmkrabbe *(Lupocyclus philippinensis)*

Die kleine Philippinen-Schwimmkrabbe ist nur 5cm groß und trägt außerordentlich lange und mit spitzen Stacheln bewehrte Scherenbeine, die an ihren Enden in sehr lang ausgezogenen Scheren enden. Diese kleinen Schwimmkrabben sind Tiere des Flachwassers, die in von Algen bestandenen und seichten Lagunen leben und hier in der Nacht auf Nahrungssuche gehen. Sie ernähren sich von organischen Resten, von Aufwuchs und gelegentlich auch von Aas. Über die Biologie dieser kleinen nachtaktiven Tiere ist sehr wenig bekannt. Das liegt mit Sicherheit auch daran, dass sie nachtaktiv, und schwer zu finden sind, weil Forscher ihre Sammeltätigkeiten selten bis in die Zeit der Dunkelheit ausdehnen. Schwimmkrabben dieser Art sind an den Riffen im gesamten Indopazifik von Indonesien bis nach Japan und Australien verbreitet.

Foto: Papua Neuguinea, Milne Bay

Danas Schwimmkrabbe *(Thalamita danae)*

Danas Schwimmkrabben sind im Indopazifik weit verbreitet. Als Lebensraum bevorzugen sie Seegraswiesen, flache Gewässer der Gezeitenzonen und schlammige Weichböden. Die Farbe ihres Körpers ist variabel. Je nach Untergrund und Lebensraum können sie grünlich, bräunlich oder bläulich gefärbt sein. Zuweilen sind alle drei Farbe gemischt und häufig überdeckt von einem leichten Sedimentpuder. Ein typisches Merkmal der Familie zeigt der Carapax. Er trägt jeweils 5 Zähne auf beiden Seiten. Die langen Scherenbeine, die bei den Männchen größer sind als bei den Weibchen, sind kräftig und tragen spitze Dornen. Das 5. Beinpaar ist abgeflacht und zu Schwimmpaddel modifiziert. Schwimmkrabben sind Carnivoren, die sich von kleinen Fischen und Wirbellosen ernähren. Sie sind an den Riffen im Indopazifik weit verbreitet.

Foto: Papua Neuguinea, Milne Bay

Philippinen-Schwimmkrabbe (Lupocyclus philippinensis), PNG

Danas Schwimmkrabbe (Thalamita danae), Papua Neuguinea

Große Boxerkrabbe *(Calappa calappa)*

Große Boxerkrabben, auch Schamkrabben genannt, verdanken ihren Trivialnamen der Tatsache, dass sie ihre großen Scheren „schamhaft" vors Gesicht halten, so dass nur noch die Augen und Teile der Mundwerkzeuge hervorschauen. Die nachtaktiven Krebse leben tagsüber im Sediment versteckt und gehen erst nachts auf Beutefang. Dann ernähren sie sich überwiegend von Weichtieren, deren Schalen sie mit Hilfe ihrer kräftigen Scheren öffnen. Die unterschiedlichen Geschlechter sind nur an der Form des zur Bauchseite umgeschlagenen Hinterleibes erkennbar: Der Hinterleib der Männchen ist dreieckig, der der Weibchen ist abgerundet. Große Schamkrabben sind Einzelgänger. In schneller Bewegung laufen sie hochbeinig und mit steil aufgerichtetem Körper über den Untergrund. Beim Eingraben stemmen sie die flachen Scheren wie Bretter in den Untergrund und schieben sich rückwärts und schräg nach unten in den Boden. Ausgewachsene Schamkrabben können bis zu 10cm groß werden und sind im Indopazifik von der Küste Ostafrikas bis nach Japan und Hawaii verbreitet.

Foto: Philippinen, Cebu

Granulierte Schamkrabbe *(Capappa hepatica)*

Granulierte Schamkrabben leben einzeln und sind tag- und nachtaktiv. Sie graben in weichen Sedimenten, so dass nur noch die gestielten Augen aus dem Untergrund hervorschauen. Sie besitzen einen breiten, dreieckigen, stark gewölbten und mit vielen Tuberkeln ausgestatteten Carapax. Das 1. Beinpaar ist stark verbreitert und mit relativ kleinen, aber kräftigen Scheren ausgestattet. Ausgewachsene Tiere werden bis zu 6cm groß und kommen in verschiedenen Farbvarianten vor. Sie ernähren sich ausschließlich von Weichtieren, die sie in den weichen Sedimenten finden und deren Gehäuse sie mit ihren Scheren knacken und ausfressen können. Sie kommen im Roten Meer und im gesamten Indopazifik von Ostafrika bis nach Polynesien und Australien vor.

Foto: Papua Neuguinea, Milne Bay

Große Boxerkrabbe (Calappa calappa), Philippinen

Granulierte Schamkrabbe (Calappa hepatica), Papua Neuguinea

Sägezahn-Ellenbogenkrabbe *(Platylambrus validus)*

Krabben aus dieser Gattung sehen wahrlich gespenstisch aus. Ihr kleiner und dreieckiger Körper trägt lange, gewinkelte und außerordentlich kräftige Scherenbeine, die mit stumpfen Zahnreihen besetzt sind. Diese übertreffen an Länge das Vielfache ihres Körpers. An jedem Scherenbeinende befinden sich kräftige Zangen. Die Laufbeine sind spindeldünn, röhrenförmig und grau und rostrot gebändert. Sägezahn-Ellenbogenkrabben sind sehr selten zu beobachten, da sie nachtaktiv sind. Tagsüber verstecken sie sich mit eingeklappten Scherenbeinen im Seegrasdickicht. Sie sind am ganzen Körper und an den Scherenbeinen mit Algen bewachsen und aus diesem Grund schwer auffindbar. Auch in der Nacht, wenn sie auf Nahrungssuche unterwegs sind, sieht man sie fast nie, es sei denn, sie bewegen sich im Schein der Unterwasserlampe. Ihre Nahrung besteht aus verschiedenen benthischen Wirbellosen, wobei Weichtiere ihre Hauptnahrung darstellen. Krabben aus dieser Gattung sind im gesamten Indopazifik bis in den Ostpazifik verbreitet.

Foto: Papua Neuguinea, Milne Bay

Schrecklicher Ellenbogenkrebs *(Daldorfia horrida)*

Schreckliche Ellenbogenkrebse gehören zu den Spinnenkrebsen und besitzen ein groteskes Aussehen. Sie sind Künstler der Tarnung und meist in ihrer natürlichen Umgebung nicht zu erkennen. Ein jedes Tier sieht verschieden aus, je nachdem welches tote und lebende Material sie als Tarnung auf ihren Carapax und auf den Scheren- und Laufbeinen gepackt haben. Es können Algen, Moostierchen, Schwämme, Hydroiden und anderes Material sein, so dass sie in ihrer fast sprichwörtlichen Regungslosigkeit eher an Aufwuchs oder an Steine, als an lebende Krebse erinnern. Auffallend an den Tieren sind die langen, an Ellenbogen erinnernden Scherenbeine, die mit kräftigen Zangen bewehrt sind. Dabei ist die rechte Schere stets größer als die linke. Schreckliche Ellenbogenkrebse kommen vom Flachwasser bis in Tiefen von 40m vor. Sie sind nachtaktive Räuber, die sich von Krebsen, verschiedenen Weichtieren, von Fischen und von Aas ernähren. Im Indopazifik sind sie von Ostafrika bis nach Hawaii weit verbreitet, werden aber selten erkannt und gesehen.

Foto: Papua Neuguinea, Milne Bay

Sägezahn-Ellenbogenkrabbe (Platylambrus validus), PNG

Schrecklicher Ellenbogenkrebs (Daldorfia horrida), Papua Neuguinea

Seeigel-Krabbe *(Dorippe quadridens)*

Seeigel-Krabben tragen zur Tarnung und zum Schutz in der Regel Seeigel auf ihren Rücken, die sie mit den verkürzten beiden hinteren Laufbeinpaaren, die hakenförmige Endglieder tragen, festhalten. Es sind häufig die langstacheligen Seeigel der Gattung *Diadema*, die bevorzugt von den Krebsen huchepack getragen werden, denn sie bieten mehr Schutz als die kurzstacheligen Seeigel. Die Krabbe auf dem Bild hat ihren Seeigel offensichtlich verloren. Aus diesem Grund sucht sie Schutz, indem sie versucht, sich in den Boden einzugraben. Man muss schon sehr genau hinschauen, um die Krabbe vom Untergrund zu unterscheiden, so gut getarnt erscheint sie. Seeigel-Krabben kommen an den Riffen im Indopazifik vor.

Foto: Malaysia, Mantanani

Haarige Krabbe *(Trichia dromiaeformis)*

Haarige Krabben erkennt man als Tiere erst dann, wenn sie sich bewegen. Ihre Scheren- und Laufbeine sind dicht behaart und selbst der Carapax, der davon weniger betroffen ist, trägt stets eine feine Sedimentschicht, so dass die Tiere auch von geübten Augen meist nicht erkannt und bemerkt werden. Tagsüber leben die Krabben eingewühlt im Sediment. Erst in der Nacht kommen sie herausgekrochen und gehen auf Nahrungssuche. Möglicherweise fressen sie Borstenwürmer und Aas. Sehr wenig ist über die Biologie dieser Krabben bekannt. Das liegt an ihrer versteckten Lebensweise. Im Flachwasser sind sie an den Riffen im gesamten Indopazifik verbreitet.

Foto:Idonesien, Rinca

Seeigel-Krabbe (Dorippe quadridens), Malaysia

Haarige Krabbe (Trichia dromiaeformis), Indonesien

Dornige Kugelkrabbe *(Arcania undecimspinosa)*

Kugelkrabben besitzen einen fast runden und kugelförmigen Carapax, der mit langen oder kurzen Dornen besetzt sein kann. Ihre Laufbeine sind außerordentlich schlank, röhrenförmig und dünn. Die schlanken und sehr langen Scherenbeine tragen zarte Scheren, die nicht gerade dafür geeignet sind, große Beute zu zerkleinern. Tagsüber leben Kugelkrabben versteckt im Sediment. Erst in der Nacht nehmen sie einen Stellungswechsel vor und bewegen sich langsam auf der Suche nach Nahrung über den Untergrund. Sie ernähren sich von Detritus und von anderen organischen Partikeln. Der Carapax der Tiere kann bis zu 2cm breit sein. Männchen und Weibchen erkennt man nur an der Form ihres bauchwärts eingeschlagenen Hinterleibes: Bei den Weibchen ist er breit und abgerundet, bei den Männchen dreieckig. Kugelkrabben leben von Flachwasser bis in große Tiefen und kommen an manchen Küsten in einer großen Individuendichte vor. Sie sind in allen tropischen und subtropischen Meeren verbreitet.

Foto: Papua Neuguinea, Milne Bay

Langbein-Spinnenkrebs *(Phalangipus sp.)*

Langbein-Spinnenkrebse, auch Pfeilkrebse genannt, besitzen extrem lange Schreitbeine, die charakteristisch rot und weiß gebändert sind. Das letzte Beinpaar wird in einer typischen Haltung nach oben gestreckt. Der Krebs auf dem Bild hat leider eines dieser Beine verloren. Der Körper der Pfeilkrebse ist im Verhältnis zu den langen Beinen relativ klein. Er kann bis zu 2cm groß werden und trägt einige lange Stacheln auf seiner Oberfläche. Die Scherenbeine sind lang und gebändert. Pfeilkrebse sind nachtaktive Einzelgänger und kommen vom Flachwasser bis in Tiefen von über 80m vor. Sie leben auf verschiedenen Weichböden und ernähren sich von organischen Resten und von Aas. Sie werden auch von Tauchern ganz selten gesehen. Verbreitet sind sie von Südafrika bis nach Indonesien, Papua Neuguinea und Japan.

Foto: Papua Neuguninea, Milne Bay

Dornige Kugelkrabbe (Arcania undecimspinosa), Papua Neuguinea

Langbein-Spinnenbrebs (Phalangipus sp.), Papua Neuguinea

Japanischer Spinnenkrebs *(Archaeus japonicus)*

Japanische Spinnenkrebse führen ein überwiegend verstecktes Dasein zwischen den Blasen der Blasenkoralle Plerogyra sinuosa, zwischen den Tentakeln der Sonnenkoralle *Heliofungia actiniformis*, zwischen den Verzweigungen verschiedener Weich- und Lederkorallen und zwischen den Ästen von Gorgonien. Sie sind nachtaktive Einzelgänger und möglicherweise Allesfresser. Von den einheimischen Tauchguides werden sie gerne als „Orang-Utan-Krebse" bezeichnet, weil ihr Körper, die Beine und die langen Scherenbeine mit Fadenalgen so dicht besetzt sind, wie das lange Haarkleid bei einem Orang-Utan. Die Maskierung mit Algen ist eine überlebenswichtige Tarnung, wie sie fast alle Spinnenkrebse, nur mit anderen Materialien, praktizieren. Japanische Spinnenkrebse werden maximal 4cm groß. Man muss lange nach ihnen suchen, um sie zu finden. In der Regel ist ihr „Haarkleid" braun bis rotbraun. Doch es gibt auch Ausnahmen, bei denen das Haarkleid der Krebse gelb ist. Die Verbreitung der Art reicht im Indopazifik von Indonesien bis nach Fiji, Australien und Japan.

Indonesien, Zentral Sulawesi, Palu

Schwammkrabbe *(Petalomera sp.)*

Schwammkrabben tragen zur Tarnung und zum Schutz vor Fressfeinden einen Schwamm auf ihrem hochrückigen Capapax. Dieser wird mit Hilfe der Scheren zugeschnitten, passgerecht ausgehöhlt und huckepack getragen. Das letzte Beinpaar, das modifiziert und kleiner ist als alle anderen Beinpaare und Klauen trägt, hält den Schwamm auf dem Rücken der Krabben fest. Das erste Beinpaar trägt Scheren. Alle folgenden Beinpaare nicht. Die gestielten Augen sitzen in Augenhöhlen. Schwammkrabben sind nachtaktive Tiere, die sich tagsüber im Riff verstecken. Sie ernähren sich von Aufwuchs aller Art, von Aas und von organischen Resten. An den Riffen im Roten Meer und im Indopazifik sind sie weit verbreitet und mit mehreren Gattungen und Arten vertreten. Es ist schon erstaunlich zu beobachten, wenn in der Nacht ein eigentlich sesshafter Schwamm plötzlich am Taucher vorbeimarschiert und in der Dunkelheit verschwindet.

Foto: Indonesien, Zentral Sulawesi

Japanischer Spinnenkrebs (Archaeus japonicus), Indonesien

Schwammkrabbe (Petalomera sp.), Indonesien

Weichkorallen-Krabbe *(Hoplophrys oatesii)*

Der Körper, die Beine und auch die Scheren dieser nur 4-5cm kleinen Spinnenkrabben, die mit Weichkorallen der Gattung *Dendronephthya* vergesellschaftet leben, sind mit kräftigen Stacheln bedeckt. Ihr Körper ist der Farbe und der Struktur ihrer Wirtskoralle angepasst. Der Carapax der winzigen Krabben ist nur 2cm groß und das 1. Beinpaar trägt kleine Scheren. Man muss schon die einzelnen Verzweigungen der Weichkoralle gründlich durchstöbern und auseinanderbiegen, um diese fast semitransparenten Tiere zu Gesicht zu bekommen. In der Regel sitzen sie so versteckt, dass es unmöglich wird, von ihnen ein Foto zu bekommen. Weichkorallen-Spinnenkrabben sind Kommensalen auf ihren Wirten. Sie ernähren sich von dem, was ihr Wirt an Plankton fängt. Fast nichts ist über ihre Biologie bekannt. Weichkorallen-Spinnenkrabben sind an den Riffen im Indopazifik von Indonesien bis Japan, Neukaledonien und Australien dort verbreitet, wo Weichkorallen der Gattung Dendronephthya siedeln.

Foto: Indonesien, Zentral Sulawesi, Palu

Raue Spinnenkrabbe *(Schizophrys aspera)*

Spinnenkrebse dieser Art besitzen einen dreieckigen, fast eiförmigen Carapax, der an den Seiten scharfe Dornen trägt. Auch zwischen den Augen befinden sich zwei nach vorne gerichtete und gegabelte Dornen. Das 1. Beinpaar ist mit langen und großen Scheren ausgestattet und die Scheren sind stets glatt und ohne Bewuchs. Der Körper der Krebse kann dagegen dicht mit Algen, Schwämmen, Anemonen und mit Sediment bedeckt sein und sich dieser Bewuchs auf die Laufbeine ausdehnen. Er dient der Tarnung. Spinnenkrebse sind nachtaktiv. Sie sind Aufwuchsfresser und ernähren sich von Algen und von kleinen, benthischen Wirbellosen. Im Indopazifik sind sie von Südafrika bis nach Fiji, Japan, Hawaii und Australien weit verbreitet.

Foto: Philippinen, Silquijor

Weichkorallen-Krabbe (Hoplophrys oatesii), Indonesien

Raue Spinnenkrabbe (Schizophrys aspera), Philippinen

Dekorierter Spinnenkrebs *(Camposcia retusa)*

Dekorier-Spinnenkrabben sind Meister der Tarnung und außerordentlich schwer in ihrem natürlichen Biotop zu erkennen, da sie ihren dreieckigen Körper, die Scheren und die langen Beine mit Algen, Hydroiden, Schwämmen, Moostierchen und mit kleinen, nesselnden Anemonen besetzen und sich so tarnen. Das gesamte Tarnmaterial wird auf die hakenförmigen Borsten des Körpers und der Beine platziert und kann entfernt und das ganze Tier teilweise oder vollständig neu dekoriert werden. Spätestens erfolgt das nacheiner jeden Häutung. Aufgrund ihrer perfekten Tarnung nimmt man die nachtaktiven Krabben erst wahr, wenn sie sich langsam und bedächtig bewegen. Die kleinen Anemonen an den Scheren und Beinen der Krebse bieten den Krabben einen gewissen Schutz vor ihren Fressfeinden. Sie nesseln Angreifer. Dekorier-Spinnenkrabben ernähren sich von Detritus und leben überwiegend auf von Algen bestandenen Hartgründen und kommen vom Flachwasser bis in große Tiefen an den Riffen des Roten Meeres und im Indopazifik von Südafrika bis nach Japan und Australien vor.

Foto: Indonesien, Rinca

Tarnkrabbe *(Cyclocoeloma tuberculata)*

Tarnkrabben haben die Oberfläche Ihres Carapax stets so mit Tieren und Pflanzen besetzt, so dass man den Krebs darunter nur erkennt und wahrnimmt, wenn er sich bewegt. Die Oberfläche des Carapax ist rau und mit dicht stehenden Tuberkeln besetzt, die eine ideale Voraussetzung dafür sind, Tiere und Pflanzen zur Tarnung darauf zu platzieren. In der Regel sind es Anemonen, Korallenanemonen, Seescheiden und andere kleine Tiere, die huckepack getragen werden. Auch die Laufbeine, die an jedem Segment zwei braune Bänder tragen, werden für die Dekoration eingesetzt. Die kleine Krabbe auf dem Bild trägt Korallenanemonen der Gattung *Discosoma* auf ihrem Carapax. Nach einer jeden Häutung werden Teile des Dekorationsmaterials übernommen und auf den neuen Panzer aufgesetzt. Tarnkrabben sind nachtaktiv. Sie sind Allesfresser und ernähren sich überwiegend von Algen und kleinen Wirbellosen. Im Indopazifik sind sie von Thailand und Malaysia bis nach Indonesien, den Philippinen und Australien verbreitet.

Foto: Philippinen, Bohol

Dekorierter Spinnenkrebs (Camposcia retusa), Indonesien

Tarnkrabbe (Cyclocoeloma tuberculata), Philippinen

Rosaroter Fangschreckenkrebs *(Odontodactylus latirostris)*

Während die weiblichen Tiere rosafarbene Antennen tragen, sind sie bei den männlichen Tieren rot. Die Farbe ihres schlanken Körpers ist ein Gemisch aus braun, grün und rot. Auffallend an den Krebsen ist der kräftige Schwanz, der an seinem Ende einen Schwanzfächer trägt, der als Antriebsorgan der Tiere anzusehen ist. Aus dem Stand heraus erlaubt er kräftige und schnelle Schwimmstöße, die ein schnelles Rückwärtsschwimmen ermöglichen. Das erste Beinpaar trägt ein mit Bürsten besetztes Putzorgan, die Maxillen sind gewaltige Keulen, die blitzschnell vorschnellen können, um Beutetiere zu zerschmettern oder sich gegen Feinde zur Wehr zu setzen. Ihre Beute sind überwiegend hartschalige Krebse, Garnelen, Muscheln und Schnecken. Bemerkenswert sind die großen Stielaugen der Krebse, die sowohl bikular als auch trikular sehen können. Sie nehmen eine Vielzahl von Farben wahr und sind in der Lage, UV-Licht und polarisiertes Licht wahrzunehmen. Fangschreckenkrebse sind territorial und werden bis zu 25cm groß. Sie sind im Indopazifik von Indonesien und Australien bis nach Neukaledonien und Japan verbreitet und kommen vom Flachwasser bis in größere Tiefen vor.

Foto: Philippinen, Cabilao

Bunter Fangschreckenkrebs *(Odontodactylus scyllarus)*

Fangschreckenkrebse dieser Art sind sehr farbenprächtig, leben in selbstgegrabenen Gängen und verstecken sich tagsüber darin. Erst bei Einbruch der Dämmerung laufen sie im Riff umher und suchen nach Beute. Als gefräßige Überraschungsjäger erbeuten sie Würmer, Garnelen, kleine Fische und Weichtiere, deren Schalen sie mit Hilfe ihrer vorderen Fangbeine zerschmettern. Diese Fangbeine sind besonders groß, lassen sich blitzschnell ein- und aufklappen und sind tödliche Waffen für fast jeden Gegner. Die Kraft eines Schlages erreicht annähernd die Wucht einer aufschlagenden Kugel aus einem Gewehr vom Kaliber 22. Das langgestreckte Abdomen trägt einen Schwanzfächer mit auffallend bunten Flecken, die Verfolger schocken sollen. Bei einer Flucht oder bei einem schnellen Stellungswechsel können Fangschreckenkrebse gewandt mit Hilfe des Schwanzfächers als Antriebsruder rückwärts schwimmen. Die Tiere werden bis zu 20cm groß, leben vom Flachwasser bis in größere Tiefen und sind im Indopazifik von Ostafrika bis nach Samoa, Japan und Australien verbreitet.

Foto: Philippinen, Cabilao

Rosaroter Fangschreckenkrebs (Odontodactylus latirostris), Philippinen

Bunter Fangschreckenkrebs (Odontodactylus scyllarus), Philippinen

Spinnenkrabbe *(Ocinopus aranea)*

Spinnenkrabben, auch Dreieckskrabben genannt, besitzen einen kleinen, dreieckigen und vorne zugespitzten Körper, an dem, ähnlich wie bei den Spinnen, sehr lange Beine ansetzen. Das erste Beinpaar ist kurz und trägt kleine Scheren. Fast alle dieser Krabben maskieren sich, indem sie Fremdkörper auf ihren Körper transferieren. So tarnen sie sich mit Algen, Hydroiden, kleinen Anemonen und vielen anderen kleinen Wirbellosen. Der Krebs auf dem Bild ist auf Körper und Beinen voll gepackt mit feinen Fadenalgen. Spinnenkrabben sind Kleinpartikelfresser und Weichbodenbewohner, die mit Hilfe ihrer kleinen Scheren Detritus vom Boden auftupfen und zum Mund befördern. Sie sind überwiegend nachtaktiv. Verbreitet sind sie im Indopazifik und kommen von der Andamanensee bis nach Japan und Australien vor.

Foto: Indonesien, Rinca

Fangschreckenkrebs *(Lysiosquilla sp.)*

Fangschreckenkrebse aus dieser Gattung bauen sich tiefe Wohnröhren in weichem Sediment oder in Korallenschutt und verbringen darin mehr oder weniger versteckt lebend den Tag. Nicht erst in der Nacht, sondern auch schon bei Anbruch der Dämmerung stürzen sie sich als Überraschungsjäger von ihrer Wohnröhre aus blitzschnell auf vorbeikriechende Beute und zerschmettern sie mit Hilfe der zu Hämmer umfunktionierten 2. Fangbeine. Als gefräßige Räuber erbeuten sie so Krabben, Einsiedlerkrebse und Schnecken. Die Wucht ihrer Schläge ist so gewaltig, dass selbst Aquarienscheiben zu Bruch gehen. Fangschreckenkrebse sind selten außerhalb ihrer Wohnröhren beobachtet worden. Man sieht von ihnen eigentlich nur die großen braunen, ovalen und gepunkteten Augen, Teile der Extremitäten und einige Mundwerkzeuge. Verbreitet sind an den Riffen im gesamten Indopazifik.

Foto: Papua Neuguinea, Milne Bay

Spinnenkrabbe (Ocinopus aranea), Indonesien

Fangschreckenkrebs (Lysiosquilla sp.), Papua Neuguinea

Langbein-Spinnenkrabbe *(Hyastenus sp.)*

Spinnenkrabben aus dieser Gattung sind kleine Krebse von nur wenigen Zentimeter Größe. Die hier abgebildete kleine Krabbe besitzt lange und mit kleinen Borsten bewehrt Beine, einen weißen und dreieckigen Carapax, der rotbraune Längsstreifen und stumpfe Dornen trägt. Das geteilte Rostrum hat zwei lange und spitze Dornen zwischen den Augen. Besonders das Rostrum und manchmal auch die Beine werden vom Krebs mit Hydroiden, Schwarzen Korallen, Teilen von Gorgonien und mit anderen Gegenständen dekoriert, die helfen sollen, von ihren Fressfeinden nicht erkannt zu werden. Alle kleinen Spinnenkrabben sind nachtaktiv. Man findet sie überwiegend auf Fächergorgonien, auf Weichkorallen oder in den Verzweigungen von Feuerkorallen, wo sie sich möglicherweise von anhaftendem organischem Material ernähren. Mit Hilfe ihres 1. Beinpaares, das kleine Scheren trägt, werden diese organischen Partikel ausgenommen und dem Mund zugeführt. Spinnenkrabben aus dieser Gattung kommen im Roten Meer und im gesamten Indopazifik vor und sind anhand von Bildern nur in den seltensten Fällen zu identifizieren.

Foto: Philippinen, Cebu

Manteltiere, auch Seescheiden oder Ascidien genannt, sind nahe Verwandte der heute auf unserer Erde lebenden Wirbeltiere und damit auch des Menschen. Das ist sicherlich schwer zu glauben, fehlt ihnen doch zumindest im erwachsenen Stadium eine sichtbare Eigenbewegung. Erst beim Studium der Embryonalentwicklung und der Morphologie des Schwanzes der freischwimmenden Larven wird eine stammesgeschichtliche Zugehörigkeit recht deutlich. Diese haben nämlich in ihrem Ruderschwanz eine Rückensaite, eine Corda dorsalis, ausgebildet, die einen ungegliederten und elastischen Stützstab darstellt, der als eine Vorstufe der bei den Wirbeltieren so typischen Wirbelsäule anzusehen ist.

Manteltiere besitzen entweder eine feste, lederartige oder manchmal auch eine weiche, milchige und transparente Haut, die die Tiere wie ein Mantel (Tunica) umhüllt. Dieser besteht aus einem zelluloseähnlichen Material, auch Tunicin genannt. Da Zellulose fast ausschließlich im Pflanzenreich vorkommt, dürften Manteltiere die wohl einzigen Organismen im Tierreich sein, die in der Lage sind, ein zelluloseähnliches Material in größeren Mengen aus dem Meerwasser zu gewinnen.

Manteltiere besitzen ein Blutkreislaufsystem, das ebenfalls einmalig im Tierreich sein dürfte. Das Kreislaufsystem ist offen und ein schlauchförmiges Herz steht hier im Mittelpunkt des Transportsystems des Blutes. Es pumpt die Blutflüssigkeit durch Schlagumkehr einmal in die eine, dann wieder in die andere Richtung.

Manteltiere leben ausschließlich im Meer. In ihrer Gestalt sind sie teils plumpe, teils zarte und filigrane Tiere von zylinder-, sack- oder tonnenförmigem Aussehen, die entweder einzeln (Monascidien) oder in Kolonien (Synascidien) leben. Gerade die kolonialen Formen können in ihrer Erscheinungsform klumpig, krustig, polsterförmig, kugelig, pilzförmig oder zylindrisch sein. Sie alle sind in erster Linie Hartsubstratbewohner, die selten, und dann nur in geringer Anzahl, auch gelegentlich auf Weichböden vorkommen können. Die überwiegende Anzahl der Arten lebt jedoch mit wurzelähnlichen Ausläufern auf Steinen und anderen harten Substraten befestigt.

Manteltiere sind innere Strudler. Ein mächtig entwickelter Kiemenkorb, der von Tausenden von Kiemenspalten durchbrochen ist und ein sehr feines Netz darstellt, wird nicht nur für den Nahrungserwerb, sondern auch für die Atmung eingesetzt. Er ist von vielen mikroskopisch kleinen Wimpern ausgekleidet, die mit ihrem rhythmischen Schlagen einen Wasserstrom erzeugen. Dieser lässt Wasser über eine Einströmöffnung durch den Kiemendarm fließen. Die mit dem Wasser eingestrudelte Nahrung wird hier festgehalten, eingeschleimt und der Verdauung zugeführt. Das von organischem Material und Plankton gereinigte Wasser verlässt über eine Ausströmöffnung der Kiemendarm. Die Bezeichnung, dass Manteltiere die „Klärwerke im Meer" seien, ist durchaus angebracht.

Manteltiere sind überwiegend Zwitter. Die Ei- und Samenzellen reifen zu unterschiedlichen Zeiten heran und werden in das freie Wasser entlassen. Aus den befruchteten Eizellen entwickeln sich frei schwimmende Larven, die in ihrer Gestalt den Kaulquappen ähneln. In ihrem Ruderschwanz befindet sich die für diesen Tierstamm so wichtige Rückensaite. Sehr schnell, schon nach wenigen Stunden, beenden die meisten Larven ihre planktische Lebensphase und suchen sich ein geeignetes Substrat, um sich darauf festzusetzen. Dabei heftet sich die Larve mit Hilfe eines Saugnapfes und eines klebrigen Sekretes am Untergrund fest und hat damit ihren Standort fixiert. Nach einer komplizierten Gestaltumwandlung (Metamorphose), in deren Verlauf der Ruderschwanz abgebaut wird, entsteht ein neues Manteltier. Brutpflege kommt bei einigen Arten vor, wobei sich die Jungtiere im Kiemendarm des Muttertieres entwickeln. Eine ungeschlechtliche Fortpflanzung durch Knospung führt zu Koloniebildungen. Innerhalb einer solchen Kolonie verschmelzen oft die Mantelbildungen der Einzeltiere so miteinander, dass ein einzelnes Manteltier im kolonialen Verband kaum noch zu erkennen ist.

Manteltiere haben ein außerordentlich großes Regenerationsvermögen. Es ist vergleichbar mit dem der Schwämme. Selbst aus kleinen Teilen eines Mantels oder eines Kiemendarmes können sich wieder komplette Manteltiere entwickeln.

Manteltiere sind gerade an tropischen Korallenriffen prächtig gefärbte Tiere oder Tierkolonien, die ein breites Spektrum an Farben abdecken. Man nimmt an, dass ihre Plakatfarben Fressfeinde warnen sollen, sich an ihnen zu vergreifen, denn sie sind durchaus in der Lage mit dem Ausstoß ätzender Schwefelsäure ihre Angreifer zu vertreiben.

Manteltiere leben in allen Meeren und hier bevorzugt im Küstenbereich vom Flachwasser bis in Tiefen von 400 m. Nur wenige Arten kennt man aus der Tiefsee. Etwa 1500 Arten sind bekannt, doch sehr viele sind noch nicht beschrieben. Die kleinste Art, *Mogula hydemanni*, ist gerade einmal 2 mm lang. Doch die wohl größte bekannte Art ist *Mogula gigantea*, die eine stattliche Größe von 22 cm erreichen kann.

Blaue Seescheide (*Rhopalaea crassa*), Papua Neuguinea, Milne Bay

Blaue Seescheide *(Rhopalaea crassa)*

Blaue Seescheiden machen im Verlaufe ihrer Entwicklung einen drastischen Farbwechsel durch. Zuerst sind sie weiß, dann werden sie gelb und als ausgewachsene Seescheiden ist ihr Mantel letztlich dann blau gefärbt. Währen die weißen und gelben Entwicklungsstadien mehr im Verborgenen und stets solitär leben, siedeln die erwachsenen, blauen Zooide in Gruppen. Ihr Mantel ist derb, fest und intensiv blau in der Farbe. Im Kontrast dazu sind die beiden Siphoränder der Ein- und Ausströmöffnungen goldgelb umrandet. Durch eine vegetative Vermehrung entstehen immer wieder neue Individuen, die in unmittelbarer Nachbarschaft siedeln und die Kolonie vergrößern. Blau Seescheiden können bis zu 6cm groß werden. Sie sind im Indopazifik von Ostafrika bis nach Polynesien und Australien verbreitet.

Foto: Philippinen, Silquijor

Blaue Seescheide (Rhopalaea crassa), weiße Phase, Indonesien, Nord Sulawesi

Blaue Seescheide (Rhopalaea crassa), gelbe Phase, Indonesien, Zentral Sulawesi

Colinis Seescheide *(Aplidium colini)*

Colinis Seescheiden bilden kleine Kolonien aus, die nur wenige Zentimeter Durchmesser haben. Die einzelnen Zooide sind kreisförmig so angeordnet, dass die großen und bläulich umrandeten Einströmöffnungen peripher und die kleinen und zarten Ausströmöffnungen im Zentrum der Kolonie zu liegen kommen. Alle Zooide entspringen einer gemeinsamen Basis, die auf festen Substraten verankert ist. Colins Seescheiden sind Strudler und ernähren sich vom Mikroplankton und von Detritus. Sie leben am Grund schattiger und gut durchströmter Überhänge entlang von Außenriffen und sind selten zu finden. Sie sind erstmals von den Küsten von Tansania beschrieben worden und sind nachweislich bis in den Westpazifik verbreitet. Nur der Zufall ist es, wenn man sie findet, so selten sind sie zu sehen.

Foto: Papa Neuguinea, Milne Bay

Kissen-Seescheide *(Aplidium longithorax)*

Kissen-Seescheiden bilden nur kleine Kolonien aus, die nur wenige Zentimeter Durchmesser besitzen. Sie siedeln auf abgestorbenen Unterlagen von Korallen, auf Steinen oder anderen, festen Substraten und kommen vom Flachwasser bis in größere Tiefen vor. Die Kolonien besitzen lange Zooide (Artname), die tief im gelben Mantel der Kolonie versenkt leben und die rosettenartig um eine gemeinsame und zentral gelegene Kloake gruppiert sind. Breite Mantelbildungen trennen die Tiergruppierungen voneinander. Die Kolonieoberfläche ist stets frei von Aufwuchs und Sedimentauftrag. Als Strudler ernähren sie sich von Plankton und Detritus und kommen im Indopazifik an den Riffen von Australien und Neukaledonien bis nach Mikronesien und Melanesien vor.

Foto: Mikronesien, Palau

Colinis Seescheide (Aplidium coloni), Papua Neuguiea

Kissen-Seescheide (Aplidium longithorax), Mikronesien

Gestielte Seescheide *(Archidistoma diminuta)*

Gestielte Seescheiden siedeln einzeln und dennoch im kolonialen Verband. Die einzelnen kleinen und becherförmigen Zooide sind nur wenige Millimeter groß und sitzen auf dünnen Stielen fest verankert auf ihren Unterlagen. Ein Zooid ist in der oberen Hälfte milchig weiß und in der unteren Hälfte bis zum Stielansatz transparent. In der oberen Hälfte befinden sich die beiden voneinander abgesetzten Ein- und Ausströmöffnungen. Das Bild zeigt eine Kolonie Gestielter Seescheiden auf einem Schwamm der Gattung *Agelas*. Wie eine Partnerschaft zwischen einem Schwamm und den Seescheiden funktioniert, ist unbekannt. Vielleicht ist es auch keine Partnerschaft. Weil sowohl der Schwamm als auch die Seescheiden Filtrierer sind, die sich von Plankton und Detritus ernähren, ist es durchaus möglich, dass beide lediglich einen bevorzugten Standort besetzen und der Schwamm nur das Siedlungssubstrat für die Seescheiden darstellt. Eine Partnerschaft zwischen beiden so unterschiedlichen Tiergruppen besteht wahrscheinlich nicht. Gestielte Seescheiden sind an den Korallenriffen im gesamten Indopazifik verbreitet.

Foto: Malaysia, Sipadan

Gelbkopf-Seescheide *(Archidistoma sp.)*

Die kleinen und nur wenige Millimeter großen Zooide sitzen auf dünnen Stielen, die am Untergrund an einem Stolonengeflecht befestigt sind. Die kleinen Zooide siedeln so dicht gedrängt, dass sich ihre Mantelbildungen berühren und häufig auch miteinander fusionieren. Der Mantel und die Stiele sind feuerrot gefärbt und zudem auch noch semitransparent, während die Ein- und Ausströmöffnungen leuchtend gelb umrandet sind. Beide Farben lassen in der Kombination die Seescheidenkolonien, die aus hunderten von Einzelindividuen bestehen kann, kontrastreich und attraktiv erscheinen. Gelbkopf-Seescheiden leben bevorzugt an schattigen Standorten im Riff, wo ausreichend Strömung vorherrscht, die ihnen die notwendige Nahrung an Mikroplankton und Detritus zuträgt. Seescheiden dieser Gattung kommen im Roten Meer und im gesamten Indopazifik vor.

Foto: Indonesien, Wakatobi

Gestielte Seescheide (Archidistoma diminuta), Malaysia

Gelbkopf-Seescheide (Archidistoma sp.), Indonesien

Krater-Seescheide *(Aplidium cratiferum)*

Krater-Seescheiden bilden unterschiedlich große, schwammähnliche und kraterförmige Überzüge auf abgestorbenem Korallenfels. Die Oberfläche der Kolonien ist stark zerklüftet und zeigt kraterförmige Vertiefungen mit zentral gelegenen runden bis ovalen Schloten. Vertiefungen und Schlote sind durch breite und hohe Wälle voneinander getrennt. Die Einzeltiere (Zooide) der Kolonie sind entlang der Basis der Kraterränder aufgereiht. Die etwas erhobenen Schlote im Zentrum der Krater sind ihre gemeinsamen Ausströmöffnungen, die gleichzeitig auch die Funktion einer Kloake erfüllen. Krater-Seescheiden leben vom flachen Wasser bis in Tiefen von 25-30m und kommen an den Riffen im Roten Meer und in gesamten Indopazifik vor.

Foto: Israel, Golf von Aqaba

Augenfleck-Seescheide *(Aplidiopsis ocellata)*

Die einzelnen Zooide der Augen-Seescheide leben kolonial. Sie sitzen gruppiert um eine gemeinsame Kloakenöffnung, die von den kleinen Einströmöffnungen der Zooide umgeben sind und die wie große Augen aussehen. Sie sind hell umrandet abgesetzt. Der gemeinsame Mantel, der die Seescheiden umhüllt, kann unterschiedlich gefärbt sein. Augen-Seescheiden lieben schattige und gut durchströmte Stellen im Riff und siedeln überwiegend an vertikalen Wänden tiefer Unterhöhlungen. Als Flitrierer ernähren sie sich von Mikroplankton und von organischen Sinkstoffen. Im Indopazifik sind sie an den Riffen von Indonesien, den Philippinen und Malaysia verbreitet.

Foto: Indonesien, Komodo

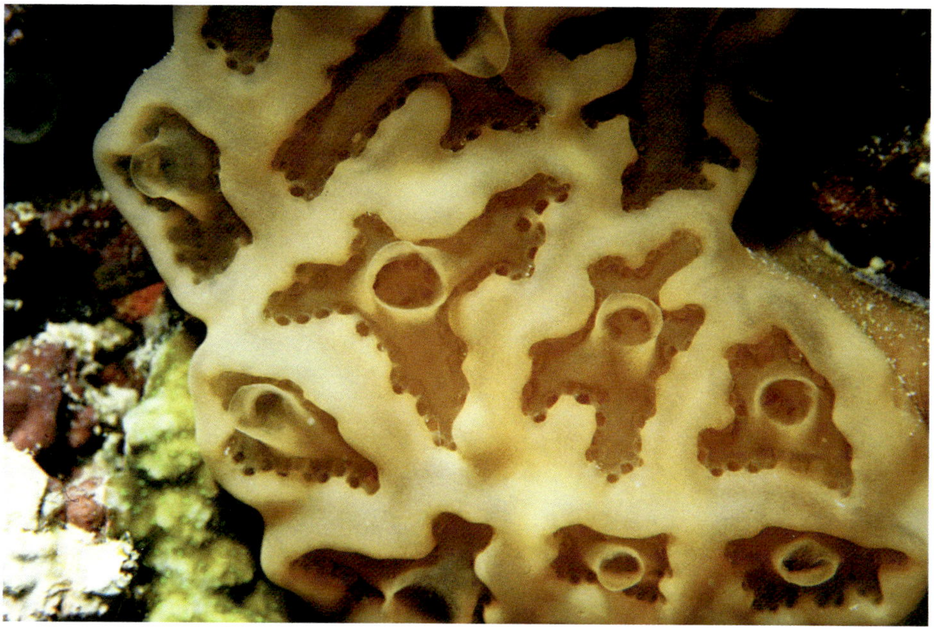

Krater-Seescheide (Aplidium cratiferum), Israel

Augenfleck-Seescheide (Aplidiopsis ocellata), Indonesien

Azurblaue Seescheide *(Ascidia azurea)*

Azurblaue Riffseescheiden sind außerordentlich selten. Bisher ist nur ein einziges Exemplar in Indonesien, westlich von Manado in Nord Sulawesi, in 30m Wassertiefe gefunden worden. Und genau dieses gesammelte Exemplar diente der Artbeschreibung. Die azurblauen Seescheiden leben einzeln und mehr oder weniger versteckt in Nischen und unter Überhängen im tieferen Wasser und sind auf Hartsubstraten festgewachsen. Die Siphoränder der Ein- und Ausströmöffnungen sind fast transparent, krönchenförmig erhoben und stets unduliert. Die Oberfläche der Seescheiden ist frei von Aufwuchs und Sedimentauflagerungen. Nur ein kleiner Schlangenstern der Gattung Ophiothrix schlängelt sich in der Nacht über den Mantel der Seescheide.

Foto: Indonesien, Banta

Schmuck-Seescheide *(Ascidia ornata)*

Die Schmuck-Seescheiden siedeln stets solitär und versteckt in Spalten und in Ritzen, häufig so, dass nur die großen Siphone der Ein- und Ausströmöffnungen hervorschauen. Die etwas versetzte Ausströmöffnung befindet sich aber stets in unmittelbarer Nachbarschaft. Der Mantel der Seescheiden ist semitransparent und mit vielen weißen Pünktchen geschmückt oder er zeigt gelblich bis rötlich geflammte Strukturen. Dazwischen befinden sich dunkle und feine Härchen. In der milchigen Tunica werden weiße bis gelbe, faserige Verstrebungen sichtbar, die offensichtlich Festigungsfunktion besitzen. Weiße oder gelbe Zähne sind am Siphorand sichtbar. Ihre versteckte Lebensweise bedingt, dass man sie selten findet und fotografieren kann. Geschmückte Seescheiden sind im gesamten Indopazifik vom Flachwasser bis in größere Tiefen verbreitet. Sie wurden sehr spät gefunden und erst 2001 vom französischen Wissenschaftlerehepaar Monniot in Paris beschrieben.

Foto: Indonesien, Rinca

Azurblaue Seescheide (Ascidia azurea), Indonesien

Schmuck-Seescheide (Ascidia ornata), Indonesien

Solitäre Seescheide *(Ascidia sp.)*

Solitäre Seescheiden siedeln nie in einem kolonialen Verband. Ihre Zooide sind vielgestaltig, verschiedenfarbig, der Mantel kann dick, starr, selten hart, gelatinös, gelegentlich transparent, semitransparent oder gefaltet sein. Eine gut funktionierende Muskulatur ermöglicht ein Strecken und ein Schrumpfen der Seescheiden. Beide Siphone sind getrennt voneinander. Sie sind unterschiedlich groß und ihre Öffnungen entweder rund, gelappt, krönchenförmig oder erhoben ausgebildet. Bei einigen Arten sind die Siphoränder farbig abgesetzt. Solitäre Seescheiden können sehr groß werden und eine Körperlänge von 8-10cm erreichen. Sie siedeln auf verschiedenen Substraten, leben versteckt oder offen, können bewachsen oder frei von Aufwuchs sein und kommen in unterschiedlichen Wassertiefen vor. Milchig weiße Seescheiden findet man selten. Das Bild zeigt eine davon mit rötlichen Zeichnungen an der Siphorändern. Alle Seescheiden sind innere Strudler. Vertreter der Familie der Asciidae kommen in allen Weltmeeren vor.

Foto: Indonesien, Raja Ampad

Kräftige Seescheide *(Botryllus firmus)*

Die einzelnen Zooide dieser Seescheide, die nur 4-5mm groß sind, sind in charakteristischen und mäandrischen Reihen entlang zentral gelegener Kloaken gruppiert und bilden sehr kräftige, feste und krustige Beläge auf abgestorbenen Unterlagen im Riff. Diese Beläge sind nur wenige Millimeter dick und können unterschiedlich geformt und auch gefärbt sein. Ihr Farbspektrum reicht von beige und goldgelb bis hin zu schwarz. Kräftige Seescheiden kommen vom flachen Wasser bis in größere Tiefen vor und sind im Indopazifik von Malaysia und Indonesien bis nach Papua Neuguinea und Australien verbreitet.

Foto: Papua Neuguinea, Milne Bay

Solitäre Seescheide (Ascidia sp.), Indonesien

Kräftige Seescheide (Botryllus firmus), Papua Neuguinea

Krustige Seescheide *(Botryllus tyrcus)*

Krusten-Seescheiden wachsen in dünnen und krustenförmigen Lagen auf unterschiedlichen Hartsubstraten. Ihre Zooide sind klein und aufrecht zum Siedlungssubstrat orientiert. Sie besitzen kleine, runde und dicht stehende Einströmöffnungen, die gelb umrandet sind. Am Rand der Kolonie sind sie in einer mäandrischen Reihe angeordnet, in der Koloniemitte sind sie jedoch in kurzen Doppelreihen willkürlich verteilt. Alle Zooide sind in einen fast transparenten und gelatineähnlichen Mantel eingepackt, der von gummiartiger Konsistenz ist. Seescheidenkolonien dieser Art sieht man nur, wenn man abgestorbene Korallenbrocken umdreht. Auf der abgedunkelten und zum Substrat hin orientierten Seite sind sie dann zu finden. Krusten-Seescheiden sind im gesamten Indopazifik verbreitet, werden aber selten entdeckt.

Foto: Indonesien, Komodo

Schwarze Seescheide *(Botryllus niger)*

Schwarze Seescheiden leben in allen tropischen Meeren und sind aus diesem Grund Kosmopoliten. In Wirklichkeit sind sie auch nicht immer schwarz, denn nur das Exemplar, das zuerst 1886 beschrieben wurde, dürfte dieses Aussehen gehabt haben. Schwarze Seescheiden siedeln auf festen Unterlagen, überziehen das Siedlungssubstrat polsterförmig und lieben schattige Standorte im Riff. Die einzelnen Zooide leben kolonial und sind eingebettet in einem gemeinsamen Mantel und sind in Reihen entlang der gemeinsamen Kloakenöffnungen angeordnet. Erst wenn die Zooide absterben, werden sie schwarz (Artname „niger"= schwarz). Lebende Kolonien dieser Seescheidenart sind in ihrem riesigen Verbreitungsgebiet verschieden gefärbt.

Foto: Indonesien, Zentral Sulawesi

Krustige Seescheide (Botryllus tyreus), Indonesien

Schwarze Seescheide (Botryllus niger), Indonesien

Mäander-Seescheide *(Botryllus perspicuus)*

Mäander-Seescheiden gehören zu den wohl schönsten und farbenprächtigsten Riffseescheiden im Roten Meer und im gesamten Indopazifik. In Farben und Farbkompositionen sind bei ihnen kaum Grenzen gesetzt. Sie überziehen in dünnen und krustigen Lagen totes Korallengestein, aber auch Seegras, Wracks und Zivilisationsmüll. Die Einzeltiere sind in einer gemeinsamen Tunica eingebettet und in mäandrischen Reihen entlang der gemeinsamen Kloaken angeordnet. Damit geht die Individualität der Einzeltiere zugunsten einer kolonialen Siedlungsweise verloren. Seescheidenkolonien dieser Art bilden verschieden dicke und große, polsterförmige bis krustige Kolonien aus und ernähren sich vom Mikroplankton und vor organischen Sinkstoffen.

Foto: Indonesien, Nord Sulawesi

Mäander-Seescheide (Botryllus perspicuus), Papua Neuguinea

Mäander-Seescheide (Botryllus perspicuus), Malaysia, Lankayan

Koloniale Seeseide *(Botryllus sp.)*

Bei den kolonialen Seescheiden sind die einzelnen Tiere (Zooide) nur wenige Millimeter groß und in mäandrischen Reihen angeordnet. Sie formieren sich um gemeinsame Kloaken, die wie kleine Vulkane die Kolonieoberfläche überragen. Fast alle Tierkolonien aus dieser Gattung leben bevorzugt an schattigen, doch gut durchströmten Riffabschnitten und bedecken mattenförmig abgestorbenen Korallengrund. Das Farbspektrum dieser Seescheidenkolonien ist außergewöhnlich groß. Alle Koloniale Seescheiden aus dieser Gattung leben in gemäßigten und tropischen Meeren und sind in der Systematik völlig unzulänglich bearbeitet.

Foto: Indonesien, Zentral Sulawesi, Palu

Koloniale Seescheide (Botryllus sp.), Indonesien, Raja Ampad

Koloniale Seescheide (Botryllus sp.), Philippinen, Cabilao

Koloniale Seescheide *(Clavelina arafurensis)*

Koloniale Seescheiden dieser Art stehen in Gruppen zusammen und siedeln auf verschiedenen Substraten. An ihrer Basis sind sie alle über feine, wurzelähnliche Ausläufer, so genannte Stolonen, miteinander verbunden. Die relativ kleinen und zylindrischen Zooide, die etwa 1cm groß sind, besitzen einen transparenten Mantel, durch den hindurch man die Stigmata des Kiemenkorbes sehr gut erkennen kann. Die Farbe der Zooide reicht von schwarz bis bin zu einem blauviolett. Koloniale Seescheiden sind Strudler, die sich von Mikroplankton und von organisch gelösten Stoffen des Meerwassers ernähren. Sie sind im tropischen Westpazifik und an den Riffen in Westaustralien verbreitet.

Foto: Philippinen, Panglao

Kaulquappen – Seescheide *(Clavelina detorta)*

Mit etwas Fantasie betrachtet, dann haben die einzelnen Zooide dieser Seescheide das Aussehen von jungen Kaulquappen. Sie siedeln einzeln und leben doch kolonial und bilden auf verschiedenen Substraten im Verbund mit anderen sessilen Wirbellosen einen kleinen Mikrokosmos. Jedes der nur 2-3cm großen Zooide sitzt auf einem dünnen Stiel, der in einem Stolonengeflecht an der Basis verankert ist. Über dieses Geflecht sind alle Zooide miteinander verbunden. Der Mantel der Tiere ist glasklar und zeigt in seiner Transparenz einen grünlich irisierenden Kiemenkorb und die u-förmig angeordneten Eingeweide. Kaulquappen-Seescheiden kommen im Roten Meer und im gesamten Indopazifik vor. Sie siedeln in ruhigen Lagunen und besonders in Gebieten mit einem starken Sedimenteintrag. Als Filtrierer ernähren sie sich von Plankton und von Detritus.

Foto: Malaysia, Mabul

Koloniale Seescheide (Clavelina arafurensis), Philippinen

Kaulquappen-Seescheide (Clavelina detorta), Malaysia

Goldring-Seescheide *(Clavelina cyclus)*

Goldring-Seescheiden leben kolonial und siedeln dennoch einzeln. Über ein feinmaschiges Stolonennetz sind alle Zooide an ihrer Basis miteinander verbunden. Sie entstehen auf vegetative Weise, besitzen einen bläulichgrauen Mantel und deutlich voneinander abgesetzte Ein- und Ausströmöffnungen. Sie bilden nur kleine und lockere Kolonien auf verschiedenen Substraten aus, kommen in verschiedenen Pastellfarben vor, sind semitransparent, zylindrisch in der Form und maximal 15mm groß. Ihre große Ausströmöffnung trägt einen goldgelben Ring. Goldring-Seescheiden leben bevorzugt im klaren Wasser der Riffe, kommen aber auch in den suspensionsreichen Gewässern von Hafenanlagen vor. Über ihre Biologie und Ökologie ist in der verfügbaren Literatur leider nichts nachzulesen. Im Indopazifik sind sie von Thailand bis Papua Neuguinea, Japan und Australien verbreitet.

Foto: Papua Neuguinea, Milne Bay

Gelborange Seescheide *(Clavelina flava)*

Gelbe Seescheiden, auch Vielfarbige Seescheiden genannt, kommen in den Farben Gelb und Orange vor. Sie bilden dicht stehende Lebensgemeinschaften und siedeln entweder in lockeren oder in dicht stehenden Kolonien, stets mit kurzen und röhrenartigen Stielen am Untergrund festgewachsen. Die Anzahl der einzelnen Zooide innerhalb einer Kolonie kann verschieden sein und ihre Zahl zwischen 30 und 500 variieren. Ihr Mantel ist semitransparent, so dass man den Kiemenkorb gerade noch so durchscheinen sieht. Die beiden Siphone sind deutlich voneinander getrennt. Als Standorte lieben sie schattige doch gut durchströmte Stellen im Riff und sind aufgrund ihrer leuchtenden Farbe auffallend. Gelbe Seescheiden sind an den Riffen im gesamten Indopazifik verbreitet und siedeln vom flachen Wasser bis in moderate Tiefen. In der Literatur sind Gelbe Seescheiden auch unter den wissenschaftlichen Namen *Pycnoclavella flava* bekannt.

Foto: Indonesien, Komodo

Goldring-Seescheide (Clavelina cyclus), Papua Neuguinea

Gelborange Seescheide (Clavelina flava), Indonesien

Weißflecken-Seescheide *(Clavelina diminuta)*

Weißflecken-Seescheiden sind im Indopazifik in den Riffgebieten von Malaysia, Indonesien, der Philippinen, Neukaledonien und Australien verbreitet. Die einzelnen goldgelben Zooide erheben sich vom Substrat auf kleinen und kurzen Stielen. Ihre geringfügig versetzten Ein- und Ausströmöffnungen sind von weißen Flecken begleitet, die aber auch fehlen können, weil diese Art in einem breiten Spektrum von Farben vorkommt. Obwohl die Zooide einzeln leben, kommen sie fast immer in einer größeren Individuendichte vor, so dass man hier durchaus von einer kolonialen Siedlungsweise sprechen kann. Mehr als 100 Einzelzooide können so einen dichten Besatz auf verschiedenen Substraten bilden. Ihre bevorzugten Standorte sind schattige Unterhöhlungen an gut durchströmten Riffen. Als innere Strudler ernähren sie sich vom Plankton und von organischen Sinkstoffen.

Foto: Malaysia, Mabul

Gestielte Seescheide *(Clavelina meridionales)*

Die Zooide der Gestielten Seescheiden leben solitär auf einem langen Stiel, der am Substrat befestigt ist. Sie sind Tiere des tieferen Wassers, mit deutlich abgesetzten Ein- und Ausströmöffnungen, einem hornigen und festen Körper (Thorax) und einem weichen Hinterleib (Abdomen). Dieser ist semitransparent, so dass man die dunklen Eingeweide der Seescheide erkennen kann. Sehr häufig sind gerade Seescheiden dieser Art von verschiedenen Epibionten, wie Algen und Hydroiden, bewachsen und das gelegentlich so dicht, dass man die Seescheide dann nicht mehr erkennen kann.
Gestielte Seescheiden findet man an schattigen Standorten im Riff, an denen eine nur moderate Wasserströmung vorherrscht. Möglicherweise ist ihre Verbreitung im Indopazifik nur auf die Riffgebiete von Indonesien bis Australien beschräkt.

Foto: Indonesien, Komodo

Weißflecken-Seescheide (Clavelina diminuta), Malaysia

Gestielte Seescheide (Clavelina meridionales), Indonesien

Molukken-Seescheide *(Clavelina moluccensis)*

Molukken-Seescheiden, auch Blaupunkt-Seescheiden genannt, sind schnelle Sekundärsiedler, die freie Räume im Riff sofort besetzen. Sie sind etwa 1cm groß, siedeln in kleineren Gruppen und sind an ihrer Basis über ein netzartiges Röhrensystem miteinander verbunden. Selten sieht man sie so dicht siedeln, wie auf dem Bild dargestellt. In der Regel ist der Mantel der Seescheiden bläulich bis farblos. Durch den fast transparenten Mantel sieht man den Kiemenkorb hindurchscheinen. Die Ein- und Auströmöffnungen sind deutlich voneinander abgesetzt und 3 blaue Punkte befinden sich dazwischen. Blaupunkt-Seescheiden leben auf harten Substraten und sind vom Indopazifik bis in den Westpazifik und hier vom Flachwasser bis in größere Tiefen verbreitet.

Foto: Indonesien, Zentral Sulawesi

Robuste Seescheide *(Clavelina robusta)*

Robuste Seescheiden leben kolonial, siedeln dicht gedrängt beieinander und sind über basale Ausläufer, sogenannte Stolone, am Untergrund befestigt und miteinander verbunden. Sie leben vom Flachwasserbereich bis in größere Tiefen und siedeln praktisch auf jedem sich bietenden Untergrund. Die Farbe ihres Mantels variiert von grau und blaugrau bis hin zu graugrün. Stets ist er gelb gesprenkelt. Die beiden Siphoränder der Ein- und Ausströmöffnungen sind entweder gelblich oder weiß umrandet und damit farblich sehr schön vom zylindrischen Körper der Seescheiden abgesetzt. Das macht es auch dem Betrachter leicht, diese Seescheidenart unter Wasser zu erkennen und zu bestimmen. Robuste Keulenseescheiden werden nur 1-3cm groß und leben an allen Riffen des Roten Meeres und im gesamten Indopazifik.

Foto: Indonesien, Nusakode

Molukken-Seescheide (Clavelina moluccensis), Indonesien

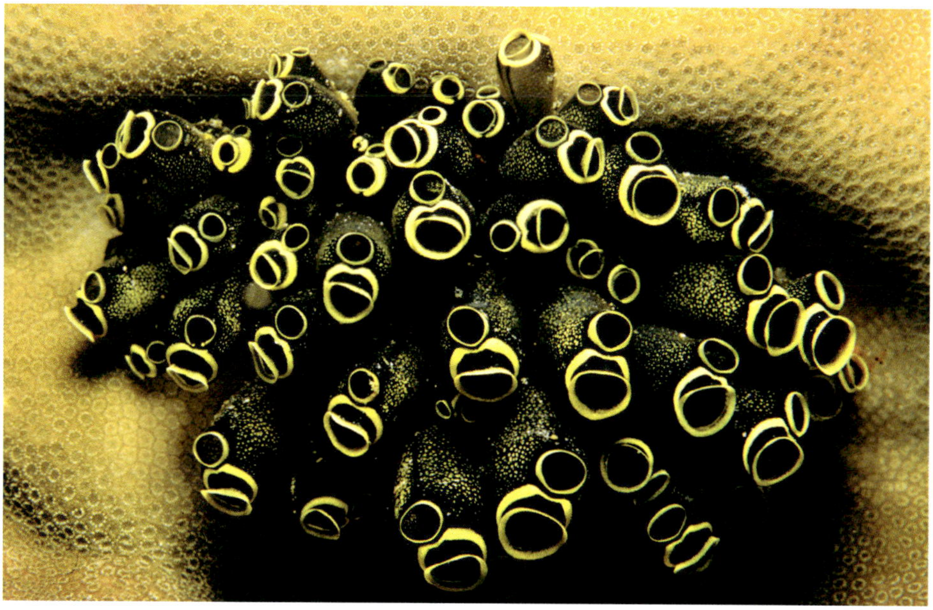

Robuste Seescheide (Clavelina robusta), Indonesien

Weiche Riffseescheide *(Didemnum molle)*

Weiche Riffseescheiden sind relativ kleine, 2-3cm große, kugel- bis schlauchförmige Manteltiere, die als schnelle Sekundärsiedler freie Stellen im Riff sofort besetzen und auf allen möglichen Substraten siedeln. Die Einzeltiere (Zooide) leben in Gruppen. Ihr Körper ist weich und leicht verformbar. Er kann sich nicht, wie bei den meisten Seescheiden, kontrahieren. Die zahlreichen feinen Einströmöffnungen auf der Manteloberfläche und die zentrale Ausströmöffnung haben bewirkt, dass sie lange Zeit den Schwämmen zugeordnet wurden. Didemnum-Arten besitzen ein breites Farbspektrum, das auf die Anwesenheit primitiver, einzelligen Algen (*Prochloron*-Arten) in ihrem Mantelgewebe beruht. Mit den Algen leben sie in einer Symbiose, was sie abhängig vom Licht macht. So lieben sie strömungsreiches Wasser und leben bevorzugt in den vom Licht durchfluteten Wasserschichten des oberen Riffhanges. Sie vermehren sich durch Abschnüren von Tochterkolonien, was zu umfangreichen Koloniebildungen führt. Weiche Riffseescheiden sind eindeutig zu identifizieren und im tropischen Indopazifik weit verbreitet.

Foto: Papua Neuguinea, Milne Bay

Weiche Seescheide (Didemnum molle), Malaysia, Lankayan

Weiche Seescheide (Didemnum molle), Philippinen, Gato

Stachelige Seescheide *(Didemnum cuculiferum)*

Stachelige Seescheiden leben in locker zusammengesetzten Kolonien. Ihre Zooide sind unterschiedlich groß und verschieden in der Form. Entweder sind sie rund oder länglich-oval. Die einzelnen Zooide besitzen deutlich voneinander getrennte Ein- und Ausströmöffnungen und der Mantel ist übersät mit gleich großen und dicht stehenden Poren, die stachelige Projektionen tragen. Stachelige Seescheiden sind in der Regel lila, rosa oder rosarot gefärbt und besiedeln schattige Standorte an vertikalen Wänden gut durchströmter Außenriffe. Als innere Strudler ernähren sie sich von Mikroplankton und von organischen Sinkstoffen und kommen im zentralen Indopazifik von Indonesien, Malaysia, den Philippinen und Belau bis nach Fiji vor.

Foto: Indonesien, Kakatoa

Stachelige Seescheide (Didemnum cuculiferum), Indonesien, Rinca

Stachelige Seescheide (Didemnum cuculiferum), Malaysia, Lankayan

Häutige Seescheide *(Didemnum membranaceum)*

Häutige Seescheiden, auch Membranen-Seescheiden genannt, siedeln kolonial und inkrustiert und bedecken den Untergrund mit einer dünnen Zellschicht. Diese passt sich auch weitgehend den Unebenheiten des Bodens an. Je nach Standort kann die Farbe der Kolonie verschieden sein. Bekannt sind gelbe, rote und orange Kolonien, die alle etwas erhöht stehende und hell abgesetzte Kloakenöffnungen besitzen. Seescheiden sind Strudler, die sich vom Mikroplankton ernähren. Eine große Kolonie kann bei einem guten Standort bis zu einem halben Quadratmeter des Untergrundes bedecken. Die Tiefenverteilung der Art reicht von 10-30m. Im Indopazifik sind häutige Seescheiden von Malaysia und Indonesien bis nach Papua Neuguinea, Mikronesien und Australien verbreitet.

Foto: Malaysia, Lankayan

Pilzhut-Seescheide *(Diplosoma multitestis)*

Pilzhut-Seescheiden waren bisher nur von den Riffen von Papua Neuguinea bekannt. Sie vermitteln in ihren morphologischen Besonderheiten zwischen den Gattungen *Eudistoma* und *Pseudodistoma*, von denen sie beide Merkmale besitzen und aus diesem Grund in eine neue Gattung eingeordnet wurden. Pilzhut-Seescheiden bilden nur kleine Kolonien aus, die einen maximalen Durchmesser von 10cm besitzen. Die einzelnen schlanken Zooide sind farblos bis opalblau und relativ gut durch den Mantel, der sie gemeinsam umgibt, zu erkennen. Die zahlreichen Einströmöffnungen sind weiß umrandet. Nur wenige Kloaken sind vorhanden, die sich nach außen öffnen. Wenn man Pilzhut-Seescheiden anfasst, dann haben sie eine Konsistent, die an Schirmquallen erinnert.

Foto: Indonesien, Raja Ampad

Häutige Seescheide (Didemnum membranaceum), Malaysia

Pilzhut-Seescheide (Diplosoma multitestis), Indonesien

Formosa-Seescheide *(Diazone formosa)*

Formosa-Seescheiden leben kolonial und wachsen massiv oder lappig verzweigt im Stillwasserbereich der Riffe und hier in schattigen Höhlen, Spalten und unter Überhängen. Eine Kolonie besteht aus einer Vielzahl von einzelnen Zooiden, deren Mantel glasklar ist, so dass die hellen Stigmata des Kiemenkorbes hindurch- scheinen. Die Ein- und Ausströmöffungen sind scharfrandig, besitzen 6 scharfe Lappen und sind mit weißen Tupfen bedeckt. Die einzelnen Zooide messen nur 1-2cm. Eine Seescheidenkolonie dieser Art kann über 50 Quadratzentimeter des Bodens bedecken. Formosa-Seescheiden kommen an den Riffen im Indopazifik von Malaysia und Indonesien bis zu den Philippinen und Japan vor.

Foto: Indonesien, Zentral Sulawesi

Alabaster-Seescheide *(Diazone tenera)*

Alabaster-Seescheiden lieben dunkle und gut durchströmte Standorte unter großräumigen Überhängen im Riff, wo sie mit einem großen Teil ihrer Kolonie von der Höhlendecke in das freie Wasser herabhängen. Ihre hellen und gelatineförmigen Kolonien bestehen aus hunderten von einzelnen, sehr transparenten Zooiden, die zwar zerbrechlich aussehen, es aber nicht sind. Die gesamte Kolonie bildet in ihrer Gesamtheit eine feste und kompakte Masse, die auch in kräftigen Strömungen gut überleben kann. Alabaster-Seescheiden sind Strudler, die sich von Plankton ernähren. Sie sind im Indopazifik von Malaysia bis nach Mikronesien und Australien weit verbreitet.

Foto: Indonesien, Komodo

Formosa-Seescheide (Diazone formosa), Indonesien

Alabaster-Seescheide (Diazone tenera), Indonesien

Kissen-Seescheide *(Eudistoma gilboviride)*

Kissen-Seescheiden sind von gummiähnlicher Konsistenz, siedeln auf verschiedenen Hartsubstraten und besetzen diese fleckenförmig. Die einzelnen Zooide sind um gemeinsame Kloaken gruppiert und die Mantelteile miteinander verwachsen. Die Farbe der Kolonien variiert nur geringfügig und kommt in einer Kombination von cremegelb und grün bis dunkelblau und schwarz vor. Die Gattung *Eudistoma* ist mit vielen verschiedenen Arten, die im Aussehen, in der Färbung, der Transparenz, der Form der Kloaken und in der Organisation der Zooide verschieden sind, an den Riffen im Indopazifik vertreten. Nur sehr wenige Spezialisten sind in der Lage, sie voneinander zu unterscheiden. Kissen-Seescheiden leben von Flachwasser bis in größere Tiefen an den Korallenriffen im Indopazifik.

Foto: Indonesien, Raja Ampad

Pünktchen-Seescheide *(Eudistoma punctatum)*

Pünktchen-Seescheiden bilden dicke, weiche und gelatineartige Beläge auf verschiedenen Substraten aus und kommen im zentralen Teil des Indopazifiks vom flachen Wasser bis in große Tiefen vor. Ihre Zooide sind semitransparent und die Ränder ihrer Einströmöffnungen sind mit gelben Pünktchen umrandet. Alle Zooide leben mit einzelligen Algen der Gattung *Prochloron* in einer Symbiose, von deren Assimilationsprodukten sich die Tiere auch teilweise ernähren. Es ist zu beobachten, dass diese unscheinbaren Kolonien sich bevorzugt dort ansiedeln, wo stetig kräftige Wasserbewegungen entlang der Riffe vorherrschen. Das dürfte auch der Grund dafür sein, dass sie sich häufig gut exponiert stehende Peitschenkorallen im Vorriff als Siedlungssubstrat aussuchen. Pünktchen-Seescheiden sind im gesamten Indopazifik verbreitet.

Foto: Indonesien, Menjangan

Kissen-Seescheide (Eudistoma gilboviride), Indonesien

Pünktchen-Seescheide (Eudistoma punctatum), Indonesien

Matten-Seescheide *(Eudistoma reginum)*

Matten-Seescheiden bilden flache und gummiartige Matten auf abgestorbenem Korallengestein und siedeln an schattigen Stellen im Riff. Die einzelnen Tiere gruppieren sich ringförmig um eine gemeinsame und zentral gelegene Kloake, die kraterförmig vertieft zwischen den Mantelfaltungen liegen. Die Dicke einer Matte kann 10mm betragen. Matten-Seescheiden kommen in verschiedenen Farben vor und sind an den Riffen im Indopazifik weit verbreitet. Sie sind innere Strudler, die sich von Plankton und Detritus ernähren und wohl auch im Meerwasser gelöste organische Verbindungen aufnehmen.

Foto: Malaysia, Lankayan

Keulen-Seescheide *(Euherdmania claviformis)*

Keulen-Seescheiden sind aufgrund ihrer gelben Farbe auffallend im Riff. Sie siedeln in Gruppen dicht gedrängt, wobei eine Kolonie aus hunderten Einzelzooiden bestehen kann, die alle an der Basis über wurzelähnliche Ausläufer (Stolone) miteinander verbunden sind. Die einzelnen Zooide sind lang, zylindrisch schlank und werden bis zu 2cm groß. Ihr gelber Mantel ist semitransparent und lässt den Kiemenkorb hindurchscheinen. Die beiden Siphone sind deutlich versetzt und ihre Ränder kronenförmig gelappt. Seescheiden dieser Art leben in stillen Lagunen und auf tiefen Mischböden zwischen Korallenbruch, Algen und Korallenbrocken. Als Strudler ernähren sie sich von Mikroplankton und organischen Sinkstoffen. An den Riffen im Indopazifik und Indo-West-Pazifik sind sie verbreitet.

Foto: Papua Neuguinea, Milne Bay

Matten-Seescheide (Eudistoma reginum), Malaysia

Keulen-Seescheide (Euherdmania claviformis), Papua Neuguinea

Aufsitzer-Seescheide *(Eusynstyela latericius)*

Aufsitzer-Seescheiden bilden großflächige und teppichartige Kolonien auf abgestorbenem Korallengestein aus. Die einzelnen Zooide sind kirschrot gefärbt und siedeln dicht, wobei ihre Mantelbidungen miteinander verwachsen. Die kleinen Zooide tragen entweder weiße Bänder um ihre gut voneinander abgesetzten Siphonen, oder es befindet sich ein weißer Fleck zwischen den beiden Öffnungen. Aufsitzer-Seescheiden siedeln auch als Epibionten auf anderen Seescheiden, wobei ihr eiförmiger Körper, der maximal 8mm groß wird, mit der Breitseite festgewachsen ist. Die unterschiedliche Individuendichte einer Kolonie ist abhängig von der Rate der ungeschlechtlichen Vermehrung der Tiere, die durch Knospung aus einem gemeinsamen Röhrennetz (Stolonengeflecht) entstehen. Verbreitet sind sie im Indopazifik vom Indischen Ozean bis in den Westpazifik. Zur Gattung *Eusynstyela* gehören nur sehr wenige Arten.

Foto: Malaysia, Mabul

Kirsch-Seescheide *(Eusynstyela misakiensis)*

Die kleinen Zooide der Kirsch-Seescheiden besitzen eine kirschrote Farbe und tragen entweder weiße Bänder um ihre gut voneinander angesetzten Siphone, oder es befindet sich ein weißer Fleck zwischen den beiden Öffnungen. Die einzelnen Zooide leben in lockeren Verbänden auf verschiedenen Substraten, wobei ihr eiförmiger Körper mit der Breitseite am Untergrund festgewachsen ist. Die unterschiedliche Individuendichte einer Kolonie ist abhängig von der Rate der ungeschlechtlichen Vermehrung der Zooide, die durch Knospung aus einem gemeinsamen Röhrengeflecht (Stolonengeflecht) entstehen. Zudem sind den einzelnen Kolonien Begrenzungen auferlegt, die durch die Nachbarbesiedlung anderer Tiere und Tiergemeinschaften gegeben sind. Wie auf dem Bild zu sehen, begrenzt das Wachstum der Seescheidenkolonie der sehr aggressive Rote Strahlenschwamm, *Clathria mima*. Kirsch-Seescheiden sind vom Indischen Ozean bis in den Westpazifik weit verbreitet.

Foto: Papua Neuguinea, Milne Bay

Aufsitzer-Seescheide (Eusynstyela latericius), Malaysia

Kirsch-Seescheide (Eusynstyela misakiensis), Papua Neuguinea

Kolonie-Seescheide *(Exostoma ianthinum)*

Auf den ersten Blick ist man geneigt, die abgebildete Seescheidenkolonie für einen Schwamm zu halten, der mehrere Ausströmöffnungen besitzt. Es handelt sich aber tatsächlich um eine recht seltene Seescheidenkolonie von großer und irregulärer Wuchsform, die eine zerklüftete, runzelige und gummiartige Oberfläche besitzt, die bis zu 8cm dick sein kann. Die kleinen Perforationen auf der Manteloberfläche zeigen die gelappten Einströmöffnungen der einzelnen Zooide an, die mit ihren Ausströmöffnungen in große, runde, lange und zylindrische Kloaken münden. Seescheidenkolonien sind Strudler, die sich vom Plankton ernähren. Sie siedeln auf verschiedenen Hartsubstraten an gut durchströmten Stellen im Riff. Man findet die hier vorgestellte Art aber auch in suspensionsreichen Gewässern in der Nähe großer Häfen. Verbreitet sind sie im westlichen Pazifik und kommen von Indonesien und den Philippinen bis nach Mikronesien und Papua Neuguinea vor.

Foto: Indonesien, Zentral Sulawesi

Weiße Seescheide *(Ecteinascidia bandaensis)*

Weiße Seescheidenkolonien unter Wasser zu finden ist mehr Zufall als Können. Obwohl die Farbe Weiß unter Wasser weithin sichtbar ist, bekommt ein Taucher diese kleinen Seescheiden fast nie zu sehen. Es sei denn, er hat Glück und der Zufall kommt ihn zu Hilfe. Das ist auch der Grund dafür, dass sie spät entdeckt und noch später beschrieben wurden. Die einzelnen Zooide dieser Seescheiden sind nur 1-2cm groß. Sie besitzen eine milchig weiße Farbe und tragen um beide Siphone feine, rote Bänder, die miteinander über eine kurze Verbindung zwischen den Siphonen kommunizieren. Der Einblick in eine der Siphoöffnungen zeigt einen großen Kiemensack mit zahlreichen feinen Stigmata. Weiße Seescheiden siedeln in kleinen Gruppen auf verschiedenen Hartsubstraten gut durchströmter Riffe. Sie lieben schattige Standorte im Riff und sind über ein Stolonengeflecht miteinander verbunden. Im Indopazifik sind sie von Indonesien und den Philippinen bis nach Papua Neuguinea und Australien verbreitet.

Foto: Philippinen, Balikasac

Kolonie-Seescheide (Exostoma ianthinum), Indonesien

Weiße Seescheide (Ecteinascidia bandensis), Philippinen

Morchel-Seescheide *(Hypodistoma deeratum)*

Morchel-Seescheiden sind in ihrer Oberflächenstruktur leicht zu erkennen. Diese erinnert an eine europäische Pilzart, die Morchel, die in unseren Wäldern heimisch ist. Die Oberfläche ist strukturiert und zeigt Erhebungen und tiefe Täler, die wie ein Sieb durchlöchert sind. Es sind die Kloakenöffnungen, durch die die Stoffwechselendprodukte in das Umgebungswasser entlassen werden. Die beiden Aus- und Einströmöffnungen sind weit voneinander entfernt und erinnern an vulkanartige Schlote. Seescheiden der Gattung *Hypodistoma* kommen in verschiedenen Farben vor und siedeln an den unterschiedlichsten Standorten. Einige leben eingekeilt zwischen Korallen, andere siedeln bevorzugt an schattigen Standorten. Leider gibt es in der Literatur sehr wenige Hinweise auf die Lebensweise dieser Seescheiden und auch die Systematik ist nicht immer eindeutig in der Formulierung und im Ausdruck. Auch über ihre Verbreitung weiß man nicht viel. Wir haben sie in Malaysia, Indonesien, am Großen Barriereriff, in Mikronesien, in Papua Neuguinea und an den Riffen der Philippinen gefunden und fotografiert.

Foto: Indonesien, Raja Ampad

Morchel-Seescheide *(Hypodistoma sp.)*

Morchel-Seescheiden wachsen krustig oder gelappt mit morchelähnlich strukturierter Oberfläche, die Erhebungen und Vertiefungen unterschiedlicher Form erkennen lässt. Die einzelnen Zooide sind in Gruppen organisiert und auf den Erhebungen des Mantels lokalisiert. Die Kloakenöffnungen befinden sich in den Vertiefungen. Morchel-Seescheiden sind variabel in ihrer Farbe. Sie können grau, bläulich, gelbbraun, braun oder rostrot gefärbt sein und kommen mit Sicherheit auch noch in anderen Farben vor. Ihre Standorte sind überwiegend schattige Stellen im Riff, die gut durchströmt werden. Leider weiß man sehr wenig über diese Tiergemeinschaften. Sie sind an den Riffen im Indopazifik verbreitet. Möglicherweise handelt es sich bei der hier vorgestellten Seescheide um die Art *H. deeratum* (SLUITER,1895).

Foto: Papua Neuguinea, Milne Bay

Morchel-Seescheide (Hypodistoma deeratum), Indonesien

Morchel-Seescheide (Hypodistoma sp.), Papua Neuguinea

Herdmans Seescheide *(Herdmania momus)*

Herdmans Seescheiden leben entweder solitär oder sie stehen in kleineren Gruppen zusammen und können bis zu 8cm groß werden. Sie bevorzugen schattige Standorte unter Überhängen und siedeln auf felsigem Korallengrund. Ihr Körper ist mehr oder weniger eiförmig und dünnwandig. Kleine Kalknadeln befinden sich im Mantelgewebe. Kleine Tiere sind semitransparent, glatt und pfirsichfarben. Auffallend bei den erwachsenen Seescheiden ist die trichterförmige Erweiterung ihrer Siphoränder. Innen zeigen die Öffnungen streifige Aufhellungen. Bei älteren und großen Tieren ist der Mantel stets von anderen Wirbellosen bewachsen. Herdmania Seescheiden sind Planktonfresser, die im Roten Meer, in der Karibik und im Indopazifik von Ostafrika bis nach Fiji und Australien vorkommen.

Foto: Indonesien, Rinca

Grüne Mattenseescheide *(Lissoclinum patella)*

Matten-Seescheiden erhalten ihre grüne Farbe durch die Anwesenheit symbiotischer Algen der Gattung *Prochloron* im Gewebe der Seescheidenkolonie. Die einzelnen Zooide der Kolonie ernähren sich auch weitgehend von den Assimilationsprodukten ihrer Zooxanthellen. Matten-Seescheiden bilden typische, flache, ausgedehnte und lederartige Überzüge auf abgestorbenen Korallen und anderen Hartsubstraten aus. Die Kolonieoberfläche zeigt hellgrüne Kammlinien und leuchtend grüne Einbuchtungen, die von den Zooiden besetzt werden. Sie produzieren, wie Pharmakologen herausgefunden haben, ein Antikrebsmittel, das unter der Bezeichnung Ulithiacyclamid bekannt geworden ist. Grüne Matten-Seescheiden leben von der Niedrigwasserlinie bis in größere Tiefen und sind an den Riffen im gesamten Indopazifik weit verbreitet.

Foto: Indonesien, Molukken

Herdmanns Seescheide (Herdmania momus), Indonesien

Grüne Mattenseescheide (Lissoclinum patella), Indonesien

Braune Seescheide *(Lissoclinum badidum)*

Braune Seescheiden wachsen in Form mattenartiger Belege auf abgestorbenem Korallenfels und bedecken so maximal einen halben Quadratmeter des Untergrundes. Die dünnen Beläge, die annähernd 0,5-1cm dick sind, folgen den Unebenheiten des Untergrundes, wobei sich die großen, runden und dunkelbraun sich öffnenden Ausströmöffnungen über das Niveau der Seescheidenmatte erheben. Die kleinen und überaus zahlreichen Einströmöffnungen füllen das Areal zwischen den großen Ausströmöffnungen aus. Die Kolonieoberfläche ist rau und besitzt eine gummiartige Konsistenz. Braune Seescheiden sind innere Strudler, die sich von Mikroplankton und Detritus ernähren. Sie besetzen abgedunkelte Standorte im Riff und sind im Indopazifik von Indonesien und Papua Neuguinea bis nach Mikronesien, Vanuatu und Australien verbreitet.

Foto: Papua Neuguinea, Milne Bay

Schuppen-Seescheide *(Lissoclinum bistratum)*

Die Kolonien der Schuppen-Seescheiden bestehen aus unterschiedlich großen, flachen, schuppenförmig wachsenden und grünen Lagen, die auf abgestorbenen Korallen im Flachwasser der Riffe siedeln. Sie gelten als schnelle Sekundärsiedler, die abgestorbene Flächen im Riff sofort besetzen. Die kleinen Kolonien sind überwiegend grün gefärbt, was auf die Anwesenheit von einzelligen grünen Algen aus der Gattung *Prochloron* hinweist. Sie färben, je nach Dichte der Algen in den Zellen der Seescheiden, diese von hellgrün bis dunkelgrün. Die Kolonieoberfläche lässt auch die Anordnung der einzelnen Zooide um eine zentrale Öffnung erkennen. Diese sind etwas erhoben und weiß umrandet abgesetzt. Schuppen-Seescheiden sind Tierkolonien des Flachwassers. Sie leben auf Riffdächern, am oberen Riffhang und in vom Wind abgewandten Lagunen, wo ausreichend Sonnenlicht für die Photosynthese der Algen vorhanden sein muss. An den Riffen im gesamten Indopazifik ist diese Seescheidenart weit verbreitet.

Foto: Indonesien, Molukken

Braune Seescheide (*Lissoclinum badidum*), Papua Neuguinea

Schuppen-Seescheide (*Lissoclinum bistratum*), Indonesien

Gitter-Seescheide *(Leptoclinides reticulatus)*

Gitter-Seescheiden bilden dünne, weiche, 1-2cm dicke und krustenförmige Beläge auf verschiedenen Substraten. Ihre Kolonieoberfläche ist dunkelbraun bis schwarz gefärbt und zeigt eine Vielzahl kleiner, goldgelber Ringe, die dicht gepackt ein Punktmuster ergeben. Nur die hellen und unterschiedlich großen Kloakenöffnungen der Seescheidenkolonie durchbrechen diese Ringstrukturen. Die Unterseite der Kolonie ist weiß. Auffallend ist, dass die Oberfläche der Kolonie stets frei von Aufwuchs und Sedimentauftrag ist. Gitter-Seescheiden bilden nur kleine Kolonien aus, die maximal 20cm im Durchmesser groß sind. Sie leben an den Riffen im Indopazifik und kommen von Indonesien und Malaysia bis nach Papua Neuguinea, Australien und Neuseeland vor.

Foto: Indonesien, Moyo

Pilz-Seescheide *(Nephtheis fascicularis)*

Pilz-Seescheiden sind Tierkolonien, die einen langen, im Querschnitt runden und flexiblen Stiel ausbilden, auf dessen oberem Drittel sich die Zooide zu einem dichten Verband formieren. Dieser hat die Form eines Kolbens. Der Stiel ist mit dem Substrat fest verwachsen und in der Regel von Algen und Moostierchenkolonien überwuchert. Alle Zooide haben die gleiche Größe, die gleiche Farbe und die gleiche Entwicklungsstufe. Ihre Siphone sind versetzt und häufig farbig abgesetzt. Kolben-Seescheiden sind Tierkolonien des tieferen Wassers. Erst ab 20m Wassertiefe werden sie häufiger. Sie siedeln einzeln oder in Gruppen an gut durchströmten Riffabschnitten und sind aufgrund der Flexibilität ihres Stieles an starke Wasserbewegungen adaptiert. Neonsternschnecken der Gattung *Tambja* sind ihre Fressfeinde. Ihre Verbreitung reicht im Indopazifik von Indonesien und den Philippinen bis nach Mikronesien, Papua Neuguinea und Australien.

Foto: Philippinen, Gato

Gitter-Seesceide (Leptoclinides reticulatus), Indonesien

Pilz-Seescheide (Nephtheis fascicularis), Philippinen

Großlarven-Seescheide *(Pseudodistoma megelarva)*

Der Trivialname dieser Seescheidenkolonie resultiert aus der Tatsache, dass die Zooide sehr große Larven entwickeln. Die Kolonie selbst besteht aus hunderten von Einzelzooiden, deren Mantelbildungen miteinander verwachsen sind. Eine Kolonie ist 4-5cm groß und lebt stets auf Hartsubstrat befestigt an schattigen Stellen im Riff. Alle Zooide sind lang, dünn, einheitlich gefärbt und wachsen auf einem kurzen und flexiblen Stiel, der am Untergrund festzementiert ist. Die Einströmöffnungen der Zooide sind relativ groß und lassen die Kolonieoberfläche rau erscheinen. Diese ist stets frei von Aufwuchs und Sedimentauftrag. Großlarven-Seescheiden sind bisher nur von den Riffen von Indonesien beschrieben worden, kommen aber sicherlich bis Papua Neuguinea und Melanesien vor.

Foto: Indonesien, Nusakode

Weiße Seescheide *(Phallusia sp.)*

Weiße Seescheiden, auch Milch-Seescheiden genannt, sind als Art noch nicht beschrieben, obwohl sie häufig vorkommen. Sie leben solitär oder in kleinen Gruppen und besitzen einen stark gefalteten, derben und höckerigen Mantel. Dieser kann bewachsen oder von Sediment bedeckt sein. Weiße Seescheiden siedeln auf harten Gründen und stets an schattigen Stellen im Riff. Offensichtlich meiden sie, gerade im Flachwasser, Standorte mit einer zu intensiven Sonneneinstrahlung. Die beiden Siphone der Seescheide sind weit voneinander angelegt und ihre Ränder gelappt. Weiße bis gelbliche Zähne werden an der Basis der Siphoöffnungern angelegt. Seescheiden aus dieser Gattung sind in allen Meeren verbreitet, wie die weiße Seescheide des Mittelmeeres *Phalusia mammillata*.

Foto: Indonesien, Bali

Großlarven-Seescheide (Pseudodistoma magalarva), Indonesien

Weiße Seescheide (Phallusia sp.), Indonesien

Korallen-Seescheide *(Phallusia julinea)*

Bereits die Larven dieser Seescheide setzen sich bevorzugt auf Hirnkorallen und Schwämmen fest und lassen sich nach und nach von ihrem Wirt umwachsen. Nach einigen Jahren schauen dann nur noch die beiden Siphone der Seescheide aus der Koralle oder aus dem Schwamm heraus, während der Körper der Seescheide für immer darin verborgen bleibt. Korallen-Seescheiden leben solitär und besitzen einen leuchtend gelben Körper einschließlich der Siphone. Die Oberfläche des Mantels ist fein gekörnt und gesprenkelt und trägt eine Vielzahl kleiner und gelber Punkte. Dieser Mantel ist stets frei von Aufwuchs. Als Strudler ernähren sich die Seescheiden von Plankton. Ihre Verbreitung reicht von der Küste Ostafrikas bis nach Mikronesien, den Marschall-Inseln und bis nach Australien.

Foto: Indonesien, Komodo

Philippinen-Seescheide *(Phallusia philippinensis)*

Philippinen-Seescheiden besitzen einen sackförmigen Körper, der tief im Boden mit feinen Fäden an Steinen, Korallenbrocken oder an anderen festen Gegenständen haftet. Nur die beiden unterschiedlich langen und schlotförmigen Siphone ragen aus dem Untergrund heraus. Die Ein- und Ausströmöffnungen sind verschieden stark im Durchmesser und opalblau gefärbt. Beide verjüngen sich an den Siphoenden, die dunkelbraun bis schwarz abgesetzt sind. Philippinen-Seescheiden sind Strudler, die sich von Plankton und von Detritus ernähren. Sie leben vom Flachwasser bis in größere Tiefen und siedeln auf und in mobilen Böden und an kleinen Fleckenriffen. Entweder leben sie einzeln, oder sie stehen in kleineren Gruppen zusammen. Ausgegraben kann festgestellt werden, dass eine ausgewachsene Seescheide bis zu 8cm groß werden kann. Philippinen-Seescheiden sind an den Riffen im Indopazifik verbreitet, jedoch wenig bekannt, da sie sehr schwer zu finden sind.

Foto: Indonesien, Komodo

Korallen-Seescheide (Phallusia julinea), Indonesien

Philippinen-Seescheide (Phallusia philippinensis), Indonesien

Gelbe Seescheide *(Perophora modificata)*

Gelbe Seescheiden sind relativ klein und messen nur wenige Millimeter. Sie siedeln in kleinen bis umfangreichen Kolonien von mehreren hundert Individuen und besetzen überwiegend schattenreiche Standorte im Riff. Man kennt sie als schnelle Sekundärsiedler auf abgestorbenem Korallenfels. Die kleinen Zooide sind einheitlich hellgelb bis goldgelb gefärbt und ihre beiden Siphone sind deutlich voneinander getrennt. Gelbe Seescheiden sind an den Riffen im Roten Meer und im gesamten Indopazifik weit verbreitet.

Foto: Indonesien, Zentral Sulawesi

Johannisbeer-Seescheide *(Perophora namei)*

Die einzelnen Zooide sind bei dieser Tierkolonie wie bei einer Johannisbeerrispe an einem zentralen Stängel aufgereiht. Sie sind transparent und zeigen deutlich die Form und die Anordnung des Kiemenkorbes. Die gesamte Kolonie ist mit feinen Rhizoiden am Untergrund befestigt und pendelt in der Strömung des Wassers hin und her. Die gesamte Kolonie ist nur 8cm hoch. Johannisbeer-Seescheiden sind relativ selten. Aus diesem Grund ist auch die Art erst 1985 beschrieben worden. Bei einem guten Standort im kräftig strömenden Wasser von Riffkanälen kommen diese Kolonien besonders häufig vor. Auch hier sind sie sehr leicht zu übersehen, da nur ein kundiger Taucher diese wunderschönen Tiergemeinschaften als eine koloniale Seescheidenkolonie ansprechen kann. Verbreitet sind sie im Indopazifik an den Riffen von Thailand, Malaysia, den Philippinen, Indonesien, Mikronesien und Australien.

Foto: Indonesien, Raja Ampad

Gelbe Seescheide (Perophora modificata), Indonesien

Johannisbeer-Seescheide (Perophora namei), Indonesien

Lebendige Seescheide *(Polycarpa reviviscens)*

Lebendige Seescheiden leben an schattigen Standorten dicht gedrängt beieinander, so dass sich die einzelnen Zooide zwar berühren, ihre Mantelbildungen jedoch nicht miteinander verwachsen. Sie alle sind an ihrer Basis über wurzelähnliche Ausläufer miteinander verbunden. Die kleinen, etwa 1cm großen Zooide besitzen einen kräftigen und rauen Mantel, der häufig Aufwuchs erkennen lässt und der gelb oder gelborange gefärbt sein kann. Die beiden Siphone sind deutlich voneinander abgesetzt. Lebendige Seescheiden kommen vom Flachwasser bis in Tiefen von 15m vor und leben bevorzugt unter Überhängen und unter Hafenanlagen. Sie sind im Indopazifik verbreitet, kommen jedoch nicht sehr häufig vor und können mit anderen, ähnlich aussehenden Seescheiden der gleichen Gattung leicht verwechselt werden.

Foto: Papua Neuguinea, Milne Bay

Faltige Seescheide *(Polycarpa captiosa)*

Faltige Seescheiden, auch Trug-Seescheiden genannt, sind große Seescheiden, die fast 10cm Länge erreichen können. Sie leben solitär, besitzen lange und deutlich voneinander abgesetzte Ein- und Ausströmöffnungen und einen festen, derben, lederartigen und stark gefalteten Mantel, der verschieden gefärbt sein kann. In der Regel ist die Farbe des Mantels nicht zu erkennen, da dieser von verschiedenen Algen und anderen Wirbellosen komplett bewachsen ist. Auffallend an den Siphonen sind weiße Längsbänder. Am Einströmsipho befinden sich davon 4, am seitlichen Ausströmsipho nur zwei davon. Faltige Seescheiden lieben starke Wasserbewegungen und leben daher an exponierten Stellen im Riff. Ihre Verbreitung reich im Indopazifik von Malaysia und Indonesien bis nach Mikronesien, Palau und Australien. *Styela captiosa* ist ein Synonym.

Foto: Malaysia, Mabul

Lebendige Seescheide (Polycarpa reviviscens), Papua Neuguinea

Faltige Seescheide (Polycarpa captiosa), Malaysia

Goldene Seescheide *(Polycarpa aurata)*

Gold-Seescheiden sind neben der Weichen Seescheide *(Didemnum molle)* eine der häufigsten Seescheiden an den Riffen im Roten Meer, im Indopazifik und im Westpazifik. Sie siedeln überwiegend einzeln doch gelegentlich auch in kleineren Gruppen an exponierten und gut durchströmten Riffabschnitten, wo sie auf Hartsubstrat festgewachsen sind. Ihr heller und seitlich abgeflachter Körper wird von rosavioletten, violetten und goldgelben Zeichnungen und Flecken durchzogen. Der Mantel mancher Tiere kann aber auch dunkelbraun bis schwarz gefärbt sein, so dass sich nur noch die gelben Ein-und Ausströmöffnungen farbig davon absetzen. Der Mantel der Seescheiden ist fest und lederartig und wird von tiefen Furchen durchzogen. Entweder sitzen die Seescheiden mit ihrem hinteren Ende auf dem Untergrund oder sie sind seitlich daran festgewachsen. Die Ein- und Ausströmöffnungen sind weit voneinander abgesetzt und innen gelb. Goldene Seescheiden werden bis zu 13cm groß.

Foto: Papua Neuguinea, Milne Bay

Goldene Seescheide (Polycarpa aurata), Indonesien, Raja Ampad

Goldene Seescheide (Polycarpa aurata), Malaysia, Lankayan

Gestielte Seescheide *(Polycarpa clavata)*

Gestielte Seescheiden sind auffällige Tiere im Riff, da sie aufgrund ihrer grell gelben Farbe schon von weitem zu sehen sind. Sie leben einzeln auf einem langen und fleischigen, auf Hartsubstrat festgewachsenen Stiel, der meist doppelt so lang ist wie die Seescheide selbst. Diese ist bis zu 8-12cm groß. Der relativ große Zooid ist von derber und lederartiger Konsistenz und zeigt unregelmäßige Längsfurchen und pockenartige Narben. Die Einströmöffnung befindet sich am Körpervorderende, während die Ausströmöffnung des Wassers dort liegt, wo der Körper am Stiel ansetzt. Gestielte Seescheiden sind Tiere des tieferen Wassers. Sie kommen erst ab einer Wassertiefe von 20m vor, lieben klare und strömungsreiche Gewässer und sind an den Riffen von Australien und im Korallenmeer weit verbreitet. Am häufigsten findet man sie am Grund ausgewaschener und strömungsreicher Riffkanäle.

Foto: Australien, Großes Barriereriff

Versteckt lebende Seescheide *(Polycarpa cryptocarpa)*

Versteckt lebende Seescheiden siedeln zwischen Algen, Korallen, Weichkorallen, Schwämmen und vielen anderen Wirbellosen im Riff und sind so tief versteckt, dass nur noch die beiden Ein- und Ausströmöffnungen sichtbar sind. Einige von ihnen leben in schattigen Riffspalten und in abgedunkelten Unterhöhlungen, so dass man gerade diese besser sehen und beobachten kann. Ihr Mantel ist glatt und derb und von winzigen Algen und Hydroiden bewachsen, so dass eigentlich nur die beiden weißen und voneinander getrennten Siphoöffnungen auffallend sind. Versteckt lebende Seescheiden muß man gezielt suchen, sonst sieht man sie nie. Sie sind im Roten Meer verbreitet und kommen im Indopazifik von Malaysia, Indonesien und Australien bis nach Mikronesien, Samoa, Guam und den Philippinen vor.

Foto: Malaysia, Lankayan

Gestielte Seescheide (Polycarpa clavata), Australien

Versteckt lebende Seescheide (Polycarpa cryptocarpa), Malaysia

Papillen-Seescheide *(Polycarpa papillata)*

Papillen-Seescheiden leben überwiegend solitär und festgewachsen auf verschiedenen Hartsubstraten. Die Form, die Oberflächenstruktur und die Farbe der Zooide kann verschieden sen. Sie variiert die Körperform von zylindrisch bis konisch. Bei jungen Seescheiden ist die Oberfläche der Zooide noch glatt, doch bei älteren Tieren wird sie lederartig und zeigt Verdickungen, Runzeln und Papillen. Die Manteloberfläche kann auch von Algen und verschiedenen Wirbellosen besiedelt sein. Die Farbe des Mantels reicht von grau und beige bis hin zu gelb, rosa und rot. Das Rot tritt entweder diffus auf oder es ist in Streifen, Bändern oder geflammt ausgebildet. Die Wissenschaft ist sich sicher, dass die Farbe genetisch festgelegt und nicht vom Standort abhängig ist. Papillen-Seescheiden werden bis zu 9cm groß und sind im Indopazifik von Ostafrika bis nach Mikronesien und Australien verbreitet.

Foto: Indonesien, Komodo

Tokio-Seescheide *(Polycarpa tokiokei)*

Die 2-3cm großen Zooide siedeln dicht gedrängt auf verschiedenen Substraten, so auf abgestorbenem Korallengestein, an Hafenanlagen und auf Schiffwracks. Dabei kann es vorkommen, dass sich ihre Mantelbildungen an der Basis und an den Seiten nicht nur berühren, sondern auch miteinander verwachsen. In suspensionsreichen Gewässern, wie in Häfen, können alle Zooide so dicht mit Sediment bedeckt sein, dass nur noch die beiden Ein-und Ausströmöffnungen der Seescheiden zu erkennen sind. Die beiden Siphone sind deutlich versetzt und leicht unduliert. Die Farbe des Mantels kann zwischen verschiedenen orangen und rotbraunen Tönen variieren. Orange Seescheiden siedeln bevorzugt an schattigen und gut durchströmten Lebensräumen im Riff und sind im Indopazifik von Malaysia und den Philippinen bis nach Japan und Australien verbreitet.

Foto: Malaysia, Lankayan

Papillen-Seescheide (Polycarpa papillata), Indonesien

Tokio-Seescheide (Polycarpa tokiokei), Malaysia

Blaue Kannen-Seescheide *(Rhopalaea respiciens)*

Blaue Kannen-Seescheiden leben einzeln oder in kleineren Gruppen zwischen Aufwuchs von Algen, Hydroiden und Bryozoen. Sie werden bis zu 6cm groß und besitzen einen schlanken und zylindrischen Zooiden, der blau oder hellblau gefärbt sein kann. Die deutlich voneinander abgesetzten Ein- und Ausströmöffnungen sind gelappt und weiß gesäumt. An der Basis der großen Ausströmöffnungen befindet sich ein dunkelblauer Ring. Blaue Kannen-Seescheiden sind semitransparent und der Kiemenkorb stets deutlich zu erkennen. Festgewachsen sind sie mit röhrenförmigen Ausläufern (Stolonen) am Untergrund, die alle Seescheiden miteinander verbinden. Beliebte Standorte im Riff sind schattige doch gut durchströmte Unterhöhlungen entlang der Riffhänge. Blaue Kannen-Seescheiden sind an den Riffen im gesamten Indopazifik verbreitet, doch in ihrem Verbreitungsgebiet sind sie selten.

Foto: Indonesien, Rinca

Gesäumte Seescheide *(Stolonica limbata)*

Die nur 2-3cm großen Zooide der Gesäumten Seescheiden leben in kleinen Kolonien auf festen Substraten und sind an ihrer Basis über ein Stolonengeflecht miteinander verbunden. Sie siedeln bevorzugt an schattigen Stellen indopazifischer Riffe. Ihr orange und weiß gefleckter Mantel zeigt oft einen starken Sedimentauftrag und teilweise auch Algenbewuchs, so dass die Kolonie im Riff unauffällig ist. Würde der Sedimentauftrag fehlen, dann würde man den dünnen und rostroten Mantel und die hindurch scheinenden Organe der Zooide erkennen. Die beiden Siphone stehen etwas erhöht und sind deutlich voneinander abgesetzt. Beim genauen Hinsehen erkennt man, dass die Ränder der beiden Siphone einen weißen Fleckensaum tragen. Gesäumte Seescheiden leben an den Riffen im gesamten Indopazifik.

Foto: Indonesien, Wakatobi

Blaue Kannen-Seescheide (Rhopalaea respiciens), Indonesien

Gesäumte Seescheide (Stolonica limbata), Indonesien

Gehirn-Seescheide *(Sycozoa cerebriformis)*

Gehirn-Seescheiden leben an indopazifischen Riffen und bilden Kolonien aus, die den meandrischen Windungen eines Gehirns ähnlich sehen. Ihre flachen, bandförmigen und faltenreichen Tiergemeinschaften siedeln geduckt auf einem zylindrischen Stiel und sind mit wurzelähnlichen Ausläufern am Untergrund verankert. Sie bevorzugen als Standorte schattenreiche und gut durchströmte Stellen im Riff. Die einzelnen Zooide sind in parallel verlaufenden Doppelreihen auf jeder Seite der flach ausgebildeten Windungen angelegt, wo sie sich zu rosettenähnlichen Kolonien formieren. Die Oberfläche der Kolonien ist frei von Zooiden. Gehirn-Seescheiden kommen in verschiedenen Farben vor. Ihr Farbspektrum reicht von blau und violett bis hin zu purpurn, rosa, orange, rot und cremefarben.

Foto: Papua Neuguinea, Milne Bay

Gehirn-Seescheide (Sycozoa cerebriformis), Malaysia, Lankayan

Gehirn-Seescheide (Sycozoa cerebriformis), Philippinen, Cabilao

Blaue Kolbenseescheide *(Sigillina cyanea)*

Die kleinen Zooide der Blauen Kolbenseescheide leben auf einem langen, fleischigen und flexiblen Stiel, der häufig in Strömungsrichtung des Wassers gebogen sein kann. Dieser ist mit wurzelähnlichen Ausläufern außerordentlich fest am Boden verankert und aus diesem Grund ist die Kolonie an sehr starke Wasserturbulenzen angepasst. Bei jungen Kolonien ist der Stiel im Verhältnis zum Kolben besonders lang. Der Kolben ist dicht gepackt mit vielen tausenden von Einzeltieren, die in einen gemeinsamen Mantel eingehüllt sind. Kolbenseescheiden sind Tierkolonien des tiefen Wassers, die erst unterhalb einer Wassertiefe von 30m häufiger vorkommen. Sie leben an den Riffen im Indopazifik und kommen noch vereinzelt im westlichen Pazifik vor.

Foto: Indonesien, Nord Sulawesi

Grüne Seescheide *(Sigillina signifera)*

Grüne Seescheiden wachsen in Form dicker und gelatineförmiger Matten an schattigen und senkrechten Standorten im Riff, wo sie mit anderem Aufwuchs den Untergrund bedecken. Die einzelnen Zooide sind in Gruppen angeordnet und mit ihren Mantelbildungen zusammengewachsen. Am Substrat sind sie mit wurzelähnlichen Ausläufern (Stolonen) befestigt. Die Ausströmöffnungen sind dunkelgrün umrandet und dadurch von den kleineren Einströmöffnungen gut zu unterscheiden. Die einzelnen Zooide messen nur wenige Millimeter. Entweder sind die Zooide transparent, semitransparent oder milchig. Seescheiden dieser Art kommen im Indopazifik von Indonesien bis zu den Philippinen, Mikronesien, Australien und im gesamten tropischen Westpazifik vor.

Foto: Indonesien, Nusakode

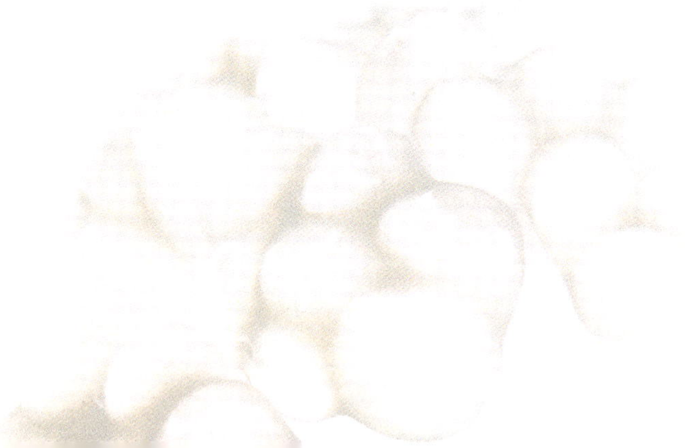

Blaue Kolbenseescheide (Sigillina cyanea), Indonesien

Grüne Seescheide (Sigillina signifera), Indonesien

Ring-Seescheide (*Rhopalaea circula*), Papua Neuguinea, Milne Bay

Abbot, D.P. (1987) Observing marine invertebrates. Stanford University Press, Stanford, California, USA.

Allen, G.R. & Steen, R. (1994) Indo-Pacific coral reefs. Field Guide. Tropical Reef Research, Singapore.

Amsler, K. (1984) Zauberwelt der Meere. Stürtz Verlag, Würzburg, BRD

Anderson, R. CH. (2000) An underwater guide to Indonesia. Times Edition, Singapore.

Ballestal L & Descamp, P. (2006) Planet Meer Reise in die Unterwasserwelt, National Geographic.

Baensch, H. & Debelius, H. (1992) Meerwasser-Atlas Band 1. Mergus-Verlag, Melle.

Bemert, G. & Ormond, R. (1981) Red Sea Coral Reefs, Kegan Paul International, London-Boston.

Bennet, I. (1971) The Great Barrier Reef. Landsdowne Press, Sydney, Australia.

Busca, G.J. & Busca, R.C. (1970), Invertebrates. Sinauer, Sunderland, USA.

Carefood, T. (1977) Pacific Seahores. A guide to intertidal biology. University of Washington Press, Seattle, USA.

Clark, M. & Rowe, F.W. (1971) Monograph of shallow water Indopacific echinoderms. British Museum of Natural History, London, U.K.

Coleman, N. (1991) Encyclopedia of marine animals. Blandford, London, UK.

Coleman, N. (2000) Marine life of the Maledives. Atoll Edition, Victoria, Australia.

Colin, P.L. & Arneson, CH. (1995) Tropical Pacific Invertebrates. A field guide to the marine invertebrates on tropical Pacific coral reefs, seagras beds and mangroves. Coral Reef Press, California, USA.

Dakin, W.J., Bennet, I. & Pope, E. (1963) Australian seahores. Angus & Roberson, Sydney, Australia.

Debelius, H. (1999) Riff-Führer Indischer Ozean. Jahr Verlag, Hamburg.

Debelius, H. (2001) Asia Pacific Reef Guide. IKAN, Frankfurt.

Debelius, H.(2001) Riff-Führer Rotes Meer. Jahr Verlag, Hamburg.

Debelius, H.& Kuiter, R. (2009) Atlas der wirbellosen Meerestiere. Kosmos, Stuttgart.

Edwards, A.J. & Head, St. M. (1987) Red Sea. Pergamon Press Oxford-New York-Frankfurt.

Endean, R. (1982) Australia´s Great Barrier Reef. University of Queensland Press, St. Lucia, London, UK.

Engels, E.-M. (2007), Charles Darwin. Beck, München.

Erhardt, H. & Moosleitner, H. (1995) Meerwasser-Atlas. Band 2 und 3 Wirbellose Tiere. Mergus-Verlag, Melle.

Erhardt, H. & Baensch, H. (1998) Meerwasser-Atlas. Band 4 Wirbellose Tiere. Mergus-Verlag, Melle.

Erhardt, H. & Baensch, H. (2000) Meerwasser-Atlas. Band 5 Wirbellose Tiere. Mergus-Verlag, Melle.

Erhardt, H. & Ch. Krimke (2019): Tiere tropischer Korallenriffe. Druck und Design De Lange, Fritzlar.

George, D. & George, J: (1979) Marine Life. An illustrated Encyclopaedia of Invertebrates in the Sea. Harrap, London, UK.

Gillet, K. (1976) The Australian Great Barrier Reef in Colour. A.W. Reed, Sydney, Australia.

Graham, J.E. (2000) Australian Marine Life. New Holland Publisher, Australia.

Grasshoff, M. (2000) The gorgonians of the Sinai coast and the strait of Gubal, Red Sea (Coelenterata, Octocorallia). CSF 224, Frankfurt.

Grasshoff, M. & Bargibant, G. (2001) Coral Reef Gorgonians of New Caledonia. IRD-Edition, Paris, Frankreich.

Grzimek, B. (1971) Enzyklopädie des Tierreichs. Band 1-3-4-5. Kindler Verlag Zürich, Schweiz.

Hoover, J.P. (1998) Hawaii`s Sea Creatures. A Guide to Hawaii's Marine Invertebrates. Mutual Publishing, Hawaii.

Humann, P. & DeLoach, N (2010) Reef Creature Identification Tropical Pacific, New World Publications Inc., USA.

Jensen, G.C. (1995) Pacific coast crabs and shrimps. Sea Cheallengers, Monterey, California, USA.

Jones, O.A & Endean, R. (1976) Biology and geology of coral reefs. Vol. 1-3, Academic Press, N.Y., London, San Francisco.

Kaestner, A. (1984) Lehrbuch der speziellen Zoologie. VEB Gustav Fischer Verlag, Jena.

Kerstitch, A. (1989) Sea of Cortez Marine Invertebrates. Sea Challenger, Monterey, California, USA.

Kuiter, R. H. (2009) Seahorses and their relatives. Aquatic Photographics, Seaford 3198, Australia.

Monniot, Fr. & Monniot, C. (1996) New collections of ascidians from the Western Pacific and Southeastern Asia. Micronesia (29 (2): 133.279.

Ray, C. & Ciampi, E. (1956) The underwater guide to marine life. San Diego, California: A.S. Barnes.

Remane, A., Storch, V. und Welsch, U. (1985) Kurzes Lehrbuch der Zoologie. Fischer Verlag, Stuttgart.

Schuhmacher, H. (1976) Korallenriffe. BLV Verlag, München.

Schuhmacher, H. & Hinterkircher, J. (1996) Niedere Meerestiere. Rotes Meer, Indischer Ozean, Pazifik. BLV-Verlagsgesellschaft, München-Wien-Zürich.

Severns, M. (1994) Sulawesi Seas, Indonesians Magnificent Underwater Realm, Staples Ecenbarger Publishing, Concord, USA.

Shepherd, S.A. & Thomas, I.M. (1982) Marine invertebrates of southern Australia. Woolman, Government Printer, Adelaide, Australia.

Steene, R. (1991): Korallenriffe der Welt. Verlag Stephanie Naglschmid, Stuttgart.

Steene, R. (1998): Coral Seas. New Holland Publishers, U.K.

Van der Loos, R. (2001) Living reefs of the Indo-Pacific. Reed New Holland Publishers, Australia.

Walls, J.G. (1982) Encyclopaedia of marine invertebrates. TFH Publication, N.Y., USA.

Wilkens, P. & Birkholz, J. (1986) Niedere Tiere. Röhren-, Leder- und Hornkorallen. Pfriem Verlag, Wuppertal, BRD.

Williams, G.C. (1993) Coral reef octocorals – an illustrated guide to the soft corals, sea fans and sea pans inhabiting to coral reefs of northern Natal. Durban Natural Science Museum, South Africa.

Wood, E. (1998) Coral reefs. Salamander Book, London, UK.

Zann, L.P. (1980) Living together in the sea. TFH Publication, N.Y., USA.

Dr. Harry Erhardt
ist Jahrgang 1938 und geboren in Riga / Lettland.

Nach dem Abitur studierte er an der Universität in Gießen und promovierte im Fach Zoologie. Dr. Erhardt taucht und fotografiert seit 1963. Zuerst im Mittelmeer und später in fast allen tropischen und gemäßigten Meeren. Beginnend in der Karibik, später im Roten Meer und im Indischen Ozean. Es folgten Tauchexpeditionen in das Arabische Meer, in die Andamanensee, in das Südchinesische Meer, die Celebessee, Australien und die Korallensee. Im Indopazifik setzte Dr. Erhardt die Schwerpunkte seiner Unterwasserarbeit in Indonesien, Papua Neuguinea, der Inselwelt der Salomonen und Mikronesien. Weitere Expeditionen folgten in den Golf von Kalifornien und in die Inselwelt der Galapagos.

Erst 2011 hat Dr. Erhardt aus Altersgründen aufgehört, Tauchexpeditionen zu unternehmen. Heute widmet es sich der Sichtung und der Digitalisierung seines umfangreichen Unterwasser-Bildarchivs. Dr. Erhardt lebt heute in Fritzlar / Hessen.

Christina Krimke
ist Jahrgang 1976 und geboren in Fritzlar / Hessen.

Nach dem Abitur studierte sie an der Universität in Gießen im Fachbereich Sozial- und Kulturwissenschaften und beendete ihr Studium als Diplom-Pädagogin. Es folgte ein Zweitstudium an der gleichen Universität im Bereich Lehramt für Gymnasien mit den Schwerpunkten Biologie und Deutsch. Heute ist Frau Krimke als Studienrätin an einer Integrierten Gesamtschule in Grünberg / Vogelsberg tätig.

Frau Krimke hat schon als Kind recht frühzeitig Tauchen gelernt und später ihren Vater auf einigen seiner Tauchreisen begleitet. Seit sie jedoch Familie hat und einen Beruf ausübt, bleibt ihr wenig Zeit für Tauchreisen und für die Fotografie. Frau Krimke ist eine ausgezeichnete Taucherin und eine excellente Fotografin. Heute lebt Frau Krimke mit ihrer Familie in Buseck / Hessen.

Bildnachweis:
Wir danken unseren Freunden und Tauchkameraden Marion Muck und Dietmar Günther für die Leihgabe ihrer schönen Bilder. Ihre Namen sind am Ende der jeweiligen Bildbeschreibungen aufgeführt.

Alle anderen Bilder entstammen dem Unterwasserbildarchiv Erhardt / Krimke